基于YANG的可编程网络

用YANG、NETCONF、RESTCONF和 gNMI实现网络自动化架构

NETWORK PROGRAMMABILITY WITH YANG

The Structure of Network Automation with
YANG, NETCONF, RESTCONF, and gNMI

[美] 贝诺特·克莱斯 乔·克拉克 简·林德布拉德 著
　　　Benoît Claise　　Joe Clarke　　Jan Lindblad

闫林 王卫斌 张茂鹏 毛磊 胡捷 杜江云 李成元 译

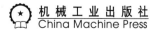

机械工业出版社
China Machine Press

图书在版编目（CIP）数据

基于 YANG 的可编程网络：用 YANG、NETCONF、RESTCONF 和 gNMI 实现网络自动化架构 /（美）贝诺特·克莱斯，（美）乔·克拉克（Joe Clarke），（美）简·林德布拉德（Jan Lindblad）著；闫林等译 . -- 北京：机械工业出版社，2021.9
（网络专业人员书库）
书名原文：Network Programmability with YANG: The Structure of Network Automation with YANG, NETCONF, RESTCONF, and gNMI
ISBN 978-7-111-69127-3

I. ①基… Ⅱ. ①贝… ②乔… ③简… ④闫… Ⅲ. ①计算机网络 Ⅳ. ①TP393

中国版本图书馆 CIP 数据核字（2021）第 185662 号

基于 YANG 的可编程网络
用 YANG、NETCONF、RESTCONF 和 gNMI 实现网络自动化架构

出版发行：机械工业出版社（北京市西城区百万庄大街 22 号　邮政编码：100037）
责任编辑：王春华　孙榕舒　　　　　　　　责任校对：马荣敏
印　　刷：北京市荣盛彩色印刷有限公司　　版　　次：2021 年 9 月第 1 版第 1 次印刷
开　　本：186mm×240mm　1/16　　　　　印　　张：26.25
书　　号：ISBN 978-7-111-69127-3　　　　定　　价：149.00 元

客服电话：（010）88361066　88379833　68326294　　　投稿热线：（010）88379604
华章网站：www.hzbook.com　　　　　　　　　　　　读者信箱：hzjsj@hzbook.com

Foreword 推荐序

传统网络世界是水平开放的，每个网元都可以和周边网元进行互联。网络在垂直方向上却是"相对封闭"的，在垂直方向开发和部署业务应用相对困难。而在计算机的世界里，不仅水平开放，同时也垂直开放，从下到上有硬件、驱动、操作系统、编程平台、应用软件等，程序员可以很方便地开发和部署各种应用。2009 年美国斯坦福大学 CLean State 研究组提出了软件定义网络（Software Defined Network，SDN），它是一种新型网络创新架构，可通过软件编程的形式定义和控制网络，被认为是网络领域的一场变革，也极大地推动了互联网的发展。SDN 将整个网络的垂直方向变得开放、标准、可编程，让人们更容易、更高效地管控网络资源。要实现 SDN，离不开一套全新的技术解决方案。YANG 模型和 NETCONF、RESTCONF 以及 gRPC/gNMI 等协议为实现网络可编程性铺就了前行之路。

YANG（Yet Another Next Generation）数据建模语言功能强大，支持定义列表、字典甚至复杂的数据结构，还支持约束、枚举、引用导入、版本管理、命名空间等。YANG 模型用结构化语言描述了网络世界，在新的网管协议（NETCONF、RESTCONF、gRPC、gNMI 等）的基础上定义了数据结构。因此，我们可以通过多种方式对网元进行方便灵活、安全可控的操作，这些都是基于数据结构良好的 YANG 模型来实现网络设备编程。这就是网络可编程之路——未来的网络是模型驱动的编程，即基于模型的可编程网络。

SDN 的发展如火如荼，YANG 和 NETCONF、RESTCONF 以及 gRPC/gNMI 的演进速度也很快，学习和掌握它们并非易事。本书的诞生正当其时，不仅全面介绍了 YANG 和 NETCONF、RESTCONF、gRPC/gNMI 等技术的最新发展，还提供了实用的技巧和大量实践案例，方便你全面深入地掌握这些知识，协助你用模型驱动的 API 和协议来实现网络自动化的全部功能。本书的问世是一件幸事，必将推动 SDN 在中国的普及和发展。

陈新宇

中兴通讯股份有限公司副总裁

2021 年 8 月 22 日

译者序 *The Translator's Words*

新冠肺炎疫情的来袭冲击了人们正常的生产生活秩序：更多的网络会议取代了出差开会；更多的居家办公取代了现场办公；许多人无法回到家乡，只能通过视频聊天化解相思之苦。随着新技术浪潮的来临，智慧城市、智慧医疗、智能工厂、智慧家庭、智能汽车等由憧憬逐渐变为现实。这一切都离不开安全、可靠的网络。

软件定义网络的时代已然来临，它的发展离不开一系列技术的创新。YANG、NETCONF、RESTCONF 和 gRPC/gNMI 等帮助我们实现网络的可编程性，助力我们用模型驱动的 API 和协议来实现网络自动化，以便更安全、更快捷、更可靠、更灵活地满足业务需求。

SDN 相关技术在我国有广泛的应用。我们第一次看到备受尊敬的 SDN 技术开拓者 Benoît Claise、Joe Clarke 和 Jan Lindblad 创作的这本书时，立刻被它全面的知识覆盖、深入的技术剖析和丰富的实践案例所吸引，它不愧是 YANG 技术领域公认的扛鼎之作。我们非常荣幸能够将它翻译成中文版而分享给更多的读者！

本书的翻译团队共七人，除了我之外，还有王卫斌、张茂鹏、毛磊、胡捷、杜江云和李成元。团队成员都是网络通信领域的资深专家，其中王卫斌老师是网络领域顶尖的专家，他的参与让我们如虎添翼。

为了确保译稿的质量，我们追根溯源，查阅了大量国内外文献，团队成员紧密合作，进行了多轮交叉校对，付出了极大的努力。我们利用休息时间进行了翻译工作，这离不开各自家人的理解和支持，在此向各位团队成员的家人表示由衷的感谢！

在翻译的过程中，我们得到了机械工业出版社华章公司刘锋编辑的帮助，以及中兴通讯股份有限公司的领导和相关部门同事的大力支持，在此一并表示感谢！

我们的翻译难免有缺陷和不足，欢迎广大读者不吝赐教：yan.lin2@zte.com.cn。

闫林

2021 年 8 月 23 日

目标和方法

整个网络行业正面临着用自动化实现规模化和更快发展的压力。本书介绍如何利用 YANG 来释放网络自动化的力量。

自动化面临许多障碍。最主要的障碍是需要网络运维人员和软硬件提供商之间达成共识。要达成共识，迫切需要做到三件事情。

第一，参与者需要有一种共同语言。本书提供通用的术语、模型以及对用例和工具的认识，以便参与者能够进行有效的交流。

第二，自动化并不是让计算机循环运行。网络自动化是一个非常棘手的问题，是分布式、并行、实时、高可用、性能敏感、安全敏感的核心控制问题，需要一个系统架构。该系统架构已经存在，但并不为人所知。许多经验丰富的专业人士对该系统架构的关键部分也缺少了解。本书描绘了一幅蓝图，让各方都能了解自己那一部分适合放在哪里以及如何实现共同目标。

第三，你可能听过这句话："知道怎么做的人会被录用，而知道为什么这么做的人会成为经理"。了解选择架构的原因是了解架构本身的核心组成部分。本书提供了这个背景。

通过提供丰富的背景知识与案例，解释"为什么"，以及提供大量动手实践的机会，我们希望本书能对网络专业人士以及整个行业的发展有所帮助。

谁应该读这本书

本书为所有对网络自动化感兴趣的网络专业人员设计。无论你是网络运维人员、DevOps 工程师、网络软件开发人员、网络编排工程师、NMS/OSS 架构师、服务工程师或其中任何一类人员的经理，本书都是适用的。如果你希望从基于命令行界面的管理过渡到数据模型驱动的管理，如果你是需要通过某些可编程性技能来补充网络技能以确保紧跟行业发展的工程师，那么本书非常适合你。

拥有网络管理知识的人将从本书中受益匪浅。同时，想要采用与管理存储和计算相同的方式来管理网络的软件工程师也将从阅读本书中受益。

显然有不同的方法通读本书。每章开头总结目标受众和主要内容。通读该介绍有助于找到最适合你的内容。随着事业的成长和不断学习，你可能会发现你将不断地回头阅读本书的其他内容。

本书的组织方式

本书可以连贯地从头读到尾。然而其设计灵活，可以跳过一些章节直接阅读你感兴趣的内容。

❑ 第 1 章提供 NETCONF 和 YANG 诞生的背景。

❑ 第 2 章从更广泛的视角介绍网络管理和自动化需求以及解决方案的层级和组件。推荐所有人阅读该章。

❑ 第 3 章分阶段开发用于业务用例的 YANG 模型，并随着解决方案的进展引入、解释新的结构。这些阶段辅以 GitHub 项目，想完全理解上述内容的人可将其作为实际操作素材。该章是本书的核心内容，但如果你已经开发了许多 YANG 模块，可以跳过该章向后阅读。另外，经验丰富的 YANG 开发者也可以快速浏览该章以找到一些新的有用的详述。

❑ 第 4 章对传输协议进行解释，研究基本操作和编码。在许多实例中对 NETCONF、RESTCONF 和 gNMI 进行介绍和对比。每个实例都可以在 GitHub 的配套项目中复制，供有志于动手操作实践的读者参考。

❑ 第 5 章涵盖遥测、自动化反馈环路机制。反馈是控制系统的重要组成部分，但遥测仍是一个正在建设的领域，现在许多解决方案尚未用到遥测。

❑ 第 6 章涵盖去哪里寻找 YANG 模型，与哪些标准定义机构合作，使用哪些工具，以及如果一个功能有多个模型该怎么做。

❑ 第 7~9 章都涵盖了 YANG 模型的元数据和工具，但从三个不同的角度进行阐述。
  ❍ 第 7 章涵盖所有人都需要使用的基本工具和模块信息。
  ❍ 第 8 章适合 YANG 模块作者阅读。
  ❍ 第 9 章适合自动化应用程序开发人员阅读。

❑ 第 10 章包含完整的自动化过程。该章从一个业务案例开始，创建一个 service-YANG 模型，添加一个服务实现，通过 NETCONF 连接一组设备，创建一个服务实例，并详细查看消息来回传递时会发生什么。然后修改并撤销服务级别更改。阅读该章的所有内容后，你会发现你已经完全理解了本书的全部内容。该章将提供良好的全方位模型驱动网络自动化概览。

❑ 第 11 章基于作者多年的 YANG 建模经验，提供包含有关如何设计和如何避免设计 YANG 模块的诸多建议。

Acknowledgements 致　谢

特别感谢本书"专家访谈"小节的专家抽出时间分享他们的智慧：

❑ 维克托·库尔辛（Victor Kuarsing）

❑ 罗斯·怀特（Russ White）

❑ 约尔根·舍尔多（Jürgen Schönwälder）

❑ 马丁·比约克隆德（Martin Björklund）

❑ 肯特·沃森（Kent Watsen）

❑ 亚历克斯·克莱姆（Alex Clemm）

❑ 卡尔·莫伯格（Carl Moberg）

❑ 艾纳·尼尔森－尼加德（Einar Nilsen-Nygaard）

❑ 威廉·卢普顿（William Lupton）

❑ 拉德克·克雷伊奇（Radek Krejčí）

❑ 克里斯蒂安·拉尔森（Kristian Larsson）

❑ 安迪·比尔曼（Andy Bierman）

感谢所有专题专家的建设性反馈。花时间审核本书全部或部分内容的专家有：

❑ 沃伦·库马利（Warren Kumari）

❑ 彼得·范·霍恩（Peter Van Horne）

❑ 哈金·辛格（Harjinder Singh）

❑ 马丁·比约克隆德（Martin Björklund）

❑ 约翰·劳维茨克（John Lawitzke）

❑ 马蒂亚斯·容格伦（Mattias Ljunggren）

❑ 验证本书附带代码的朋友和同事

我们从一开始就对这个项目抱有坚定的信念，并对出版商 Addison-Wesley Professional 员工的积极参与和努力感到非常满意。与真正专业的人员合作感觉很好。出版团队庞大、专业，但我们仍然要特别提及以下人员：

- 布雷特·巴托（Brett Bartow）
- 玛丽安·巴托（Marianne Bartow）
- 巴特·里德（Bart Reed）
- 曼迪·弗兰克（Mandie Frank）

感谢大家使本书的出版成为可能，且整个过程非常愉快。

贝诺特·克莱斯（Benoît Claise）（CCIE No.2686）是思科研究员和嵌入式管理架构师，热爱和擅长的领域包括互联网流量监控、计算、性能、故障和配置管理。Benoît 最近关注的领域是以 YANG 为数据建模语言的网络自动化，采用 NETCONF/RESTCONF 和遥测作为反馈回路来解决基于意图的网络问题。

2012～2018 年，他担任 IETF 运营和管理领域（OPS）联合总监，在此期间制定了许多数据模型驱动的管理协议、编码和数据模型。他在网站 http://www.crise.be/ 上发表了关于上述主题的博客，还花时间开发 yangcatalog.org。

Benoît 在 IETF 的 NetFlow、IPFIX（IP Flow Information eXport）、PSAMP（Packet SAMPling，数据包采样）、IPPM（IP Performance Metrics，IP 性能指标）、YANG、MIB 模块、能耗管理和网络管理等领域贡献了 35 个 RFC。他是思科出版社所出版专著 *Network Management: Accounting and Performance Strategies* 的合著者。

乔·克拉克（Joe Clarke）（CCIE No.5384）是思科客户体验工程师，为思科网络管理、自动化产品、技术的开发和运用做出了贡献。他帮助支持、增强和促进嵌入式自动化和可编程性等功能，例如嵌入式事件管理器、Tcl、Python、NETCONF/RESTCONF 和 YANG。

Joe 宣扬这些可编程性和自动化技能，以培养下一代网络工程师。他是思科认证的互联专家和 Cisco 网络编程工程师，编写了大量有关思科网络管理、自动化和可编程性产品及技术的文档，是著作 *Network-Embedded Management and Applications: Understanding Programmable Networking Infrastructure* 部分章节的合著者，还是思科出版社所出版专著 *Tcl Scripting for Cisco IOS* 和 *Programming and Automating Cisco Networks: A Guide to Network Programmability and Automation in the Data Center, Campus, and WAN* 的技术编辑之一。Joe 毕业于迈阿密大学，拥有计算机科学学士学位。

Joe 是 FreeBSD 项目的成员，也是 IETF 的 Ops 领域工作组联合主席。Joe 是一个单引擎飞机认证商业飞行员。他和他美丽的妻子住在美国北卡罗来纳州的 RTP 区。

简·林德布拉德（Jan Lindblad）12 岁时组装了他的第一台计算机，16 岁时写下了第一个编译器，30 岁时具备用百万行代码实现需求的能力。2006 年当 IETF 首次发布

NETCONF 时，他在新成立的创业公司 Tail-f Systems 工作，该公司构建了 NETCONF 的第一个商业实现，是引入 YANG 的背后推动者。

Jan 是一名 IETF YANG 博士，撰写并审查了其他组织的许多 YANG 模块，在 NETCONF 和 YANG 的理论与实践方面培训了数百人。在 EANTC 组织的德国柏林年度 NETCONF/YANG 互操作活动中，Jan 担任了核心角色。

Jan 是一位热心的气候活动家和环保主义者。他住在瑞典斯德哥尔摩郊外，每天骑自行车上下班。

About the Technical Reviewers 技术审校者简介

彼得·范·霍恩（Peter Van Horne）1977 年在美国密歇根州安娜堡市的密歇根大学获得计算机工程学士学位，2000 年通过被收购的初创公司 CAIS Software 加入思科，该初创公司在机场、酒店和其他公共场所提供支持软件和系统接入公共互联网的服务。他是思科的首席工程师，负责多个思科产品线的项目开发，诸如基于 YANG 模型开发编程接口，拥有通信和互联网相关应用的多项专利。

沃伦·库马里（Warren Kumari）（CCIE No.9190）是 Google 首席逆向学专家 / 高级网络安全工程师，自 2005 年以来一直在该公司工作。作为一名高级工程师，他负责维护Google 生产网络安全和运行的各个方面，并指导团队中的其他成员，还参与了 Google 行业标准小组的工作。

从小型初创 ISP 到大型企业，Warren 在互联网行业有 20 多年的工作经验。加入 Google之前他曾是 AOL 的高级网络工程师，更早之前曾是 Register.com 的首席网络工程师。

随着安全问题越来越普遍，Warren 选择成为 IETF、ICANN SSAC 和 NANOG 的积极参与者。Warren 目前担任 IETF 运营和管理区域主管，成立并主持了多个 IETF 工作组（包括DPRIVE、CAPPORT、OPSAWG 和 OPSEC），撰写了 17 份 RFC，是 CCIE Emeritus (#9190)、CISSP 和 CCSP。

哈金·辛格（Harjinder Singh）是思科技术主管，主要爱好是网络自动化和自驱动网络。他一直在各种组织中工作，主要涉及网络管理、分布式系统、配置管理、闭环遥测和数据模型驱动技术，重点关注 YANG、NETCONF/RESTCONF、gRPC、开放式配置和遥测。

目 录 *Contents*

第7章 自动化与数据模型、相关元数据及工具一样好：面向网络架构师和运维人员 ······ 242

第8章 自动化与数据模型、相关元数据及工具一样好：面向模块作者 ······ 290

第9章 自动化与数据模型、相关元数据及工具一样好：面向应用开发人员 ······ 306

第 1 章 *Chapter 1*

网络管理世界必须改变：
你为什么要关心这件事

本章内容

❑ 网络管理的最新趋势

❑ 为什么应该关注这些趋势

❑ 为什么未来网络工程师需要新的技能

❑ 为什么 CLI、SNMP、NetFlow/IPFIX、syslog 等现有技术不足以支持网络管理和自动化

❑ 为什么使用多个协议和数据模型是一个难题，为什么映射数据模型是问题的根源

❑ 为什么要自动化

通过本章的学习，你会明白为什么在当今世界中传统的网络管理方式已经不够用了，为什么如今网络行业的趋势是更多地融合可编程性，以及为什么向更自动化转型是一种历史的必然。如果你是一名网络工程师，在使用命令行界面（CLI）、简单网络管理协议（SNMP）、NetFlow/IP Flow Information eXport（IPFIX）、syslog 时，你会认识到它们的局限性。同时，作为一个网络运维人员，你会明白无论是知识拓展还是工作方式都需要适应新的挑战，才能更有效地管理网络中的服务。

1.1 导言

互联网几乎改变了每个人生活的方方面面。现在大多数人都认为它（上网）是理所当然的。当你在家里听到"嘿，没有互联网！"时，你明白必须将其作为当务之急的事件来处理，就像世界上任何值得尊敬的技术支持中心一样——如果你想让你的家庭保持正常的话。诚然，无论对于商务、教育、社交网络、银行还是休闲而言，今天的互联网比以往任何时候都更为重要。换句话说，互联网将继续变得越来越重要。

在互联网基础设施的背后，网络运维人员努力设计、部署、维护和监控网络。他们的确切工作是什么？FCAPS 模型尝试将网络运维工程师的工作进行分类（从起源甚早至今仍有关联的 FCAPS 模型开始，即故障（Fault）、配置（Configuration）、计费（Accounting）、性能（Performance）和安全（Security）管理），这是一个国际标准，由国际电信联盟（ITU）[1] 定义，描述各种网络管理域。

表 1-1 ITU-T FCAPS 模型参考 ITU-T M.3400 和 ISO/IEC 7498-4（开放系统互连——基本参考模型，第 4 部分：管理框架）描述了 FCAPS 模型中每个功能域的主要目标。

表 1-1　ITU-T FCAPS 模型

管理功能域（MFA）	管理功能群组
故障	报警监控；故障定位和关联；测试；故障管理；网络恢复
配置	网络规划与工程、安装；服务规划和协商；发现；调配；状态和控制
计费	使用量的计量、采集、汇总、调整；收费与定价
性能	性能监控；性能分析与趋势分析；质量保证
安全	访问控制和策略；客户分析；攻击检测、预防、遏制和恢复；安全管理

> **注释**
>
> 每本优秀的网络管理手册都有 FCAPS 参考资料，所以本书将很快涵盖此主题并继续介绍后面的内容。

该模型的好处是将管理工作分成更独立、更易于理解的工作。必须通过故障管理来分析故障并主动管理网络。配置管理是必不可少的，不仅实例化新服务，而且改进服务和修复错误。计费管理有助于计量流量使用情况，用于计费或简单的数据收集。性能管理按需提供服务或持续监控服务，以便主动检测网络故障或性能降级。

FCAPS 中一个更独立的部分是安全：安全保护网络设备（无线接入点、交换机和路由器）以及所有网络连接设备（PC、平板电脑、智能手机等）的压力越来越大，安全工程师已经成为一份独立的工作。

请注意，几年前 FCAPS 旁边出现了一个新术语：FCAPS+E（能耗（Energy）管理）。网络设备耗费很多电能，包括来自互联网的核心路由器、包含服务器的数据中心以及连接到互联网的设备。例如，IP 电话的功耗仅 2.3W（待机时），最高 14.9W，具体取决于以太网供电（PoE，802.3AF 标准）分类和启用的功能。

不管现在和未来，顾客关心的都是服务。他们最担心的是网络罢工。服务提供商按需提供服务，并提供出色的用户体验。当运行的服务不符合客户期望时，提供商需要尽快修复。现有的配置、监控和故障排除方法无法满足客户按需、高质量、即时服务的需求。从应用服务器到网络连接再到最终消费者，需要全面实现服务交付的自动化。要提供高质量的服务体验，需要对服务质量进行自动监控、问题检测和自动恢复。编程自动化是大规模、高质量服务交付的关键。

采用编程自动化的网络工程师将是下一代服务交付的关键。通过扩展他们的技能以实现模型驱动的编程自动化，将使他们将成为有价值的贡献者，为客户提供下一代服务。

实施五个（加上能耗是六个）FCAPS 管理需要更多的自动化和更多的可编程性。基于这些类别划分为割裂的网络管理系统的时代已经过去。网络需要作为一个统一的整体进行管理。显然，实现某一个类别的自动化是朝着正确方向迈出的一步。但是，在不集成故障管理、不考虑网络和服务性能、不考虑安全、不收集计费信息的情况下，自动化网络配置不会提供真正完整的自动化。从这个意义来讲，FCAPS 类别之间的界限目前正在模糊化。来自不同 FCAPS 背景的工程师需要将特定领域的知识集成到整个公司范围、集成到整个 FCAPS 内的通用自动化框架中，这基本上是在开发 DevOps 模型，本章稍后将对此进行介绍。

网络运维人员可以清楚地设想未来的服务模式：所有网络元素都是单个可编程交换结构的一部分。服务可以从广泛存在的虚拟设备中快速组装而成，每个设备都会自动通告其可编程能力。它们可以在更高层次上设计，独立于异构基础设施的复杂性和设备依赖性。

以网络业务链为例，它又称业务功能链（SFC）[2]，利用软件定义网络（SDN）的功能，将连接的网络服务（如流量整形器、入侵防御系统、入侵检测系统、内容过滤、广域网加速、防火墙等）创建一个业务链，并将其连接成一个虚拟链。网络运维人员可以实现 SFC 端到端的配置自动化，在几分钟内创建甚至重新订购服务。

目前此模型可以通过 SDN 和网络功能虚拟化（NFV）的强大功能来实现。然而，实施它需要一个完全可编程的网络，其服务器资源可以随着需求的增长而扩展。虚拟网络功能（VNF）必须由 SDN 控制器远程编程，无须网络运维人员人工干预，配置和变更必须完全自动化。为实现这一点，整个行业的设备供应商、VNF 供应商和服务器供应商必须将其虚拟化设备升级为在 SDN 环境中可编程的设备。为此，需要一个标准的配置管理协议来提供安全、可靠的传输，并支持在全网络范围内创建、修改和删除 VNF 中的配置信息。

在未来的服务模式中，该框架应进一步包括服务保障。服务降级时事件会自动触发网络的重新配置。为了给基于意图的网络打开大门，网络运维人员必须指定服务的特征（连接、带宽、性能指标，例如最大延迟 / 丢失 / 抖动等），而不是网络配置。然后，网络将优化其配置以支持所有服务。

业界将 NETCONF 与 YANG 数据建模语言一起作为一种配置协议。NETCONF/YANG 组合最初设计为管理协议，它提供了一种简单的标准化方法，可以让任何设备或服务使用可编程接口。YANG 作为网络行业的数据建模语言引发了网络运营的转型变化，即数据模型驱动的管理。在本书中，你将发现 NETCONF/YANG 组合对可编程性的明显好处，包括：

- ❏ 通过自动化实现更快的服务部署
- ❏ 通过对配置更改进行程序化验证，减少服务部署错误
- ❏ 提高可服务性（即更快地诊断和修复问题）
- ❏ 通过减少传统网络工程费用降低运营成本

作为网络工程师，应该对自己进行投资，并成为面向未来的网络工程师，使用编程自动化来提高你的工作效率和客户体验。本书是你转型的关键一步。

以下各节研究了几年前开始出现的一些行业趋势。即便不是所有趋势，大多数趋势都指向 YANG 带来的变革和网络可编程性。

1.2　行业发生了变化：趋势是什么

本节分析近年来网络行业的一些趋势。分析这些趋势有助于了解为什么有些运维人员会更多地采用自动化，帮助你确定为什么所有运维人员现在都必须采用数据模型驱动的管理。

1.2.1　缩短部署时间

运维人员在进入生产环境前广泛测试路由器镜像，这显然是一个必要的程序。在不久的过去，在有效部署新的生产服务之前用三到六个月测试新的路由器软件并不罕见。这个时间包括人工配置和网络管理测试的组合。

> **个人体验**
>
> 　　在 15 年前的某一天，我不得不从配置、监控和计费的角度支持网络管理系统（NMS）管理第 3 层虚拟专用网络（L3VPN）。作为思科认证的互联网专家（CCIE），我很喜欢使用路由器的 CLI 来配置 Provider Edge（PE）和 Provider（P）路由器的 MPLS核心、PE 路由器上的虚拟路由和转发（VRF），以及不同的路由客户边缘（CE）和PE 路由器之间的选项，例如默认网关、路由信息协议（RIP）、开放式最短路径优先（OSPF）或边界网关协议（BGP）。这些配置与路由目标和路由区分符混合在一起，在实验室中处理起来很有趣。我很高兴在售前项目中向客户演示此解决方案。下一步，运维人员希望在生产网络中部署这些服务，这很合理。我记得运维人员的一个约束条件："现在，我们希望在 20 分钟内从 L3VPN 客户订单转到生产！"考虑到这会涉及的所有任务——从服务订单到服务验证，20 分钟的目标听起来像是一次艰巨的任务。除了配置新的 L3VPN 服务之外，该产品还维护了网络的拓扑结构（这意味着网络发现）、L3VPN 到特定客户的映射、IP 地址映射、VRF 命名、位置、客户流记录监视等。当时

的自动化使用了一种基于模板的机制，该机制由动态填充的多个变量组成，然后使用基于 Telnet 的脚本集将配置推送到路由器，并通过屏幕抓取"show"命令。该项目不仅涉及 greenfield 环境，其中所有 L3VPN 服务都是新的（指在全新环境中从头开发的软件项目），还涉及必须发现现有 L3VPN 服务（指在遗留系统之上开发和部署新的软件系统）的 brownfield 环境。

——贝诺特·克莱斯（Benoît Claise）

当时路由器和交换机更加自动化已经是一个目标，但设备供应商的传统开发生命周期历来很长。以 SNMP 管理系统为例。在本示例中，设备缺少管理信息库（MIB）模块或 MIB 模块中的某些对象（有关 SNMP 和 MIB 模块的更多信息请参阅 1.3.2 节）。此缺失自动化部件的预期生命周期如下：向设备供应商产品管理部门报告此功能请求，与所有其他请求相竞争并"争夺"路线图中的相对位置，等待实施，验证测试镜像，一经发布即验证官方镜像，最后升级生产路由器。毋庸置疑，功能请求和新的生产服务之间隔了很长时间。

部署新的服务是运营商增加收入的唯一途径，上市时间是关键。花费数月来验证新的网元镜像和新服务已不再可行。部署新服务的速度必须不断提高。今天，运维人员希望在实际部署之前进行"冒烟测试"（初步测试，了解简单失败是否严重到会阻止该软件的发布），测试镜像、服务甚至虚拟设备上的整个存在点（PoP）。在云环境中预计新服务将在几秒内启动和运行。

自动化可以帮助减少部署时间。可编程性有助于快速验证新的功能、部署新的服务并且立即升级路由器。这要求网络设备具有一致和完整的应用编程接口（API），最终目标是使网络运维工作中所有可以自动化的工作全部自动化。据此，运营商与竞争对手相比缩短了服务部署时间，并提供了与众不同的服务。对于设备供应商来说，适配管理软件通常比等待传统的开发生命周期要快。

1.2.2 CLI 不再是标准（无法自动化的功能不应存在）

初期学习和测试手动配置网络可能是令人愉快的，但是出现了无数由手动配置错误（有时称为"胖手指键入"）导致的"网络关闭"情况，所以 CLI 并不是生产网络中引入新功能的可扩展途径。一个典型的例子是访问列表管理：有一些（可能不是大多数）网络工程师在职业生涯中至少有一次在更新访问列表时，无意中把自己锁定在路由器配置之外。输入错误的 IP 地址太容易了，你现在可能在微笑，记起了过去类似的经历。

CLI 是一个用于配置和监控网元的接口，专为用户设计，可以通过额外的空格或添加的逗号，甚至用子菜单满足其需求。虽然 CLI 不是 API，但不幸的是不得不将其视为一个 API，因为必须长期依赖它。然而，使用 CLI 进行自动化既不可靠，也不具有成本效益。

首先，许多与服务相关的配置更改会涉及一个以上的设备，以点对点 L3VPN 为例，它需要配置四个不同的设备，或者一个全网格 L3VPN，其中可能涉及更多的设备。实际上在全网格 L3VPN 网络中每一项新的添加都可能需要更新所有 L3VPN 端点、更新访问列表、引入 IP 服务级别协议（SLA）类型的探针等。这些示例中仅讨论了网络设备。如今许多现代服务的覆盖范围超过了传统物理网络设备，包括虚拟机、容器、虚拟网络功能等。事实是：配置更改变得越来越复杂。

> **注释**
>
> IP SLA 是一种主动监测和可靠报告网络性能的方法。"主动式"（相对于"被动式"）监控是指 IP SLA 在整个网络中不断产生自己的流量并实时报告。IP SLA 探测器通常会监测性能指标，如延迟、丢包和抖动等。

其次，聘请训练有素的网络专家（例如，CCIE）在网元上插入新命令的成本效益并不高，除非目标明显是排除故障。随着变更频率的迅速增加，我们的想法是将人力从服务配置和监控的循环中解放出来。事实上，由于网络变化频繁，在 2016 年 MPLS + SDN + NFVVOLRD 会议上进行的"规模数据驱动的运营：大型数据中心网络中的传感器、遥测和分析"谈话中，Google 架构师萨姆·奥尔德林（Sam Aldrin）提到，今后不可能再与 CLI 打交道了。

最后，也是最重要的，虽然 CLI 是人性化的，但它不适合自动化。考虑以下因素：

❑ CLI 没有标准化。虽然网络设备配置 CLI 是相似的，但从语法和语义的角度来看，不同厂商或特定厂商的操作系统并不一致。

❑ 通过 CLI 配置设备时存在依赖性问题。某些情况下，配置 VLAN 之前必须输入用于配置接口的 CLI 命令。如果这些步骤未按正确的顺序执行，则配置失败，或者更糟糕的是，配置仅部分完成。

❑ 除了上述依赖性之外，CLI 只提供有限的错误报告——还不能以易于使用的脚本格式报告错误。

❑ CLI 不产生任何结构化输出。因此，从 show 命令中提取信息的唯一方法是通过"屏幕抓取"（或使用正则表达式模式匹配从输出中提取数据）。最后，"show 命令"经常更改以显示更多功能、更多计数器等。问题是即使对 show 命令进行最小的更改（例如在输出中添加空格）也可能会破坏提取特定值的 Expect 脚本。

你可能使用过一些基于 CLI 的工具。回顾上一节中部署 L3VPN 的示例，当时参与的 NMS 使用 Expect[3] 脚本进行设备配置和监控，会受到各种已知的限制。Expect 是对 Tcl 脚本语言的扩展 [4]，是对 Telnet、Secure Shell（SSH）等协议的文本接口的自动化交互。一般情况下，你会打开到网元的终端会话，输入命令，然后分析答案。例如，当登录路由器时，下一个预期的脚本代码单词是" login"，插入登录用户名字符串；然后下一个预期单词是"password"，脚本将以密码进行响应，等等。这种语言工作正常，直到设备提供一个意外的答案。一个典型的例子是自定义提示，从"login:"更改为"Welcome, please enter your credentials:"。此时，预期"login:"的脚本收到一个意外的答案，并失败。技术支持中心（TAC）的另一个典型示例是身份验证、授权和记账（AAA）配置，它将"login:"和"password:"提示更改为"username:"和"password:"。Expect 脚本必须适配新的提示。定制的 Expect 脚本中所有不同的用例都要依赖 CLI，花费大量的时间、金钱，并导致计划外的中断。

使用 CLI 进行管理并非不可能，但成本高昂且困难，该行业过去三十年的发展证实了这一点。事实上，这已被 Stanford Clean Slate 项目 [5] 确定为网络发展速度不如其他 IT 行业的主要原因之一。Stanford Clean Slate 项目是 SDN 运动的基础（请参阅"The Future of Networking, and the Past of Protocols" [6]，斯科特·沈埃（Scott Shenker）等）。在工具方面，有大量的库和工具与 CLI 交互。除了 Expect 之外，还存在诸如 Python 中的 Paramiko [7]、Ansible [8]、Puppet [9]、Chef [10] 等工具，但在 CLI 中，没有机器耗材提取能够使工作更简单、更具可扩展性。这导致花费许多时间来跟踪 CLI 的更改，而不是专注于自动化的目标。此外，CLI 管理还可能导致意料之外的运营后果。例如，一些运维人员担心升级设备会导致自动化脚本的中断，所以推迟或不去部署必要的安全补丁。另外，这种对升级的恐惧也解释了为什么采用数据模型驱动的自动化速度很缓慢：从初始状态开始对运维人员来说是不可能的，因为运维人员必须依赖现有基于 CLI 的自动化脚本来处理传统设备。深入思考一下新协议规范及其在网络中的部署时间，能看到网管协议的生命周期与其他类型协议的生命周期有明显的差异。从规范到部署，路由协议可能要花费数年时间，而网管协议通常需要十年。原因很实际：你需要升级设备和 controller/NMS 以支持新的管理协议，还要更新基于 CLI 的脚本作为备份计划，同时仍在管理无法升级的旧设备。

总之，现在有些运维人员曾正确地断言，无法自动化的功能不应存在。（该断言来自 Google 工程师演示没有可编程性的新功能的过程。）这导致了配置 API 来直接监控和配置网元……以及完整的自动化过程。

1.2.3　硬件商品化和解耦

业界的另一个趋势是硬件商品化（主要基于 Linux），而不是使用更特殊的专用硬件，以及从硬件中分解出的软件。

在数据中心，从一家硬件公司订购服务器并独立购买最适合你特定需求的操作系统（Windows、Linux、Unix 等）是公认的做法。现在甚至可以通过虚拟化轻松支持多个操作系统。

在网络领域，设备供应商历来为自己的硬件提供自己的软件，软件运行在专用的集成电路（ASIC）上，因此客户必须购买与硬件关联的"软件包"。虽然此硬件设备针对核心、边缘、数据中心的性能进行了优化，但管理整个网络的挑战越来越大。事实上，当不同的设备类型具有不同的操作系统、不同的功能集合、不同的 CLI、不同的管理和不同的许可证（有时甚至来自相同的供应商）时，验证、管理和维护整个网络功能 / 服务的成本就会大幅增加！

从数据中心运维开始，行业越来越倾向于将软件与硬件进行分离。现成的组件与普通芯片共同构成解决方案的硬件部分。这通常称为白盒。历史上，大规模可扩展的数据中心，也称为 hyperscalers，是首批大规模自动化的数据中心（例如，采用架式交换机）。对于这种自动化，需要 SDK（软件开发套件）和一组相关的 API，使用相同的交换机类型、相同的厂商、相同的软件版本进行大规模自动化并不是那么困难。但是，超大规模开发者希望在此领域有进一步的发展，他们希望能够订购或开发自己的网络软件，这些软件主要来自开源项目。

最终目标是将白盒组装成统一的硬件，以 Linux 为操作系统，并针对不同网络功能使用特定的应用程序——可能从一个供应商购买 BGP 功能，从另一个供应商购买内部网关协议（IGP），从第三个供应商购买 RADIUS 和管理功能。未来供应商将在应用上竞争：特性、健壮性、质量、支持、升级等。

对于遵循这一趋势的运维人员，优势显而易见：

❑ 由于使用联网设备上的 Linux，网络和服务器工程师可以使用与各自设备相同的语言。相同的工具模糊了服务器和网络管理之间的界限，并降低了支持成本（请参阅 1.2.4 节）。不仅"路由器"和"交换机"都在 Linux 上运行，Linux 环境还提供了许多工具和应用程序，包括管理操作。

❑ 使用 Linux 意味着更广泛的共识：人们直接从学校开始接受更好的培训。在硬件商品化的情况下联网不再困难，因为厂商的 CLI 不是唯一的。换句话说，不同的设备厂商在 CLI 方面不再竞争。运营商不需要雇用懂 Cisco 或 Juniper CLI 的人，而转向具有 Linux 和脚本技能的人选。因此，高级网络工程师应该少关注厂商的具体内容，多关注更广泛的网络架构和技术基础。在厂商方面，除了关注 CCIE 等认证以及部分基于 CLI 的知识，还应该更加关注独立于 CLI 之外的网络编程和操作方面的内容。

❑ 在网络中使用相同的硬件，而不是更特殊的专用硬件，可以降低网络的复杂性（缺点是硬件 bug 会影响到所有平台）。特定的软件和应用在相同的通用硬件上可能会对某些设备进行优化。事实上，网络越来越复杂，运营成本也随之增加，因此任何简化都是值得欢迎的。专门进行分类意味着供应商需要一个更加开放和模块化的平台。请注意，分类并不会阻止传统厂商竞争，使用专有 ASIC 及其软件来获得优势。例如，思科公司正在加入数据中心网络的软硬件解耦的趋势中。它表示，现在它允许数据中心客户在第三方交换机上运行其 Nexus operating system（NX-OS），并在其 Nexus switches 上使用任何网络操作系统，满足了超大规模厂商和大型服务提供商的需求。网络管理员可以在通用硬件或最佳硬件上选择最佳软件（用于一些额外的性能优化）。这种方式表明解耦可能是传统设备供应商在通用平台上提供其软件的机会。

❑ 软件和硬件解耦意味着拥有两个独立生命周期的管理优势，一个用于软件，另一个用于硬件。在管理两个生命周期时，复杂性（传统上由供应商组装软件）略有增加，而软硬解耦提供了选择最佳同类产品的灵活性。在某些情况下这种灵活性超过了复杂性。软件升级就像升级 Linux 软件包一样简单。将一个供应商的软件替换为另一个供应商的软件甚至是同一供应商的不同操作系统培训也很容易，因为软件只是另一个软件包而已。以思科为例，从 IOS-XE 系列迁移到 IOS-XR 系列不需要任何硬件更改，最终目的是使硬件和软件能够各自创新发展。

❑ 网络和服务器工程师可以更专注于面向业务的任务，而不仅仅是网络运营和维护。网络越来越成为业务的推动者，而业务和网络之间的链接正是软件。快速调整软件以满足业务需求成为关键：例如添加用于性能探测的应用、以虚拟负载平衡器补充网络、为特定应用程序在 IGP 之上注入特定路由……你可以为其命名。随着自动化（在这种情况下来自解耦，而通常不仅仅来自解耦）所节约的时间，工程师将成为推动网络创新以满足业务需求的关键推动力。

总之，硬件商品化和软硬解耦允许并需要更多自动化。本书其他部分讨论的基于 YANG 的程序管理是管理这些新型网络的一种方法。

1.2.4　DevOps 时代

网络工程师需要适应：在网络行业中唯一不变的是变化。那么，如何适应？换句话说，一个人如何持续跟上时代的发展？有趣的是，现在几乎所有网络工程师的工作描述中都需要某种脚本技能。反映在这一点上，你应该学习利用脚本作为自动化管理网络任务的方式，而不仅仅会使用 shell 脚本执行任务。如果询问需要学习的编程语言，答案将始终是"从 Python 开始"。Python 是一种现代编程语言，易于读写，功能强大，可用作日常分析任务、性能管理和方便配置管理的工具。Python 提供了许多 SDK，有大量可用的库。可以快速创建有用的脚本。与 Python 命令行交互会增加学习 Python 的乐趣。例如，一个由 Coursera[12] 提供的课程" An Introduction to Interactive Programming in Python "[11] 提供了所需的基本内容，包括每周视频、测验和小型项目，学习这些课程可以掌握 Python 的原理。通过少数专业人员讲授一些有趣的知识，世界各地的社区学习并分享其知识，你可以很容易得到一个像 YouTube 视频 [13] [Asteroids game in Python (coursera.org)] 这样的最终项目。

个人体验

> 在学习 Python Coursera 课程时，我参加了一个 24 小时的编程马拉松，开发产品管理和工程团队一段时间以来要求的功能：导出新的、特定的 IP 流信息出口（IPFIX，RFC 7011）信息元素[14]，从支持 Python 的 Cisco 路由器中提取。这是令人耳目一新的感觉：如果工程技术不能足够快地产生"我的"功能，我将直接编写它！回到现实：该功能准备好发布了吗？实际上它需要更多的测试、性能分析、代码审核以及一种在未来支持它的方法，但这并不重要。3 个人、24 小时，加上激情和执着就能证明它可以实现。这就是脚本之美！
>
> ——贝诺特·克莱斯（Benoît Claise）

将来所有网络工程师都必须成为全职程序员吗？不会。自动化、SDN、云、虚拟化、一切即服务的趋势等并不意味着网络工程师将消失。当（年轻的）应用程序设计者抱怨对 API 的调用 "get-me-a-new-service-over-the-network (bandwidth = infinite, packetloss = 0, one-way-delay = 0, jitter = 0,cost = 0)" 无法如期正常工作时，仍然需要网络工程师进行故障排除。最好的（即，最高效的）网络工程师将是具有脚本能力的人，无论是配置还是服务保证，他们都可以编写与网络相关的自动化任务，并可以及时修改其脚本。你必须自动执行而不是重复手动任务！

那么，什么是 DevOps？是开发与运维的结合。DevOps 是一种软件工程实践，旨在统一软件开发与运维。

为什么？因为软件工程师不必了解网络，而网络工程师也不必了解软件，将力量结合起来发挥出两者的优势才有意义。

DevOps 提倡在软件构建的所有步骤中实现自动化和监控，从集成、测试、发布到部署和基础设施管理。换个说法，DevOps 是开发、运营和质量保障的交集，因为它强调应用（或服务）、开发和 IT 运维的相互依赖性，如图 1-1 所示。

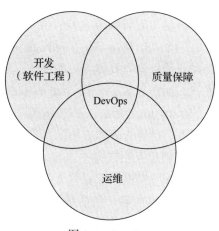

新的 DevOps 思想是将开发和运维相结合，以提供更快的服务部署和迭代。作为一个实际例子，这意味着网络支持团队和应用/服务器支持团队这两个历史上不同的小组，现在作为一个团队工作，从而避免了"这是网络问题"与"这是服务器问题"的乒乓球游戏。网络 nirvana 能够像管理服务器一样管理网元。

图 1-1　DevOps

> **注释**
>
> 　　从现在起，我们将停止区分网络工程师和计算工程师（处理服务器事务），因为将来这种区分将完全消失。事实上，网络世界和应用世界将汇聚在一起。除非我们提出一个特定的观点，否则我们将改用"运维工程师"或"DevOps 工程师"。

1.2.5　软件定义网络

　　多年来，新的模式一直是软件定义网络（SDN）。虽然 SDN 不是一个新术语，它却是一个流行语——对于不同的人意味着不同的事物。

　　最初的 SDN 讨论引入了控制面和数据面分离的概念，重点是 OpenFlow（现在是 Open Networking Foundation[15] 的一部分）作为配置数据平面的开放标准——转发信息库（FIB）或媒体访问控制（MAC）表。

　　以下是一些独立于内部网关协议（IGP）来配置控制平面的用例，例如 OSPF 或中间系统到中间系统（IS-IS）：

- ❏ 研究可编程数据平面：流量工程、服务插入、隧道等
- ❏ 在通用硬件（商用服务器）上运行控制软件的能力
- ❏ 集中式控制器负责整个网络的所有转发

　　通常 OpenFlow 控制器通过 API、CLI 或 GUI 在 OpenFlow 交换机中配置数据平面，如图 1-2 所示。此 OpenFlow 控制器管理控制平面，它需要完整的拓扑视图和端点/流。

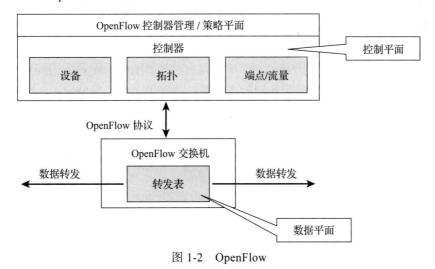

图 1-2　OpenFlow

　　多年来 SDN 的概念不断演变。OpenFlow 作为一种基本的数据包转发模式，实际上是一种实现更多更轻松的网络可编程性的推动因素。例如，Open vSwitch 数据库管理协议（OVSDB，RFC 7047）用于在虚拟化服务器中配置虚拟交换机。OpenDaylight[16] 项目是一个开源控制器项目，它能出色地将多个配置协议关联的接口添加到 OpenFlow：

- ❑ PCEP，即路径计算单元通信协议（RFC 5440），是路径计算客户端（PCC）和路径计算单元（PCE）之间或两个 PCE 之间的通信协议，包括路径计算请求和路径计算回复以及与在多协议标签交换（MPLS）和通用 MPLS（GMPLS）流量工程中使用 PCE 有关的特定状态的通知。
- ❑ Forces 代表转发和控制单元分离（RFC 5810），目的是确定框架和相关协议，使控制面和转发面之间的信息交换标准化。
- ❑ BGP 链路状态分布（RFC 7752），即 BGP-LS 是从网络收集链路状态和流量工程信息，并使用 BGP 路由协议与外部组件共享的机制。
- ❑ NETCONF/YANG 提供了一种简单、标准化的方法，可实现任何设备或服务的可编程接口（本书会详细介绍）。

因此术语 SDN 发展出各种含义：云中的网络虚拟化、面向服务提供商用户的动态业务链、动态流量工程、动态网络配置、网络功能虚拟化、开放和可编程接口等。可以肯定的是，SDN 远不止 OpenFlow，只需拆分控制面和数据面即可。

比较务实的 SDN 定义来自大卫·沃德（David Ward）在肯·格雷（Ken Gray）和汤姆·纳多（Tom Nadeau）撰写的 *SDN: Software Defined Networks* 一书中的前言[17]："SDN 在功能上使运维人员可以通过编程方式访问网络，从而实现自动化管理和任务编排；可以在跨多个路由器、交换机和服务器上配置应用策略；以及将执行这些操作的应用程序与网络设备的操作系统解耦。"

有人会说这实际上是 DevOps 的定义，而不是 SDN 的定义。底线是 SDN 作为控制平面分离模式实现了更高的网络可编程性需求，提升了速度和灵活性，将人工配置时间转变为软件时间。

最后，SDN 作为控制平面分离模式（配置路由信息库 [RIB] 或 FIB）和 DevOps（有人称之为 SDN）是互补的：它们使用相同的概念和工具。举一个实际的例子，网络工程师可能正在使用基于 NETCONF 和 YANG 的工具配置用于分布式的转发 IGP，并在 IGP 的顶部注入特定的策略。

1.2.6　网络功能虚拟化

该行业的另一个趋势是网络功能虚拟化（NFV），这再次解释了为什么现在一些运维人员更多采用自动化技术。NFV 在服务部署方面为客户提供了更大的灵活性，大大降低了与新服务相关的复杂性和上市时间。例如，现在通过点击按钮就能添加虚拟功能（例如防火墙、虚拟入侵检测系统、深度数据包检测等），这归功于生命周期服务编排器。以前，这些功能集成到专用硬件设备中，增加了总体成本，不仅包括安装、连接和物理空间的成本，还包括持续维护的成本。

正如白皮书 *Trends in NFV Management* 中提到的那样[18]，网络运营商有合理的业务理由支持 NFV。当网元是虚拟化实例而不是物理设备时，可以更快地进行调配和更改。它们随需动态弹性伸缩，允许运维人员根据需要在几分钟甚至几秒钟内为客户增加（或减少）网络资源，而不是等待数周或数月来部署新的硬件。它们是自动化的，由机器逻辑驱动，而不是手动处理，从而降低运营成本和复杂性，并降低人为错误的风险。它们还从根本上缩短了从收到订单到服务全面正常运作创收所需的时间。NFV 还允许运维人员更自由地从各种供应商中选择最佳的 VNF，并且因为更好的定价或功能，运维人员可以轻松地从一个 VNF 迁移到另一个 VNF。运维人员可以从一个供应商获取一个 VNF（例如防火墙），并将其替换为另一个供应商提供的类似 VNF，相比替换物理设备更快、更轻松。

当前供应商之间有关 VNF 管理的讨论主要集中在启动上——使 VNF 在其初始配置状态下启动和运行、放置在正确的位置、连接到正确的物理和虚拟网络、并确保其拥有适当的资源和许可证。所有这些"Day 1"和"Day 0"设置都很重要，运维人员应该努力使其更简单。但是，一旦 VNF 启动并运行起来，在一些讨论中我们发现，他们往往对"Day 1"及以后发生的事情不负责任。网络运维人员如何将虚拟化网元与业务编排器和其他运营支持系统（OSS）以及业务支持系统（BSS）相联系，以持续更改配置？他们如何在动态大规模网络中实现多供应商 VNF 的日常管理自动化？

有太多运维人员仍然把虚拟化当作现有的操作系统来做，在虚拟机（VM）中启动它们，却提供使用物理设备时相同的接口，仅此而已。对所有设备执行配置管理已经很长时间了，工作得很好，因此没有理由做新的尝试。但是，虚拟化环境带来了一系列新的挑战，在传统物理设备上所使用的久经考验的机制根本无法解决这些挑战。

最终，随着我们开始将虚拟化功能视为要编程的软件，是时候放弃网络应用中"配置"的概念了。本书讨论了如何使用 NETCONF 和 YANG，将更标准化的 API 引入网元中，并充分解锁 NFV 自动化的价值。

1.2.7　弹性云：按需付费

长期以来新公司依靠网络来开展新业务，在客户首次产生订单之前就必须购买一系列网络设备并运维它。资金支出（CapEx）是用于购买、维护和改善固定资产的金钱，而运营支出（OpEx）是用于经营产品或业务的持续成本。对于新公司来说，资金支出是网络本身的成本，而运营支出是 IT 员工操作网络的薪水（或咨询费用）。CapEx 不仅需要年轻的公司投入一些不可忽略的资金，满足第一个客户的订单之前，必须先订购、安装和运营网络。此外，正确规划网络规模可能对新公司而言也是一种挑战：规模太小会影响未来的服务和公司发展，规模太大将会浪费资金。

如今，新企业并不热衷于第 1 天便在网络方面投入如此巨大的资金 / 运营支出。相反，随着业务的增长，线性成本是理想的解决方案：客户越多，收入就越多，基础设施投资就越多。这就是弹性概念，也被称为"按需付费"，理想的资金支出线性投资以接近零的金额开始。弹性概念涉及网络时，指的是基于负载的网络动态适应性。借助于虚拟化，云以弹性方式提供某些计算、存储和网络功能，因此称为"弹性云"。

以下是一个典型的例子：yangcatalog.org[19] 网站（一个围绕 YANG 工具和 YANG 模型的元数据存储库，目的是推动作者之间的合作，并被消费者所采用）通过拥有一台虚拟计算机来运行网络服务：Amazon Web Service (AWS) EC2。以下内容来自亚马逊的文档。"亚马逊弹性计算云（简称 Amazon EC2）是一种在云中提供安全、可调整的计算能力的网络服务。它旨在让开发人员更容易进行 Web 规模的云计算。Amazon EC2 将获取和启动新服务器实例所需的时间缩短至几分钟，使你可以根据计算需求的变化快速弹性变化容量，包括增加和减少容量。亚马逊 EC2 改善了计算的经济性，允许你只为实际使用的容量付费。"

起初，一个免费的 AWS 实例对 yangcatalog.org[19] 网站来说，确实是个不错的选择。然而，随着更多的服务被添加到网站中，需要更多的容量（内存、CPU 和存储）。基于前期网站的成功，他们制定了投资计划，并在第二期购买"活的"(active) 服务器（即"弹性云"）。虽然此示例提到了 AWS，但你应该注意到行业中存在多个类似的解决方案，例如 Microsoft Azure、Google 云平台和 OVH 云等。

与 YANG Catalog 相比，更复杂的示例包括 VNF，例如虚拟防火墙、虚拟入侵检测系统、负载均衡器、WAN 加速器等（如上一节所述），但弹性云的原理仍然存在。

在云管理方面，你需要区分两种不同类型：一边是系统级管理，另一边是容器或虚拟机内部的服务管理或 NFV 管理。

系统级管理包括以下任务：

❑ 通过安装 Linux 软件包来准备环境
❑ 升级操作系统和打补丁
❑ 设置容器或虚拟机
❑ 弹性垂直扩容（Scaling up），意味着升级基础设施（计算、存储和网络）以满足更多 / 更好的服务需求
❑ 弹性水平扩容（Scaling out），意味着复制基础设施

系统级管理（更多是由操作驱动的工作流）可能受益于业务流程建模语言（BPML），例如云应用拓扑编排规范（TOSCA[20]），这是一种基于模板的机制，用于描述基于云服务的拓扑、组件及其关系。

容器或虚拟机内的服务管理包括以下任务：

❑ 启动和停止服务。
❑ 更重要的是维持或更新服务。例如，更新访问列表条目时不能停止虚拟防火墙。

这种管理更多受益于类似模式的语言，如 YANG，它提供 API 和基于语义的操作。这是模型驱动的管理方式，我们将在下一节探讨。

1.2.8　数据模型驱动的管理

脚本相对容易创建，在某种程度上写起来也很有趣。难的是可维护性。尝试在创建一年

后查看一个你的故障排除脚本，除非脚本包含众所周知的约定（例如，PEP8[21] 是 Python 代码的样式指南）、干净的结构和一些文档，否则它很可能看起来不熟悉。改进这个脚本需要相当长的时间，而且最可能的是著名的"如果它没有坏掉，不要修复它"的原则将占上风。

良好的脚本基于良好的 API（能够创建访问操作系统、应用程序或其他服务的功能或数据的应用程序功能和程序集），API 从根本上提供以下优势：

❑ 摘要：可编程 API 应该抽象化底层实现的复杂性。DevOps 工程师不需要知道不必要的详细信息，例如网元的特定配置顺序，或者在发生故障时需要采取的具体步骤。如果上述信息对人类来说不直观，那么配置引擎的命令排序就会更加复杂。配置的功能应该更像是填写高级检查清单（这些是你需要的设置；现在系统可以确定如何正确地分组和排序）。

❑ 数据规格：API 的关键工作（无论是软件 API 还是网络 API）是为数据提供规格。首先，它回答了数据是什么的问题——整数、字符串或其他类型的值？接下来，它指定了该数据的组织方式。在传统编程中这被称为数据结构，在网络可编程性和数据库的世界中更常见的术语是架构，也称为数据模型。由于网络基本上被视为（分布式）数据库，有时会使用术语（数据库）模式。

❑ 访问数据的方法：最后，API 为如何读取和操作设备数据提供了标准化框架。

数据模型驱动的管理基于在模型中指定管理对象的语义、语法、结构和约束的思想。脚本使用工具从这些模型中调用 API。优点是只要以向后兼容的方式更新模型，先前的 API 集仍然有效。

数据模型驱动管理的一个重要优点是将模型与协议和编码分离，这意味着添加协议和编码更容易。数据模型驱动的管理最初是在 NETCONF 和 XML 上构建的，但是其他协议 / 编码此后逐渐崭露头角：具有 JavaScript 对象符号（JSON）的 RESTCONF、具有 protobuf 的 gRPC 网络管理接口（gNMI）等。请注意，XML 和 JSON 是用于存储嵌入式和 Web 应用的结构化数据文本格式。第 2 章涵盖不同的协议和编码。

正如你将在第 7 章中看到的，一旦明确指定模型且完整的工具链到位，自动化流程即被简化，OPEX 就会被降低。虽然数据模型驱动的管理并不是新概念，但它是当今网络中一种可行的管理模式。因此，数据模型驱动的管理在本书中被认为是一个重要的趋势，本书致力于全面推进这个行业的转型。

将 API 应用于复杂环境时，关键是供应商以基于标准的方式实施 API。不同设备和供应商之间定义和访问数据应该有一种通用方法，运维人员不必为网络中的每个不同设备和功能学习单独的专有接口。

图 1-3 说明了如何从静态 CLI 脚本管理转变为模型驱动的方法。一个美洲的服务提供商正将其业务从一组较旧的设备迁移到一组较新的设备。请注意，转换最初相当缓慢，按照最初的节奏需要一些时间来完成。然后，2016 年 9 月推出了数据模型驱动的自动化工具，在本例中是思科产品，称为网络服务编排器（NSO），从根本上改变了网络的转换方式。

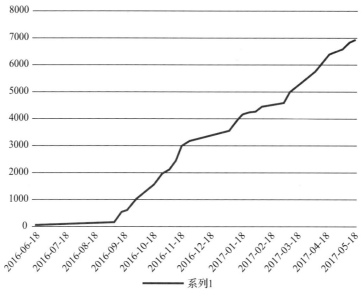

图 1-3　按日期移动的线路数量，最初基于 CLI 脚本，然后使用数据模型驱动的自动化软件

1.2.9　数据模型驱动的遥测

遥测是当今网络行业的一大热门话题。就像任何流行语一样，遥测对不同的人意味着不同的东西——与几年前的 SDN 一模一样。在与不同背景的人讨论时，遥测意味着：

❑ 自动测量与测量数据传输的科学技术。

❑ 将任何监控信息推送到收集器的机制（在此意义上，NetFlow 是一种遥测机制）。因为它是关于定期传输数据的，也被称为"流式遥测"。

❑ 数据模型驱动的信息推送，流式传输 YANG 对象。

❑ 基于硬件的遥测，直接从 ASIC 推送与数据包相关的信息。

❑ 设备级遥测，例如推送有关硬件和软件清单、配置、启用 / 许可功能等信息，目的是自动化诊断、了解整体使用情况并提供客户群管理。

> **讨论中必须澄清遥测的定义** [22]：
>
> "遥测是一种自动化的通信过程，通过该过程可以在远程或无法访问的地点收集测量数据和其他数据，并将其传输到接收设备进行监视。模型驱动的遥测提供了一种机制，可将数据从具有模型驱动的遥测设备流向目的地。
>
> 遥测使用订阅模型来识别信息源和目的地。模型驱动的遥测取代了对网元进行定期轮询的需求；在网元上实现了向用户连续传送信息的请求。一组订阅的 YANG 对象周期性地或随着对象的变化被流式传输到该订阅者。
>
> 流式传输的数据是通过订阅驱动的。订阅允许应用程序订阅 YANG 数据存储中的更新（自动更新和连续更新），这使得发布方能够推送并有效地传输这些更新。"

讨论中有必要论证一下为什么数据模型驱动的遥测是需要自动化的遥测中最重要的类型。首先，为什么遥测是必要的？你已经听过各种各样的理由：因为 SNMP 很无聊，因为 SNMP 很慢，因为 SNMP 在轮询时间上不准确——你可以这样说它。你甚至可能听过"因为 SNMP 不可靠"。好吧，SNMPv3 提供了安全认证和隐私保护！总之，有以下几点更重要的原因决定了要关注数据模型驱动的遥测。

❑ SNMP 不适用于配置，尽管它适用于监控（请参阅 RFC 3535 了解原因）。

❑ 基于 YANG 数据模型的网络配置具有 NETCONF/XML，RESTCONF/JSON 和 gNMI/protobuf 等协议 / 编码。

❑ 知道已应用配置并不意味着该服务正在运行；必须首先监控业务运营数据。

❑ 通常用于网络监视的 MIB 模块与用于配置的 YANG 模块之间没有太多相关性，除了一些索引，例如"The Interfaces Group MIB"（RFC 2863）中的 ifIndex 或"用于接口管理的 YANG 数据模型"中的接口密钥名（RFC 7223，已被 RFC 8343 淘汰）。

❑ 任何基于意图的机制都需要一个质量保障闭环，这只不过是遥测机制，正如下一节所解释的那样。

❑ 由于配置是"YANG 数据模型驱动"，必须进行遥测。

数据模型驱动的遥测唯一的例外可能是基于硬件的遥测：直接从 ASIC 码（用于流量的子集，线路速率）中推送大量遥测，这可能不会为与 YANG 相关的编码留出空间，也不会影响遥测输出率。但是仍然可以用支持大多数编码类型的 YANG 数据模型来描述导出的数据。

运维工程师需要将网络作为一个整体来管理，与用例或管理协议无关。问题是：不同的协议会带来不同的数据模型以及不同的信息建模方式。在这种情况下，网络管理部门必须进行艰难又耗时的数据模型映射工作：一个来自配置，另一个来自监控。在 CLI、MIB 模块、YANG 模型、IPFIX 信息元素、syslog 纯文本、TACACS+、RADIUS 等方面，网络管理是一项艰巨的任务。因此，不简化这个数据模型映射问题的协议设计是令人难以接受的。理想情况下，网络应提供通过不同协议传送数据，这些协议使用相同的概念、结构和名称，以便将数据合并到一个一致的视图中。换句话说，需要一个单一的数据模型。

1.2.10　基于意图的网络

随着边缘、核心和数据中心网络功能的融合，以及云网络、计算和存储的组合，服务变得越来越复杂。如今，随着复杂性的增加以及变更频率的增加，重要的是要让人们脱离现状专注于自动化。数据模型驱动的管理简化了自动化，指定遥测必须由数据模型驱动。现在，网络表现是否符合预期？新服务是否可以运行？是否遵守 SLA？你可以检查网络设备，虚拟机或容器是否可访问，并检查服务或 VNF 的配置是否正确。但是，验证单个组件的配置和可访问性并不意味着服务处在最佳运行状态或能够满足 SLA。

近来服务失败的成本显著上升。想象一下一个小时的停机时间对 Facebook 服务的收入影响，它的商业模式完全依赖于广告。想象一下一个小时的停机时间对 AWS 的收入影响，AWS 的商业模式依赖于 Web 服务的利用率。

这就是基于意图的网络概念开始发挥作用的地方，网络不断地学习和调整。过去通常通过专注于详细描述必要的网络配置步骤，并以规定性的模式进行管理。与规定性的方法相反，基于意图的方法侧重于识别更高级别的业务策略和对网络预期。换句话说，规定性的方法侧重于"如何"（how），而基于意图的方法则侧重于"是什么"（what）。例如，配置 L3VPN 服务的说明性方法涉及以下一系列任务，说明"如何"是什么。必须在接口"eth0"下的提供商边缘路由器 1 上配置名为"customer1"的 VRF，指向客户边缘路由器上的 router1 的默认网关，供应商边缘路由器 router1 和 router2 之间的 MPLS-VPN 连接，等等。

相反，基于意图的方法侧重于网络的需求（例如，为客户提供伦敦和巴黎站点之间的 VPN 服务）。

基于意图的网络创造的最大价值是基于反馈循环机制的持续学习、调整和优化，如下列步骤所示：

步骤 1　将业务意图（是什么）分解为网络配置（如何）。这就是魔术发生的地方。对于诸如"客户 C 在伦敦和巴黎站点之间的 VPN 服务"之类的单个任务，你需要了解巴黎和伦敦的相应设备、运营商拓扑结构的映射、客户设备的当前配置、运营商核心网络配置、拓扑类型（例如 hub 和星形或完全网状）、所需的服务质量（QoS）、IP 流量（IPv4 和 / 或 IPv6）类型、客户和运营商之间的 IGP 配置等。基于 YANG 数据模型的规范检查 L3VPN 服务交付的所有可能的参数（RFC 8299）。

步骤 2　自动化。一旦确定了是什么，这部分便很容易。基于数据模型驱动的管理和一套良好的 YANG 模型，控制器或编排器将 YANG 服务模型（RFC 8299）转换为一系列网络设备配置。受益于 NETCONF 和两阶段提交（稍后将详细介绍），你现在可以确定所有设备都已正确配置。

步骤 3　使用数据模型驱动的遥测进行监控，可实时查看网络状态。任何故障、配置更改、甚至行为的变化都直接报告给控制器和编排器（请参阅上一节）。

步骤 4　数据分析可以关联和分析新网络状态的影响，以实现服务保障的目的，有时甚至在降级发生之前就可以隔离问题根源。从那里几乎可以实时地推断出下一个网络优化点，然后再返回到步骤 1 以展开新的优化。

这个不断反馈的环路（由四个步骤组成）是不断学习和适应网络的基础。它支持由网络故障（或更糟糕的客户致电）触发排除故障的被动反应式网络管理，转变为专注于 SLA 的持续监视。预测分析和人工智能的结合以及持续学习和适应是主要推动力。从这开始，下一个合乎逻辑的步骤就会是：网络自愈。

即使本书不包括"意图"本身，它也包括步骤 2 和 3，以实现基于意图的网络。

1.2.11　软件正在吞噬世界

正如马克·安德森（Marc Andreessen）在 2011 年华尔街日报的一篇文章 *Why Software Is Eating The World*[23] 中所预测的："软件编程工具和基于互联网的服务，在许多行业让新的全球软件驱动型初创企业更容易开启他们的事业，因为无须投资新的基础设施和培训新员工。"

这是业内的一个趋势，消费者可以获得所有可能的机会：在线银行、在线预订酒店和航班、虚拟大堂助理、通过应用程序预订出租车、从 PC 拨打电话、在平板电脑上看电视或看书、在移动电话上收听音乐以及连接汽车。虽然为终端用户提供了更大的灵活性，但服务提供商希望通过使用软件来减少运营支出，从而减少人为交互，降低成本。

回到网络世界，你可以立即注册域名、创建多个电子邮件地址以及托管一个网站。只要单击几下，几乎在瞬间就可以启用 IPv6、向网站添加数据库、启用防火墙保护以及创建 SSL 证书。按需供应的云计算平台提供了存储资源、计算资源和一些基本的网络资源，可以添加虚拟网络，包括防火墙、虚拟入侵检测系统或计费等虚拟网络功能。

重点是所有这些新服务几乎都即时可得，这归功于软件。软件的后台是由自动化引擎和定制化数据分析功能组成。

1.3　现有网络管理实践和相关限制

管理网络并不新鲜。本节着眼于"传统"网络管理实践。传统上网络针对不同的 FCAPS 管理方面使用不同的管理协议，具有不同的管理模型和不同的实践（通常是 CLI 和"抓屏"、SNMP、NetFlow 和 IPFIX 以及 syslog）。从那里你可以观察到各自的协议限制，下一节将重点介绍协议限制引起的不同数据模型的问题。

这些协议描述了当今世界上大多数网络操作的现状。各个部分看起来都有些不同并包含许多小细节，本章末的摘要中汇总了图片。一旦你看到每个环境如何工作的快照并了解其中一些细节，全景图就会更加清晰。

1.3.1　CLI：这是 API 吗

大多数设备具有内置命令行界面（CLI），用于配置和故障排除。传统上通过 Telnet 协议对 CLI 进行网络访问，并添加 SSH 协议来解决与 Telnet 相关的安全问题。在某个时间点，CLI 是访问设备进行配置和故障排除的唯一方式。随着新功能的增加，CLI 将成为一个庞大的配置和 show 命令列表。

CLI：解释

CLI 通常是面向任务的，这使得它们易于被运维人员使用。由于目标是让人使用，设计原则是使 CLI 更具可读性。举个例子，旧的 IOS 命令已从 show mac-address-table 更改为

show mac address-table，这可能是因为开发人员认为从接口角度来看更好，或者可能与新的 "show mac" 功能一致。对于多数时间与设备交互时使用命令自动实现功能的用户，此更改不是问题。实际上，大多数命令行界面都提供了上下文相关的帮助以减少学习难度。但是，由于此 CLI 更改，现在将命令发送到设备的脚本将会失败。

另一方面，保存的文本命令序列很容易被重放。通常以 CLI 片段形式出现的相同访问列表可以应用于多个设备。通过简单的替换和任意的文本处理工具，操作工程师可以将相似的 CLI 片段应用于网元。通常访问列表代码段包含几个要替换的参数，具体情况取决于被管理设备的特征。

CLI：限制

"CLI 不再是标准" 部分已涵盖大部分 CLI 限制，本小节添加一些实际配置示例，例如以下片段：

```
Conf t
  router ospf x
  vrf xxx
```

以下是另一个示例：

```
Conf t
  vrf xxx
  router ospf x
```

换句话说，即使来自同一供应商不同设备上的命令也很可能表现不同。这些差异背后的根本原因是什么？是因为 CLI 通常缺乏通用的数据模型。

这些 VRF 示例导致第二个 CLI 限制：CLI 是上下文相关且有特定顺序的。问号有助于列出所有可用的选项，但输入一个命令可能会提供命令的子菜单。添加命令会引发问题，删除命令也会带来一些挑战。回到 VRF 示例，删除 VRF 可能会删除整组与 VRF 相关的命令，这同样取决于设备。由于 CLI 是专有的，因此在语法和语义上无法有效地在一组异构设备的环境中自动执行进程。

命令行界面主要面向用户，他们可以轻松适应较小的语法和格式更改。由于解析的复杂性，使用 CLI 作为编程接口很麻烦。例如，CLI 在发生故障时不会报告错误代码，这是一个必要的自动化属性。最重要的是它无法发现新的 CLI 更改：CLI 通常缺乏对语法和语义的有效版本控制。因此，维护不同版本的命令行界面接口程序或脚本既费时又容易出错。

此外，随着更多特性的引入 CLI 也在不断发展。当然，版本说明中记录了这些更改，至少记录了配置命令更改，但自动化不能使用版本说明。

CLI 是否是 API？它曾经作为 API 使用，但是非常脆弱。

作为一个测验，示例 1-1 显示了运维工程师在处理 CLI 时可能遇到的四种潜在情况。你能找到错误吗？这些输出有什么问题？

示例1-1　CLI测验

```
Router1#show run
Command authorization failed
Router1#


Router2#show run
Unable to read configuration. Try again later
Router2#


Router3#show run
Router3#


Router4#show run
…
 description %Error with interface
…
Router4#
```

Router1 的 show 命令看起来像 AAA（授权、身份验证、计费）问题，而它可能指向 Router2 的非易失性随机存取存储器（NVRAM）问题。除非配置为空，否则 Router3 的输出看似有误。最后，Router4 的输出像是一个错误，而实际上并非如此！在这种特定情况下，运维工程师将接口说明配置为"%Error with interface"，以标记此特定接口的问题。同样，对于用户而言，此说明有所帮助；但是对于基于 CLI 的脚本可能有意外的后果。在这种特殊情况下，这会导致 Expect[3] 脚本在自动配置存档时出现错误。当脚本尝试上载配置时，一旦遇到特定的描述行便停止工作，并认为脚本本身是错误的。实际上该脚本是基于 "Error" 的正则表达式（regex）。该示例充分说明了使用 CLI 进行自动化的困难。让我们直面它——CLI 不适合自动化。它不是人机友好的，它缺乏明确规范的格式。作为配置和收集设备信息的唯一方法，CLI 已使用多年，但它非常脆弱。

1.3.2　SNMP：用于监控但不用于配置

简单网络管理协议（SNMP）是 IETF 指定的协议。已经有多个协议版本。以下是不同 SNMP 版本的简要历史记录：

❑ SNMPv1（historic）：协议的第一个版本，由 RFC 1157 指定。本文档取代之前发布的 RFC 1067 和 RFC 1098 版本。安全性基于 SNMP 社区字符串。

❑ SNMPsec（historic）：此版本的协议在 SNMPv1 的协议操作上增加了强大的安全性，由 RFC 1351，RFC 1352 和 RFC 1353 指定。考虑了各方面的安全性。很少有供应商实施此版本的协议，该版本现已被搁置。

❑ SNMPv2p（historic）：对于此版本，已做了大量工作来更新 SNMPv1 协议和管理信息结构版本 1，不仅仅是安全性。结果是更新了协议操作、新协议操作和数据类型，以及基于参与方的 SNMPsec 安全性。此版本的协议（现在称为基于参与方的 SNMPv2）由 RFC 1441、RFC 1445、RFC 1446、RFC 1448 和 RFC 1449 定义。（注意此协议曾称为经典 SNMPv2，但该名称与基于社区的 SNMPv2 混淆。因此术语 SNMPv2p 更可取。）

❑ SNMPv2c（experimental）：此版本的协议称为基于社区字符串的 SNMPv2。由 RFC 1901、RFC 1905 和 RFC 1906 指定，是 SNMPv2p 协议操作和数据类型的更新，使用来自 SNMPv1 的基于社区的安全性。

❑ SNMPv2u（experimental）：此版本的协议使用基于用户的 SNMPv2c 协议操作和数据类型以及安全性。由 RFC 1905、RFC 1906、RFC 1909 和 RFC 1910 规定。

❑ SNMPv3（standard）：此版本的协议是基于用户的安全和协议操作以及来自 SNMPv2p 的数据类型的组合，并为代理提供支持。安全性基于 SNMPv2u 和 SNMPv2*，经过大量审查后更新。定义此协议的文档有多个部分：

　○ RFC 3410：互联网标准管理框架简介和适用性说明。

　○ RFC 3411：描述 SNMP 管理框架的架构。通过 RFC 5343 简单网络管理协议（SNMP）上下文引擎 ID 发现和 RFC 5590 更新了的简单网络管理协议（SNMP）的传输子系统。

　○ RFC 3412：SNMP 的消息处理和调度。

　○ RFC 3413：SNMPv3 应用。

　○ RFC 3414：SNMPv3 版本 3 的基于用户的安全模型（USM）。

　○ RFC 3415：基于视图的 SNMP 访问控制模型（VACM）。

　○ RFC 3584：第 1 版、第 2 版和第 3 版共存的互联网标准网络管理框架。

本书的目的不是深入探讨 SNMP 的细节。对于 SNMP、管理信息结构（SMI）和管理信息库（MIB）的相关技术有很多有价值的参考资料、书籍和教材，这里涵盖所有内容没有意义，尤其是你将很快意识到本书中的关键信息之一就是远离 SNMP。但是，让我们看一下本书中必要的一些概念。

SNMP：说明

如图 1-4 所示，嵌入在要管理的设备（通常是网络环境中的路由器或交换机）中的 SNMP 代理，响应位于网络管理系统中的 SNMP 管理器的信息和操作请求（NMS）：典型信息包括接口计数器、系统正常运行时间、路由表等。这些数据集存储在设备内存中，并通过 SNMP 轮询的方式从网络管理应用程序中检索。MIB 是驻留在 SNMP 代理虚拟信息存储中的管理对象的集合。在特定的 MIB 模块中定义了相关管理对象的集合。例如，在"Interfaces Group MIB"文档中指定了与接口相关的对象，由 RFC 2863 中的 IETF 详细说明。SMI 定义了描述管理信息的规则，使用抽象语法符号 ASN.1 作为接口描述语言。换句话说，SMI 是一种数据建模语言，用于描述要通过 SNMP 协议管理的对象。

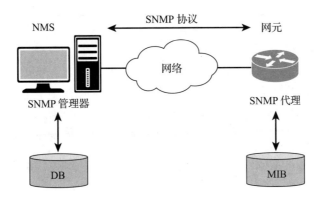

图 1-4　SNMP 基本模型

SNMP 管理器和 SNMP 代理之间发生以下类型的交互：

❏ Read：从 SNMP 代理读取托管对象的能力，其特征在于 MIB 模块中的"只读"对象。典型示例是接口计数器统计信息的轮询，由 ifInOctets 和 ifOutOctets 托管对象（RFC 2863）描述。

❏ Write：如果托管对象在 MIB 模块中指定为"读写"状态（例如，使用 ifAdmin-Status 托管对象更改接口管理状态（RFC 2863）），则可以在 SNMP 代理中设置托管对象。

❏ Notification，也称为 trap 或 inform：是一种从 SNMP 代理到 SNMP 管理器的基于推送的机制（与 SNMP 管理器从 SNMP 代理轮询信息时的拉取相反）。典型示例是当接口操作状态更改时，发送到 SNMP 管理器的 linkUp 或 linkDown 通知（RFC 2863）。

SNMP：限制

SNMP 规范背后的思想是开发一个用于配置和监视设备与网络的通用协议，有效地涵盖 FCAP 的多个方面，而对安全性"S"则分开对待。SNMP 通知涵盖"故障"，读写 MIB 对象的配置涵盖"配置"，而众多只读 MIB 对象则涵盖"计费"和"性能"的某些方面。

SNMPv1 于 1990 年发布，SNMPv3 于 2002 年完成。第三版中融入了多年的经验。虽然 SNMPv3 在增加安全性的情况下需要一段时间才能广泛实施，但几年后它得出了一个重要结论：SNMP 在监控设备方面一直做得很好。但是在设备配置上是失败的。

2003 年，RFC 3535"2002 年 IAB 网络管理研讨会概述"记录了网络运维人员和协议开发人员开始对话的结果，以指导 IETF 关注未来的网络管理工作。本文报告了与 SNMP 协议相关的强（+）、弱（−）和中性（o）点列表。

> ### SNMP 分析
>
> SNMP 管理技术创建于 20 世纪 80 年代末，此后在互联网上广泛实施和部署。因为

有很多实施和操作经验, 其技术特点很容易理解。

+ SNMP 在设备监控方面运行良好。SNMP 的无状态性质对于统计和状态轮询非常有用。

+ SNMP 广泛用于基础监控。在大多数网络设备上实现了一些核心 MIB 模块, 如 IF-MIB (RFC 2863)。

+ 网络设备供应商开发了许多有明确定义的专有 MIB 模块来支持其管理产品。

+ SNMP 是进行事件关联、警报检测和根本原因分析系统的重要数据源。

○ SNMP 要求应用程序是有用的。SNMP 早期便被设计为管理应用程序和设备之间的编程接口。因此, 在没有管理应用程序或智能工具的情况下使用 SNMP 似乎更复杂。

○ 标准化 MIB 模块通常缺少可用于配置的可写 MIB 对象, 导致在专有 MIB 模块中存在有趣的可写对象的情况。

- 设备中的对象数量存在扩展性问题。虽然 SNMP 为从许多设备中检索少量数据提供了合理的性能, 但在从一些设备检索大量数据 (例如路由表) 时, 它变得相当缓慢。

- 可写 MIB 模块的部署太少。虽然在电缆调制解调器等重要的可写 MIB 模块中存在一些明显的例外, 但路由器设备通常无法通过 SNMP 进行完整的配置。

- SNMP 事务模型和协议约束使得实现 MIB 比实现命令行界面解释器的命令更加复杂。MIB 上的逻辑操作可以转换为 SNMP 交互序列, 在该序列中实施必须保持状态直到操作完成, 或者确定出故障为止。如果出现故障, 一个健壮的实现必须能够将设备回滚到一致的状态。

- SNMP 不支持轻松检索和回放配置。部分因为识别配置对象并不容易。另外命名系统非常具体, 物理设备的重新配置可能会破坏回放先前配置的功能。

- 运维人员首选的面向任务的视图与 SNMP 提供的以数据为中心的视图之间通常存在语义上的不匹配。从面向任务的视图映射到以数据为中心的视图通常需要管理应用程序端一些特殊的代码。

- 几个标准化的 MIB 模块缺乏对高级程序的描述。阅读 MIB 模块通常并不清楚如何完成某些高级任务, 导致有几个不同的方法来实现相同的目标, 增加成本并阻碍了互操作性。

有多种因素阻止 SNMP 取代设备 CLI 成为主要的配置方法。RFC 3535 简要介绍了一些要点, 在此补充一些经验之谈:

❑ 首先, 是金钱问题: 与 CLI 代码相比, SNMP 代理代码开发、测试和维护成本过高。对于管理对象数量有限的小型设备以及供应商提供最终用户管理应用程序的小型设备, SNMP 似乎运行得很好。对于更复杂的设备, SNMP 过于昂贵, 难以使用 (SNMP Set: Can it be saved?)[24]。

❑ 由于用户数据报协议（UDP）的特性，批量数据传输性能较差。典型的例子是路由表，其中 BGP 表的轮询需要相当长的时间。SNMP 与基于 UDP 的普通文件传输协议（TFTP）具有相同的数据传输行为，因此花费了大量的等待时间。特别是如果网络中存在任何延迟，这就成了问题。但是，SNMP 基于 UDP 的优点是流量在拥塞时也可以顺利通过。请注意，从 SNMP 轮询到 NETCONF 后，有运维人员在实际生产网络中看到性能提高了 10 倍。用 NETCONF 更典型的数值是快两到三倍（NETCONF 是基于 TCP 的，为 FTP 式传输）。

❑ MIB 设计时没有预料到查询操作性能这样差。一个典型示例是以下查询：哪个外发接口用于特定的目标地址？

❑ 通常不可能通过 SNMP 检索所有的设备配置以便与以前的配置进行比较或检查设备之间的一致性。通过 SNMP 接口对设备功能部件的覆盖不完整，并且许多功能部件的配置数据和操作状态数据之间缺乏区分。例如，当 SNMP 管理器使用 ifAdminStatus 对象设置接口状态时，它必须轮询 ifOperStatus 对象以检查所应用的操作状态。该示例对任何网络运维人员都是显而易见的，却无法以编程方式发现这两个对象之间的链接。

❑ 无法及时提供可用的 MIB 模块及其实施（有时 MIB 模块滞后数年），这迫使用户使用 CLI。如前所述，设备管理实际上一直是事后思考的事情。一旦运维人员被"强制"使用脚本来管理其 CLI（例如，使用 Expect 脚本），便没有太多的动机使用不同的机制来获取不太多的附加值。

❑ 在内部数据结构方面，其排列顺序有时是人为的，这会造成大量运行时的开销或增加实施成本或实施延迟，或两者兼而有之。一个典型的例子是路由表，在应答 SNMP 请求之前需要重新排列其数据。

❑ 运维人员认为当前的 SNMP 编程 / 脚本接口太过低级耗时，使用不便。此外，设备制造商认为 SNMP 工具本身就很难实现，尤其是复杂的表索引方案和表之间的相互关系。举一个实际例子，RFC 5815 指定了用于 IPFIX（IP Flow Information eXport）（也称为 NetFlow 版本 10）监控和配置的 MIB 模块。此 MIB 模块以非常灵活的方式创建，支持 NetFlow CLI 选项所许可的所有可能的配置选项。某些表条目最多需要四个索引，增加了复杂性，因此不建议实施这个 MIB 模块。为了进行记录使用 YANG 模块执行相同的练习并生成了 RFC 6728：IPFIX 和数据包采样（PSAMP）协议的配置数据模型。

❑ MIB 模块面向数据的低级抽象级别与网络运维人员所需的面向任务的抽象级别之间存在语义上的不匹配。原则上可以用工具来弥补这一差距，但是总成本很昂贵，需要严肃的开发和编程工作。

❑ MIB 模块通常没有描述如何使用各种对象来实现某些管理功能。MIB 模块通常被描述为没有配方的成分列表。

- ❑ SNMP 无法找到在设备上实施的 SNMP MIB 模块的版本，更无法找到获取副本的机制。必须访问供应商网站或致电客户支持。
- ❑ SMI 语言处理困难，也不实用。
- ❑ SNMP 陷阱用于跟踪状态更改，但通常认为 syslog 消息包含更多信息来描述问题，通常认为它们更有用。SNMP 陷阱通常需要后续的 SNMP GET 操作才能找出陷阱的真正含义。

请注意，IETF 修复 SMI 和 SNMP、SMIng（SMI Next Generation）[25] 的努力于 2003 年结束，没有确切结果。

个人体验

大约在 2006 年的一次 CiscoLive 展会上，我询问了 SNMP 的配置使用情况。查看了思科网络管理产品，并在我的演讲中询问了网络管理合作伙伴和客户之后，结论（再次）很清晰并完全与行业一致：SNMP 被广泛用于监视（轮询和通知），但不用于配置。第一个例外是 IP SLA，它是一种协议，监视 IP 流量的服务级别协议（SLA）参数，例如延迟、数据包丢失、抖动等。以下三个因素解释了这种特定的 IP SLA 情况：

作为管理协议，IP SLA 自然由管理协议（SNMP）配置。

MIB 模块始终与 CLI 配置保持一致，而实际上大多数 MIB 模块是事后考虑的。

最重要的是，IP SLA 操作在称为影子路由器的专用设备上配置，避免管理站与转发流量设备交互，并且启用太多的 IP SLA 操作可能降低其性能。

第二个例外是 CISCO-CONFIG-COPY-MIB，它是一个 MIB 模块，可以通过以下方式方便地写入运行 CISCO IOS 的 SNMP 代理配置文件：往返于网络、将运行配置复制到启动配置（反之亦然）以及将配置（运行或启动）复制到本地 IOS 文件系统。

——贝诺特·克莱斯（Benoît Claise）

2014 年，互联网工程指导小组（IESG）[26]、负责 IETF 活动技术管理和互联网标准流程的 IETF 小组，发布了一份关于"可写 MIB 模块"[27] 的声明。

IESG 关于可写 MIB 模块的声明

"IESG 已经意识到在 OPS 领域和一些工作组中就目前采用基于标准的配置方法的讨论。OPS 领域对 NETCONF/YANG 的使用表示强有力的支持，而许多工作组却仍然制定 MIB 模块。IESG 希望通过这一声明澄清这一情况：

鼓励 IETF 工作组使用 NETCONF/YANG 标准进行配置，特别是在新的章程中。

只有在使用 SNMP 写入操作进行配置并与 OPSAD/MIB doctors 协商一致的情况下，工作组才能创建 SNMP MIB 模块和修改配置状态。"

如果从以前的行业状况还看不清楚，那么这个声明明确禁止指定 MIB 模块进行配置并指明新的方向，即采用 NETCONF/YANG 的解决方案。

1.3.3　NetFlow 和 IPFIX：主要用于流记录

第一个与流量相关的 BoF（Birds of a Feather）会议是 2001 年夏季在伦敦举行的 IETF 第 51 次会议。几个月后成立了 IP 流信息出口（IPFIX）工作组（WG）[28]，其章程是："选择一个协议，通过该协议可将 IP 流信息从'导出器'及时传输到一个或多个收集站，并定义使用该协议的架构。协议必须在 IETF 批准的拥塞感知传输协议（例如 TCP 或 SCTP）上运行。"章程规划了三个可交付物：需求、架构和数据模型。目的是标准化 NetFlow，NetFlow 是一种思科专有的实施方式，已经部署在运营商网络中。工作就此展开。

工作组就未来 IPFIX 协议的选择以及就此产生的 IPFIX 架构进行了长时间的讨论。有五种具备不同能力的候选协议，每个候选提案者显然都在推销自己的协议。工作组主席在会上决定，工作组应将所有要求归类为"必须""应该""可以"和"不在乎"。RFC 3917 的"IPFIX 需求"记录了此结果。一个负责根据已记录的需求评估不同协议的独立的团队得出结论认为，服务 IPFIX WG 章程的目标最好从 NetFlow v9 开始，这部分内容同时记录在 RFC 3954 中。

此后几年致力于 IPFIX 协议的规范化。工作组在与传输相关的讨论中花费了一年左右：是否应该使用 TCP 或流控制传输协议（SCTP）作为拥塞感知传输协议？或者使用 UDP，因为大多数运维人员仅在流导出集合完全在其管理域内时才关心 UDP？最重要的是，转发 ASIC 的分布式功能使拥塞感知传输要求（例如 TCP 或 SCTP）变得复杂。最终规范在以下方面达成妥协：

"使用（RFC 3758）中指定 PR-SCTP 扩展的 SCTP（RFC 4960），必须通过所有符合规定的实施方式来实现。UDP 还可以通过符合规定的实施方式来实现。TCP 也可以通过符合规定的实施方式来实施。"

IPFIX 协议（RFC 5101）和 IPFIX 信息模型（RFC 5102）最终在 2008 年 1 月作为拟议标准发布。IPFIX 是一种改进的 NetFlow v9 协议，具有额外的功能和要求，例如传输、字符串可变长度编码、安全性和模板撤回消息等。

IPFIX WG 于 2015 年关闭，成果如下：

❑ IPFIX 协议和信息模型，分别为 RFC 7011 和 RFC 7012，作为互联网标准发布

❑ 关于 IPFIX 调解功能的一系列 RFC

❑ 总共近 30 个 IPFIX RFCs[29]（架构、协议扩展、实施指南、适用性、MIB 模块、YANG 模块等）

其中，IPFIX 社区在 PSAMP（数据包采样 Packet SAMPling）[30] 上工作，另一个工作组选择 IPFIX 导出数据包采样信息，并生成了四个 RFC[31]。注意：一系列采样数据包只是具有某些特定属性的流记录。

NetFlow 和 IPFIX：解释

与 SNMP 一样，有许多书籍、视频和参考资料详细解释 NetFlow 和 IPFIX，下面简短的章节集中解释本书需要说明的内容。

简而言之，IPFIX 导出器（通常是路由器）首先导出一个模板记录，其中包含流记录中定义的不同关键字段和非关键字段。IPFIX 导出器内部的计量过程观察到一些带有关键字段和非关键字段的流量记录，并在一些流量过期后根据模板记录导出。key 字段是使一个流量具有唯一性的字段。因此，如果在 IPFIX 缓存中还没有观察到数据包中的（一组）key 字段值，就在该缓存中创建一个新的流量记录，如图 1-5 所示。

图 1-5　IPFIX 基本模型

图 1-6 显示了一个典型的流记录，由许多 IPFIX 信息元素组成，其中流 key 字段以灰色显示，non-key 字段以浅色显示。

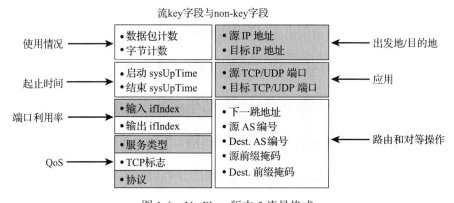

图 1-6　NetFlow 版本 5 流量格式

IPFIX 信息元素由 IETF 在 IANA（互联网号码分配机构）注册管理机构中指定，也可以由厂商指定。图 1-6 中 Packet Count 和 Input ifIndex 在示例 1-2 中分别指定。

示例1-2　NetFlow Packet Count和Input ifIndex规范

```
packetTotalCount

    Description:
        The total number of incoming packets for this Flow at the
```

```
        Observation Point since the Metering Process (re-)initialization
        for this Observation Point.
    Abstract Data Type: unsigned64
    Data Type Semantics: totalCounter
    ElementId: 86
    Status: current
    Units: packets

ingressInterface

    Description:
        The index of the IP interface where packets of this Flow are
        being received.  The value matches the value of managed object
        'ifIndex' as defined in RFC 2863.  Note that ifIndex values are
        not assigned statically to an interface and that the interfaces
        may be renumbered every time the device's management system is
        re-initialized, as specified in RFC 2863.
    Abstract Data Type: unsigned32
    Data Type Semantics: identifier
    ElementId: 10
    Status: current
    Reference:
        See RFC 2863 for the definition of the ifIndex object.
```

基于本章后面讨论的数据模型和信息模型之间的区别，IPFIX 信息模型（RFC 7012）和 IPFIX 信息元素是否不应该分别被称为 IPFIX 数据模型和 IPFIX 数据模型元素？因为它们与实施的详细信息直接相关，此处尚有争议。

NetFlow 和 IPFIX：各种限制

IPFIX 广泛部署在流量监控领域，用于容量规划、安全监控、应用发现或仅用于基于流量的计费。NetFlow 计量流程具有灵活性，能够选择任何 IPFIX 信息元素作为 key 字段或 non-key 字段，从而创建多个用于部署 IPFIX 的使用案例。

IPFIX 最大的限制是它只报告与流量有关的信息，实际上它已经成为一种通用的导出机制。我们了解一下 IPFIX 首字母缩写词。

I P F I X

IPFIX 是为 IP 创建的，但不限于 IP：它可以导出超过 IP 层的信息，例如 MAC 地址、MPLS、TCP/UDP 端口、应用等。

I̶P̶ F I X

留下 FIX 供我们使用，但从协议的角度来看，没有什么能够阻止我们转发非流式相关信息，例如 CPU。

FIX

留下 IX 的 "Information eXport"，作为这个通用导出机制的缩写。

IX

IPFIX IETF WG 的一次会议上讨论了这一建议，但从未正式地进行过名称更改。

还有两项建议是关于建立一个通用导出机制：

❑ RFC 6313 指定 IPFIX 扩展协议，以支持分层结构化数据和数据记录中的信息元素列表（序列，sequences）。此扩展允许定义复杂的数据结构，例如可变长度列表和模板之间的分层包含关系规范。该规范背后的一个初步想法是导出完整的防火墙规则以及阻塞的流量记录。

❑ RFC 8038 规范了使用管理信息库（MIB）对象补充 IP 流信息导出（IPFIX）数据记录的方法，避免为已完全规范的现有 MIB 对象定义新的 IPFIX 信息元素。此规范背后的初始思想之一是在流记录及其 QoS 类映射旁边导出 MIB 模块中可用的基于类的 QoS 计数器。

这两个提议是为了扩展 IPFIX 协议的作用域而创建的，IPFIX 规范发布之后其兴趣仍然集中在与流相关的信息上，这两个提议来得太晚了。然而，最初在 2009 年和 2010 年提出的这两个提案表明该行业早期已有进行更多的自动化和数据模型整合的迹象。

1.3.4　syslog：无结构化数据

syslog 是 20 世纪 80 年代开发的一种机制，用于生成日志，使软件子系统能够本地或远程报告和保存重要的错误消息，如示例 1-3 所示。

示例1-3　典型syslog消息

```
00:00:46: %LINK-3-UPDOWN: Interface Port-channel1, changed state to up
00:00:47: %LINK-3-UPDOWN: Interface GigabitEthernet0/1, changed state to up
00:00:47: %LINK-3-UPDOWN: Interface GigabitEthernet0/2, changed state to up
00:00:48: %LINEPROTO-5-UPDOWN: Line protocol on Interface Vlan1, changed state to
down
00:00:48: %LINEPROTO-5-UPDOWN: Line protocol on Interface GigabitEthernet0/1, changed
state to down 2
*Mar  1 18:46:11: %SYS-5-CONFIG_I: Configured from console by vty2 (10.34.195.36)
18:47:02: %SYS-5-CONFIG_I: Configured from console by vty2 (10.34.195.36)
*Mar  1 18:48:50.483 UTC: %SYS-5-CONFIG_I: Configured from console by vty2
(10.34.195.36)
```

从类似 Unix 的操作系统开始（使用 Unix 手册页面中的文档）许多地方都在使用 syslog，syslog 成为事实上的标准。多年后，IETF[32] 在信息 RFC 3164 "BSD syslog 协议" 中记录了这种常见的做法。

RFC 5424（"syslog 协议"）于 2009 年标准化，目标是将消息内容与消息传输分离，同时轻松实现每层的可扩展性，并淘汰 RFC 3164。它描述 syslog 消息的标准格式并概述传输映射的概念。它还描述了结构化数据元素用于传输易于解析的结构化信息并允许供应商扩展。然而这些实现没有遵循标准。到今天为止作者只知道一个商业实现案例。

syslog：解释

由于 RFC 5424 未被行业采用，本小节解释 RFC 3164 事实上所具有的标准特性。

syslog 是一个非常基本的报告机制，由简单的英文文本组成：它不包含 IPFIX 中的信息元素或 SNMP 中的变量绑定。syslog 消息从 syslog 代理（受监控的设备）通过 UDP 以未确认的方式传输到 syslog 守护进程。syslog 标头格式提供了一个过滤字段、"facility"（设施）和一个 "level"（级别）字段，标示紧急级别，从 7 到 0（调试：7，信息：6，通知：5，警告：4，错误：3，关键：2，警报：1，紧急情况：0），如图 1-7 所示。

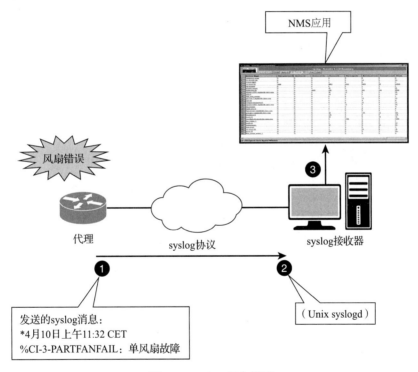

图 1-7　syslog 基本模型

syslog：限制

一方面，纯英文文本中的 syslog 消息内容对开发人员来说是一个优势，因为创建新的 syslog 消息就像打印 US-ASCII 字符串一样简单（例如 C 语言打印功能）。对于能够快速解释可读 syslog 消息的网络运维人员来说，这也是一个优势。另一方面，英语文本形式自由的内容也是最大的缺陷。除了一些基本的 syslog 消息（例如 linkUp 或 linkDown）之外，syslog 消息内容几乎没有一致性，无法进行自动处理。在某种程度上，如果信息过多，也会阻碍人员的处理。典型的用法是搜索关键词，及时读取围绕关键词的几个条目理解现状。

示例 1-4 显示了通过网络地址转换（NAT）过载配置，为 ICMP ping 记录的 NAT 信息格式。

示例1-4　通过NAT过载配置进行ICMP ping的NAT syslog消息

```
Apr 25 11:51:29 [10.0.19.182.204.28] 1: 00:01:13: NAT:Created icmp
135.135.5.2:7 171 12.106.151.30:7171 54.45.54.45:7171
54.45.54.45:7171
Apr 25 11:52:31 [10.0.19.182.204.28] 8: 00:02:15: NAT:Deleted icmp
135.135.5.2:7 172 12.106.151.30:7172 54.45.54.45:7172
54.45.54.45:7172
```

有四个 IP 地址 / 端口对列表，如何确定哪一对代表 NAT 前和 NAT 后的处理，或者说内部和外部的 IP 地址？ syslog 守护进程不能根据 syslog 消息内容做任何假设，如果不知道该设备类型的 syslog 消息惯例，或者仅知道设备厂商的 syslog 消息惯例，就不可能实现消息处理自动化。

1.4 数据模型是自动化的关键

本节探讨使用不同的协议和数据模型管理网络所面临的挑战。

深入研究数据模型之前，了解信息模型和数据模型之间的差异很重要。

1.4.1 信息模型与数据模型的差异

以下内容来自 RFC 3444：

信息模型的主要目标是在概念层面上对被管理对象进行建模，独立于任何具体的实现或用于传输数据的协议。信息模型中定义抽象的具体化（或详细）程度取决于其设计者的建模需求。为了使总体设计尽可能明确，信息模型应隐藏所有协议和实现细节。信息模型的另一个重要特征是它定义了管理对象之间的关系。

反之，数据模型是在较低的抽象层次上定义的，包括许多细节。信息模型和数据模型是为实施者准备的，包括特定协议的结构。

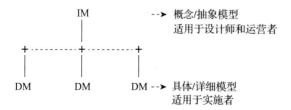

信息模型（IM）与数据模型（DM）之间的关系如上图所示。由于概念模型可以用不同

的方式实现，因此可以从单个信息模型推导出多个数据模型。

IM 的主要作用是让设计者描述被管理的环境、让操作者理解被建模的对象、让实施者指导必须在 DM 中描述和编码的功能。文献中经常使用的术语"概念模型"和"抽象模型"与 IM 有关。IM 能够以不同的方式实现并映射在不同的协议上。IM 是协议中立的。

信息模型的一个重要特征是它们可以（通常应该）指定对象之间的关系。组织可以使用信息模型的内容来划分可包含在 DM 中的功能。

信息模型可以使用自然语言（例如英语）以非正式的方式定义。或者可以使用正式语言或半正式的结构化语言来定义信息模型。正式指定信息模型的一种可能性是使用统一建模语言（UML[33]）的类图。UML 类图的一个重要优点是以标准图形方式表示对象及其之间的关系。基于这种图形化的表示方式，设计者和操作者可能会发现理解对基础管理模式的概述更容易。

与信息模型相比，数据模型在较低的抽象级别定义托管对象，包括特定于实施和协议的详细信息（例如，解释如何将托管对象映射到较低级协议架构的规则）。

大多数标准化的管理模式都是数据模型。包括如下例子：

❏ 管理信息库（MIB）模块，使用 SMI 指定。

❏ 通用信息模型（CIM）模式，在分布式管理任务组（DMTF）内制定。DMTF 以图形和文本两种形式发布。图形形式使用 UML 类图，没有标准化（图形不能表示全部细节）。

❏ 考虑到数据模型和信息模型的定义，作者认为 IPFIX 信息模型（RFC 7102）应称为"数据模型"。

运维工程师需要将网络作为一个整体进行管理，独立于用例或管理协议。这里有一个问题：不同的协议会产生不同的数据模型，以及不同的方法来模拟相同类型的信息。

1.4.2　用不同的数据模型管理网络的挑战

作为本节其余部分使用的一个示例，我们通过不同的协议和数据模型以及 NMS 面临的挑战，来查看简单"接口"概念的管理。

ifIndex 定义来自接口组 MIB（RFC 2863）

"每个接口的唯一值都大于零。建议从 1 开始连续分配值。每个接口子层的值至少从网络管理系统的首次初始化到下一次重新初始化之间须保持恒定。"

图 1-8 描述了 RFC 2863 中的 Interfaces MIB 模块中的 interfaceIndex，图 1-9 显示了 ifEnter，图 1-10 显示了 ifTable，图 1-11 显示了 ifAdminStatus，图 1-12 显示了 ifOperStatus。

图 1-8　接口组 MIB 模块中的接口索引

图 1-9　接口组 MIB 模块中的条目

接口管理状态使用 ifAdminStatus 对象设置，而相应的操作状态使用 ifOperStatus 对象读取，具有相同的 ifIndex 值，如图 1-10 所示。

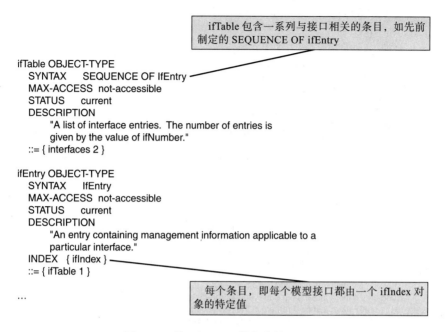

图 1-10　接口组 MIB 模块中的 ifTable

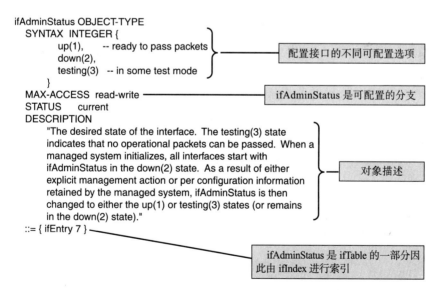

图 1-11　ifAdminStatus 在接口组 MIB 模块中的应用

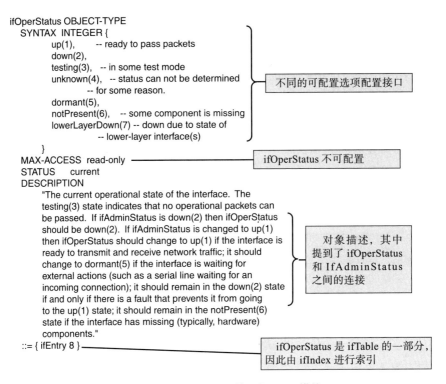

```
ifOperStatus OBJECT-TYPE
    SYNTAX  INTEGER {
        up(1),       -- ready to pass packets
        down(2),
        testing(3),  -- in some test mode
        unknown(4),  -- status can not be determined
                     -- for some reason.
        dormant(5),
        notPresent(6),   -- some component is missing
        lowerLayerDown(7) -- down due to state of
                     -- lower-layer interface(s)
    }
    MAX-ACCESS  read-only
    STATUS    current
    DESCRIPTION
        "The current operational state of the interface. The
        testing(3) state indicates that no operational packets can
        be passed. If ifAdminStatus is down(2) then ifOperStatus
        should be down(2). If ifAdminStatus is changed to up(1)
        then ifOperStatus should change to up(1) if the interface is
        ready to transmit and receive network traffic; it should
        change to dormant(5) if the interface is waiting for
        external actions (such as a serial line waiting for an
        incoming connection); it should remain in the down(2) state
        if and only if there is a fault that prevents it from going
        to the up(1) state; it should remain in the notPresent(6)
        state if the interface has missing (typically, hardware)
        components."
    ::= { ifEntry 8 }
```

不同的可配置选项配置接口

ifOperStatus 不可配置

对象描述，其中提到了 ifOperStatus 和 IfAdminStatus 之间的连接

ifOperStatus 是 ifTable 的一部分，因此由 ifIndex 进行索引

图 1-12　ifOperStatus 接口组 MIB 模块

请注意，只有 ifOperStatus 英文说明是两个重要对象之间存在连接的地方：用于配置接口状态的 ifAdminStatus 和用于监视有效接口状态的 ifOperStatus。这凸显了 SNMP 的另一个重要缺点：工具不会自动推断预期状态和应用状态之间的映射。仔细检查描述条款会发现该信息，但这需要对 MIB 内容有广泛的了解。反过来，此映射必须在基于 SNMP 的 NMS 中进行硬编码。

并非受管设备上的所有接口计数器都可通过 MIB 模块调用。例如，接口负载不可用，如示例 1-5 所示。

示例1-5　接口负载

```
router# show interfaces
Serial0/2 is up, line protocol is up
  Hardware is GT96K with 56k 4-wire CSU/DSU
  MTU 1500 bytes, BW 56 Kbit, DLY 20000 usec,
    reliability 255/255, txload 1/255, rxload 1/255
  Encapsulation FRAME-RELAY IETF, loopback not set
  Keepalive set (10 sec)
  LMI enq sent  2586870, LMI stat recvd 2586785, LMI upd recvd 0, DTE LMI up
  LMI enq recvd 24, LMI stat sent  0, LMI upd sent  0
  LMI DLCI 0  LMI type is ANSI Annex D  frame relay DTE
  Broadcast queue 0/64, broadcasts sent/dropped 0/0, interface broadcasts 0
```

```
Last input 00:00:05, output 00:00:05, output hang never
Last clearing of "show interface" counters 42w5d
Input queue: 0/75/0/13 (size/max/drops/flushes); Total output drops: 0
Queueing strategy: fifo
Output queue: 0/40 (size/max)
5 minute input rate 0 bits/sec, 0 packets/sec
5 minute output rate 0 bits/sec, 0 packets/sec
    9574781 packets input, 398755727 bytes, 0 no buffer
    Received 0 broadcasts, 0 runts, 0 giants, 0 throttles
    2761 input errors, 2761 CRC, 1120 frame, 624 overrun, 0 ignored, 2250 abort
    9184611 packets output, 289103201 bytes, 0 underruns
    0 output errors, 0 collisions, 195 interface resets
    0 output buffer failures, 0 output buffers swapped out
    668 carrier transitions
    DCD=up  DSR=up  DTR=up  RTS=up  CTS=up
```

在这种情况下，运维工程师必须轮询多个对象以推断出负载，如以下代码片段所示：

```
utilization = (ifInOctets + ifOutOctets) * 800 / hour / ifSpeed
```

另一种方法是使用 show interfaces 命令对值进行"抓屏"，但要实现全部"抓屏"则困难重重。

在其他情况下"抓屏"是唯一的解决方案。例如，Cisco ASR1000 设备在 ASIC 级别提供了一些 Cisco QuantumFlow 处理器（QFP）计数器：这些计数器不能供 MIB 模块使用。因此，在 SNMP 上 NMS 需要"抓屏"。

现在，假设相同的 NMS 必须将 SNMP 信息与 syslog 消息相关联，这不是一件容易的事！如本章前面"syslog：限制"部分所述，纯文本格式的 syslog 消息基本上是 freeform 格式的文本。为了方便用户使用，在与接口相关的 syslog 消息中使用了与 ifIndex 相反的接口名称，如示例 1-6 所示。

示例1-6　接口关闭syslog消息

```
*Apr  7 21:45:37.171: %LINK-5-CHANGED: Interface GigabitEthernet0/1, changed state to
administratively down
*Apr  7 21:45:38.171: %LINEPROTO-5-UPDOWN: Line protocol on Interface
GigabitEthernet0/1,
changed state to down
```

NMS 必须首先从 syslog 消息中提取接口名称——这同样不容易，因为在业界并没有为接口命名的惯例。syslog 消息可能包含 "GigabitEthernet0/1" 或 "GigE0/1" "GigEth 0/1" 或其他任何变体，这使得正则表达式搜索变得复杂化。一旦完成后，NMS 必须将接口名称与另一个代表接口名称的 MIB 对象 ifName 关联起来。当且仅当受管设备对 ifName 和 syslog 消息保持相同的命名约定（不是给定的），此操作正常。当从 MIB、CLI 和 syslog 消息开始处理不同的协议和数据模型时，NMS 会变得很复杂。

假设同一个 NMS 要结合流量相关用例，必须集成 NetFlow 或 IPFIX 流量信息。该 NMS

应用需要映射一个不同的数据模型，即 NetFlow/IPFIX。在指定 IPFIX 信息元素的同时，设计者仔细地将 IPFIX 的定义与 ifIndex MIB 的 ifIndex 值对齐。但是，接口组 MIB 模块未将方向的概念指定为接口属性。相反，ifTable 中的八位字节计数器会将单播和非单播数据包的八位字节计数汇总为每个方向（接收 / 发送）的单个八位字节计数器。另一方面，IPFIX 需要有接口方向的概念：在入口或出口接口上能观察到流记录吗？与 SNMP 世界中唯一的 ifIndex 对象相反，接口定义中的语义略有不同，导致产生了两个不同的 IPFIX 信息元素。IANA 注册表 [34] 中指定的两个 IPFIX 信息元素是 ingressInterface 和 egressInterface，如示例 1-7 所示。

示例1-7　ingressInterface和egressInterface IPFIX定义

```
ingressInterface

    Description:
        The index of the IP interface where packets of this Flow are being
        received.  The value matches the value of managed object 'ifIndex'
        as defined in RFC 2863.  Note that ifIndex values are not assigned
        statically to an interface and that the interfaces may be
        renumbered every time the device's management system is
        re-initialized, as specified in RFC 2863.
    Abstract Data Type: unsigned32
    Data Type Semantics: identifier
    ElementId: 10
    Status: current
    Reference:
        See RFC 2863 for the definition of the ifIndex object.

egressInterface

    Description:
        The index of the IP interface where packets of this Flow are being
        sent.  The value matches the value of managed object 'ifIndex' as
        defined in RFC 2863.  Note that ifIndex values are not assigned
        statically to an interface and that the interfaces may be
        renumbered every time the device's management system is
        re-initialized, as specified in RFC 2863.
    Abstract Data Type: unsigned32
    Data Type Semantics: identifier
    ElementId: 14
    Status: current
    Reference:
        See RFC 2863 for the definition of the ifIndex object.
```

NMS 使用 MIB 对象映射 IPFIX 流记录，必须对该 MIB-object-versus-IPFIX-information-elements 映射进行硬编码。

现在在 AAA（授权、认证和计费）世界中，该接口的建模方式也有所不同，端口代表用户尝试进行身份验证的接口。在 RADIUS（远程身份验证拨入用户服务）协议（RFC 2865）中，接口概念被指定为"NAS 端口" [35]，如示例 1-8 所示。

示例1-8　RADIUS NAS端口接口定义

```
NAS-Port

  Description

    This Attribute indicates the physical port number of the NAS which
    is authenticating the user.  It is only used in Access-Request
    packets.  Note that this is using "port" in its sense of a
    physical connection on the NAS, not in the sense of a TCP or UDP
    port number.  Either NAS-Port or NAS-Port-Type (61) or both SHOULD
    be present in an Access-Request packet, if the NAS differentiates
    among its ports.


    A summary of the NAS-Port Attribute format is shown below.  The
    fields are transmitted from left to right.

     0                   1                   2                   3
     0 1 2 3 4 5 6 7 8 9 0 1 2 3 4 5 6 7 8 9 0 1 2 3 4 5 6 7 8 9 0 1
    +-+-+-+-+-+-+-+-+-+-+-+-+-+-+-+-+-+-+-+-+-+-+-+-+-+-+-+-+-+-+-+-+
    |     Type      |    Length     |             Value
    +-+-+-+-+-+-+-+-+-+-+-+-+-+-+-+-+-+-+-+-+-+-+-+-+-+-+-+-+-+-+-+-+
              Value (cont)          |
    +-+-+-+-+-+-+-+-+-+-+-+-+-+-+-+-+

  Type

    5 for NAS-Port.

  Length

    6

  Value

    The Value field is four octets.
```

在 TACACS+（终端访问控制器访问控制系统 Plus）中 [36]，接口再次以不同的方式建模，如示例 1-9 所示。

示例1-9　TACACS+端口和port_len接口定义

```
port, port_len

The US-ASCII name of the client port on which the authentication is
taking place, and its length in bytes.  The value of this field is
client specific.  (For example, Cisco uses "tty10" to denote the
tenth tty line and "Async10" to denote the tenth async interface).
The port_len indicates the length of the port field, in bytes.
```

要与 MIB 和 IPFIX 世界集成身份验证、授权和计费的 NMS，必须对数据模型映射和语义映射进行硬编码。

NMS 必须集成 MIB 模块、CLI、syslog 消息、NetFlow 和 IPFIX 以及 AAA 协议（例如 RADIUS 和 TACACS+）的信息，此示例显示了处理不同数据模型的一些困难，这些数据模型显然不使用相同的语法和语义。一个基本的"接口"概念从信息模型的角度来说即使非常清楚，也会给 NMS 的实现带来很大的复杂性。图 1-13 是此示例中使用不同数据模型的接口定义摘要，不包括 CLI，CLI 可能没有数据模型。

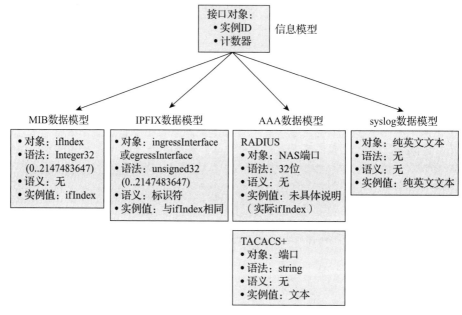

图 1-13　接口对象信息模型及相关数据模型

从不同的趋势可以看到 CLI 不再是标准的分支。软件定义的网络和 DevOps 需要具有众所周知的语义，以及清晰的具有一致语法的 API。这导致数据模型驱动的管理时代的到来。事实上，如果没有一致的数据模型，基于意图的网络即便不是不切实际且不可能，也是极端困难的。再往前走一步，机器学习是未来几年的另一个重要趋势，如果没有数据模型提供一致的信息，包括一致的语法和语义信息——那么机器学习就会没有合适的输入。

专家访谈

与 Victor Kuarsing 的问答

Victor Kuarsing 是 IETF 链路状态矢量路由工作组的共同主席，是 IETF 的长期贡献者，重点关注标准制定流程的运营投入。他还是 Oracle Cloud 的技术组织负责人，在那里他为下一代网络和系统的体系结构和部署做出了贡献。他的整个职业生涯一直专注于构建大规模和专业化的网络和平台。目前的工作重点是在云网络领域确保系统现代化，并满足快速发展的服务需求和不断变化的客户需求。

提问：

Victor，作为 Oracle 网络工程和数据中心运营总监同时作为 IETF 的积极参与者，你在行业（包括网络和数据中心）中看到了哪些趋势，这些趋势如何影响你的业务？

回答：

回顾多年前网络的构建方式，我们在处理现代网络设计和部署方式方面已经发生了根本性的转变。从历史上看，网络是以指示操作模型的方式构建的，其中网络管理员与系统进行高度互动。管理员部署系统、修改系统和管理系统通常都是通过命令行界面进行的。考虑到构建的网络系统的相对规模和复杂性，使用的历史模型对我们非常有用。早期的模型直接或间接地产生了一种配置模式，这种配置模式本身就是为人机交互而优化的。例如，如果设计人员或管理员尝试构建复杂策略，就像使用 BGP 的对等路由器一样，它的设计方式是尽量减少配置语法，以提升可读性。

早期网络不仅针对用户交互进行了优化，而且与今天构建的网络相比总体上更简单、更小。早期的网络通常是按服务部署的（较少的服务聚合），不需要如此多的服务集成。我们审视当今的网络，许多环境的复杂程度已经增加了。在其他网络中，即使可以实现简化，例如将复杂性置于网络或服务覆盖上，新网络的规模也大大超过了我们几年前建立的网络。数据中心正在变得越来越大，骨干网络聚合了更多的功能和服务，而接入网络也变得越来越庞大和复杂。

为了满足规模更大、更复杂的环境需求，我们已经改变了对待网络设计的方式。在大多数情况下，网络不能再被设计成以完全交互的模式来部署和管理。现在设计的重点是让软件与底层基础设施交互。这种关注点的变化改变了我们结构化配置的方式。在将软件用于部署系统、检测异常和进行变更的运维模式下，压缩配置段落不会带来优势。配置结构能够以逻辑模式与系统进行交互，在现代设计中扮演着越来越重要的角色。

规模和复杂性并不是我们构建和管理网络以及支持系统方式发生转变的唯一原因。现在对服务交付的期望是：以较快的速度将新功能部署到网络中。快速部署、修复和更改网络仅靠手动与系统交互是无法实现的。软件用来实现与网络的快速高效交互。这种模式的另一个附加作用，也是自动化的早期驱动力之一，就是部署质量。手动用户交互容易导致网络配置的错误。在设计阶段对配置模板和结构的关注使配置部署的一致性成为可能，经验表明建设质量有了巨大的改善（错误较少）。

建设网络方式的转变也改变了许多地方的招聘需求。各地向现代建设模式和管理模式的转型并不一致，每个行业领域转型的速度都不同。然而，现代网络设计人员和运维人员的基本需求并不集中在管理路由器，而要求能够建设和使用与整个系统交互的软件。招聘经理越来越难找到既能胜任软件设计又能使用网络、拥有跨多领域专业知识的网络工程师。软件技能正变得越来越重要，向纯粹的开发者转变的程度尚不清楚。

在如何构建自动化方面，有许多传统的做法和现在的做法。几年前，我们构建的脚本将筛选和应用 CLI，并根据需要更新应用配置。虽然很有效但使用方式受限，而且不同的供应商有不同的限制，这使得任何自动化的重用都很困难和烦琐。如今，我们正朝着更加标准化的方式向设备应用配置迈出重要一步，并且拥有可用于表示预期配置的模型。NETCONF 和 YANG 代表了两个选项，它们可以帮助实现：用一致和标准的方法来构建和应用网元的配置。无论选择何种方法和工具它们都是必需的，不纯粹为了技术，而是为了实现自动化网络配置与管理的业务目标。我们需要这样的自动化工具和协议以帮助我们实现以下目标：使网络变得更大、更快、随需，以及提高部署和更改网络的一致性。

与 Russ White 的问答

Russ White 于 20 世纪 80 年代中期开始使用计算机，1990 年开始使用计算机网络。他在大规模网络的设计、部署、破解和故障排除方面很有经验，不论在白板前还是在会议室，他都是一个强有力的沟通者。工作期间与他人共同撰写了 40 多项软件专利，参与了多项互联网标准的制定，帮助制定了 CCDE 和 CCAr，并在互联网协会从事互联网治理工作。他的专业背景涵盖了包括射频工程和平面设计在内的多个领域，同时也是一名积极的哲学和文化学习者。

Russ 是"Network Collective"的联合主持人，在 IETF 的路由区域理事会任职、担任 BABEL 工作组的联合主席、在技术服务委员会担任开源 FR 路由项目的维护者、并在 Linux 基金会（Networking）董事会任职。最近的著作有 *Computer Networking Problems and Solutions*、*The Art of Network Architecture*、*Navigating Network Complexity* 和 *Intermediate System to Intermediate System LiveLesson* 等。

提问：

Russ，多年来你一直是著名的网络架构师。网络架构和网络管理将会如何发展？你认为最大的问题是什么？如何解决这些问题？

回答：

我刚开始做网络工程时，主要的问题是管理多协议网络和选择最佳的协议集以应付有限的资源限制。网络世界在许多方面发生了变化，但有趣的是它在其他许多方面并没有改变。多协议问题已成为虚拟化问题，而资源受限问题也已成为虚拟化问题（故意约束资源，而不是管理受约束的资源）。在架构上，网络的"圣杯"一直是"自运行的网络"，而网络工程师的"圣杯"总是能够用一些胶带和书呆子的旋钮来解决每个问题，多奇怪的请求都不会说"不"。

解决方案通常是"用网络管理解决问题"，试图使非常复杂的网络变得非常容易运行——通常是以自动化的方式运行简单和例行的任务。网络管理，特别是网络自动化，正位于各种竞争利益的交叉点上。

过去几年诞生了一种新的看待网络的思想萌芽：重新思考网络的结构、控制面以及硬件和软件之间的关系。导致新思想和新概念爆发，包括软件定义网络（SDN）、基于云的系统，甚至是 serverless 系统。最明显的结果是命令行界面（CLI）作为与网络设备交互的常规方式已经衰落，而网络管理和控制正朝"原生自动化"的方向发展。

这些将如何改变网络架构、并随之改变网络自动化？

首先，网络世界将最终分裂为"较大的部分"和"较小的部分"。"较大的部分"将由那些认为网络是以成本为中心的组织组成，或者像建筑物中的管道一样。网络和一般的信息技术是必要的，但没有被视为优势的来源。这些组织需要简单的管理网络。网络将被"打破和替换"：开始以一定的成本购买此网络，但当它们不再有效时，将被替换。网络本身将被视为一个"单元"，一个"单一事物"，甚至是一个更大系统的隐藏组件。例如，内部和外部云计算或 serverless 的世界。这里，网络自动化的功能显而易见，从减少日常管理所花费的时间到尽快建立起新的网络。网络需要通过自动化来实现本质上的无形化。

"较小的部分"将由那些在信息中找到足够价值的公司组成，这些公司在管理信息的过程中，将注意力集中在信息管理所能够带来的某种商业优势。这些组织将以各种不同的方式对网络进行分类，探索以不同的方案提高其投资回报并带来价值。该网络将是一个更大系统的组成部分，该系统被视为价值来源，而不是成本来源。与其将成本降至最低，还不如将价值最大化。在这些组织中网络自动化的重点将是使网络透明化以使网络可见，因为从信息中获取价值的唯一方法是快速正确地处理信息，而快速、正确地处理信息的唯一途径是详细地估量信息的处理方式。

无论组织采取什么路径，网络自动化都将以比过去更重要和有趣的方式与网络体系结构进行交互。两种情况下管理和体系结构都以这种方式交互：简单的事物更易于管理，并且网络应尽可能简单地建设，而不是仅仅简单一点。

小结

本章分析了网络行业趋势。本书中最具有现实意义的趋势是，网络中所有可以自动化的东西都必须自动化，其最终目的是减少服务部署时间并提供与众不同的服务。事实上，由于网络变化的频率和复杂性不断增加，CLI 已经无法满足人们的需要。因此，现在一些运维人员断言，无法自动化的功能，不应该存在。导致通过 API 的开发，能够直接监视和配置网元，从而实现完整的自动化过程。实现自动化的一种方式是 DevOps，这是一种软件工程实践，旨在统一软件开发和软件运维。

SDN 的探讨引入控制面和数据面分离的概念，重点是 OpenFlow 成为配置数据平面的开放标准。多年来 SDN 的概念一直在演变。OpenFlow 作为一种基本的数据包转发模式，实际上是一种推动因素，它能够更加容易地满足更多的网络可编程性需求。

除了这种自动化和可编程性的转变之外，从数据中心运行开始，业界越来越倾向于将软件与硬件进行分离。最终目标是能够将白盒组装成统一的硬件，将 Linux 作为操作系统，针对不同网络功能开发特定的应用。有了这种趋势，网络和服务器工程师现在可以专注于更多面向业务的任务，而不是简单的网络操作和维护。例如，他们现在可以关注网络功能虚拟化的定义和部署，很可能是在云环境中，遵循弹性云"按需付费"的原则。

本章强调了数据模型驱动管理的必要性，该管理建立在指定模型中管理对象的语义、语法、结构和约束的思想基础上，无论这些模型是用于配置、监控操作数据，还是用于遥测，都离不开工具化的 API。本章回顾了现有管理实践的局限性。首先是 CLI（不是 API），然后是 SNMP（未用于配置），其次是 NetFlow（仅专注于流记录），最后是 syslog，它没有任何一致的语法和语义。

本章最后一部分用假设的 NMS 处理基础的"接口"概念，说明了管理不同数据模型的网络所面临的挑战。这些挑战强化了以下需求：软件定义网络和 DevOps 需要有明确的 API，它具有众所周知的语义和一致的语法。最后，通过 API 进行自动化是提供完整的基于意图的网络的唯一方法，网络可以不断学习和改进，是机器学习的适当基础。

参考资料

由于行业不断演进并发展得越来越快，本章绝不是对行业趋势的完整分析。表 1-2 列出了一些你可能会感兴趣阅读的文档。

表 1-2　用于进一步阅读的 YANG 相关文档

专　　题	内　　容
RFC 3535	http://tools.ietf.org/html/rfc3535 运维人员在网络管理方面的要求；至今有效
RFC 3444	http://tools.ietf.org/html/rfc3444 信息模型和数据模型之间的差异
SNMP Set: 是否可以保存它?	https://www.simple-times.org/pub/simple-times/issues/9-1.html#introduction 安迪·比尔曼（Andy Bierman），*The Simple Times*，第 9 卷

注释

1. https://www.itu.int/en/Pages/default.aspx

2. https://datatracker.ietf.org/wg/sfc/about/

3. http://expect.sourceforge.net/

4. https://sourceforge.net/projects/tcl/

5. https://www.sdxcentral.com/listings/stanford-clean-slate-program/

6. https://www.slideshare.net/martin_casado/sdn-abstractions

7. https://pypi.org/project/paramiko/

8. https://www.ansible.com/

9. https://puppet.com/

10. https://www.chef.io/

11. https://www.coursera.org/learn/interactive-python-1

12. https://www.coursera.org/

13. https://www.youtube.com/watch?v=Xl3gAvCKN44

14. https://www.iana.org/assignments/ipfix/ipfix.xhtml

15. https://www.opennetworking.org/

16. https://en.wikipedia.org/wiki/OpenDaylight_Project

17. https://www.safaribooksonline.com/library/view/sdn-software-defined/9781449342425/

18. http://info.tail-f.com/hubfs/Whitepapers/Whitepaper_Tail-f%20VNF%20Management.pdf?submissionGuid=7ac7486e-124f-484c-8526-9b34dbdcbeb1

19. https://www.yangcatalog.org/

20. https://docs.oasis-open.org/tosca/TOSCA-Simple-Profile-YAML/v1.1/TOSCA-Simple-Profile-YAML-v1.1.html

21. https://www.python.org/dev/peps/pep-0008/

22. https://www.cisco.com/c/en/us/td/docs/ios-xml/ios/prog/configuration/166/b_166_programmability_cg/model_driven_telemetry.html

23. https://www.wsj.com/articles/SB10001424053111903480904576512250915629460?ns=prod/accounts-wsj

24. https://ris.utwente.nl/ws/portalfiles/portal/6962053/Editorial-vol9-num1.pdf

25. https://datatracker.ietf.org/wg/sming/about/

26. https://www.ietf.org/about/groups/iesg/

27. https://www.ietf.org/iesg/statement/writable-mib-module.html

28. https://datatracker.ietf.org/wg/ipfix/charter/

29. http://datatracker.ietf.org/wg/ipfix/documents/

30. http://datatracker.ietf.org/wg/psamp/charter/

31. http://datatracker.ietf.org/wg/psamp/documents/

32. https://www.ietf.org/

33. https://www.omg.org/spec/UML/

34. https://www.iana.org/assignments/ipfix/ipfix.xhtml

35. https://tools.ietf.org/html/rfc2865#section-5.5

36. https://datatracker.ietf.org/doc/draft-ietf-opsawg-tacacs/

Chapter 2 | 第 2 章

数据模型驱动的管理

本章内容

❑ 运维人员的需求，引出 NETCONF 和 YANG 规范

❑ 一种数据建模语言 YANG

❑ 数据模型属性和类型

❑ 不同的编码（XML、JSON 等）和协议（NETCONF、RESTCONF 等）

❑ 服务器和客户端架构

❑ 数据存储概念

❑ 通过数据模型驱动的管理进行代码渲染

❑ 真实的业务场景，把所有组件放在一起

本章描述了数据模型驱动的管理背后的体系结构，以最少的技术细节介绍高级概念。偶尔提示要点或给出示例来说明尚未解释的概念。第 3 章和第 4 章将澄清全部概念。在本章的最后，你将了解由数据模型驱动的管理的参考模型，以及各种不同的构件如何组合在一起。

2.1　起因：一套新的要求

在 2002 年网络运维人员和协议开发者举办的一次研讨会上，运维人员认为 IETF 的研发并没有真正满足网络管理的要求。"2002 年 IAB 网络管理研讨会概述"（RFC 3535）记录了这次讨论的结果，作为未来 IETF 网络管理相关工作的指导。

研讨会确定了一份相关技术清单（现有的或正在开发中的）及其优缺点。其中包括简单网管协议（SNMP）和命令行界面（CLI）。正如在第一章"网络管理世界必须改变。你为什么要关心这件事?"中所述,SNMP 协议并不适合配置,但非常适用于监控,而 CLI 是一个非常脆弱的应用编程接口(API)。由于当时没有公开资料明确地记录运维人员需求,需要他们标明标准中没有充分满足的需求。分组会议产生了以下运维人员需求清单(引自 RFC 3535):

运维人员需求,摘自"2002 年 IAB 网络管理研讨会概述"(RFC 3535)

1. 从运维人员的角度来看,易用性是任何网管技术的关键要求。

2. 必须明确区分配置数据、描述运行状态的数据和统计数据。有些设备很难确定哪些参数是管理员配置的,哪些是通过路由协议等其他机制获得的。

3. 要求能够分别从设备中获取配置数据、运行状态数据和统计数据,并能够在设备之间进行比较。

4. 需要使运维人员能够将注意力集中于整个网络的配置,而不是单个设备的配置。

5. 支持跨多个设备的配置事务将大大简化网络配置管理。

6. 给定配置 A 和配置 B,应该可以在对网络和系统的状态变化和影响最小化的情况下生成从 A 到 B 所需的操作,重要的是要尽量减少配置变化带来的影响。

7. 转储和恢复配置的机制是运维人员所需要的原始操作。需要从 / 向设备中拉取 / 推送配置的标准。

8. 超时及链路两端的配置一致性检查须简单易行,以确定两个配置之间的更改以及配置是否一致。

9. 全网配置通常存储在中央主数据库中,并通过生成 CLI 命令序列或完整的配置文件转化为可以推送给设备的格式。尽管不同运维人员使用的模式非常相似,网络配置并没有通用的数据库模式。有必要对这些全网配置数据库模式的共同部分进行提取、记录和标准化。

10. 使用文本处理工具如 diff 等,以及版本管理工具如 RCS 或 CVS 等来处理配置非常理想,这意味着设备不应该随意地对访问控制列表等数据重新排序。

11. 管理接口上访问控制所需的粒度需要与运行要求相匹配。典型的要求是基于角色的访问控制模型和最低权限原则,即只给予用户执行任务所需的最低权限。

12. 必须能够对不同设备之间的访问控制列表进行一致性检查。

13. 重要的是要区分配置的分布和激活某项配置。设备应该能够保留多个配置。

14. SNMP 访问控制是面向数据的,而 CLI 访问控制通常是面向命令(任务)的。根据管理功能的不同,有时面向数据或面向任务的访问控制更有意义。因此,需要同时支持面向数据和面向任务的访问控制。

研讨会的成果集中在当前的问题上,观察合理而直接,包括支持事务、回滚、低开销以及保存和恢复设备配置数据的能力。许多观察结果使我们可以洞悉运维人员在现有网络管理解决方案中所遇到的问题，例如：缺乏对设备功能的全面覆盖，以及区分配置数据和其他类型数据的能力。

运维人员提出的一些要求包括新管理系统的易用性。这种易用性包括管理整个网络的能力，而不仅仅是管理网络中的设备。此外，设备的配置状态、操作状态和统计信息之间应该有明显的区别。配置状态是显式配置的所有内容（例如，手动分配给网络接口的 IP 地址），操作状态是从与其他设备交互获悉的状态（例如，从动态主机配置协议（DHCP）服务器获得的 IP 地址），统计信息是设备获得的使用情况和错误计数器。此外，需求中还提到应该可以暂存配置、在提交之前验证配置以及在失败的情况下回滚先前的配置。

必须指出的是，即使该文档的日期为 2003 年，其要求和建议仍然非常有效。每个参与自动化的协议设计者都应阅读本文档，甚至应定期重新阅读。这是在本书中包含上述 14 个需求的主要原因。

根据上述运维人员需求，NETCONF 工作组[1]于同年成立，并创建了 NETwork CONFiguration（NETCONF）协议。该协议定义了一个简单的机制，网络管理应用程序充当客户端，可以在充当服务器的设备上进行调用操作。NETCONF 规范（RFC 4741）定义了一小套操作，想方设法地避免对这些操作中携带的数据提出任何要求，而允许协议携带任何数据。这种"数据模型无关"的方法允许独立定义数据模型。

NETCONF 协议缺乏定义数据模型的方法，因此无法用于基于标准的工作。现有的数据建模语言，例如：XML 模式定义（XSD）[https://tools.ietf.org/html/rfc6244#ref-W3CXSD][2]和文档模式定义语言（DSDL; ISODSDL）[3]，由于和域没有自然关联而被弃用。定义 XML 文档中一个显著的问题是定义以 XML 编码的数据模型或协议。NETCONF 操作的使用提出了对数据内容的要求，这些要求不能与 XSD 和 RELAX NG 之类的模式语言解决的静态文档问题域共享。

2007 年和 2008 年，IETF Operations and Management 领域和 Application 领域讨论了 NETCONF 数据建模语言的问题。随后成立了 NETMOD 工作组[4]。由于 NETCONF 是用来操作基于 YANG 的设备的最初协议，因此最初以"NETCONF modeling"命名，最近的章程更新将其修改为"Network modeling"，以强调如今多种协议都可以使用 YANG 模块这一事实。

考虑到运维人员的要求已有 15 年的历史了，看起来以数据模型为驱动的管理范式似乎需要很长时间才能起步。这是一个公平的观点，但是必须注意，与非管理协议相比，采用和部署新的管理协议需要更长的时间。例如，指定一个新的路由协议（想想分段路由）[5]并将其部署到生产中可能要花费几年时间，但是对于管理协议（想想 IPFIX[6]或 NETCONF）来说，生命周期更长达十年。原因很简单：理想的情况下，新的管理协议必须在所有新旧设备上得到支持，这是新网络管理系统开始过渡到新管理模式之前的先决条件。然而，如今基于 YANG / NETCONF 的数据模型驱动的管理已成为行业中的一种成熟趋势。

2.2　网络管理已死，网络管理万岁

个人经历

很久以前，我在思科全天面试一个职位，形势看起来很乐观：大约中午时分，思科代表告诉我："你的形象优秀。协议知识丰富。我们希望你在广域网团队中担任 TAC 客户支持工程师。"然后，他们被我礼貌但坚定的回答迷惑了："谢谢，但很抱歉：我宁愿把职业生涯花在网络管理上。"他们困惑了！我可以从他们的眼睛里看到："我们发现了一个疯狂的怪物！"他们改变下午的面试日程去和网络管理团队中的另外一些疯子见面。这天结束时，我签了合同。

让我们面对现实：网络管理一直被认为是……特殊的。一方面，网络管理一直是必要的活动。当然，运营团队必须管理网络。

另一方面，网络管理是一个事后的考虑（即售后活动）。多年前谁会在购买网络设备时联系运营团队了解他们的要求？十五年前，网络管理不被认为是"前沿"，也没啥荣耀。在路由是关键技术的行业中，我的路由专家（在 IT 世界中，Guru 通常是与路由相关的术语，很少与网络管理相关，这反映了网络工作的相对重要性）朋友们取笑我："你在网络管理方面做什么？"他们实际上说的是，"你不想做一些更有趣、更好玩的事情吗？"反复出现的问题是："网络管理应该盈利，还是应该成为销售推动者？（我们出售网络设备，并免费提供网络管理系统产品）"，这给巨兽加上了"特殊"属性。

关于过去已经说得太多，让我们把注意力集中在当前！

——贝诺特·克莱斯（Benoît Claise）

几年前，业内出现了一个根本性的转变：从管理网络的网络运维人员转变为自动化运维网络的运维工程师。这种转变是多种趋势结合的结果，如第一章所述。其中包括网络设备数量的倍增、每秒网络管理配置事务数量的增加（强烈希望降低运营支出（OpEx））、向虚拟化的转变、越来越快的服务部署、一种基于按使用付费的新许可模式，也可能只是简单地认识到实现网络管理对于开展业务至关重要。

这一转变使运营和开发的世界更加紧密地联系在一起。新的热门词出现了：控制器、DevOps、网络可编程性、管理平面、网络 API 等。新的倡议遍地开花：

❑ 一些在开源界中，例如：OpenFlow[7]，OpenStack[8]，OpenDaylight[9]，OpenVswitch[10]和 OpenConfig[11]。

❑ 一些在研究社区中，例如：将统一建模语言（UML）[12] 映射到 YANG。

❑ 一些在标准组织中，例如：IETF 的 NETCONF 和 NETMOD 工作组标准化了数据模型驱动管理的一些核心构件。

有趣的是，这个新的沙盒吸引了许多非传统的所谓的网络管理人员。有的具有开发背景，有的来自不同的技术领域，有的刚刚入门。这终究是件好事情！长久以来，我们一直

想告诉这些人,他们的工作实际上与网络管理有关。虽然情况确实如此,但我们并不希望用旧术语来标识他们的新工作:网络管理。然而,如今拥有一个与自动化相关的工作肯定很酷。因此,为了尊重人们的敏感,稍不引人注意的段落标题将是"网络管理已死,自动化万岁",甚至是"网络管理已死,DevOps 万岁"。

　　抛开幽默,关键点是行业发生了变化。如今网络的各个方面都包括安全性已成为常识:从关注 Web 服务器的文件权限到网络服务器转向使用安全的超文本传输协议(HTTPS),再到使用完整的身份验证和授权机制,最后到使用"让我们加密一切"的范式。行业虽缓慢但肯定会达到自动化。如前所述,当今一些运维人员刚刚出来断言:"无法自动化的功能无法存在。"因此,我们断言未来几年将是自动化的时代。

2.3　YANG:数据建模语言

　　到目前为止,YANG 已经被多次提及,但它到底是什么? YANG 是一种 API 的合约语言。这意味着你可以使用 YANG 编写一个规范,针对某个特定主题定义客户端和服务器之间的接口,如图 2-1 所示。YANG 编写的规范称为" YANG 模块"(YANG module),一组 YANG 模块通常统称为" YANG 模型"(YANG model)。YANG 模型通常侧重于客户端使用标准化动作来操作和观察数据,其中包含一些操作和通知。请注意,在 NETCONF 和 RESTCONF 术语中,控制器是客户端,网元是服务器,因为控制器启动配置会话。有趣的是,YANG 不是一个首字母缩略词,至少它从未在任何文档中被扩展或引用为首字母缩略词。这个词背后有一个特殊的含义,这是个玩笑。实际上它源自 Yet Another Next Generation(数据建模语言)。

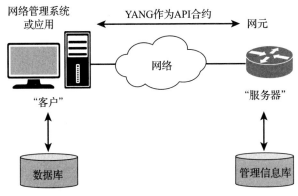

图 2-1　基本模型

　　假设你正在设计下一个炫酷的服务器应用。该应用可能有也可能没有普通用户的某种接口,但肯定会有一个管理接口,应用所有者可以使用该接口来管理和监控应用。显然,这个管理界面需要有一个清晰而简洁的 API。

基于 YANG 的服务器发布了一套 YANG 模块，这些模块一起形成了系统的 YANG 模型。YANG 模块声明客户可以做什么。接下来列出的四个方面对于所有应用都相同，但具体数据和操作将有所不同。为了清楚起见，假设该应用程序是一个路由器。其他应用程序可能具有截然不同的数据和操作类型，这取决于 YANG 模型所包含的内容。

- ❑ 配置：例如，决定日志文件的存储位置；说明网络接口使用的速度；并声明某个特定路由协议是禁用还是启用，如果是，则声明它将具有哪些对端。
- ❑ 监测状态：例如，读取每个网络接口上有多少丢失的数据包；检查风扇速度；并罗列网络中实际活跃的对端。
- ❑ 接收通知：例如，获悉虚拟机已经准备就绪；温度超过配置阈值的警告；或收到重复登录失败的警告。
- ❑ 调用操作：例如，重置丢包计数器；从系统运行 traceroute 到某个地址；或执行系统重启。

作为下一个炫酷应用的作者，你需要决定 YANG 模块中的应用。在 YANG 环境中，应用是一个抽象的服务，例如：第三层虚拟专用网络（L3VPN）或访问控制服务。这些应用通常使用网络设备，例如路由器、负载均衡器和基站控制器。应用也可以是其他领域的设备，例如配电网控制器、仓库机器人控制系统和办公楼控制系统。你的 YANG 模块中还有什么其他功能？与应用运维工程师协作，你能够选择应用将使用的身份验证机制以及身份验证服务器的位置。你可能还希望为运维工程师提供一个运行状态的字段，来提示你的应用当前正在为多少用户提供服务。也许应用支持通知功能以某种方式上报滥用应用的用户？如何操作生成数据库内容的调试转储用来进行故障排除？最后，在管理界面中应用可能有更多的功能。

设备的 YANG 模型通常被称为"模式"（schema），如在数据库模式或蓝图中一样。模式基本上是应用和设备之间交换消息的结构和内容。这与实例数据（系统中的实际配置和监测数据）非常不同。实例数据描述当前配置和当前监控值。模式描述潜在的配置、潜在的监测数据、潜在的通知以及管理员决定执行的潜在操作。

YANG 语言还包含其他模型语言中不存在的可扩展性和灵活性。新模块可以增强其他模块中定义的数据层次结构，在现有数据组织中的适当位置无缝添加数据。YANG 还允许定义新的语句，允许以一致的方式扩展语言本身。请注意，YANG 模型（请记住 API 合约）不会更改，除非服务器有软件升级，或者安装了新功能许可证。一旦管理员决定更改配置或者系统状态因内部或外部事件而更改，实例数据就会更改。

小的 YANG 模型可能只声明十几个不同的元素，甚至只有一个元素（例如，一个只定义重新启动操作的模型）。然而，有些 YANG 模型非常大，有成千上万的元素。汽车或工厂中每个元素对应一个按钮、控制盘、指示器、仪表或灯。现代汽车的仪表盘及其周围可能有上百种元素。一个核电站可能有一千多个元素。然而核心路由器要复杂得多，拥有超过100 000 个控制接口元素。

由于模式定义了具有许多实例（例如，接口或访问控制规则）的元素，因此实例数据可能比模式大得多，具有数百万个实例。

YANG 语言本身由互联网工程任务组（IETF）[13] 定义。最新版本是 YANG1.1，在 RFC 7950 中被定义，YANG1.0 是在 RFC 6020 中定义的旧版本。本文编写时 YANG1.0 和 YANG1.1 都在广泛使用。新的 YANG1.1（RFC 7950）不会使 YANG1.0（RFC 6020）过时。YANG1.1 是 YANG 语言的维护版本，解决了原始规范中的歧义和缺陷。作为参考，YANG 的概念在第三章中进行解释。YANG1.1 的额外功能记录在 RFC 7950 第 1.1 节中。现在，YANG1.1 应该是 YANG 模块的默认版本。

2.4 自动化的关键？数据模型

如小节名所示，在数据模型驱动的管理中，最基本的部分是数据模型的集合。从数据模型推导出 API。图 2-2 显示左侧的 YANG 数据模型（已授予，虽不完整但现在够用）和右侧用以管理各个资源的 RESTCONF 远程过程调用（GET、POST、PUT 和 DELETE）。注意 RESTCONF 操作是如何从 YANG 模块关键字构建的，其显示了如何从 YANG 模型生成 API。

图 2-2　使用 RESTCONF 的数据模型驱动管理示例

讨论数据模型如何生成 API 是再次强调信息模型和数据模型之间差异的一个很好的环节。如 1.4.1 节（RFC 3444）所述，信息模型的主要目的是在概念层面上对托管对象建模，而不依赖于传输数据的任何特定实现或协议。根据 YANG 模块图，一个额外的区别是数据模型生成 API。这是一个关键信息：自动化是由 API 驱动的（而不是作为达到目的的手段的模型）。通常用统一建模语言（UML）表示的信息模型不会生成完整的 API，因为它们缺少一些特定于实现和协议的详细信息（例如，解释如何将托管对象映射到较低级别协议结构的规则）。然而，从 UML 生成 API 是一个研究和实验领域。在作者看来，如果信息模型包含生成完整 API 的所有信息，那么该信息模型实际上是一个数据模型。

为了更具体地了解信息模型和数据模型之间的区别，我们来举个例子。UML 信息模型可以声明图书对象应该具有标题、作者、ISBN、语言和价格属性。可以说标题应该是字符串，作者应该是对作者对象的引用，价格应该是数字类型。

要将 UML 信息模型转换为数据模型，你需要添加其他信息，例如 ISBN 需要遵守非常特殊的格式才能有效，作者关系是强制性的，而语言不是强制性的，或者书籍价格为零的情况下不符合销售条件。你还需要说明，需要有一个名为目录的书籍列表，并且该列表将按标题索引。只有在添加此类详细信息后模型才可用作 API，即客户端和服务器之间的合约，其中，两个对等方都知道需要什么并实施什么。

2.4.1 YANG 和运维人员的需求

YANG 语言解决了 "2002 年 IAB 网络管理研讨会概述"（RFC 3535）中提出的许多问题，如 "使用 NETCONF 和 YANG 的网络管理架构"（RFC 6244）中所述。根据 RFC 6244，创建 YANG 语言是为了满足以下要求：

❑ 易于使用：YANG 被设计为人性化、简洁、易读。由于问题领域的复杂性许多棘手的问题仍然存在，但 YANG 努力使这些问题更明显、更容易处理。
❑ 配置和状态数据：YANG 明确区分配置数据与其他类型的数据。
❑ 生成增量：YANG 模块提供足够的信息，以生成两个配置数据集合之间变化所需的增量。
❑ 文本友好：YANG 模块对文本非常友好，正如它们定义的数据一样。
❑ 面向任务：YANG 模块可以将特定任务定义为 RPC 操作。客户端可以选择调用 RPC 操作或直接访问任何基础数据。
❑ 完全覆盖：可以定义 YANG 模块使设备的所有原生功能完全覆盖。提供使用 Expect[EXPECT][14] 等工具可避免求助于命令行界面（CLI）的访问。
❑ 及时性：YANG 模块可与 CLI 操作相关联，可立即得到所有本地操作和数据。
❑ 实施难度：YANG 的灵活性使模块更易于实施。添加 "功能" 并使用自然数据层次结构替换 "第三范式"，可以降低复杂性。YANG 将实现复杂性从客户端转移到服务器，而 SNMP 对于服务器来说是简单的。事务是客户端简化的关键。
❑ 简单的数据建模语言：YANG 有足够的能力在其他情况下使用。具体而言，可以集成本地 API 和原生 CLI 以简化基础设施。
❑ 人类友好的语法：YANG 的语法是为读者特别是审阅者而优化的，因为这是人类最常见的交互。
❑ 语义失配：更丰富、更具描述性的数据模型将减少语义不匹配的可能性。由于能够定义新的原语，YANG 模块的内容将更加具体，允许更多的规则和约束的执行。

❑ 国际化：YANG 使用 UTF-8（RFC 3629）编码的 Unicode 字符。

注意

虽然作者试图在本章中详细介绍高层的概念和优点，如果你还是不太熟悉 YANG，这是可以理解的。阅读第 3 章后有些观点会更有意义。

2.4.2 良好数据模型的属性

设计良好的管理接口（或 API 合约）有许多方法，但设计糟糕接口（或 API 合约）的方法更多。就像在编写好合同时需要寻找某些属性一样，在设计界面时需要寻找某些东西。事实上这两种活动的好属性列表基本相同，如下面的项目列表所示。为了说明这一点，以下要点摘自法律网站 www.ohiobar.org。这就像设计一种特定域的语言（DSL），包含动词、名词、形容词等，加上用于说明如何组合这些元素的语法规则。最有表现力的语言也是最有用的，通常只有相对较少的单词，但集中在如何将这些单词组合成几乎无限数量的不同信息。

❑ 准确：合同最重要的方面是准确，从而使另一方的反应可以预测。如果除了合同中提到的条款之外还有许多例外情况（如果、当……时和例外），合同就会失去价值。合同需要正确使用相关术语，准确，涵盖所有案例。

❑ 明确：除非所有各方在阅读合同时达成相同的理解，否则互操作性将不会发生。语言需要明确、内部一致，并且使用熟悉的术语。文档的结构必须以易于使用的方式构建。缺省使人们更清楚地知道，当一个简短的信息没有提到任何事情时，将会发生什么。一致性限制说明了如何构建有意义的消息。

❑ 效率：确保合同不被阅读的传统方法是使合同变得非常长。一个更可靠的方法是开始自我重复。当相同的冗长的措辞出现在章节后面，可读性和可维护性就会丢失。重复模式是伟大的，但只有当引用和重复使用，而不是重复的每一次。

❑ 简洁：虽然使用复杂的业内术语和语言很有诱惑力，但通常最好为更广泛的受众撰写，而这些受众可能不了解合同所涉及的主题。另一个重要的简单性方面是用最不惊讶的原则（又称：最不令人意外的原则）如果某种东西打破了一个既定的模式，要么重新设计，要么让它显得与众不同。

❑ 共振：确保合同紧扣主题。如果主题广泛，一个整体中的几个模块化合同可能使其更易于使用。合同应明确说明合理的违约，允许双方懒惰。合同需要考虑双方的需要和术语（如果超过两个，则考虑全部）。

虽然 YANG 具备上述属性，但此时你可能会疑惑，为什么是 YANG 而不是另一种模式语言—例如分布式管理任务组（DMTF）中指定的通用信息模型（CIM）？一个务实的答案是，YANG 被定义为 NETCONF 协议的建模语言，尽管与其他建模语言相比 YANG 有利有弊，但 IETF 社区的设计人员选择了 YANG。

2.4.3　不同类型的 YANG 模块

随着 YANG 作为一种建模语言的成功，业界正在创建许多 YANG 模型以简化自动化。YANG 模块有三个不同的来源：

❑ 标准制定组织（SDO）
❑ 联盟、论坛和开源项目
❑ 原生 / 私有 YANG 模式

第 6 章详细介绍了 YANG 数据建模在行业中的发展，在本章中我们只介绍并比较前三个类别。本节的目标是从 YANG 模型的视角出发强调一些不同。

作为制定 YANG 语言的标准制定组织，IETF 是最初制定 YANG 模块的 SDO，首先是 NETMOD 工作组，然后是具有特定专业知识的不同工作组。不同的 SDO 遵循这一趋势，包括 IEEE 和 ITU-T[15]。

此外，一些联合会、论坛和开源项目也为 YANG 模型的开发做出了贡献。仅举几个例子，OpenConfig[11]，MEF[16]，OpenDaylight[11]，Broadband Forum[17] 和 OpenROADM[18] 都做出了贡献。

SDO 生成的 YANG 模块受到了最多的关注（至少对于 IETF 来说，本书作者参与其中），同时被许多人审查。这一审查过程的代价是花很长时间来完成规范。在围绕这些 YANG 模块开发应用程序时，必须了解它们包含一种共同点，而不是完全覆盖不同网络供应商提出的不同实验性或私有的功能。这些实验性和私有特性的扩展必须在标准 YANG 模型的基础上开发。

另一方面，由联盟、论坛和开源项目生成的 YANG 模型大部分时间都是针对特定的用例的，因此提出了完整的解决方案。当以用例为中心时，少数提交者保持了不同 YANG 模型的一致性，从而保证了整个解决方案的一致性。根据经验，YANG 模块的快速迭代当然会提高交付速度，但对于必须始终保持其开发与版本最新的实现者来说，这可能是一种负担。注意，在开源项目中，代码是在 YANG 模型之后提出的。在所有的开源项目中，Open-Config 值得一提，因为它在业界获得了一些关注（第 4 章对此有更多介绍）。

最后一类是"原生 YANG 模型"，也被称为"私有 YANG 模型"。为了提供一些全覆盖的自动化（对于整个被支持的功能集），一些网络供应商基于其私有实现提出了 YANG 模型。大多数情况下，这些 YANG 模型是从内部数据库或 CLI 表示生成的，这意味着跨供应商的自动化是困难的。在生成的 YANG 模型的情况下，另一个潜在的问题是新的软件版本可以生成不向后兼容的 YANG 模块，从而映射内部向后不兼容。根据 YANG 规范，如果发布的模块有可能导致使用原始规范的客户端和使用更新规范的服务器之间的互操作性问题，则不允许对它们进行更改。换言之，如果有不向后兼容的更改，则需要新的模块名。然而，在实践中这一规则并不总是被遵守。因此，IETF 正在讨论修改 YANG 模块更新过程（即，放宽有关记录非向后兼容更改的条件规则）。

业界已经开始在 GitHub 中 [https://github.com/YangModels/yang] 集中放置所有重要的 YANG 模块，还有图形界面 YANG Catalog[https://yangcatalog.org/][19]。如果你不知道从哪里开始，这是两个很好的起点。

2.4.4 从 MIB 模块映射 YANG 对象

本节将讨论从基于管理信息（Management Information Based，MIB）的模块转换为 YANG 模块，在此之前，你应该注意到它引用了本章稍后部分和后面两章中介绍的一些技术概念。由于在本书后面没有其他合适的地方讨论从 MIB 模块映射 YANG 对象，建议你在掌握 YANG 和 NETCONF 之后重新阅读本节。

IETF 开始建模工作时，SNMP 协议中没有 YANG 模块（尽管 MIB 模块很多）。如前所述，许多 MIB 模块被广泛用于网络管理中的监控。因此，发明一种方法来利用 SNMP 的优点并将 MIB 模块转换为 YANG 模块是很自然的。

"将管理信息版本 2（SMIv2）MIB 模块的结构转换为 YANG 模块"（RFC 6643）描述了将 SMIv2（RFC 2578、RFC 2579 和 RFC 2580）MIB 模块转换为 YANG 模块，从而允许通过 NETCONF 对 SMIv2 MIB 模块中定义的 SMIv2 对象进行只读访问。虽然这种转换对于通过 NETCONF 访问 MIB 对象有很大帮助，但其作用仍然有限。

首先，将 SMIv2 MIB 模块转换为 YANG 模块的结果，即使 SMIv2 对象是读写或读创建的，由只读的 YANG 对象组成。一个原因是底层协议 SNMP 和 NETCONF 的持久性模型有很大的不同。使用 SNMP，可写对象的持久性取决于对象定义本身（即 DESCRIPTION 子句中的文本）或其所属概念行的持久性属性，有时使用 StorageType 文本约定通过列对象进行控制。使用 NETCONF，配置对象的持久性由底层数据存储的属性决定。此外，在 RFC 6241 中定义的 NETCONF 不提供修改操作状态的标准操作。<edit config> 和 <copy config> 操作仅操作配置数据。你可能会说读 - 写或读 - 创建对象的映射是一个没有实际意义的问题，因为 MIB 模块中没有太多对象。这是正确的。请记住，MIB 模块在监控方面做得很好，但并没有成为配置网络的标准。

其次，使用 MIB 转换的 YANG 模型和 YANG 定义的模型仍然会引起数据模型映射的一个基本问题，因为 MIB 和 YANG 中对概念对象的指定不同。"将管理信息版本 2（SMIv2）MIB 模块的结构转换为 YANG 模块"（RFC 6643）可能有助于创建 YANG 模块。在实践中，通常创建新的数据结构，而不是混合使用手动编辑（在 MIB 数据命名与 YANG 数据结构不一致，或是可写对象的情况下）和自动生成的 YANG 模块。例如，YANG 接口管理（RFC 7223）采用了这种方法。

2.5　管理架构

从架构的角度来看有多个 API 位置全部从 YANG 模块推导出来。控制器通常根据网元 YANG 模块（网络接口、路由、服务质量等）配置网元（网络中的路由器和交换机），如图 2-3 所示。

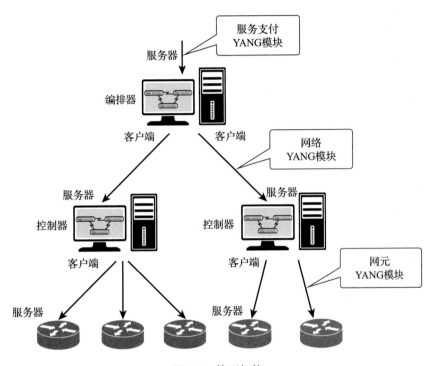

图 2-3　管理架构

Controller（控制器）专注于一个特定的网络域或特定的技术。在 Controller 之上，Orchestrator（编排器）基于网络 YANG 模块的 API 配置一个或多个控制器。考虑到图 2-3 中的架构，让我们介绍北向和南向接口的概念。从控制器的角度来看（举例），北向接口是指向编排器的接口，而南向接口是指向 Server（服务器）的接口。运维人员还可以基于服务交付 YANG 模块，自动化编排器北向接口以创建 / 修改 / 删除其服务。服务 YANG 模型是面向软件应用程序的管理接口，而设备 YANG 模型通常连接到物理或虚拟设备。典型的服务示例是第 3 层虚拟专用网（L3VPN），它涉及网络中多个设备的配置，在每个点上配置网元 YANG 模块。然后在控制器中分解该服务，在控制器中配置所需的服务器。

请注意，在两个不同的系统中不必将控制器和编排器分开：编排器可以处理控制器系统的任务，或者直接连接到没有任何控制器功能的网元。有些系统可以在这里扮演各种角色，比如 OpenDaylight[11]、Network Services Orchestrator（NSO）、Contail 和 CloudOpera 等。

回到不同类型的 YANG 模块，在跨供应商开发的情况下，为行业标准化的网元 YANG

模块提供了一些更容易的自动化。另一方面，由于运营商倾向于在竞争中脱颖而出，因此服务交付 YANG 模块主要是私有的。除了 L3VPN 服务交付（RFC 8299）和 L2VPN 服务交付（很快成为 RFC）的标准化之外，还有两个显著的例外。有关不同 YANG 模块类型的更多详细信息请参见"YANG 模块分类"（RFC 8199）和"服务模块说明"（RFC 8309）。

需要标准机制来允许系统所有者控制对不同类型用户的 YANG 树中特定部分的读、写和执行访问。网络配置访问控制模型（NACM；RFC 8341）通过 ietf-netconf-acm YANG 模块为 NETCONF 和 RESTCONF 的操作层和内容层指定访问控制机制。这是 YANG 模型驱动中最常用的基于角色的访问控制（RBAC）机制。

2.6 数据模型驱动的管理组件

数据模型驱动的管理基于应用建模语言正式描述数据源和 API 的想法，包括从模型生成行为和代码的能力。YANG 是选中的数据模型语言；它允许建模者创建数据模型，定义模型中的数据组织并定义对该数据的约束。YANG 模块发布后将充当客户端和服务器之间的合约，每一方都了解对方对其行为的期望。客户端知道如何为服务器创建有效数据，并知道服务器将发送哪些数据。服务器知道管理数据的规则以及它应该如何运作。

图 2-4 涵盖了数据模型驱动的管理组件，一旦指定并实现了 YANG 模型，网络管理系统（NMS）就可以选择特定的编码方式（XML、JSON、protobuf、thrift 凡此种种）和特定的协议（NETCONF、RESTCONF 或 gNMI/gRPC）进行传输。不同协议之间的功能存在差异，当然编码和协议（由图中的箭头标记）的组合存在一些限制，这些将在本章后面进行回顾。

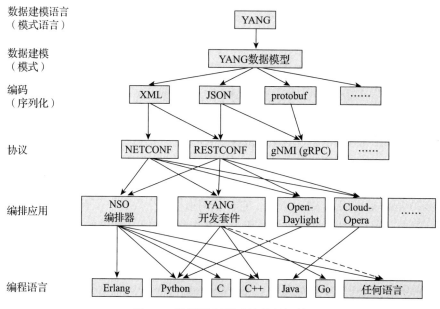

图 2-4 数据模型驱动的管理组件

　　编排器通常通过多个协议 / 编码提供服务自动化。根据编码和协议选择，你可以生成行为或代码以访问受管设备上的 YANG 对象（例如，在 Python、C++、Go 或基本上任何编程语言中）。请注意，随着时间的推移，越来越多的箭头被添加到这个图中。最后所有的组合都成为可能。

　　编排器在其自动化中使用代码生成。开源工具可能较好地演示数据模型驱动的管理概念和相关代码的呈现方式，如 YANG Development Kit（YDK），它直接提供基于 YANG 模型的 API，并在脚本中使用。YDK 的主要目标是通过在 API 中表达模型语义和抽象协议 / 编码细节来降低 YANG 数据模型所涉及的学习曲线。示例 2-1 是 Python 程序 oc-interfaces.py，它演示了派生自 open-config-interfaces YANG 模块的 API 生成。

示例2-1　配置BGP会话的PythonYDK示例

```
from __future__ import print_function
from ydk.types import Empty, DELETE, Decimal64
from ydk.services import CRUDService
import logging
from session_mgr import establish_session, init_logging
from ydk.models.openconfig.openconfig_interfaces import Interfaces
from ydk.errors import YError



def print_interface(interface):
    print('*' * 28)
    print('Interface %s'%interface.name)

    if interface.config is not None:
        print('  config')
        print('    name:-%s'% interface.config.name)
        if interface.config.type is not None:
            print('    type:-%s'%interface.config.type.__class__)
        print('    enabled:-%s'%interface.config.enabled)

    if interface.state is not None:
        print('  state')
        print('    name:-%s'% interface.state.name)
        if interface.state.type is not None:
            print('    type:-%s'%interface.state.type.__class__)
        print('    enabled:-%s'%interface.state.enabled)
        if interface.state.admin_status is not None:
            enum_str = 'DOWN'
            if interface.state.admin_status == interface.state.AdminStatusEnum.UP:
                enum_str = 'UP'
            print('    admin_status:-%s'%enum_str)
        if interface.state.oper_status is not None:
            oper_status_map = { interface.state.OperStatusEnum.UP : 'UP',
```

```
                                    interface.state.OperStatusEnum.DOWN : 'DOWN',
                                    interface.state.OperStatusEnum.TESTING : 'TESTING',
                                    interface.state.OperStatusEnum.UNKNOWN: 'UNKNOWN',
                                    interface.state.OperStatusEnum.DORMANT : 'DORMANT',
                                    interface.state.OperStatusEnum.NOT_PRESENT :
                                    'NOT_PRESENT',
                                    }
                print('    oper_status:-%s'%oper_status_map[interface.state.oper_status])

        if interface.state.mtu is not None:
            print('      mtu:-%s'%interface.state.mtu)
        if interface.state.last_change is not None:
            print('      last_change:-%s'%interface.state.last_change)
        if interface.state.counters is not None:
            print('      counters')
            print('        in_unicast_pkts:-%s'%interface.state.counters
                    .in_unicast_pkts)
            print('        in_octets:-%s'%interface.state.counters.in_octets)
            print('        out_unicast_pkts:-%s'%interface.state.counters
                    .out_unicast_pkts)
            print('        out_octets:-%s'%interface.state.counters.out_octets)
            print('        in_multicast_pkts:-%s'%interface.state.counters
                    .in_multicast_pkts)
            print('        in_broadcast_pkts:-%s'%interface.state.counters
                    .in_broadcast_pkts)
            print('        out_multicast_pkts:-%s'%interface.state.counters
                    .out_multicast_pkts)
            print('        out_broadcast_pkts:-%s'%interface.state.counters
                    .out_broadcast_pkts)
            print('        out_discards:-%s'%interface.state.counters.out_discards)
            print('        in_discards:-%s'%interface.state.counters.in_discards)
            print('        in_unknown_protos:-%s'%interface.state.counters
                    .in_unknown_protos)
            print('        in_errors:-%s'%interface.state.counters.in_errors)
            print('        out_errors:-%s'%interface.state.counters.out_errors)
            print('        last_clear:-%s'%interface.state.counters.last_clear)

        if interface.state.ifindex is not None:
            print('      ifindex:-%s'%interface.state.ifindex)

    print('*' * 28)

def read_interfaces(crud_service, provider):

    interfaces_filter = Interfaces()

    try:
        interfaces = crud_service.read(provider, interfaces_filter)
```

```
        for interface in interfaces.interface:
            print_interface(interface)
    except YError:
        print('An error occurred reading interfaces.')


def create_interfaces_config(crud_service, provider):

    interface = Interfaces.Interface()
    interface.config.name = 'LoopbackYDK'
    interface.name = interface.config.name

    try:
        crud_service.create(provider, interface)
    except YError:
        print('An error occurred creating the interface.')



if __name__ == "__main__":
    init_logging()
    provider = establish_session()
    crud_service = CRUDService()
    read_interfaces(crud_service, provider)


    provider.close()
exit()
```

显然还有其他用于代码生成的工具；例如在 OpenConfig 中参阅 http://www.openconfig. net/Software/。[20]

注意生成代码的主要信息源是 YANG 模块集。这就是 IETF 和整个行业花费巨大精力尽可能精确地标准化 YANG 模块的原因。

2.7　编码（协议绑定和序列化）

YANG 加上模型可以与英语等语言进行比较，语言由已知单词词典和描述单词如何组合的语法定义，交流之前仍然需要为语言编制一个编码。英语有两种非常常用的编码：文本和语音。文本编码可以进一步分为计算机编码，如 ASCII、Windows-1252 和 UTF-8。文本也可以编码为照片文件中不同颜色的像素，如纸张上的墨水、缩微胶片或石头或铜板上的凹槽。

类似地，与基于 YANG 的模型相关的消息也有几种不同的编码方式（称为协议绑定或序列化），每种编码或多或少都适合于上下文。与 YANG 相关的最常提及（和使用的）编码是 XML、JavaScript 对象表示法（JSON；有两种变体）和 protobuf。随着时间的推移，出现了新的编码方式。例如，本节还将介绍简明的二进制对象表示（CBOR）。

本章前面的图 2-4 显示了特定协议可能用不同的编码方式。请记住，有更多的编码随时可用：这是有意义的，归根结底，一个编码只是…一种编码方式。

2.7.1 XML

如果询问大多数 IT 专业人员是否知道 XML，回答总是"是"。大多数 IT 人员都知道 XML 代表可扩展标记语言。但是，如果要求这些 IT 专业人员概述 XML 中的可扩展性机制，只有一小部分会给你合理的答复。这就是为什么第 3 章要简要介绍最重要的 XML 功能，包括可扩展性机制。

大多数人认为 XML 是类似 HTML 的文本文档，其中充满了尖括号（<some> XML </some>），这似乎是一个相当小而简单的概念。但事实并非如此，XML 及其相关标准家族是一条非常复杂深邃的巨龙。它的可扩展性机制设计良好，允许基于 XML 的内容随着时间的推移而很好地演进，这里仅列举几个特性：它有一个名为 XPath 的查询语言、有一个名为 XML Schema 的模式语言、还有一个名为 XSLT 的转换语言。请记住，模式是数据结构和内容（名称、类型、范围和默认值）的定义。

由于这些特性和丰富可用的工具，NETCONF 工作组决定将其协议基于 XML 进行消息编码。最初在 YANG 被发明之前，很多人假设 NETCONF 将使用 XML Schema 描述（XSD）建模。它甚至与一组附加的映射约定一起被用作大约半年的官方建模语言。当时该小组正试图为 NETCONF 设计第一个标准模型。然后在 NETCONF 权威制作的早期模型中发现了一个严重的缺陷。这引发了一场相当激烈的争论，争论的焦点是这样一个重大缺陷是如何引入的，甚至连 NETCONF 内部的权威人士都没有发现。其根本原因最终被声明为 XML 模式的难读性，促使来自整个行业不同组织的小团队聚集在一起定义一种新的模式语言，基本要求是模型必须易于读写。团队成员姓名见 RFC 6020。今天，这种语言被称为 YANG。

这就解释了为什么 NETCONF 和 XML 之间联系非常紧密，甚至解释了为什么 YANG 1.0 在很大程度上依赖于 XML 机制。如今，随着编码方式的不同，YANG 1.1 被设计成对协议编码更加中立。

2.7.2 JSON

随着对类似于 NETCONF 中标准化功能的 REST 方法的要求不断提高，NETCONF 工作组开始开发 RESTCONF[21]。基于 REST 的传输使用广泛的消息编码，但毫无疑问，最受欢迎的是 JavaScript 对象表示法（JSON）。根源在于 JavaScript 中表示对象的方式：它是一个非常简单的编码规则集合，适合于单个页面。这种简单化是 JSON 受欢迎程度的主要驱动因素。如今 RFC 7159 中的 JSON 有一个清晰、精确且语言独立的定义，并在 RFC 8259

中进一步更新。

虽然简单性总是受欢迎的，但缺点是 JSON 以其简单的形式处理了许多用例，效果相当糟糕。例如，没有用于演进和扩展的机制，也没有与 YANG 命名空间机制相对应的机制。

另一个例子是，在典型的实现中，JSON 有一个整数精度约为 53 位的单一数字类型。因此，YANG 中的 64 位整数必须编码为数字（字符串）以外的其他形式。为了处理这些和其他类似但不太明显的映射情况，需要在 JSON 本身使用一组编码约定（如前面提到的 XSD for XML）。YANG-to-RESTCONF 映射见 "用 YANG 建模的数据的 JSON 编码"（RFC 7951；不要与前面提到的 RFC 7159 混淆，尽管编号相似）。通用 JSON 社区也在围绕 JSON 的其他用例进行标准化工作，现在 JSON 在多功能性和复杂性方面正在接近 XML。

除了 JSON，RESTCONF 规范（RFC 8040）还定义了如何将数据编码为 XML。一些 RESTCONF 服务器支持 JSON 和部分 XML，许多服务器同时支持这两种。编码是 JSON 它实际上是指 RFC 7159 中指定的 JSON，加上 RFC 7951 中的所有约定。

2.7.3　Google protobuf

protocol buffer，简称 protobuf，是 gNMI 中支持的另一种编码。protobuf 最初是由 Google 发明的，广泛应用于 Google 的许多产品和服务中，这些产品和服务需要通过传输线路进行通信或需要的数据存储。

通过在 .proto 文件中定义协议缓冲区消息类型可以指定序列化信息的结构。一旦定义了消息就可以在 .proto 文件上运行应用程序语言的协议缓冲区编译器，以生成数据访问类。protobuf 内置了对版本控制和可扩展性的支持，许多人认为这是针对 JSON 的优势。消息传递机制公开提供了一长串语言的绑定，使用非常广泛。

protobuf 有两种格式：自描述和紧凑。就传输线路上的比特数而言，自描述模式比紧凑模式要大三倍。紧凑模式是一种紧凑的二进制形式，其优点是节省线路和内存空间。其速度要快两倍。因此这种编码非常适合遥测，在遥测中，大量数据被高频推送到一个采集器。另一方面，如果没有 .proto 文件，紧凑格式很难调试或跟踪，你无法判断字段的名称、含义或完整数据类型。

2.7.4　CBOR

简明二进制对象表示（CBOR）是另一种正在探讨的编码方式，尤其适用于小型嵌入式系统，通常来自物联网（IoT）。CBOR 是超高效的，它甚至压缩了标识符。CBOR 与客户端的 CoAP 管理接口（CoMI）协议结合使用。

截至本书撰写之时，CBOR（RFC 7049）还没有在基于 YANG 的服务器上广泛使用，但 IETF 核心（受限 RESTful 环境）工作组正在进行讨论并编写一个名为 "用 YANG 建模的数据的 CBOR 编码" 的文档。

2.8 服务器架构：数据存储

在典型的基于 YANG 的解决方案中，客户端和服务器由 YANG 模块的内容驱动。服务器将模块定义为 NETCONF/RESTCONF 引擎可用的元数据。引擎处理传入的请求；使用元数据来解析和验证请求；执行请求的操作；并将结果返回给客户端，如图 2-5 所示。

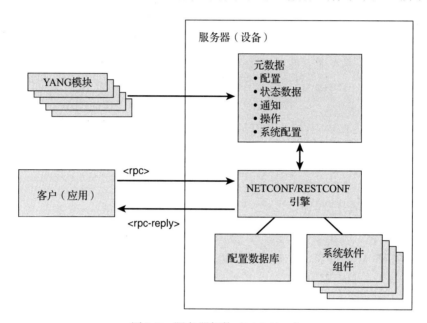

图 2-5　服务器架构（RFC6244）

对特定问题域建模的 YANG 模块被加载、编译或编码到服务器中。

典型的 NETCONF 客户端 / 服务器事件交互的流程如下：

1. 客户端应用打开与服务器（设备）的 NETCONF 会话。

2. 客户端和服务器交换 <hello> 消息，其中包含双方支持的功能列表。hello 交换消息包括服务器支持的 YANG1.0 模块列表。

3. 客户端在 NETCONF 的 <rpc> 元素中构建并发送以 XML 编码的 YANG 模块中定义的操作。

4. 服务器接收并解析 <rpc> 元素。

5. 服务器根据 YANG 模块中定义的数据模型验证请求的内容。

6. 服务器执行请求的操作，可能更改配置数据存储。

7. 服务器构建响应消息，包含响应本身、任何请求的数据以及任何错误的返回码。

8. 服务器在 NETCONF 的 <rpc-reply> 元素中发送以 XML 编码的响应。

9. 客户端接收并解析 <rpc-reply> 元素。

10. 客户端检查响应，并根据需要进行处理。

2.9　协议

在深入了解不同协议之前，表 2-1 提供了数据模型驱动管理中最常用的协议的比较：NETCONF、RESTCONF 和 gNMI。

表 2-1　NETCONF/RESTCONF/gNMI 协议快速比较

	NETCONF	RESTCONF	gNMI
信息和载荷编码	XML	JSON 或 XML	gNMI 通知带 JSON（两个变体）或 protobuf 有效载荷
操作语义	NETCONF 专属，全网络范围的事务	RESTCONF 专属，基于 HTTP 动词，单一目标、单发的事务	特定于 gNMI。单一目标、单发、序列性事务
RPC 机制	NETCONF 专属；基于 XML	REST 风格	gRPC
传输堆栈	SSH/TCP/IP	HTTP/TLS/TCP/IP	HTTP2/TLS/TCP/IP

2.9.1　NETCONF

NETCONF 协议解决了"2002 年 IAB 网络管理研讨会概述"（RFC 3535）期间提出的许多问题。下面是其中的几个例子：

❏ 事务：NETCONF 提供了一种事务机制，确保配置正确且完全应用。

❏ 转储和还原：NETCONF 提供了保存和恢复配置数据的能力。也可执行于特定的 YANG 模块。

❏ 配置处理：NETCONF 提供了区分分发配置数据和激活配置数据的能力。

NETCONF 提供了一种事务机制，与 SNMP 等协议相比这是一个主要优势。事务的特征是"ACID 测试"（来自数据库的专业词汇）：

❏ 原子性：要么全有，要么全无。要么生效整个变更，要么丢弃。这是错误处理的一个主要优势。

❏ 一致性：一次完成。数据必须对 YANG 规则有效。事务中没有时间的概念，没有"之前"和"之后"。没有"先是这个，然后是那个"。这有益于简单性。

❏ 独立：没有串扰。多个客户端可以同时进行配置更改，而不会使事务相互干扰。

❏ 持久性：执行后即使出现断电或软件崩溃事务也会保持不变。换句话说，"当它完成了，它就完成了"。

RFC6241"网络配置协议"（NETCONF）定义 NETCONF 协议的方式如下：

> **RFC 6241 NETCONF 定义**
>
> "NETCONF 定义了一种基于 XML 的远程过程调用（RPC）机制，该机制利用了高质量 XML 分析器的简单性和可用性。XML 为数据提供了丰富、灵活、分层的标准表示

> 形式以满足网络设备的要求。NETCONF 通过面向连接的传输，使用 XML 编码的 RPC 携带配置数据和操作作为请求和响应。"

XML 的分层数据表示允许以自然的方式呈现复杂的网络数据。示例 2-2 将网络接口置于 OSPF 路由协议区域中。<ospf> 元素包含 <area> 元素列表，每个元素都包含 <interface> 元素列表。<name> 元素标识特定区域或接口。每个区域或接口的其他配置直接出现在相应的元素内。

示例2-2　OSPF区域NETCONF配置

```xml
<ospf xmlns="http://example.org/netconf/ospf">

  <area>
    <name>0.0.0.0</name>

    <interface>
      <name>ge-0/0/0.0</name>
      <!-- The priority for this interface -->
      <priority>30</priority>
      <metric>100</metric>
      <dead-interval>120</dead-interval>
    </interface>

    <interface>
      <name>ge-0/0/1.0</name>
      <metric>140</metric>
    </interface>
  </area>

  <area>
    <name>10.1.2.0</name>

    <interface>
      <name>ge-0/0/2.0</name>
      <metric>100</metric>
    </interface>

    <interface>
      <name>ge-0/0/3.0</name>
      <metric>140</metric>
      <dead-interval>120</dead-interval>
    </interface>
  </area>
</ospf>
```

NETCONF 包括控制配置数据存储的机制。每个数据存储是一个特定的配置数据集合，用作配置相关操作的源或目标。设备指示它是否具有不同的"启动"配置数据存储；当前或"运行"数据存储是否可直接写入；以及是否有一个"候选"配置数据存储，其中可以进行配置更改，调用"commit-configuration"操作之前这些更改不会影响设备操作。

NETCONF 协议提供了一小组低级别操作，这些操作作为 rpc 从客户端（应用程序）调用到服务器（在设备上运行），以管理设备配置和检索设备状态信息。基本协议提供检索、配置、复制和删除配置数据存储的操作。表 2-2 列出了这些操作。

表 2-2　NETCONF 操作

操　作	说　明
get-config	获取全部或部分配置数据存储
edit-config	更改配置数据存储的内容
copy-config	将一个配置数据存储复制到另一个
delete-config	删除配置数据存储的内容
lock	防止第三方更改数据存储
unlock	在数据存储上释放一个锁定
get	获取当前运行中的配置数据和设备状态信息
close-session	请求正常终止 NETCONF 会话
kill-session	强制终止另一个 NETCONF 会话
get-data	更灵活的检索配置和设备状态信息的方式。仅在一些较新的系统上可用（需要网络管理数据存储体系结构（NMDA，[RFC8342]）支持，你将在第 3 章中了解这些支持）
edit-data	更灵活的更改配置数据存储的内容的方式。仅在某些较新的系统上可用（需要 NMDA 支持）

NETCONF 的"功能"机制允许设备通告所支持的一组功能，包括协议操作、数据存储、数据模型和其他功能，如表 2-3 所示。这些是在会话建立过程中作为 <hello> 消息的一部分宣布的。客户端可以检查 hello 消息，以确定设备的能力以及如何与设备交互来执行所需的任务。与 SNMP 等协议相比，这是一个真正的优势。此外，NETCONF 还获取状态数据，接收通知，以及调用作为某个功能一部分的额外 RPC 方法。

表 2-3　可选 NETCONF 能力

能　力	说　明
:writable-running	允许直接写入运行配置数据存储，以便更改立即生效
:candidate	支持单独的候选配置数据存储，以便先验证更改，然后再激活
:confirmed-commit	允许在试用期间激活候选配置。如果试用期间出现问题，或者管理员不批准，事务会自动回滚。要求可用于全网范围的事务

（续）

能　　力	说　　明
:rollback-on-error	出现错误时回滚。这是事务支持的核心能力。如果没有此功能，NETCONF 将不如 SNMP 有用
:validate	支持验证配置而不激活它。要求可用于全网范围的事务

　　此能力集通过 :rollback-on-error、:candidate、:confirmed-commit 和 :validate 等能力，有效地提供强大的全网范围配置。这里使用 ACID 概念，你可以将网络视为分布式数据库。当一个更改试图影响多个设备时，这些功能会极大地简化故障场景的管理，从而导致事务能力原子性上的成功或失败。这种全网范围的事务机制在数据库世界中称为三阶段式事务（PREPARE、COMMIT 和 CONFIRM）。

　　NETCONF 还定义了从服务器向客户端发送异步通知的方法，如 RFC 5277 中所述。

　　在安全性方面，NETCONF 在由 SecureShell（SSH）或可选 HTTP/TLS（传输层安全）保护的传输协议上运行，允许使用可信技术进行安全通信和身份验证。

2.9.2　RESTCONF

　　就像 NETCONF 定义了配置数据存储和一组用于访问这些数据存储的创建、读取、更新、删除、执行（CRUDX）操作一样，RESTCONF 规定了 HTTP 方法以提供相同的操作。与 NETCONF 一样，RESTCONF 用于访问 YANG 中定义的数据编程接口。

　　那么，IETF 为什么指定另一个类似于 NETCONF 的协议呢？在第 1 章中了解到自动化与工具链一样好。在此你将理解一个关键信息：在数据模型驱动管理中，重要的是从中推导出 API 的 YANG 数据模块集。由于运营工程师正在开发基于 HTTP 的工具，使用同样基于 HTTP 的工具链来规范数据模型驱动的管理协议是很自然的。

RFC 8040 RESTCONF：一种新协议，作为 NETCONF 功能的子集

　　"RESTCONF 无须照搬 NETCONF 协议的全部功能，但它需要与 NETCONF 兼容。RESTCONF 通过实现 NETCONF 协议提供的交互功能子集来实现这一点，例如，清除数据存储和显式锁定。

　　RESTCONF 使用 HTTP 方法实现与 NETCONF 同样的操作，在资源的概念层次结构上提供基本的 CRUD 操作。

　　HTTP 方法 POST、PUT、PATCH 和 DELETE 用于编辑由 YANG 数据模型表示的数据资源。这些基本编辑操作允许 RESTCONF 客户端更改运行中的配置。

　　RESTCONF 无意取代 NETCONF，而是提供一个 HTTP 接口，该接口遵循代表性状态传输（REST）原则（REST-Dissertation）[22]，并与 NETCONF 数据存储模型兼容。"

以下是 RESTCONF 规范（RFC 8040），以便你了解 NETCONF 和 RESTCONF 之间的关系。

注意，第 4 章提供了 NETCONF 和 RESTCONF 的技术比较。与 NETCONF 相比，RESTCONF 添加了一种新的编码可能，因为它支持 XML 或 JSON。使用 RESTCONF，服务器报告每一个 YANG 模块和任何偏差，并支持使用在 YANG 模块库（RFC 7895）和全新的 YANG 库（RFC 8525）中定义的 ietf-yang-library YANG 模块，废弃了以前版本 RESTCONF 协议不包含组成事务的多个调用的概念。每个 RESTCONF 调用本身都是一个事务，因为它使用 HTTP 方法 POST、PUT、PATCH 和 DELETE 编辑由 YANG 数据模型表示的数据资源。RESTCONF 没有任何验证的方法，也没有激活配置。但是，验证是隐式的，事务的成功或失败是 RESTCONF 调用的一部分。

考虑到 NETCONF 的功能，自然的服务自动化流程是 NETCONF<lock> 操作（在运行和候选数据存储上），编辑候选配置数据存储中的配置，验证配置，承诺将候选数据存储中的配置应用于运行数据存储，最后是解锁操作。这些操作是在多个设备上同时从编排器完成的，以实现全网范围的事务。RESTCONF 不提供锁定、候选配置或提交操作的概念；配置更改立即被应用。RESTCONF 不支持三阶段事务（PREPARE、COMMIT 和 CONFIRM）。但是它支持两阶段事务（PREPARE 和 COMMIT），且只对单个 REST 调用的给定数据有效。

因此，RESTCONF 不支持全网范围的事务，只支持逐个设备的配置。故而，RESTCONF 适合用于门户和编排器之间（因为只有一个），但不适合从编排器到拥有很多设备的网络。

如果你是 Web 开发人员，认为"只要"选择 RESTCONF，而不是 NETCONF 作为协议就可以了，这想得过于简单了。要记住工具的重要性。一般自动化，特别是网络配置，意味着整个工具链的集成。如果现有的工具链（例如，存储和计算）以 HTTP 为中心，RESTCONF 可能是最好的选项。归根结底，这一切都与无缝整合和降低成本有关。

了解使用 RESTCONF 进行设备配置的缺点非常重要，这样你就知道选择 RESTCONF 的原因仅仅是 RESTCONF 使用 HTML。作为建议，当有选择权时（也就是说，不受工具链的约束），请使用 NETCONF 进行网元配置。RESTCONF 用于编排器或 / 和控制器的北向接口也有可能不错。

2.9.3　gNMI（gRPC）

gRPC 网络管理接口（gNMI）协议来自 OpenConfig 联盟[20]，这是一个由谷歌领导的网络运营商团体，其目的为："OpenConfig 是一个非正式的网络运营商工作组，其共同目标是通过采用软件定义网络原则，如声明性配置和模型驱动的管理和操作，使网络朝着更富动态、基础设施可编程的方向发展。"

OpenConfig 最初的重点是基于用例的实际操作要求和来自多个网络运营商的要求，编译一组一致的、与供应商无关的、用 YANG 编写的数据模型。在 OpenConfig 继续改进 YANG 模块集的同时，Google 利用开源 gRPC[23] 框架开发了 gNMI，作为一个统一的流式遥测和配置管理协议。

gNMI 和 gRPC 有时会混淆，因此本节才使用这两个名称。澄清如下，gNMI 是管理协议，gRPC 是底层 RPC 框架。

gNMI 编码之一是 protobuf，前面讨论过。protobuf 的优点是更紧凑，但它们也提供了更复杂的操作部署。对于 NETCONF 和 RESTCONF，只有 YANG 模式才需要解析有效载荷。对于带有 protobuf 传输的 gRPC 上的 gNMI，还需要分发 .proto 文件。这在设备升级时会增加复杂性。

2.9.4　CoMI

CoAP 管理接口（CoMI）协议扩展了一组基于 YANG 的协议（NETCONF /RESTCONF/ gNMI），用于管理受限设备和网络。

受限应用协议（CoAP；RFC 7252）是为机器对机器（M2M）应用而设计的，用于（诸如智慧能源、智慧城市和楼宇控制等）低功耗、易丢包的受限节点和受限网络。物联网节点通常使用 8 位微控制器，带有少量 ROM 和 RAM，而低功耗无线个人区域网络（6LoWPAN）上的 IPv6 等受限网络通常具有较高的数据包错误率和数十 Kbps 的典型吞吐量。

这些受限设备必须以自动化方式进行管理，以处理在未来安装中预期的大量设备。设备之间的消息须尽可能小且不频繁。实现时的复杂性和运行时间资源也要尽可能小。

CoMI 为受限设备和网络规范了网络管理接口，其中 CoAP 用于访问 YANG 中指定的数据存储和数据节点资源。CoMI 使用 YANG-to-CBOR 映射 [24]，并将 YANG 标识符字符串转换为数字标识符以减小有效载荷。在协议栈方面，CoMI 运行在 CoAP 上，CoAP 运行在用户数据报协议（UDP）上，NETCONF/RESTCONF/gNMI 运行在传输控制协议（TCP）上。

在撰写本文时，CoMI 正处于 IETF 标准化的最后阶段。

2.10　编程语言

良好的脚本基于良好的应用程序编程接口（API）。API 是一组功能和过程，用于创建访问操作系统、应用程序或其他服务功能或数据的应用。基本上 API 应提供以下功能：

❑ 抽象：可编程 API 应该抽象去除底层实现的复杂性。网络程序员不需要知道不必要的细节，例如：配置的特定顺序；在发生故障时要采取的特定步骤。配置功能更应该像填写高级检查表（这些是你需要的设置；系统可以找出如何正确地对它们进行分组和排序）。

❏ **数据规范**：API 的关键工作（无论是软件还是网络 API）是为数据提供规范。首先，它回答了数据是什么——整数、字符串或其他类型的值。接下来它指定了该数据的组织方式。在传统编程中这被称为数据结构，网络可编程中更常见的术语是"模式"，也称为"数据模型"。

❏ **访问数据的方法**：最后，API 为如何读取和操作设备数据提供了标准化框架。

前面给出了 YANG 开发套件（YDK）[25] 示例（请参阅示例 2-1）。YDK 的主要目标是通过在 API 中表达模型语义和抽象协议 / 编码细节来降低 YANG 数据模型的学习曲线。YDK 由定义服务和提供商的核心软件包以及一个或多个基于 YANG 模型的模块捆绑包 [26] 组成。每个模块捆绑包都使用捆绑包配置文件和 ydk-gen 工具来生成。YDK-Py[27] 为几个模型捆绑包提供 Python API。同样，YDK-Cpp[28] 也包括相同捆绑的 C++ 和 Go API。C 语言也存在类似的捆绑包。

从 OpenConfig 中获取了更多示例，以下是当前可用的工具：

❏ Ygot[29]（YANG Go Tools）：用于从 YANG 模块生成 Go 结构或原型。

❏ Goyang：[30] 一个采用 Go 语言的 YANG 解析器和编译器。

❏ pyangbind：[31] 一个 pyang 插件，可将 YANG 数据模型转换为 Python 类层次结构。

这些示例再次证明了工具链的重要性，其中编程语言（C、C++、Python、Go，凡此种种）只是其中一个组件。假设运营工程师正在开发和支持基于特定语言的脚本，继续使用同一编程语言开发基于 YANG 的自动化脚本是完全合理的。

2.11　遥测

与 SNMP 之类的轮询机制相关联的低效率需要消除。网络运维人员定期进行轮询，因为他们希望定期获得数据。为什么不在他们需要的时候直接发送给他们想要的数据，跳过轮询开销呢？于是，"流"的概念就诞生了。你可以袖手旁观让网络将数据推送到收集器，而不是从网络上提取数据。

从第 1 章可知遥测技术是行业的一个趋势。遥测技术是一种新的网络监测方法，它使用推送模型连续地从网络设备中传输数据，并提供对操作统计数据的近实时访问。你可以使用标准的 YANG 模型精确地定义要订阅的数据，不需要 CLI。它允许网络设备向订阅者连续传送实时配置和操作状态信息。根据订阅条件和数据类型，结构化数据以预定的频率发布或在更改时发布。遥测数据的结构必须合理，以便于监视工具接收。换句话说，即使每个人都使用术语遥测，良好的遥测数据也必须基于模型，准确的术语是数据模型驱动的遥测。网络行业已经将 YANG 用作网络数据的数据建模语言，这使其成为遥测的自然选择。无论希望使用原生的数据，还是 OpenConfig 模型或 IETF YANG 模型中的数据，数据模型驱动的遥测都可以提供相应数据。

当然，你希望所有这些数据都易于使用，因为知道迟早会有人来到你的办公桌前请求进行数据分析。需要对遥测数据规范化，以便大数据工具高效使用。在软件领域，JSON、protobuf 和 XML 等编码被广泛应用于软件应用程序之间的数据传输。这些编码具有丰富的开源软件 API，使其易于操作和分析数据。

协议方面有两种可能：OpenConfig 流遥测和 IETF 推送机制。OpenConfig 流遥测使用 protobuf 作为编码：其紧凑型模式作为有效编码（以处理 .proto 文件为代价）非常适合遥测。在 IETF 推送机制中，订阅通过现有 NETCONF 会话创建，并使用 XML RPC 开发。这种建立 - 订阅的 RPC 从客户端或收集器发送到网络设备。

模型驱动的遥测是改变监控和运营网络方式的第一步。凭借遥测的力量将发现从未想象过的事情，并开始提出更多更好的设想。第 6 章有更多关于遥测的信息。

2.12　使用 NETCONF 管理网络

讨论管理协议时，对话很容易转到关于它的组件、客户端、服务器和协议细节。最重要的话题不知何故失去了。问题的核心是你真正想要实现的用例以及如何实现它们。首要目标是简化网络运维人员的生活。"从运维人员的角度来看，易用性是网络管理技术的关键要求"（RFC 3535，要求 1）。

网络运维人员希望"专注于整个网络的配置而不是单个设备"（RFC 3535，要求 #4）。由于构建网络的是设备和布线，确实无法避免管理设备。然而运维人员力图提出的一点是，在管理网络时提高抽象级别很方便。他们希望使用网络级概念而不是设备级命令进行管理。

这是网络管理系统（NMS）供应商一个好的范例，但是为了使 NMS 系统适当小巧、简单和廉价，管理协议责任重大。三十年的行业网管经验一次又一次地告诉我们，由于管理协议设计糟糕，网管供应商在这三个方面通常都会遭遇失败。

NETCONF 如何支持 NMS 开发？让我们看看网络管理中的典型用例：如何在 L3VPN 上提供一个额外的分支。

典型的 L3VPN 至少包括以下内容：

❑ 位于 VPN 端点附近的用户边缘（CE）设备，如：商店位置、分支机构或住家
❑ 位于提供商核心网络外缘的提供商边缘（PE）设备
❑ 核心网络连接所有中枢，并绑定到所有 PE 设备
❑ 提供监控解决方案确保 L3VPN 按照预期和承诺执行
❑ 确保隐私和安全的安全解决方案

要将 L3VPN 分支（leg）添加到网络，NMS 中运行的 L3VPN 应用至少须牵涉新站点上的 CE 设备、CE 设备连接的 PE 设备、监控系统以及可能与安全相关的少数设备。CE 可能是虚拟设备，在这种情况下，NMS 可能需要与某个容器管理器或虚拟基础设施管理器（VIM）通话以启动虚拟机（VM）。有时必须牵涉大约 20 个设备才能启动一个 L3VPN 分支。

所有这些都是分支功能化的要求。具有访问控制列表（ACL）的所有防火墙和路由器都需要获取更新，否则流量无法启动。需要在两端正确设置加密，否则流量将不安全。需要设置监控，否则无法检测到服务终端。

为了用 NETCONF 在网络中实现新的分支，管理器将在相关设备上运行一个网络范围的事务，更新其候选数据存储并进行验证；如果一切正常，管理器将认定该更改为运行中的数据存储。"区分配置的分布和特定配置的激活非常重要。设备应能够保持多个配置。"（RFC 3535，要求 #13）。下面是管理器采取的更详细步骤：

第 1 步　根据拓扑结构和请求的端点，找出需要涉及哪些设备才能实现新的分支。

第 2 步　通过 NETCONF 连接到所有相关设备，然后在这些设备上锁定（<lock>）NETCONF 数据存储 :running 和 :candidate。

第 3 步　清除（<discard-chages>) 设备上的 :candidate 数据存储。

第 4 步　计算每个设备所需的配置更改。

第 5 步　使用计算出的更改，编辑（<edit config>）每个设备的 :candidate 数据存储。

第 6 步　验证（<validate>）:candidate 数据存储。

在事务理论中，事务在成功时有两个（或三个）阶段。到目前为止，所有的动作都处于事务的 PREPARE（准备）阶段。PREPARE 阶段结束时，所有设备都必须报告 <ok> 或 <rpc-error>。这是一个关键的决策点，事务理论家通常称这是"不可返回点"。

如果该点前有任何参与设备报告 <rpc-error>，事务已失败并进入 ABORT（中止）阶段。网络上什么也没有发生。NMS 安全地断开与所有设备的连接。这意味着更改从未激活，并且锁定现在已释放。

如果所有设备在此处报告 <ok>，NMS 将进入 COMMIT（提交）阶段。

接下来，提交（<commit>）每台设备的 :candidate(候选）数据存储。这将激活更改。

这个描述将工作分割成两阶段提交（验证介于两者之间）来激活更改听起来简单明了。同时必须认识到，在网络管理环境中，这是一种革命性的做法，不是因为它很难做到，而是因为它能够实现什么。

除非你有 NMS 解决方案编程经验，否则很难想象如果设备不支持单独的事务，NMS 中检测和解决任一错误所需的代码量。本例甚至有整个网络范围的事务。在一个成熟的 NMS 中，大约一半的代码专门用于错误检测和从大量异常情况中恢复。恢复代码也是开发中最昂贵的部分，因为它涉及的是本不应发生的特殊案例和情况。这类情况很复杂，需要复现来进行测试，甚至需要重新构思。

软件项目的成本在很大程度上与编写的代码量成正比，这意味着当设备支持网络范围的事务时，传统 NMS 一半以上的成本将被消减。

刚才描述的两阶段、全网范围的事务在现在的 NETCONF 设备中广泛使用。节省了很多代码，但不包括故障保护。<commit> 操作可能会失败，与设备的连接可能会丢失，或者设备在向所有设备发送 <commit> 时可能会崩溃或没有响应。这将导致一些设备激活更改，而其他设备则没有。为了进一步加强这一点，NETCONF 还定义了一个管理器可能希望使用的三阶段全网事务。

通过在前面的 <commit> 阶段提供标志 <confirmed>，事务进入第三个 CONFIRM(确认）阶段（从 PREPARE 到 COMMIT 再到 CONFIRM）。如果 NMS 发送此标志，则 NMS 必须在给定的时限内返回以重新确认更改。

如果在时限结束时未收到确认，或者与 NMS 的连接丢失，则每个设备将回滚到以前的配置状态。事务计时器运行时 NMS 会进行各种测试和测量，以验证它刚才创建的 L3VPN 分支是否按预期创建了功能。如果没有，只需关闭与事务中所涉及的所有设备的连接，让它们全部消失。如果一切正常，就提交并解锁，如下所示：

第 1 步　再给一次 <commit>，这次没有 <confirmed> 标志。

第 2 步　解锁 <unlock> :running 和 :candidate 存储。

关于 NETCONF 网络范围内的事务有很多选项和细节可以在这里讨论，但是重要的一点已经提出来了，我们会做修改。有了这种底层技术，NMS 开发人员就可以成为真正的懒汉。嗯，也不是真的懒汉，因为他们完成的用例数量是没有事务的情况下的两倍。这些用例运行更加可靠。这一讨论突出了网络范围事务的价值。"支持跨多个设备的配置事务将大大简化网络配置管理"（RFC 3535，要求 5）。

再缩小一个级别，观察网络范围内的事务是如何融入全局的。从控制理论的角度看网络管理。任何机电工程师都知道，在复杂的环境中建立工作良好的控制系统的正确方法是在设计中加入一个反馈回路。传统的控制理论如图 2-6 所示。

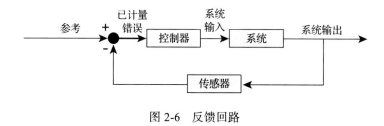

图 2-6　反馈回路

将其转换为网络管理语境，图 2-7 显示了这幅原理图。

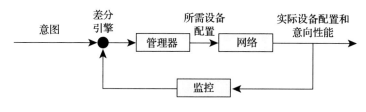

图 2-7　网络管理中的反馈闭环

如图中所示，显然需要一种机制将配置推送到网络或从其中取出。"转储和还原配置的机制是运维人员所需的原语操作。从设备拉取 / 向设备推送配置的标准是他们想要的”（RFC 3535，要求 7 ）。

网络事务是管理器控制网络的重要机制。如果没有网络事务，管理器将变得非常复杂，效率也会降低（换句话说，网络将在较少部分的时间内与意图保持一致）。然而，为了闭环，其他每个步骤都同样重要。当监视读取网络状态时，它利用 NETCONF 功能将配置与其他数据分离。“有必要明确区分配置数据、描述运行状态的数据和统计数据。有些设备很难确定哪些参数是管理配置的，哪些是通过其他机制（如路由协议）获得的”（RFC 3535，要求 2 ）。

在 NETCONF 中使用标准化操作（ <get> 和 <get-onfig> ）传递数据，语义在设备之间保持一致。*“必须能够从设备中分别获取配置数据、操作状态数据和统计数据，并能够在设备之间进行比较”*（RFC 3535，要求 3 ）。通过在设备上使用标准化的 YANG 模型数据结构保持一致。

随后，差分引擎将意图性能与原始意图进行比较，以查看当前实现意图的策略的工作情况（请记住第 1 章中基于意图的网络趋势），并将实际网络配置与所需的网络配置进行比较。如果需要或需要更改策略或更改策略比较理想（例如，由于对端故障，或者另外一个数据中心的计算价格较低），管理器将计算新的所需配置并将其发送到网络。“给定配置 A 和配置 B，应该以最小的状态更改和最小的对网络和系统的影响生成从 A 到 B 所需的操作，将配置更改所造成的影响降到最低很重要”（RFC 3535，要求 6 ）。

显然，要实现这一点，事务的定义必须非常严格。差分引擎不按特定顺序计算任意更改包。如果必须以某种特定的方式对所有差异进行排序，管理器的复杂性会急剧增加。除非网络中的每个设备都以机器可读的形式描述这种特殊方式，否则 NMS 只能是一个梦想，不可能实现。

因此，与 NETCONF 一起使用的事务定义必须描述一组更改，这些更改加在一起应用于当前配置时必须一致且有意义。这是关于一致的配置，而不是原子序列变化的配置。“超时和链路两端的配置必须易于进行一致性检查，以确定两个配置之间的更改以及这些配置是否一致”（RFC 3535，要求 #8 ）。

这与按给定顺序执行的操作序列不同，其中每个中间步骤本身必须是有效的配置。如果正确的顺序来自管理器，那么服务器（设备）端显然更容易实现，就像 SNMP 中的传统做法一样，这就是为什么许多实现者倾向于采用这种方式。让我们清楚地说明 NETCONF 事务一致性是在事务的末尾。否则，反馈控制器用例将无法实现，而你将回去摸黑使用简单脚本来配置网络。

在允许或要求运维人员与管理器同时干预的网络中，同样的反馈能力必不可少。当前这是一个共同的运维现状，总是导致不可预见的情况。除非有一个反馈循环机制可以计算新的配置并适应不断变化的环境，否则更复杂的用例将永远不会出现。

专家访谈

与 Jürgen Schönwälder 的问答

Jürgen Schönwälder 是雅各布斯大学不来梅分校的计算机科学教授。他的研究兴趣包括网络管理和测量、网络安全、嵌入式系统和分布式系统。他在 IETF 共同撰写了 40 多个网络管理相关规范和标准，对网络管理协议（SNMP 和 NETCONF）以及相关数据建模语言（SMIv2、SMIng 和 YANG）做出了重大贡献。他在担任 NETMOD 工作组共同主席期间监督了 YANG1.1 的工作。

提问：

Jürgen，你是 IETF 中许多协议和数据模型的主要设计者，涵盖 SNMP、MIB、NETCONF、RESTCONF 和 YANG。基于 YANG 的数据模型驱动管理有什么如此特别之处？

回答：

网络管理总是涉及自动化。我在 20 世纪 90 年代初开始涉足网络管理技术，当时 SNMP 得到了广泛的实现和部署。SNMP 的设计相对简单（忽略 ASN.1/BER 细节，它显然不是那么简单），但是由于数据的组织和通信方式，SNMP 相对难以用于自动化配置任务。即使是基本的操作，如检索设备配置的快照以用于备份和还原，也很难通过 SNMP 实现。（有些设备允许通过 SNMP 触发配置快照，但配置数据通常是以私有格式通过 FTP 传递的。）

鉴于 SNMP 的汇编语言特性，运维人员通常发现通过私有的命令行接口配置设备更加方便。由于命令行接口不是设计作为编程 API 的，因此通过脚本命令行接口实现的自动化变得有些脆弱，因为数据表示通常是为人类读者而不是为编程访问而优化的。

21 世纪初有人试图改进 SNMP 技术及其数据建模语言，但未能取得足够的进展，IETF 最终开始创建新的管理协议来解决配置管理问题。目标是提供一个健壮的 API 来管理设备的配置。最初的协议工作完成后，2007 年，一群人聚集在一起设计了一种支持新配置协议的数据建模语言，这是 YANG 的起源。所有这些都发生在 XML 和 XML Schema 是业界热门话题的时候，但是 YANG 的设计者认为需要一种特定领域的语言，它比 XML Schema 更易于读写，并设计成以增量方式组装相当复杂的数据模型。

同时，设备的配置也变得越来越动态，这扩大了对可持续运行的、健壮的配置事务的需求，并影响到许多设备。YANG 语言开始填补一个空缺，因为它是现成的，有基本的工具支持。虽然 YANG 最初使用 XML 对实例数据进行编码，但对其他数据表示的支持也相对简单。此外，YANG 语言被设计成可扩展的。因此，供应商和运营商能够用由 YANG 数据模型驱动的 API 替换私有 API，尽管在某些情况下能够使用非标准的数据编码和协议。YANG 允许这种情况发生，这对它的采用有好处。另一个驱动力是向软件定义网络演进，其中某些控制功能从设备移到外部控制器。YANG 在这里既作为控制器管理的设备接口（南向接口），也作为其他控制器和服务管理系统的高级接口（北向接口）。

虽然 YANG 是一个成功的例子，但进一步改进技术的工作仍在进行。最近一个网络管理数据存储的架构发布出来，进一步发展了数据存储的架构概念，而 YANG 正是基于这个概念。实施后应用程序管理设备或控制器将能够在设备和控制器的内部，配置处理工作流程的不同阶段访问的配置数据，并提供关键元数据，说明特定设置如何生效，从而使新型应用程序能够解释设备的实际行为与其预期行为有何不同。

通过从 YANG 数据模型派生的编程 API 进行的数据驱动管理开始向服务管理发展。可以预期将来对单个设备及其 API 的关注会减少。将出现新的网络和服务编程概念，使网络运维人员能够建立和扩展服务管理系统，以前所未有的速度协调复杂的服务。

小结

这一章并不是 YAMG 所能做的全部，但它的目的是让你很好地了解所有最重要的概念、YANG 所解决的问题以及如何制作新的 YANG 模型。

特别是了解数据模型驱动的管理架构和组件。YANG 是 API 合约语言，为客户端和服务器之间的接口创建规范（配置、监控状态、接收通知和调用操作）。最常用的协议是 NETCONF、RESTCONF 和 gNMI，根据工具环境了解其利弊。这些协议支持不同的编码：XML、JSON、protobuf 等。最后，这些数据模型生成直接用于编程的 API，从而隐藏 YANG 模型或编码的低级别细节。

尽管"2002 年 IAB 网络管理研讨会概述"（RFC 3535）已有 15 年历史，其中的要求今天仍然适用且和我们的工作密切相关。因此，对于想了解运维人员面临的问题的人来说，本文档值得一读。

参考资料

为了进一步拓展知识，下一步你应该看 RFC。它们实际上是有很好的可读性，是很好的详细信息来源，许多 RFC 有用法实例。表 2-4 中引用的项目特别值得一看。

表 2-4　用于进一步阅读的 YANG 相关文档

专　　题	内　　容
RFC 3535	https://tools.ietf.org/html/rfc3535 网络管理方面的运营商要求。仍然有效
架构	http://tools.ietf.org/html/rf6244 "使用 NETCONF 和 YANG 的网络管理架构"（RFC 6244）

（续）

专　题	内　容
NETCONF WG	https://datatracker.ietf.org/wg/netconf/documents/ IETF 网络配置工作组 这是定义 NETCONF 和 RESTCONF 的组，请在此查看最新草案和 RFC
NETMOD WG	https://datatracker.ietf.org/wg/netmod/documents/ IETF 网络建模工作组 这是定义 YANG 和大量 YANG 模块的组。请在此查看最新草案和 RFC
yangcatalog.org	https://www.yangcatalog.org/ YANG 模块的目录，可按关键字和元数据搜索。还有用于验证、浏览、依赖关系图和 REGEX 验证的 YANG 工具。在编写本报告时，目录中约有 3500 个 YANG 模块
RFC8199 和 RFC8309	http://tools.ietf.org/html/rfc8199 和 http://tools.ietf.org/html/rfc8309 不同的 YANG 模块类型

注释

1. https://datatracker.ietf.org/wg/netconf/charter

2. https://tools.ietf.org/html/rfc6244#ref-W3CXSD

3. https://tools.ietf.org/html/rfc6244#ref-ISODSDL

4. https://datatracker.ietf.org/wg/netmod/charter/

5. https://datatracker.ietf.org/doc/rfc8402/

6. https://datatracker.ietf.org/doc/rfc7011/

7. https://www.sdncentral.com/what-is-openflow/

8. http://www.openstack.org/

9. http://www.opendaylight.org/

10. http://openvswitch.org/

11. http://openconfig.net/

12. http://uml.org/

13. https://www.ietf.org/

14. https://core.tcl.tk/expect/index

15. https://www.itu.int/en/ITU-T/Pages/default.aspx

16. https://www.mef.net/

17. https://www.broadband-forum.org/

18. http://www.openroadm.org/home.html

19. https://yangcatalog.org/

20. http://www.openconfig.net/software/

21. https://datatracker.ietf.org/doc/rfc8040/

22. https://tools.ietf.org/html/rfc8040#ref-REST-Dissertation

23. http://www.grpc.io/

24. https://datatracker.ietf.org/doc/draft-ietf-core-yang-cbor/

25. https://developer.cisco.com/site/ydk/

26. https://github.com/CiscoDevNet/ydk-gen/blob/master/profiles/bundles

27. https://github.com/CiscoDevNet/ydk-py

28. https://github.com/CiscoDevNet/ydk-cpp

29. https://github.com/openconfig/ygot

30. https://github.com/openconfig/goyang

31. https://github.com/robshakir/pyangbind

Chapter 3 | 第 3 章

对 YANG 的阐释

本章内容

❏ YANG 模块简介及其组成
❏ 创建简单的 YANG 模块，然后进行扩展
❏ 怎样在 YANG 中描述表格数据
❏ 定义动作、RPC 和通知
❏ 配置与运行数据之间的基本差异
❏ 使用多种不同类型的约束确保数据有效的原因和方式
❏ 仅在某些时候具有相关性的建模数据
❏ 使用 YANG 指针和 XPath 进行正确的导航
❏ 增强 YANG 模块，随着时间推移不断发展 YANG 模块
❏ 网络管理数据存储架构

3.1　导言

本章将介绍怎样创建真实可用的 YANG 模型。此过程分为多个不同的阶段，逐渐建立全面的模型。每个阶段都可以动手建一个项目，你可以从 GitHub 上下载代码，然后根据需要进行创建、运行和使用。有关获得必要免费工具的说明参见项目 README 文件，网址为 https://github.com/janlindblad/bookzone。

3.2 描述数据世界

考虑以下情形：一家虚构的书店连锁企业 BookZone 决定为每家书店定义一个适当的统一接口，使客户端应用程序可浏览每家书店的库存，同时集中管理应用程序可向附属书店添加新的书名和作者。

表 3-1 显示了 BookZone 希望持续跟踪信息的数据结构，即每本书的书名、ISBN、作者和定价。ISBN 指国际标准书号。出版社和书店使用 ISBN 作为每本图书书名的唯一性标识，包括版次和版本（例如精装或平装）。此表填写了一些示例数据。这些数据称为实例数据。为了组织数据，需要创建数据模式，以便准确地向对端描述数据，而不是使用示例进行描述。示例有助于了解总体，但不够准确。此表提供了对 YANG 结构的简短描述。随着时间的推移，实例数据（即此表中的具体条目）可能有进有出，但包含这四列的 YANG 结构保持不变。

表 3-1 使用实例数据对图书目录进行表格化表示

书　名	ISBN	作　者	定　价
The Neverending Story	9780140386332	Michael Ende	8.50
What We Think About When We Try Not To Think About Global Warming: Toward a New Psychology of Climate Action	9781603585835	Per Espen Stoknes	16.00
The Hitchhiker's Guide to the Galaxy	0330258648	Douglas Adams	22.00
The Art of War	160459893X	Sun Tzu	12.75
I Am Malala: The Girl Who Stood Up for Education and Was Shot by the Taliban	9780297870913	Malala Yousafzai	19.50

关于在 YANG 中如何定义基本图书目录模式，参见示例 3-1。

示例3-1 书籍目录的YANG Schema表示

```
container books {
  list book {
    key title;

    leaf title {
      type string;
    }
    leaf isbn {
      type string;
      mandatory true;
    }
    leaf author {
      type string;
    }
```

```
    leaf price {
      type decimal64 {
        fraction-digits 2;
      }
      units sim-dollar;
    }
  }
}
```

注意 YANG 中的每一行包括一个关键词（container（容器）、list（列表）、key（键）、leaf（叶）、type（类型）、mandatory（强制项）），后接名称（"books"（全部图书）、"book"（图书）、"title"（书名）、"isbn"或"author"（作者）或具有预定义含义的值（string（字符串）、true（真））。每一行后接（；）或花括号包含的内容（{...}）。

YANG 中的 container 适合一组同类信息元素。像这样将 books 容器放在顶层，用户可轻松找到图书相关的任何信息。然后添加作者，这些显然在另一个容器中。

YANG 中的 list 的工作方式与容器类似，将相关的项放在一起，但使用列表时，列表中的内容可以有许多实例。在 book 列表中将有许多 title。将 YANG 列表想象成具有列的表格。

将 YANG leaf 放入列表中四次，将得到具有四个列的表格。每个叶内部具有 type 声明，定义此叶中可包含的数据类型。在此示例中，三个叶为字符串，一个叶为数字（小数点之后两位数）。isbn 叶已标记为 mandatory true（强制为真）。这意味着它必须有一个值。默认情况下，除非标记为键或强制项，否则所有叶都是可选的。在示例 3-1 中，isbn 和 title 为强制项，而 author 和 price 是可选的。

可将整个结构想象成一棵树，books 容器是树干，book 列表是四个树枝的分叉点，然后有四片叶子：title、isbn、author 和 price。

示例 3-1 中的 key title 语句指书名列是列表的键列。键列用于标识列表中的条目。例如，如果希望更新图书 The Art of War 的 author 值（"Sun Tzu"），在他的姓名中包含中文字符，则你需要使用键列指定列表中希望更新的图书。如果你熟悉关系型数据库，YANG 中的 key 概念对应关系表中的主键集。

你可使用以下语句：Update /books/book[title='The Art of War']/author to be "Sun Tzu(孙子)"。带有斜线和括号的标注方式称为 XPath；此语言用于导航实例数据，使用 YANG 模型作为数据库中的模式。本章首先略过 XPath，稍后将更详细地说明 XPath。XPath 的表达方式如下：

最开始的"/"表示前往 YANG 模型的根位置。然后"books/book"表示进入 books 容器，然后进入 book 列表。方括号表示对实例进行筛选。此示例中有五个实例。筛选器仅匹配到一个 title 值等于给定字符串的实例。找到此实例后，导航到 author 叶。通过这种方式，XPath 表达式指向唯一一条元素。此元素获得包含一些中文字符的新值。

我们看一下怎样选择列表的键。在此列表中，已选择 title 叶作为键。由于 isbn 也可作为图书的唯一性标识，因此选择它作为键。或者，也可设想并添加一个完全无意义的随机值，例如通用唯一标识符（UUID）或普通数字。选择没有对错之分，但决定着用户与系统交互的方式。

选择 title 作为键之后，在考虑数据时将用到具有意义的标识符。如果选择 isbn 作为键，则更新作者姓名的语句将改为：Update /books/ book[isbn = '160459893X']/author to be "Sun Tzu（孙子）"。很明显，这种缺乏意义的键将增加难以检查出的错误的概率。在 YANG 建模过程中，有一条基本原则：尽可能使用有意义的键，允许用户使用任何字符串而不是（例如）纯粹的数字作为标识符。如果多本图书必须具有相同的书名，那么 title 将不能再作为键。在这种情况下，isbn 可能是最好的选择。它至少是某种真实标识值。

在实际使用示例 3-1 中的 YANG 之前，照例需要一个模块标头。此模块标头作为模块的唯一性标识并注明其修订日期。模块完整的第一个版本见示例 3-2。

示例3-2　基本图书目录的完整bookzone-example.yang模块

```
module bookzone-example {
  yang-version 1.1;
  namespace 'http://example.com/ns/bookzone';
  prefix bz;

  revision 2018-01-01 {
    description "Initial revision. A catalog of books.";
  }

  container books {
    list book {
      key title;

      leaf title {
        type string;
      }
      leaf isbn {
        type string;
        mandatory true;
      }
      leaf author {
        type string;
      }
      leaf price {
        type decimal64 {
          fraction-digits 2;
        }
        units sim-dollar;
```

```
        }
      }
    }
  }
```

每个 YANG 模块开始位置必须是关键词 module，后接模块名称。模块的文件名必须与此名称一致，另加扩展名 .yang。下一行声明模块使用 YANG 1.1 书写，而不是 YANG 1.0 或任何其他未来版本。在这个小示例中，如果指定 yang-version 1.0，所有内容也能正常运行，但稍后将在此模块中添加 YANG 1.1 独有的一些功能。因此，我们声明使用 yang-version 1.1。目前，建议你在编写新模块时也应这样做，因为使用 YANG 1.0 并没有特别的优势。

> **注释**
>
> 有关 YANG 1.1 与 YANG 1.0 之间差异的更多信息参见 RFC 7950 的 1.1 节。

每个 YANG 模块必须具有全世界唯一的命名空间名称，使用 namespace（命名空间）语句定义。全世界任何两个 YANG 模块的命名空间字符串不能相同。YANG 作者应确保这一点。由于命名空间的键必须在全世界具有唯一性，建议你使用自身机构的 URL 加上机构内部具有唯一性的标识。因此示例 3-2 中的命名空间字符串看起来像是一个 URL。如果将其复制到浏览器中，你将收到 404（页面不存在）错误。

有时你会看到命名空间用 urn: 开头：这是 IETF 使用的命名空间。例如，使用 urn: 开头的命名空间应在互联网编号分配机构（IANA）注册。但许多机构错误地选择这类命名空间字符串，但没有注册。避免这样做，否则可能产生没有意义的麻烦。

由于命名空间字符串必须在全世界具有唯一性，它们通常比较长，因此可使用前缀，它基本上是模块名称的缩写。理论上，前缀不需要具有唯一性。但实际上，如果多个 YANG 模块使用相同的前缀，可能给用户（运维人员、编程人员和 DevOps 工程师）以及许多工具带来极大困惑。确保选用尽可能唯一的前缀（特别是在你编写的各种模块中）。示例 3-2 使用"bz"作为 bookzone 的缩写。理想情况下，稍长的前缀具有唯一性的可能性更大。设计 YANG 模块时，请勿选用 if、snmp、bgp 或 aaa 等常见的前缀名称，因为许多其他模块作者已经使用。来自不同供应商的不同模块使用相同的前缀很容易给 YANG 模块的读者和用户造成困惑。

接下来是带有日期的 revision（修订）语句。这些语句不是严格需要的，但建议在每次发布新版本的 YANG 模块时添加此语句。当一个 YANG 模块可以被负责该模块的团队以外的人或系统访问时，该模块通常被视为已发布。我们经常遇到需要辨别不同版本编程接口的情况，很难确定这些版本是否相同，或者哪一个是更新的版本。

3.2.1 准确描述数据

对书店来说，对图书库存的持续跟踪十分重要。在开始营业之前需要跟踪用户（向他们收取费用）和作者（向他们支付费用）的情况。

　　示例 3-3 添加了几行 YANG 用于基本用户管理。每个用户在系统内具有唯一用户 ID（user-id）以及屏幕显示姓名，偶尔可能有多个用户具有相同的屏幕显示姓名。YANG 中的字符串类型允许使用完整的 UTF-8 字符集，因此系统不需要特殊设置就可以加入德文或日文用户。

示例3-3　简单的用户列表，包括user-id键和屏幕显示姓名

```
container users {
  list user {
    key user-id;

    leaf user-id {
      type string;
    }
    leaf name {
      type string;
    }
  }
}
```

　　然后添加作者。在示例 3-4 中，我们决定使用作者的全名，而不是用户 ID 或编号指代作者，因为那样做曾经造成困惑。模型创建者应决定如何表示列表中的条目，我们在这里使用全名。为此，你必须确保作者的全名包括中间名和后缀，例如"Jr."和"III"，确保能够将姓名作为所有作者的唯一性标识。此外，每个作者必须具有财务部设置的付款账号。使用不带符号的整数即可。由于你已知道财务部从 1001 开始对账户编号，有必要在模型中注明并发现可能的错误。范围中的关键词 max 仅标识此类型的最大可能数字。

示例3-4　作者列表，包括姓名键和账户ID

```
container authors {
  list author {
    key name;

    leaf name {
      type string;
    }
    leaf account-id {
      type uint32 {
        range 1001..max;
      }
    }
  }
}
```

由于 users 和 author 容器以及它们的列表不在 books/book 容器和列表之中，你仅使用三个树形结构就可以创建 YANG 模块的一小片森林。为了获得大致的了解，你可使用所谓的树形格式以紧凑形式显示此模块，如示例 3-5 所示。

示例3-5　图书目录的YANG树形格式

```
module: bookzone-example
    +--rw authors
    |   +--rw author* [name]
    |       +--rw name         string
    |       +--rw account-id?  uint32
    +--rw books
    |   +--rw book* [title]
    |       +--rw title        string
    |       +--rw isbn         string
    |       +--rw author?      string
    |       +--rw price?       decimal64
    +--rw users
        +--rw user* [user-id]
            +--rw user-id      string
            +--rw name?        string
```

我们将在第 7 章讨论与这些树形格式相关的工具和规范（RFC 8340）。现在你已建立了作者列表。还记得 book 列表中有一个叶称为作者吗？以下代码将 author 描述为普通字符串：

```
leaf author {
  type string;
}
```

当然此字符串应当与 author 列表中的其中一个作者一致，否则你如何知道支付给哪个作者？上一个段落中的结构允许存在错误。在 YANG 中，很容易封堵此漏洞：只需要将其作为叶引用，在 YANG 中称为 leafref。

leafref 是指向某个 YANG 列表中列的指针，此键列中存在的任何值是指向叶的有效值。在此示例中，author 叶的叶引用版本见示例 3-6。

示例3-6　示例3-2中的author叶作为叶引用

```
leaf author {
  type leafref {
    path /authors/author/name;
  }
}
```

注意，叶引用包含一个路径，该路径指出哪个 YANG 列表以及该列表中的哪个键列包含作者值的有效值。path 声明中的表达方式是简化的 XPath，因此不能使用 XPath 的所有特性。此路径以 YANG 根位置（/）开头，然后进入 authors（全部作者）容器和 author 列表。最后，路径指向列表中的 name 叶。

任何 /authors/author/name 叶（字符串）都将是 /books/book/author 叶引用的有效值，因此叶引用也是一个字符串。

如果 /books/book/author 叶修改为任何 /authors/author/name 中都不存在的姓名，那么由于此引用不再指向有效的实例，包含此修改的事务验证将失败。在你录入时，将 /books/book/author 修改为 /authors/ author/name 中未列出的值不算是错误，但你必须确保在确认事务之前将姓名添加到 /authors/ author/name。

你还可能希望向 books 添加图书的语言信息，从而客户端应用程序可搜索并显示与用户更加相关的图书。

只需添加一个 language（语言）叶，其中加入此语言的值。但在 YANG 中，通常需要尽可能指定允许的值。在这里可列出可能的语言选项。在此叶中你可以列出所有语言，但由于在模型的其他地方也可能用到这种语言选择，因此应当定义可重复使用的语言类型。以下代码包含用户自定义 language-type（语言类型）的 language 叶，与 /books/book 列表中看起来类似。

```
leaf language {
  type language-type;
}
```

在 YANG 模块中定义语言类型，如示例 3-7 所示。

示例3-7　language-type的类型定义

```
typedef language-type {
  type enumeration {
    enum arabic;
    enum chinese;
    enum english;
    enum french;
    enum moroccan-arabic;
    enum swahili;
    enum swedish;
    // List not exhaustive in order to save space
  }
  description
    "Primary language the book consumer needs to master "+
    "in order to appreciate the book's content";
}
```

作为惯例，在 YANG 中可能录入的任何标识符均为小写（在必要时加上连字符）。注意，此惯例也适用于枚举。这便于在需要时录入姓名。YANG 区分大小写，因此 enum

ARABIC 和 enum arabic 是不同的值。

与之相似，图书的 ISBN 目前是字符串，但我们知道 ISBN 具有一定的格式。实际上（大致）有两种 ISBN：一种是 10 位；另一种更加现代的形式是 13 位，根据条形码系统进行了调整。为了能够处理一些早期的文献，YANG 模块必须支持两种格式。以下代码显示了怎样优化 isbn 叶类型，以准确地使用所需的格式。isbn 为小写；记得 YANG 的惯例是所有标识符都用小写。

首先，将类型从字符串修改为你自己定义的类型：

```
leaf isbn {
  type ISBN-10-or-13;
}
```

在这里需定义此类型。作为惯例，类型定义位于靠近模块顶部的位置，如示例 3-8 所示。由于类型名称并非由运维人员录入，因此类型名称包含大写也没有问题。

示例3-8   用户自定义ISBN-10或ISBN-13类型的定义

```
typedef ISBN-10-or-13 {
  type union {
    type string {
      length 10;
      pattern '[0-9]{9}[0-9X]';
    }
    type string {
      length 13;
      pattern '97[89][0-9]{10}';
    }
  }
  description
    "The International Standard Book Number (ISBN) is a unique
     numeric commercial book identifier.

     An ISBN is assigned to each edition and variation (except
     reprintings) of a book. [source: wikipedia]";
  reference
    "https://en.wikipedia.org/wiki/International_Standard_Book_Number";
}
```

YANG 结构 union 允许使用多种类型——结构中列出的任何类型。在此示例中，有两个成员类型：两个字符串，它们的长度不同（分别为 10 个字符和 13 个字符）。首先，10 个字符的类型前九位必须是数字 0~9，最后一位是校验位（0~9 或字母 X）。这就是 10 位 ISBN 的定义方式。13 个字符的类型始终以 9 开头，接下来是 7，第三位是 8 或 9，然后是 10 位数字（0~9）。这反映了 ISBN 适应条形码系统的方式，如同全部图书在同一个国家出版一样（称为 bookland（图书国））。条形码的前几位通常代表来源国家。

由于 ISBN 由标准组织通过标准定义，因此最好给此类型提供适当的描述。YANG 关键词 reference（引用）用于帮助读者找到更多相关信息——通常是某个规范的名称或本示例中的网络链接。

通过使用特定的类型定义（例如 pattern、union 和 range），你可使 YANG 模型更清晰，系统也能够自动验证输入和输出。

3.2.2　将数据归类

关于 ISBN，还需要考虑到不是每个书名都对应一个 ISBN，而是每个书名和交付格式对应一个 ISBN。如果一个书名有平装本、精装本和 EPUB，则每种格式都有一个不同的 ISBN。在当前模型中，根据其格式，每本书需要制定单独的条目。这种做法并不理想。建议在书籍列表中列出格式和 ISBN，如表 3-2 所示。

表 3-2　插入示例 3-9 的格式列表和 ISBN 信息的表格格式

书　　名	作　　者	格　　式		
The Neverending Story	Michael Ende	ISBN	格式	定价
		9780140386332	平装	8.50
		9781452656304	mp3	29.95
What We Think About When We Try Not To Think About Global Warming: Toward a New Psychology of Climate Action	Per Espen Stoknes	ISBN	格式	定价
		9781603585835	平装	16.00
The Hitchhiker's Guide to the Galaxy	Douglas Adams	ISBN	格式	定价
		0330258648	平装	22.00
		9781400052929	精装	31.50
The Art of War	Sun Tzu	ISBN	格式	定价
		160459893X	平装	12.75
I Am Malala: The Girl Who Stood Up for Education and Was Shot by the Taliban	Malala Yousafzai	ISBN	格式	定价
		9780297870913	精装	19.50

在 YANG 中，列表中包含列表十分常见。经常处理关系数据库和建模的人对此感到困惑。实际上，列表中包含列表并不特别奇怪。计算机文件系统的目录还可以包含目录，没有人觉得奇怪。

这反映了典型网元的命令行接口（CLI）的组织方式。YANG 的设计就是为了反映这种自然的设备管理数据建模方式。事实上，简单网络管理协议（SNMP）被认为难以使用的原因之一就是：在关系世界中，表格中不能再包含表格，使得 SNMP 模型看起来与大部分人查看和处理网元数据的方式有很大不同。生活在 CLI 世界中的用户意图与 SNMP 关系表之间的转化始终需要付出较高的代价。

列表中还可以嵌套列表的模型结构，如示例 3-9 所示。

示例3-9　book列表嵌套列表的格式

```
container books {
  list book {
    key title;

    leaf title {
      type string;
    }
…
    list format {
      key isbn;
      leaf isbn {
        type ISBN-10-or-13;
      }
      leaf format-id {
…
      }
    }
```

format-id（格式标识）怎么处理？将其作为字符串可用于当前和未来所有可能的格式，但不可避免地导致某些拼写错误或含糊的条目。这里，由于枚举限制用户只能使用预先充分定义的值的集合，枚举明显比字符串更适合。枚举的缺点是很难随着时间扩展以及不能很好地应对变量。

language 枚举中包括阿拉伯语和摩洛哥阿拉伯语。后者是前者的变量，但在枚举中它们是不同的值。如果 YANG 表达式取决于语言是否是阿拉伯语，则需要使用阿拉伯语和摩洛哥阿拉伯语进行测试。如果添加另一种阿拉伯语变量，则还需更新表达式，使其考虑到新的变体。

部分枚举值属于同一类别在网络中很常见，在现实世界也是如此。可以想象一下网络中有多少种接口，多少种以太网，从 10-Base-T 到 1000GE。在 YANG 中，使用 YANG 关键词 identity（标识）建立具有类别关系的枚举的模型。面向对象的设计原则中将这种方式称为子类。

BookZone 选择使用标识描述的图书格式。了解每个标识具有何种 base（基础）。paperback（平装）标识的基础为 paper（纸质），表示它是一类纸质图书。paper 本身的基础是 format-idty，表示 paper 是一种图书交付格式。后缀 -idty 仅是添加的一个缩写，表示根标识，便于记住标识，如示例 3-10 所示。

示例3-10　形成"是一种"关系树的YANG标识

```
identity format-idty {
  description "Root identity for all book formats";
}
```

```
identity paper {
  base format-idty;
  description "Physical book printed on paper";
}
identity audio-cd {
  base format-idty;
  description "Audiobook delivered as Compact Disc";
}
identity file-idty {
  base format-idty;
  description "Book delivered as a file";
}
identity paperback {
  base paper;
  description "Physical book with soft covers";
}
identity hardcover {
  base paper;
  description "Physical book with hard covers";
}
identity mp3 {
  base file-idty;
  description "Audiobook delivered as MP3 file";
}
identity pdf {
  base file-idty;
  description "Digital book delivered as PDF file";
}
identity epub {
  base file-idty;
  description "Digital book delivered as EPUB file";
}
```

在本章后续小节中可以明显看出记录这些关系的意义。

现在,你已定义了一些格式,返回 format-id 叶。通过指定 identityref(标识引用)类型和根标识,此叶可取直接或间接基于此根标识的任何标识的值。如后续小节中所示,其他模块中也可以定义更多标识。定义后,它们立即成为 format-id 叶的有效值。示例 3-11 显示了怎样将 format-id 叶作为具有 format-idty 基础的(强制项)identityref 录入。

示例3-11 带identityref类型的format-id叶

```
leaf format-id {
  mandatory true;
  type identityref {
    base format-idty;
  }
}
```

通过指定标识引用类型基础 format-idty，因为之前列出的 books 格式直接或间接基于 format-idty，所以它们立即成为此叶的有效值。由于每个格式具有一个 ISBN，因此将 format-id 设为强制项。在不指出格式之前，使用 ISBN 不能列出图书。

在你发布所有这些新增内容之前，花点时间编写一条新的 revision（修订）语句。revision 语句应当描述自上次修订以来的新内容，每次新的修订语句应放在之前 revision 语句的上方。

加入此语句后，模块如示例 3-12 所示。

示例3-12　2018-01-02修订后的完整YANG模块

```
module bookzone-example {
  yang-version 1.1;
  namespace 'http://example.com/ns/bookzone';
  prefix bz;

  import ietf-yang-types {
    prefix yang;
  }

  revision 2018-01-02 {
    description
      "Added book formats, authors and users, see
       /books/book/format
       /authors
       /users";
  }
  revision 2018-01-01 {
    description "Initial revision. A catalog of books.";
  }

  typedef language-type {
    type enumeration {
      enum arabic;
      enum chinese;
      enum english;
    enum french;
    enum moroccan-arabic;
    enum swahili;
    enum swedish;
    // List not exhaustive in order to save space
  }
  description
    "Primary language the book consumer needs to master "+
    "in order to appreciate the book's content";
  }

  identity format-idty {
```

```
        description "Root identity for all book formats";
}
identity paper {
  base format-idty;
  description "Physical book printed on paper";
}
identity audio-cd {
  base format-idty;
  description "Audiobook delivered as Compact Disc";
}
identity file-idty {
  base format-idty;
  description "Book delivered as a file";
}
identity paperback {
  base paper;
  description "Physical book with soft covers";
}
identity hardcover {
  base paper;
  description "Physical book with hard covers";
}
identity mp3 {
  base file-idty;
  description "Audiobook delivered as MP3 file";
}
identity pdf {
  base file-idty;
  description "Digital book delivered as PDF file";
}
identity epub {
  base file-idty;
  description "Digital book delivered as EPUB file";
}
typedef ISBN-10-or-13 {
  type union {
    type string {
      length 10;
      pattern '[0-9]{9}[0-9X]';
    }
    type string {
      length 13;
      pattern '97[89][0-9]{10}';
    }
  }
  description
    "The International Standard Book Number (ISBN) is a unique
     numeric commercial book identifier.
```

```yang
        An ISBN is assigned to each edition and variation (except
        reprintings) of a book. [source: wikipedia]";
    reference
      "https://en.wikipedia.org/wiki/International_Standard_Book_Number";
}

container authors {
  list author {
    key name;

    leaf name {
      type string;
    }
    leaf account-id {
      type uint32 {
        range 1001..max;
      }
    }
  }
}

container books {
  list book {
    key title;

    leaf title {
      type string;
    }
      leaf author {
        type leafref {
          path /authors/author/name;
        }
      }
      leaf language {
        type language-type;
      }
      list format {
        key isbn;
        leaf isbn {
          type ISBN-10-or-13;
        }
        leaf format-id {
          mandatory true;
          type identityref {
            base format-idty;
          }
        }
        leaf price {
```

```
        type decimal64 {
          fraction-digits 2;
        }
        units sim-dollar;
      }
    }
  }
}

container users {
  list user {
    key user-id;

    leaf user-id {
      type string;
    }
    leaf name {
      type string;
    }
  }
}
}
```

3.3　描述可能的事件

除了从客户端向服务器发送的配置变更之外，两侧均可能发生事件，而对方可能需要对事件做出反应。有关这些事件的信息也需要成为 YANG 模型的一部分。当客户端通知服务器时，称为动作（YANG 中为 action）或 RPC（远程过程调用，指客户端请求服务器执行指定操作的计算机术语，YANG 中为 rpc）。服务器上发生的事件作为 notification（通知）发送给客户端。

3.3.1　动作和 RPC

尽管模型已经可以很好地作为图书目录保存关于用户（购买者）和作者的信息，但仍然缺少一些基本内容。目前，客户端应用程序无法进行请求购买，需要一个 YANG 动作或 RPC。

YANG 中 rpc 与 action 之间的唯一区别是 rpc 只能在 YANG 模型顶层声明（即在所有容器、列表等之外）。而不能在顶层使用，只能在容器、列表等内部使用。除此之外它们完全相同。区分这两者完全出于历史原因。action 关键词是 YANG 1.1 中新出现的，在 YANG 1.0 中不存在，因此许多实际使用的 YANG 模型仅使用 rpc。

在编写新的 YANG 模型时，如果定义的操作对 YANG 树中的特定节点（对象）起作用，则使用 action，如果操作不与特定的节点相关，则使用 rpc。

在 YANG 模型中定义动作（或 RPC）时，可在 YANG 动作中指定 input（输入）和 output（输出）。

如果选择创建必须位于所有容器和列表之外的 rpc，purchase（购买）操作的输入部分可包含到购买 user（用户）的叶引用，到希望购买 title（书名）和 format（格式）以及订单 number-of-copies（份数）的叶引用。

使用以下输入调用 rpc /purchase：

❑ user: "janl"

❑ title: "The Neverending Story"

❑ format: "bz:paperback"

❑ number-of-copies: 1

如果希望创建动作，则可以在 user 列表中创建动作。通过这种方式在操作的路径中指定购买图书的用户。也许这种方式更多地属于面向对象的方法。

调用动作 /users/user[name="janl"]/purchase：

❑ title: "The Neverending Story"

❑ format: "bz:paperback"

❑ number-of-copies: 1

注意，两种形式之间没有太大区别。通过添加到动作所操作对象的叶引用，即可将动作转换为 rpc。相反则不然，因为 YANG 模型中存在不对任何对象进行操作的 rpc。主要例子是添加 rpc reboot（重启）。YANG 结构中可能天然没有 rpc 的位置。在此示例中，它不能直接加入 /users，也不能加入 /books 和 /authors。

动作的 output 参数列出动作将输出的数据。

示例 3-13 显示了完整的 purchase 动作。在这里定义后，动作的定义仅在 user 列表中有效。它相当于 rpc（添加到 user 的叶引用），或在 book（删除到 title 和 format 的叶引用，然后添加到 user 的叶引用）。因为可将用户视为调用动作的"主动部分"，所以善于面向对象方法的专业人员可能仍然偏好这种模型布局。

示例3-13　具有输入和输出数据的动作purchase

```
action purchase {
  input {
    leaf title {
      type leafref {
        path /books/book/title;
      }
    }
    leaf format {
      type leafref {
        path /books/book/format/format-id;
```

```
            // Reviewer note: This should be improved
        }
      }
      leaf number-of-copies {
        type uint32 {
          range 1..999;
        }
      }
    }
  }
  output {
    choice outcome {
      case success {
        leaf success {
          type empty;
          description
            "Order received and will be sent to specified user.
             File orders are downloadable at the URL given below.";
        }
        leaf delivery-url {
          type string;
          description
            "Download URL for file deliveries.";
        }
      }
      leaf out-of-stock {
        type empty;
        description
          "Order received, but cannot be delivered at this time.
           A notification will be sent when the item ships.";
      }
      leaf failure {
        type string;
        description
          "Order cancelled, for reason stated here.";
      }
    }
  }
}
```

在此示例中，将输出作为 choice（选择）建模。YANG 的选择列出多个选项，（最多）可存在其中一个选项。每个选项可作为选择中的 case 列出。如果 case 中仅包含单个 YANG 元素，例如单个叶、容器或列表，则可跳过 case 关键词。

使用示例 3-13 中的 choice 语句，动作可返回三种不同情况：

1. leaf success 和 / 或 delivery-url
2. leaf out-of-stock
3. leaf failure

实际上还有第四种情况。在此 YANG 模型中，不返回任何内容也是有效的。choice 并未标记为 mandatory true，因此它不是必须存在的。

选择和情形节点是 YANG 模式节点。这意味着它们在数据树中不可见。动作返回时，仅返回一条情形语句的内容，永远不会提及关于 choice outcome（结果）或 case success（成功）的任何信息。在指定到节点的路径时（例如在叶引用中），始终省略掉模式节点。

示例 3-13 中另一个首次出现的类型是 empty（空）。在 YANG 中，empty 类型的叶没有值（因此而得名），但他们可存在或不存在。从而可创建和删除 empty 类型叶，但不赋值。empty 类型叶通常用于指示标记条件，例如 success 或 enabled（已启用）。与 empty 相反，delivery-url（交付 URL）和 failure（失败）分别返回 URL 和失败原因，因此作为字符串建立模型。

3.3.2　通知

注意，在 purchase 动作中，书店目前可能没有存货。在这种情况下，仍然记录订单并在稍微晚些时候发货。在此示例中，在实际即将发货时，将向购买者发出通知。此 shipping（发货）通知包括图书的购买 user、title 和交付 format 以及份数。

与 RPC 一样，始终在顶层在任何容器、列表等之外定义通知，它们与任何 YANG 对象无关。在此示例中，大部分数据指向配置数据模型，见示例 3-14。

示例3-14　包含输出数据的发货通知

```
notification shipping {
  leaf user {
    type leafref {
      path /users/user/name;
    }
  }
  leaf title {
    type leafref {
      path /books/book/title;
    }
  }
  leaf format {
    type leafref {
      path /books/book/format/format-id;
      // Reviewer note: This should be improved
    }
  }
  leaf number-of-copies {
    type uint32;
  }
}
```

format 叶中的叶引用构建方式不够完美（下一节更详细地讨论）。在发布改进后的模型之前，添加一条 revision 语句，如示例 3-15 所示。

示例3-15　YANG模块修订语句2018-01-03

```
revision 2018-01-03 {
  description
    "Added action purchase and notification shipping.";
}
```

3.4　区分状态数据与配置数据

BookZone 的管理对图书目录标准化的进展非常满意。但还缺少一些商业智能和统计数据以提高书名与图书购买者的相关性。特别是最好能提供每个书名的人气指标。

人气指标并不是管理人员可配置的数据，而是状态数据——系统生成的反映所发生事件的数据。管理人员在问题排除活动中特别希望监控或使用这些信息。在 YANG 中，这类数据标记为 config false（配置为假）以突出运行状态性质，与标记为 config true（配置为真）的配置数据相对。

标记为 config false 的叶、容器和列表可放在 YANG 模型中的任何地方——顶层或结构的内层。当 config false 应用于 YANG 容器、列表等之后，此结构中的所有内容属于 config false。例如，在 config false 列表中的任何位置都不能添加 config true 叶。仔细思考后，可以发现这其实是非常自然的事。根据系统中的某种运行状态来设置配置将不起作用。

示例 3-16 显示在 /books/book 中增加了 popularity（人气）叶。将其标记为 config false，表明它是状态数据，而非管理人员可设置 / 配置 / 命令的元素。

示例3-16　在图书列表内部添加人气运行叶

```
container books {
  list book {
…
    leaf popularity {
      config false;
      type uint32;
      units copies-sold/year;
      description
        "Number of copies sold in the last 12-month period";
    }
```

实施此 YANG 模型的系统必然需要在任何时候客户端提出要求时提供当前值的代码。或者，系统必须将此功能与按需提供值的数据库绑定，但在任何时候发生变化时进行更新。

BookZone 管理要求提供的另一项指标是每本图书的库存数据：库存现有总数、潜在购买者预定数量、可立即用于发货的数量。

示例 3-17 提供了相应的模型。

示例3-17　在格式列表内添加"份数"运行容器

```
container books {
    list book {
…
        list format {
…
            container number-of-copies {
              config false;
              leaf in-stock {
                type uint32;
              }
              leaf reserved {
                type uint32;
              }
              leaf available {
                type uint32;
              }
            }
        }
```

如果 YANG 的容器、列表、叶或其他元素既未标记为 config true，也未标记为 config false，则继承上一级的"配置属性"。在示例 3-17 中，由于 number-of-copies（份数）容器的标记为 config false，因此 in-stock（存货）、reserved（已预订）和 available（可用）的标记为 config false。每个 YANG 模块的顶层 module 语句被视为 config true，除非 YANG 模块中有任何 config false 语句，则其中的所有元素均为 config true。

YANG 模块中需要加入的下一个功能是每个用户的购买历史记录。组织这些数据的最直接方式是在 /users/user 列表下方放入已购买项目的列表。每个购买列表项目将引用已购买项目的书名和格式、购买的份数以及日期。

示例 3-18 是在现有 user 列表中放入 purchase-history（购买历史记录）的例子。

示例3-18　在user列表中添加purchase-history运行列表

```
container users {
  list user {
…
    list purchase-history {
      config false;
      key "title format";
    uses title-format-ref;
    leaf transaction-date-time {
      type yang:date-and-time;
```

```
        }
        leaf copies {
          type uint32;
        }
      }
    }
  }
}
```

此列表刚好有两个键：title 和 format。指定列表中的特定行需要这两个键。如果 YANG 列表有多个键，在指定键名时，在 YANG key 语句中使用空格将键名隔开。

对于 config false 数据，YANG 允许列表没有键，即没有键的纯粹列表。由于无键列表没有键，因此无法在数据中导航或请求提供其中的某个部分。从客户端来看，要么读取整个列表，要么不读取。如果单击"向下翻页"键，将无法仅读取前 20 条记录或继续阅读第二页。这将导致巨大且无效的管理协议交换。除非别无选择，否则不应使用无键列表。

uses（使用）是你需要熟悉的另一个关键词。在 YANG 建模时，你将经常注意到一些叶集，或具有多个列表的更深入结构，这些列表似乎在模型中多次出现。在这种情况下，在 YANG grouping（分组）中定义这些可重复使用的集合非常方便。然后在任何需要的地方调用此分组，无须多次重复其中的内容。uses 关键词用于将分组的一个副本实例化。可将分组看作一种宏。实际上分组不仅仅是宏，但我们对此不做详细讨论。

在 uses 关键词之后是调用分组使用的名称（在此示例中为 title-format-ref（书名格式引用）。很明显，在购买历史记录中，需要指向 title 和图书 format-id。也许你还记得，在 shipping 通知中，你已为此编写了一些内容。从中剪切 YANG 行，并使用示例 3-19 所示的 uses 语句将其替换。

示例3-19　包含输出数据的发货通知

```
notification shipping {
  leaf user {
    type leafref {
      path /users/user/name;
    }
  }
  uses title-format-ref;
  leaf number-of-copies {
    type uint32;
  }
}
```

然后将剪切的行粘贴到分组，如示例 3-20 所示。

示例3-20　title-format-ref分组以及常见引用叶

```
grouping title-format-ref {
  leaf title {
    type leafref {
      path /books/book/title;
    }
  }
  leaf format {
    type leafref {
      path /books/book/format/format-id;
      // Reviewer note: This should be improved
    }
  }
}
```

使用这种分组的优点之一是 YANG 模块中的行数较少，从而减少需要维护的模型文本。另一个优点是，改进分组后，改进将立即在所有地方生效以确保这正是你想要的。使用太多分组的缺点是有时很难跟踪模型中多个层次的 uses 语句。也就是说，避免过度使用分组。

实际上，purchase 动作中也可见到对 title 和 format 的引用。将其升级以使用新的分组并保持一致（保存一些行），如示例 3-21 所示。

示例3-21　使用title-format-ref分组的购买动作

```
container users {
  list user {
    key user-id;
…
    action purchase {
      input {
        uses title-format-ref;
        leaf number-of-copies {
          type uint32 {
            range 1..999;
          }
        }
      }
    }
```

现在，已在三个地方使用分组：config false　purchase-history 列表、shipping 通知和 purchase 动作。这就是实际的重用方式！示例 3-22 显示了模型的最新树形格式。在树形格式中，所有分组已展开，从而可以看到完整的树。

示例3-22　2018-01-04修订模块的YANG树形格式

```
module: bookzone-example
  +--rw authors
  |  +--rw author* [name]
```

```
|     +--rw name           string
|     +--rw account-id?    uint32
+--rw books
| +--rw book* [title]
|    +--rw title           string
|    +--rw author?         -> /authors/author/name
|    +--rw language?       language-type
|    +--ro popularity?     uint32
|    +--rw format* [isbn]
|       +--rw isbn            ISBN-10-or-13
|       +--rw format-id       identityref
|       +--rw price?          decimal64
|       +--ro number-of-copies
|          +--ro in-stock?    uint32
|          +--ro reserved?    uint32
|          +--ro available?   uint32
+--rw users
   +--rw user* [user-id]
      +--rw user-id            string
      +--rw name?              string
      +---x purchase
      | +---w input
      | | +---w title?             -> /books/book/title
      | | +---w format?            -> /books/book/format/format-id
      | | +---w number-of-copies?  uint32
      | +--ro output
      |    +--ro (outcome)?
      |       +--:(success)
      |       | +--ro success?       empty
      |       | +--ro delivery-url?  string
      |       +--:(out-of-stock)
      |       | +--ro out-of-stock?  empty
      |       +--:(failure)
      |          +--ro failure?      string
      +--ro purchase-history* [title format]
         +--ro title                   -> /books/book/title
         +--ro format                  -> /books/book/format/format-id
         +--ro transaction-date-time?  yang:date-and-time
         +--ro copies?                 uint32
notifications:
  +---n shipping
     +--ro user?              -> /users/user/name
     +--ro title?             -> /books/book/title
     +--ro format?            -> /books/book/format/format-id
     +--ro number-of-copies?  uint32
```

在发布新版本之前，添加一条 revision 声明，如示例 3-23 所示。

示例3-23　2018-01-04修订声明

```
revision 2018-01-04 {
  description
    "Added status information about books and purchases, see
     /books/book/popularity
     /books/book/formats/number-of-copies
     /users/user/purchase-history
     Turned reference to book title & format
     into a grouping, updated references in
     /users/user/purchase
     /shipping";
}
```

3.5　约束使事情有意义

与任何其他要求相比，保持模型的清晰和准确更为重要。两侧都应能够做出适当的预期，任何时候都不应出现意外情形。这有助于提高可信度和效用。YANG 是一种契约，因此为了实现清晰的互操作性，客户端和服务器两侧必须了解相关条款，模型细节必须准确。

初学者的一个常见错误是建立的 YANG 模型中所有叶被声明为字符串或整数，但没有任何限制或不够准确。由于存在必须考虑的许多格式、范围和依赖关系，这种模型很难有效。在这种情况下，客户端怎样知道要做什么，两个服务器实施者是否有可能采用相同的信息编码方式？

有时，确定内容是否有效需要非常复杂的业务逻辑。就像你不希望在契约中对整个业务过程进行编码，在 YANG 中也有大量细节不需要建模。需要找到平衡。不厌其详的冗长契约在有些时候可能有用，但更加开放和简明的契约更容易书写。通常，最高的全局效用水平指，在契约相当准确但又不过于详细冗长之间找到平衡。

你已经使用过 mandatory true，这就是对有效数据的一种限制。由于默认 YANG 模型叶是可选的，初学者的另一个常见错误是不描述叶不存在情况下的含义。将叶标记为 mandatory true 是一种方法。另一种方法是向叶添加 default（默认）语句；然后就可以清晰地知道怎样解释未曾使用过的叶。至少，建模人员应当在 description 叶中指定当叶没有值时的系统行为。

返回到 bookzone-example 示例中，在 purchase 动作中，你需要知道将交付的图书数量。如果未指定，则假设购买者仅购买一本。为了弄清楚这一点，在 number-of-copies 叶中添加 default 1 语句，如示例 3-24 所示。

示例3-24　带有number-of-copies叶的default 1购买动作

```
action purchase {
  input {
    uses title-format-ref;
    leaf number-of-copies {
      type uint32 {
        range 1..999;
      }
      default 1;
    }
```

在你的图书目录中，price 叶是可选的。你可将其设为强制性的，这样不管何时添加图书，必须指定价格。但这不是 BookZone 目前希望的工作方式。BookZone 希望在有关图书可订购以及定价等细节确定之前可以添加一些条目。因此，保持 price 可选，只是为了在确定定价之前确保图书不可订购。添加一条 must（必须）语句可轻松满足此要求。YANG 中的 must 声明描述必须始终为真的限制。在此示例中，由于将其放入一个动作，则此限制在动作调用时必须为真。

purchase 动作包含对 title 和 format 的引用，通过 uses title-format-ref 结构，建立了 title-format-ref 分组。format 叶引用指向你所寻找图书的 /books/book/format/format-id。跟随此指针通过备份一个等级并进入 price 叶，可导航到这本书的定价。然后可检查它是否大于零。

初学者的一个常见错误是使 must 声明直接指向需要测试的叶（在此示例中为 price），如以下代码所示：

```
must "/books/book/format/price>0"
```

即使此表达式看起来足够简单，但这具有欺骗性。这意味着仅在任何图书（至少有一种）的定价大于零时，才能调用 purchase 动作。这里真正关心的是要订购的图书是否有定价，因此你必须查找此图书的定价。故而希望添加的 must 声明如示例 3-25 所示。

示例3-25　包含正确deref()的must声明

```
action purchase {
  input {
    must "deref(format)/../price>0" {
      error-message "Item not orderable at this time";
    }
    uses title-format-ref;
    leaf number-of-copies {
      type uint32 {
        range 1..999;
      }
      default 1;
    }
```

让我们逐步看看 must 声明的含义。首先，must 关键词之后的值是 XPath 语言表达式。XPath 是 XML 标准系列语言的一种。在 YANG 中，使用 XPath 指向模型的其他部分，在这里用作一个真假布尔表达式，必须为真才能使动作有效和可执行。

由于包含特殊字符，表达式需位于引号内。第一部分是 XPath 函数调用称为 deref() 的函数。此函数在 leafref 指针之后，此指针指定作为圆括号内函数的输入（在此示例中为 format 叶）。format 叶位于 uses title-format-ref 调用的分组中，因此不能直接看到它。调用 deref(format) 将到达 format 指向的位置：特定格式的特定图书，指向其 format-id。XPath 的完整路径为 /books/book/format/format-id。在示例 3-26 中出现在 #1 位置。

示例3-26   YANG树形格式使用XPath从format-id导航到定价

```
module: bookzone-example
...
  +--rw books
  |  +--rw book* [title]
  |     +--rw title          string
  |     +--rw author?        -> /authors/author/name
  |     +--rw language?      language-type
  |     +--ro popularity?    uint32
  |     +--rw format* [isbn]
  |     #2
  |        +--rw isbn              ISBN-10-or-13
  |        +--rw format-id #1      identityref
  |        +--rw price?    #3      decimal64
```

在那里，你可向上一级进入 price 叶。"向上一级"表示为两个点 (..)，你将进入标记为 #2 的位置。然后通过末尾的斜线 price，你希望向下进入 price，如位置 #3 所示。让我们看看模型的 /books/book 部分的树形格式，了解表达式怎样带你逐渐接近目标节点。

最终到达 price 叶后，对其进行比较看看是否大于零。如果 price 不存在或大于零，must 声明不为真，且各方当事人可以约定购买行为不能按合同执行（也称为 YANG 模型）。这就是 YANG 模型中清晰度和准确性的含义。

需要考虑的另一个细节是 purchase 动作对 format-id 的引用。format-id 是图书格式的名称，例如 paperback、hardcover 或 mp3。这不是 format 列表的键，因此原则上相同格式的某个图书书名可以有多个 ISBN。例如，如果不止一个出版社出版相同的书名，则可能出现这种情况。例如，ISBN 9780140386332 和 9780140317930 都是 *The Neverending Story* 英文平装版的书号。

你可以（也有人认为"应当"）将 purchase 动作指向 ISBN，而不是书名或格式，但需要注意的是，BookZone 市场营销部的人员给出了以下意见："人们通常按书名和格式购买图书，几乎不关心 ISBN。尽管这些编号的清晰度使它们在内部受到欢迎，但用户只根据书名和格式订购。"这实际上是 purchase 操作在本章上文中的建模方式。

因此，如果相同格式（例如平装）有不同的 ISBN，BookZone 客户在订购 *The Neverending Story* 时并不能准确知道他们将收到的 ISBN。

这种情况并不完美，因此 BookZone 决定在图书目录中永不出现这种情况。因此，BookZone 的每个 title 和 format 组合仅对应一个 ISBN（在此示例中，仅 *The Neverending Story* 的一种平装版本）。

为此，需要在 YANG 模块添加 unique（唯一性）声明，如示例 3-27 所示。

示例3-27　YANG列表中的独特性限制

```
container books {
  list book {
…
    list format {
      key isbn;
      unique format-id;
      leaf isbn {
        type ISBN-10-or-13;
      }
      leaf format-id {
        mandatory true;
        type identityref {
          base format-idty;
        }
      }
    }
```

这样，在任何 book 列表条目中，format 列表任何两个条目的 format-id 值都不会相同。交易中可添加违反此规则的 format 列表条目，但在成交时，每个条目必须具有唯一性的 format-id 值。

3.5.1　强制性和默认数据

另一个类似情况是 book 项下的 author。所有列出的图书都应当有作者，因此，此叶是强制性的。因此应添加此要求。此外，除非图书的作者在财务部设立了账户，否则 BookZone 不允许订购图书。

当然，你也可将 author 列表项下的 account-id 设为强制项，从而在完成账户设置前将不能添加作者。BookZone 财务部不喜欢这一思路，因为不符合内部流程。相反，你必须确保任何时候向 book 列表添加图书时，图书的 author 必须在财务部设有 account-id。为此，需要另一条 must 声明，如示例 3-28 所示。

示例3-28　author叶带must声明以检查是否已设置作者的account-id

```
container books {
  list book {
```

```
…
        leaf author {
          type leafref {
            path /authors/author/name;
          }
          must 'deref(current())/../account-id' {
            error-message
              "This author does not yet have an account-id defined.
               Books cannot be added for authors lacking one.
               The Finance Department is responsible for assigning
               account-id's to authors.";
          }
          mandatory true;
        }
```

现在解释示例 3-28 中的 must 声明。你已经了解叶引用指针之后的 deref() XPath 函数。但现在 deref 的参数是另一 XPath 函数调用。

current() XPath 函数返回 must 声明所依据的 YANG 元素（在此示例中为 author 叶）。leafref 指向 /authors/author/name。在这里，你需要向上移动一级才能进入 author 列表，然后进入 account-id。

在 XPath 中，仅指向一个叶但不将其与任何事物进行比较就变成了存在测试，因此 must 表达式基本上意味着"当前作者必须有 account-id"。如果不满足 must 声明的条件，将显示 error-message（错误消息）。

3.5.2 条件内容

YANG when（何时）声明可以很方便地使用 XPath 表达式。这些声明确定特定的 YANG 结构是否相关，如果无关，则使其消失。

例如 number-of-copies 容器，包含三个叶，提供关于图书存货数量、潜在客户预定数量和可供销售数量的信息。这些参数明显仅适用于实物图书。对于基于文件交付的图书，此容器明显不相关。

如果图书格式来自 bz:file-idty 标识，则你需要忽视此容器，如示例 3-29 所示。这里凸显了 YANG 标识的重要性。现在，使用 YANG 标识可以制定适用于图书格式的规则。即使未来格式范围扩大，此规则将仍然有效。

示例3-29　与任何基于文件交付格式无关的容器

```
container books {
  list book {
…
    list format {
…
      container number-of-copies {
```

```
    when 'not(derived-from(../format-id, "bz:file-idty"))';
    config false;
    leaf in-stock {
      type uint32;
    }
    leaf reserved {
      type uint32;
    }
    leaf available {
      type uint32;
    }
  }
```

在 when 表达式中，注意使用了两个新的 XPath 函数。第一个是 not()，但它的用法与它给人的印象不完全一样：它用于取参数逻辑值的负数。第二个是 derived-from()，检查标识引用类型的某个叶是否具有源自特定类型的值。在此示例中，../format-id 叶（是一个identityref）的值可以是 bz:mp3、bz:pdf 或 bz:epub——或未来添加并直接基于 bz:file-idty 的任何其他身份值，或间接基于源自其自身的任何其他标识。

3.5.3　正确跟随指针

format 叶引用的"审核人注释"需要一定的改进。讨论解决方法之前首先看看这一问题。

如果你查看 title 叶，它可指向任何图书的书名。这正是你想要的：用户应当能够购买任何书名的书。目前还好。然后看看 format。使用简单的 leafref 声明可指向任何图书格式。这看起来没有问题，但这样做实际上太随意了——可能得到并不存在的书名和格式。

format 的有效值应当只能是 title 所指向图书的格式。表 3-3 包括示例数据，反映了特定 BookZone 书店的库存。

表 3-3　book 列表内 format 列表的表格格式

title	format
The Hitchhiker's Guide to the Galaxy	bz:paperback
	bz:hardcover
The Neverending Story	bz:mp3

现在我们查看 title。它是对 /books/book/title 的叶引用，意味着此列表列中的任何值对此叶来说是有效值。使用这些示例数据，可以是 *The Hitchhiker's Guide to the Galaxy* 或 *The Neverending Story*。

如果 format 建模为指向 /books/book/formats/format-id 的简单的 leafref，则允许 format-id 列中存在的任何图书格式值。使用这些示例数据，这些值包括 bz:paperback、 bz:hardcover 或 bz:mp3。

这一简单的 YANG 模型存在的问题是，它允许 title 为 *The Hitchhiker's Guide to the Galaxy*，同时 format 为 bz:mp3，或者 title 为 *The Neverending Story*，format 为 bz:paperback 或 bz:hardcover。BookZone 书店的库存中并没有这些组合。

这里的 YANG 模型不够严谨，允许出现没有意义的值的组合。YANG 并不能描述你可能遇到的对数据的业务逻辑限制。你可能需要在 YANG 的描述之外实现业务逻辑。但在使用 YANG 中描述的约束时，可使客户端与服务器之间的模型更加清晰。当然，在 YANG 中可以正确地描述常见的需求（例如此示例中的需求）。

很明显，用户应当能够在 book 列表中选择任何 title，从而 title 可作为任何 book 的 leafref。当前模型的问题是 format 叶可指向 book/format 项下的任何 format-id，而不仅仅是当前 title 实际可用的格式。

解决这一问题的方法是修改 format 叶中的叶引用，使其不再引用 title。title 叶指向特定 book，如果随后的 format leafref 指向此图书，且只能选择此 book 项下存在的 format-id，你就可高枕无忧了。

通过使用 XPath 谓语（即括号内的 XPath 筛选器），format 可跟随 title 连接到相关 book，将有效值限制为此图书项下现有的 format-id。示例 3-25 和示例 3-28 所示为使用 XPath deref() 函数并具有类似目的的 XPath 表达式。不幸的是，YANG 规范并没有正式运行在叶引用路径中使用 deref()，因此这里必须使用 XPath 谓语方法，以更烦琐的方式达到完全相同的功能。YANG 规范没有理由不允许在叶引用路径中使用 YANG 规范，事实确实如此，有许多工具允许这样做。

由于取消引用和 XPath 导航不太容易理解，我们将进行详细说明。示例 3-30 显示了提供到特定 title 和 format-id 组合的指针分组变化情况。

示例3-30　从格式到书名的XPath导航

```
grouping title-format-ref {
 #2
  leaf title { #3
    type leafref {
      path /books/book/title;
    }
  }
  leaf format { #1
    type leafref {
      path /books/book[title=current()/../title]/format/format-id;
      // The path above expressed using deref():
      // path deref(../title)/../format/format-id;
    }
  }
}
```

format 的重点是允许从 /books/book/format/format-id 的可用值列表中选择一个 format-id 值。指向此路径使得能够从任何图书的有效值中进行选择，因此为了限制当前图书可用格式的选择，需要一个筛选器表达式。这样，叶引用仅可指向与当前 title 相关的 format-id。

以下说明 format 叶中的叶引用路径。首先查看所有 /books/book 条目。方括号中的表达式是谓语（筛选器），仅选择 title 叶等于等号右侧值的图书。这时就只会出现一本书。等号右侧的值与当前节点（#1：format 叶）上一层级（#2：使用此分组的任何地方），然后进入 title 叶（#3）。由于 /books/book/format 是一个列表，因此数据树中可能存在许多这类 title 节点。基本上，这一表达式允许当前 /books/book 中 format 列表中的任何 format-id 值。

在一条注释中，示例 3-30 还显示了与使用 deref() 表达完全相同的路径和筛选器功能：第一个是位于叶引用之后的 XPath 函数 deref()。在此示例中，后续的叶引用位于 title 中。指向 title 的路径作为 deref() 函数的参数（即括号内的部分）。两点表示"向上一层"从 #1 到 #2，就像目录树路径中的一样。这使你离开 format 叶。斜线和单词 title 使我们进入位于 #3 的 title 叶。表达式的 deref(../title) 部分使你进入 title 指向的任何位置。这将是 /books/book 列表中的特定 title（参见示例 3-31 中的 #4）。

示例3-31　YANG树形实例数据图，XPath导航从书名到format-id

```
Instance data diagram:
  +--rw books
  |  +--rw book [0]
  |  |  +--rw title          "The Hitchhiker's Guide to the Galaxy"
  |  |  +--rw author?        "Douglas Adams"
  |  |  +--rw language?      english
  |  |  +--rw format [0]
  |  |  |  +--rw isbn        "0330258648"
  |  |  |  +--rw format-id   bz:paperback
  |  |  |  +--rw price?      22.00
  |  |  +--rw format [1]
  |  |     +--rw isbn        "9781400052929"
  |  |     +--rw format-id   bz:hardcover
  |  |     +--rw price?      31.50
  |  +--rw book [1]
  |     #5
  |     +--rw title #4       "The Neverending Story"
  |     +--rw author?        "Michael Ende"
  |     +--rw language?      english
  |     +--rw format [0]
  |        #6
  |        +--rw isbn        "9781452656304"
  |        +--rw format-id #7 bz:mp3
  |        +--rw price?      29.95
```

使用示例 3-31 中的实例数据图跟随示例 3-30 中的导航。实例数据图是 YANG 树形格式和数据库转储之间的交叉。这里你可以看到 YANG 树形结构中的一些示例数据库数据。

如果（例如）用户指定了书名为"The Neverending Story"，此时 leafref 表达式将指向 /books/book[title="The Neverending Story"]/title（见 #4）。

但你希望它指向 /books/book[title="The Neverending Story"]/format/format-id，因此你进入上一级（#5），然后进入 format 列表（#6），最后进入 format-id 叶（#7）。

现在 YANG 模型足够安全和严密。由于更新了分组，解决方案将立即获得引用 title 和 format 的所有三个位置。这就是分组概念的优点。

在 YANG 建模中，一个常见错误是认为指向相同叶的相对路径和决定路径是等同的。如示例 3-31 所示，在 YANG 中它们常常并不等同。例如 deref(../title)/../format/format-id 这样的相对路径与 /books/book/title/format/format-id，即使它们均指向 format-id 叶，除非添加某些谓语（筛选器），否则它们将得到不同值的集合。

3.5.4 不考虑模式节点

构建或检查 XPath 表达式时的另一个常见错误是关注不属于数据节点的模式节点。在 XPath 表达式中构建路径时，仅考虑和引用数据节点。基本上，路径中必须忽视 YANG 模式中许多关键词，因为它们在"元层面"有效。将它们视为宏也许会有帮助。这些包括 input、output、choice、case、grouping 和 uses。

为了说明这一点，向 /users/user 添加一些付款方式并在 purchase 操作中指定使用付款方法的方式，如示例 3-32 所示。

示例3-32 跨越模式节点的叶引用路径

```
container users {
  list user {
    key user-id;

    leaf user-id {
      type string;
    }
    leaf name {
      type string;
    }
    container payment-methods {
      list payment-method {
        key "method id";
    leaf method {
      type enumeration {
        enum bookzone-account;
        enum credit-card;
        enum paypal;
        enum klarna;
      }
    }
```

```
    leaf id {
      type string;
    }
  }
}
action purchase {
  input {
    must "deref(format)/../price>0" {
      error-message "Item not orderable at this time";
    }
    uses title-format-ref;
    leaf number-of-copies {
      type uint32 {
        range 1..999;
      }
      default 1;
    }
    container payment {
      leaf method {
        type leafref {
          path ../../../payment-methods/payment-method/method;
        }
      }
      leaf id {
        type leafref {
          path "../../../payment-methods/"+
              "payment-method[method=current()/../method]/id";
          // The path above expressed using deref():
          // path deref(../method)/../id;
        }
      }
    }
  }
}
```

如何在 method（方法）中构建叶引用路径？第一个 ".." 用于退出 method 叶。第二个 ".." 用于退出 payment 容器。然后，input 关键词在路径中无效，因为它不是一个数据节点。第三个 ".." 用于退出 purchase 操作。

在这里，进入 purchase-methods（全部购买方法）容器，进入 purchase-method（购买方法）列表，最终进入 method 叶。

为了验证 XPath 表达式是否正确，强烈建议使用正确的工具。不幸的是，许多 YANG 工具（编译器）长久以来从未检查 XPath 表达式的正确性。现在一些工具仍然不进行此项检查，由于编译器没有报错，这导致许多 YANG 建模人员认为模块没有问题，事实上包含了大量错误的 XPath。

最终完整的模型如示例 3-33 所示。

示例3-33　2018-01-05修订完整bookzone-example YANG模块

```
module bookzone-example {
  yang-version 1.1;
  namespace 'http://example.com/ns/bookzone';
  prefix bz;

  import ietf-yang-types {
    prefix yang;
  }

  organization
    "BookZone, a fictive book store chain";

  contact
    "YANG book project:   https://github.com/janlindblad/bookzone

     Editor:   Jan Lindblad
               <mailto:janl@tail-f.com>";

  description
    "BookZone defines this model to provide a standard interface for
     inventory browser and management applications.

     Copyright (c) 2018 the YANG book project and the persons
     identified as authors of the code.  All rights reserved.

     Redistribution and use in source and binary forms, with or
     without modification, is permitted pursuant to, and subject
     to the license terms contained in, the Simplified BSD License
     set forth in Section 4.c of the IETF Trust's Legal Provisions
     Relating to IETF Documents
     (http://trustee.ietf.org/license-info).";

  revision 2018-01-05 {
    description
      "Added constraints that
      - author needs to have an account set before listing a book
      - number of copies in stock only shows for physical items
      - makes a book not orderable unless it has a price
      - book leafrefs are chained correctly
      Added /users/user/payment-methods and a way to choose which
      one to use in action purchase.";
  }
  revision 2018-01-04 {
    description
      "Added status information about books and purchases, see
       /books/book/popularity
```

```
           /books/book/formats/number-of-copies
           /users/user/purchase-history
           Turned reference to book title & format
           into a grouping, updated references in
           /users/user/purchase
           /shipping";
  }
  revision 2018-01-03 {
    description
       "Added action purchase and notification shipping.";
  }
  revision 2018-01-02 {
    description
       "Added book formats, authors and users, see
        /books/book/format
        /authors
        /users";
  }
  revision 2018-01-01 {
    description "Initial revision. A catalog of books.";
  }

  typedef language-type {
    type enumeration {
      enum arabic;
      enum chinese;
      enum english;
      enum french;
      enum moroccan-arabic;
      enum swahili;
      enum swedish;
      // List not exhaustive in order to save space
    }
    description
       "Primary language the book consumer needs to master "+
       "in order to appreciate the book's content";
  }

  identity format-idty {
    description "Root identity for all book formats";
  }
  identity paper {
    base format-idty;
    description "Physical book printed on paper";
  }
  identity audio-cd {
    base format-idty;
    description "Audiobook delivered as Compact Disc";
```

```
  }
  identity file-idty {
    base format-idty;
    description "Book delivered as a file";
  }
  identity paperback {
    base paper;
    description "Physical book with soft covers";
  }
  identity hardcover {
    base paper;
    description "Physical book with hard covers";
  }
  identity mp3 {
    base file-idty;
    description "Audiobook delivered as MP3 file";
  }
  identity pdf {
    base file-idty;
    description "Digital book delivered as PDF file";
  }
  identity epub {
    base file-idty;
    description "Digital book delivered as EPUB file";
  }

  typedef ISBN-10-or-13 {
    type union {
      type string {
        length 10;
        pattern '[0-9]{9}[0-9X]';
      }
      type string {
        length 13;
        pattern '97[89][0-9]{10}';
      }
    }
    description
      "The International Standard Book Number (ISBN) is a unique
       numeric commercial book identifier.

       An ISBN is assigned to each edition and variation (except
       reprintings) of a book. [source: wikipedia]";
    reference
      "https://en.wikipedia.org/wiki/International_Standard_Book_Number";
  }

  grouping title-format-ref {
```

```
    leaf title {
      type leafref {
        path /books/book/title;
      }
    }
    leaf format {
      type leafref {
        path /books/book[title=current()/../title]/format/format-id;
        // The path above expressed using deref():
        // path deref(../title)/../format/format-id;
      }
    }
  }

  container authors {
    list author {
      key name;

      leaf name {
        type string;
      }
      leaf account-id {
        type uint32 {
          range 1001..max;
        }
      }
    }
  }
container books {
  list book {
    key title;

    leaf title {
      type string;
    }
    leaf author {
      type leafref {
        path /authors/author/name;
      }
      must 'deref(current())/../account-id' {
        error-message
          "This author does not yet have an account-id defined.
          Books cannot be added for authors lacking one.
          The Finance Department is responsible for assigning
          account-id's to authors.";
      }
      mandatory true;
    }
```

```
      leaf language {
        type language-type;
      }
      leaf popularity {
        config false;
        type uint32;
        units copies-sold/year;
        description
          "Number of copies sold in the last 12-month period";
      }
      list format {
        key isbn;
        unique format-id;
        leaf isbn {
          type ISBN-10-or-13;
        }
        leaf format-id {
          mandatory true;
          type identityref {
            base format-idty;
          }
        }
        leaf price {
          type decimal64 {
            fraction-digits 2;
          }
          units sim-dollar;
        }
        container number-of-copies {
          when 'not(derived-from(../format-id, "bz:file-idty"))';
          config false;
          leaf in-stock {
            type uint32;
          }
          leaf reserved {
            type uint32;
          }
          leaf available {
            type uint32;
          }
        }
      }
    }
  }

container users {
  list user {
    key user-id;
```

```
      leaf user-id {
        type string;
      }
      leaf name {
        type string;
      }
      container payment-methods {
        list payment-method {
          key "method id";
          leaf method {
            type enumeration {
              enum bookzone-account;
              enum credit-card;
              enum paypal;
              enum klarna;
            }
          }
          leaf id {
            type string;
          }
        }
      }
  action purchase {
    input {
      must "deref(format)/../price>0" {
        error-message "Item not orderable at this time";
      }
      uses title-format-ref;
      leaf number-of-copies {
        type uint32 {
          range 1..999;
        }
        default 1;
      }
      container payment {
        leaf method {
          type leafref {
            path ../../../payment-methods/payment-method/method;
          }
        }
        leaf id {
          type leafref {
            path "../../../payment-methods/"+
                 "payment-method[method=current()/../method]/id";
            // The path above expressed using deref():
            // path deref(../method)/../id;
          }
        }
```

```
          }
      }
      output {
        choice outcome {
          case success {
            leaf success {
              type empty;
              description
                "Order received and will be sent to specified user.
                 File orders are downloadable at the URL given below.";
            }
            leaf delivery-url {
              type string;
              description
                "Download URL for file deliveries.";
            }
          }
                leaf out-of-stock {
                  type empty;
                  description
                    "Order received, but cannot be delivered at this time.
                     A notification will be sent when the item ships.";
                }
                leaf failure {
                  type string;
                  description
                    "Order cancelled, for reason stated here.";
                }
              }
            }
          }
        }
        list purchase-history {
          config false;
          key "title format";
          uses title-format-ref;
          leaf transaction-date-time {
            type yang:date-and-time;
          }
          leaf copies {
            type uint32;
          }
        }
      }
    }

    notification shipping {
      leaf user {
        type leafref {
          path /users/user/name;
```

```
          }
        }
      uses title-format-ref;
      leaf number-of-copies {
        type uint32;
      }
    }
  }
}
```

示例 3-34 显示了模型的树形格式。

示例3-34　2018-01-05修订完整YANG树

```
module: bookzone-example
  +--rw authors
  |  +--rw author* [name]
  |     +--rw name          string
  |     +--rw account-id?   uint32
  +--rw books
  |  +--rw book* [title]
  |     +--rw title         string
  |     +--rw author        -> /authors/author/name
  |     +--rw language?     language-type
  |     +--ro popularity?   uint32
  |     +--rw format* [isbn]
  |        +--rw isbn             ISBN-10-or-13
  |        +--rw format-id        identityref
  |        +--rw price?           decimal64
  |        +--ro number-of-copies
  |           +--ro in-stock?    uint32
  |           +--ro reserved?    uint32
  |           +--ro available?   uint32
  +--rw users
     +--rw user* [user-id]
        +--rw user-id             string
        +--rw name?               string
        +--rw payment-methods
        |  +--rw payment-method* [method id]
        |     +--rw method    enumeration
        |     +--rw id        string
        +---x purchase
        |  +---w input
        |  |  +---w title?            -> /books/book/title
        |  |  +---w format?           -> /books/book[title=current()/../title]/
        |  |                             format/format-id
        |  |  +---w number-of-copies?   uint32
        |  |  +---w payment
        |  |     +---w method?   -> ../../../payment-methods/payment-method/method
        |  |     +---w id?       -> ../../../payment-methods/payment-method[method=
```

```
                                    current()/../method]/id
    |   +--ro output
    |      +--ro (outcome)?
    |         +--:(success)
    |         |  +--ro success?        empty
    |         |  +--ro delivery-url?   string
    |         +--:(out-of-stock)
    |         |  +--ro out-of-stock?   empty
    |         +--:(failure)
    |            +--ro failure?        string
    +--ro purchase-history* [title format]
       +--ro title                  -> /books/book/title
       +--ro format                 -> /books/book[title=current()/../title]/
                                       format/format-id
       +--ro transaction-date-time? yang:date-and-time
       +--ro copies?                uint32


notifications:
  +---n shipping
     +--ro user?               -> /users/user/name
     +--ro title?              -> /books/book/title
     +--ro format?             -> /books/book[title=current()/../title]/format/
                                  format-id
     +--ro number-of-copies?   uint32
```

3.6 增扩、扩展和可能的偏离

BookZone 公司非常感谢你在建立 BookZone YANG 模型中的工作。通过良好定义的接口连接所有下属书店，BookZone 的业绩蒸蒸日上。

一天，BookZone 的一名员工想到设立一家新的企业。她向管理团队表达了她的想法，很快他们决定分立出一家企业，以开拓这一新的市场。他们成立了 AudioZone，用于销售在线订阅的有声图书库。

很明显，建立类似 BookZone 目录系统的目录对新业务至关重要。当然需要一些修改，例如允许用户对图书评分并发表评论，跟踪用户的好友情况，为应用提供某些社交功能。

你固然可以使用和编辑 BookZone YANG 文件，加入 AudioZone 需要的内容，但随着模块在客户端和服务器两侧的发展，这可能变得一团糟。YANG 提供了更好的选择。使用 YANG augment 声明，你可将 YANG 模块中的新内容移植到另一模块。由于 XML（eXtensible Markup Language，可扩展标记语言）的可扩展性，即使是之前对增扩内容完全不了解的管理人员也可轻松地将这些增扩映射到 NETCONF 等基于 XML 的协议。

首先你要做的是创建新的 AudioZone YANG 模块。模块头部如示例 3-35 所示。

示例3-35　YANG模块audiozone-example

```
module audiozone-example {
  yang-version 1.1;
  namespace 'http://example.com/ns/audiozone';
  prefix az;

  import bookzone-example {
    prefix bz;
  }
  import ietf-yang-types {
    prefix yang;
  }

  organization
    "AudioZone, a subsidiary of the fictive book store chain BookZone";

  contact
    "YANG book project:    https://github.com/janlindblad/bookzone

     Editor:    Jan Lindblad
                <mailto:janl@tail-f.com>";

  description
    "AudioZone defines this model to provide a standard interface for
     inventory browser and management applications. This module extends
     the bookzone-example.yang module.

     Copyright (c) 2018 the YANG book project and the persons
     identified as authors of the code.  All rights reserved.

     Redistribution and use in source and binary forms, with or
     without modification, is permitted pursuant to, and subject
     to the license terms contained in, the Simplified BSD License
     set forth in Section 4.c of the IETF Trust's Legal Provisions
     Relating to IETF Documents
     (http://trustee.ietf.org/license-info).";

  revision 2018-01-09 {
    description "Initial revision.";
  }
```

　　注意此模块怎样使用 import bookzone-example 声明使得当前模块内的所有类型和定义在此模块中可用。与 #include 和其他语言中的这类功能不同，import（导入）声明并不将模块中的内容复制到此模块。它只是简单地让此模块知道另一模块的存在，并允许从此模块引用另一模块中的内容。

　　对被导入模块中内容的引用使用 import 声明中的前缀（此示例中为 bz）（在 import

bookzone-example 语句下的 prefix bz 规定中指定）。import 声明中的前缀通常与模块标头中的前缀相同，但不是必需的。

对于向所有客户端播放的内容，现在需要添加新的图书格式 streaming（流），如示例 3-36 所示。

示例3-36　补充交付格式标识

```
identity streaming {
  base bz:file-idty;
  description
    "Audiobook streaming.";
}
```

此示例在模块中声明新的标识。通过在 file-idty 之前添加 bz:，很明显是指在 bookzone-example 模块中可找到的标识。通过简单地声明一个新标识并将其基于任何模块中由 identityref 直接或间接引用的标识，使新的值立即在所有这些位置成为有效选项。讨论易于扩展性！

如果你重新审视 bookzone-example 模块，/books/book/format/format-idty 标识引用允许 format-id 叶将源自 format-idty 的任何标识的名称作为一个值。新标识 streaming 基于 file-idty，而 file-idty 基于 format-idty。在支持 audiozone-example 模块的任何系统中，streaming 现在成为 format-id 的一个新值。实际上，并未对 bookzone-example YANG 模块进行修改，但它获得了一个新的有效值。这是因为服务器实施并发布了 audiozone-example YANG 模块，而不是因为使用了任何 YANG import 语句。示例 3-37 是 bookzone-example 的提示摘录，显示了 format-id 标识引用叶。

示例3-37　示例3-33中的format-id叶

```
leaf format-id {
  mandatory true;
  type identityref {
    base format-idty;
  }
}
```

现在，下一步是通过每本图书 /books/book 的一些 recommendations（建议），对 bookzone-example 进行增扩，如示例 3-38 所示。

示例3-38　增扩示例3-33中图书列表的recommendations列表

```
augment /bz:books/bz:book {
  list recommendations {
    key review-date;
    leaf review-date {
      type yang:date-and-time;
```

```
      }
      leaf score {
        type uint32 {
          range 1..5;
        }
      }
      leaf review-comment {
        type string;
      }
    }
  }
}
```

augment（增扩）关键词仅将语句中的内容添加到关键词后面给出的位置。目标位置通常位于不同模块，也许是标准机构创建的模块。在此示例中，从路径使用 bz: 前缀可看出，目标是 bookzone-example 模块。

增扩也可扩展定义它们的模块。有时这一特性很有用，例如希望建立漂亮简明的列表（例如接口），然后在你的模块中进一步为所有不同类型的接口添加细节。

AudioZone 企业需要添加的最后内容是每个用户的好友列表，如示例 3-39 所示。在这里使用称为 leaf-list（叶列表）的简单列表可将其增扩。当你想要一个单一事物的列表时，叶子列表是很好的。这是单列列表的一种特殊情况，可以省去一些键入操作。

示例3-39　增扩示例3-33中用户列表的好友叶列表

```
augment /bz:users/bz:user {
  leaf-list friends {
    type leafref {
      path /bz:users/bz:user/bz:name;
    }
  }
}
```

这样，你就获得了完整的 audiozone-example 模块，然后可将其上传到 NETCONF 服务器——当然还包括导入的 bookzone-example 模块。

经常遇到的一个问题是怎样看待 YANG 模型的模块化？是在一个大模块中定义所有功能，还是使用上百个较小的模块？

你刚才见到了使用单独模块的原因之一——添加由其他机构开发的模块。将功能分拆为多个模块最常见的原因是版本控制。

如果使用附加功能升级具有特定 YANG 接口的系统，最好让接口的使用者大致可以看到哪些发生了变化，哪些保持不变。通过提高 14 个 YANG 模块中的（例如）4 个模块的版本，用户可确定他们关心的领域（如果有）是否发生了变化。如果有上百个模块，了解这些就会变得困难。

3.6.1 扩展 YANG

YANG 语言本身是可扩展的；可以定义关键字来描述模型的一些方面，而这些方面是基本的 YANG 语言所未能描述的。例如，有人在他们的模型中添加了代码生成语句、用户文档生成逻辑、补充验证逻辑和测试用例数据。在 RFC 7950 中，你可了解到关于 extension（扩展）关键词的更多信息。

声明自己的关键词很简单。只需要使用 YANG 的 extension 关键词，后面放你的新关键词的名称。

比方说，BookZone 要建立一个函数，把它们的一些 YANG 列表导出到 SQL 数据库。你可以声明一个自己的扩展关键字，BookZone 系统应用程序可以用它来找出应该使用什么 SQL 表。然后，你可以将该扩展应用到相关的列表中。这样一来，导出功能将仅由 YANG 模块引导，而不依赖于额外的文件或硬编码。

示例 3-40 中在一个新的 YANG 模块中声明了三个新的关键字。其中两个只接受一个参数，最后一个不接受任何参数。

示例3-40 声明三个extension关键词的YANG模块

```
module bookzone-example-extensions {
  yang-version 1.1;
  namespace 'http://example.com/ns/bookzone-extensions';
  prefix bzex;

  extension sql-export-to-table {
    argument table-name;
  }
  extension sql-export-to-column {
    argument column-name;
  }
  extension sql-export-as-key;
}
```

现在，为了使用新的关键词，仅需导入声明它们的模块（如果在使用它们的同一模块中声明，则可跳过这一步），然后引用新关键词的带前缀名称，如示例 3-41 所示。

示例3-41 从之前示例导入和使用extension关键词

```
module bookzone-example {
…
  import bookzone-example-extensions {
    prefix bzex;
  }
…
  container users {
    list user {
```

```
      bzex:sql-export-to-table users;
      key user-id;

      leaf user-id {
        bzex:sql-export-to-column id;
        bzex:sql-export-as-key;
        type string;
      }
      leaf name {
        bzex:sql-export-to-column login_name;
        type string;
      }
      container payment-methods {
```

很多 YANG 解析器会不知道你的新关键词是什么意思。由于你正确地声明了它们，所以写得好的 YANG 解析器仍然能够正确地编译整个模块，而忽略扩展。

在许多其他语言中，添加特定（古怪）格式的注释或使用编译指示语句，可实现类似的效果。这种方法的缺点是编译器无法检测到任何拼写错误的注释或编译指示，对于无法理解注释特殊含义的人来说，整个结构可能不够清晰。

还需要注意的是，YANG 解析器理解新关键词必须是可选的，忽略新关键词之后模块必须仍然有效。因此，扩展不违反 YANG 的规则。但在实现 YANG 特性时，可要求理解和遵循某些扩展关键词。特性描述可以说是为了宣告此特性，符合要求的设备必须按照模块中某些扩展的指示操作。

为了满足一般 YANG 语法规则，扩展关键词可以有零个或一个参数。如果需要更多信息，可使用多个扩展，或使用更加复杂的参数格式，如示例 3-42 所示。

示例3-42　使用YANG extension关键词映射多条信息的两种方式

```
leaf name {
  object-relational-map:key "Name";
  object-relational-map:type "UnicodeStringType";
  type name-type;
}

// -- or like this --

leaf name {
  object-relational-map:key-of-type "Name:UnicodeStringType";
  type name-type;
}
```

3.6.2　偏离

标准定义组织（SDO）在发布 YANG 模块时，通常详尽地考虑了模块的用例。为了达成一致，模型倾向于包括每个人偏好的用例，有时包括传统的操作方式。

在涵盖 YANG 模型允许的用例之前，实现这些标准模型的机构可能需要首先发布自身代码的版本。甚至可能决定永远不会实现某些用例。这种实现不能说是在这些用例中完全实现了模型，但仍然为客户提供了巨大的价值。如果实现不完整，最好使用 YANG deviation（偏离）关键词清楚地说明未来将涵盖的内容。

例如，一个实现人员开发了对 ietf-interfaces.yang 的支持，但（目前）不能支持模型中的 last-change（最后修改）叶。跳过实施让用户自己发现可能造成许多额外工作和烦恼，这个方案不是很好。在发布注释文件中注明是一种更好的方式，但各种工具仍然不能理解。更好、更准确的方案是在新 YANG 模块的 deviation 语句中声明缺乏支持的情况，如示例 3-43 所示。

示例3-43　ietf-interfaces.yang deviation模块

```
module ietf-interfaces-deviations {
  yang-version 1.1;
  namespace "https://example.org/ns/ietf-interfaces-deviations";
  prefix ietf-interfaces-deviations;
  import ietf-interfaces {
    prefix if;
    revision-date 2018-02-20; // The NMDA version of ietf-interfaces
  }

  deviation /if:interfaces/if:interface/if:last-change {
    deviate not-supported;
  }
}
```

但请注意，简单的声明偏离并不能使客户端应用程序理解存在偏离的模型。最可能的情况是，如果你使用偏离，许多客户端应用程序不能与你的系统正确对接，因此声明偏离并不能代替正确、完整的实施。

即使正确地声明了偏离，实施带偏离的标准 YANG 模块的服务器并不会实施此标准模块。

在极少情况下，工程师会编辑标准模块，以删除或修改部分内容，而不是使用偏离声明。这是极其糟糕的主意。在大多数地区，这可能侵犯版权并受到法律追究。在不更改名称空间的情况下错误地表示模块的内容，也可能引起很多客户端的麻烦。

deviation 语句也允许其他修改，而不仅仅是 not-supported（不支持）。例如，可声明某个叶使用不同的类型或使用不同的默认值。客户端很难支持这种偏离，因此价值不大。如果声明偏离是为了提高与客户端互操作性的机会，但你的偏离超出了 not-supported，则这种机会就非常渺茫，即使你限定自己仅使用此特性，机会也不太大。

3.7　网络管理数据存储架构

大部分时候当运维工程师进行配置修改并确认时，修改将立即生效。根据修改和设备的类型，这仅需要数秒时间，但如果修改依赖目前尚未安装的某些必需硬件，则这些修改可能不会立即生效。

部分 NETCONF 服务器直接拒绝不能立即实施的配置，但许多服务器接收本身有效但由于缺少某种依赖关系导致当前无法实施的配置。允许这种配置是因为一个非常有用的功能，通常称为 pre-provisioning（预指配）或 preconfiguration（预配置）。可以预先配置一个特性，待正确地安装硬件后，此特性便可立即生效。

在这种背景下，很容易发现系统的操作视图中见不到某些配置对象，至少不能立即见到，也可能永远见不到。谁知道未来商店中会有哪些商品？类似的，存在一些尚未配置的操作对象。总体上是这样，作为示例，我们看一下网络接口管理，如表 3-4 所示。

表 3-4　不同配置和操作状态的接口

接　　口	配置视图（config true）	操作视图（config false）
GigEth1/1	已配置	因为缺少硬件缺省
GigEth2/2	已配置	按已配置运行
Loopback0	缺省	使用出厂默认设置运行

部分设备在配置中可能有 GigEth1/1 网络接口，但由于目前插槽 1 中没有线卡，所以此接口未处于工作状态。配置中可能还有一个称为 GigEth2/2 的接口。存在此接口的硬件，并且该接口在全速运行。还可能有一个称为 Loopback0 的接口。此接口从未配置，因此它在配置中不存在，但实际存在并在某些默认设置下可以运行。

考虑到运维人员强烈关注在 RFC 3535 的需求列表中区分配置数据与状态数据的重要性，IETF 工作组发明了 YANG 语言的 config true 和 config false 概念。由于 YANG 列表要么为 config true，要么为 config false，不可能有包括所有接口的统一接口列表。在表 3-4 中，配置视图仅包括三个接口中的两个，运行视图也是如此。

为了满足对两类信息的需求，工作组确保所有标准的 YANG 模块都有两个列表——一个用于配置对象，例如 interfaces（接口），另一个用于运行对象，例如 interfaces-state（接口状态）。旧的标准 ietf-interfaces.yang 模块（RFC 7223）如示例 3-44 所示。

示例3-44　ietf-interfaces.yang原始形式的树形格式（节选）

```
module: ietf-interfaces
  +--rw interfaces
  |  +--rw interface* [name]
  |     +--rw name                    string
  |     +--rw description?            string
  |     +--rw type                    identityref
```

```
|     +--rw enabled?                        boolean
+--ro interfaces-state
   +--ro interface* [name]
      +--ro name                string
      +--ro type                identityref
      +--ro oper-status         enumeration
      +--ro last-change?        yang:date-and-time
      +--ro phys-address?       yang:phys-address
      +--ro higher-layer-if*    interface-state-ref
      +--ro lower-layer-if*     interface-state-ref
      +--ro speed?              yang:gauge64
```

此方法效果很好，已经使用多年。但越来越多人开始意识到这种建模方式存在一个问题。

如你所想，大部分接口在两个列表都存在。他们已配置且具有运行状态。但缺少在两者之间导航的方法。如果配置 /interfaces/interface[name='GigEth2/2']，怎样能够知道此接口状态数据所在的位置？此时，你可能简单地看一眼示例 3-44 ，就可轻易地宣称其是 /interfaces/interface-state[name='GigEth2/2']。你可能是正确的。

问题是如何告诉计算机你是怎样知道的？你不会想要将大量信息硬编码在 NMS 系统中，将 /interfaces/interface 链接到 /interfaces/interface-state。这一知识必须直接内置在协议（例如 NETCONF）、语言（YANG）和模块（ietf-interfaces.yang）中，才能自动发现。

注释

　　类似地，举 SNMP 领域的一个例子。在 NMS 中硬编码 RFC 2863 中的 **ifAdminStatus** 和 **ifOperstatus** 管理信息库（MIB）对象，代表同一对象的读写（接口的期望状态）和只读（接口的当前操作状态）视图，这样做成本很高，而且最重要的是，硬编码每一条这样的信息都不能扩展。

有人可能建议（有人的确这样建议）NMS 简单地依赖命名惯例，即任何称为 xyz 的配置列表将对应一个称为 xyz-state 的运行列表。尽管这种方式非常简洁，但至少在这一个简单的例子中，这种方法被放弃了。如果与你的软件架构师交谈，你将了解到依靠命名惯例在未来将逐渐被淘汰。每个 YANG 模块将必须遵循此原则，但此原则难以执行。在某些情况下，看起来简单的原则会变得非常奇怪。

前面提到的分别对配置和运行状态进行建模，这种方法的另一个缺点是有相当多的重复。每个接口有两个容器和列表，以及 Key（接口名称）被建模两次。在这种情况下，接口类型也是重复的。

结合一些有关如何表示高级服务器可能希望公开新信息形式的新想法（例如支持宏、系统默认值以及配置资源，以及运维人员和管理者以外的配置源），扩展 NETCONF 数据储存理念的想法获得了有力的支持。

与单独进行配置和操作数据建模不同，通过对少量 RFC 进行轻微调整，它们就可使用一个统一的模型。客户端只需指定它正在查看的数据存储以及运行中的配置或可操作的配置即可。因此，网络管理数据存储体系结构（NMDA，RFC 8342）诞生了。

在修订后的 NMDA 模型中，数据对象在 YANG 模式中只定义一次，但独立的实例可以出现在不同的数据存储中（例如，一个是配置值，另一个是操作上使用的值）。这为问题提供了一个更优雅、更简单的解决方案。缺点是，许多现有的模型将不得不重新设计。这显然是一个主要的缺点，即使重新设计是相当自然和按标准化操作的。目前 IETF 正在进行这项工作。按照 NMDA 重新设计的 ietf-interface.yang 模块（RFC 8343）如示例 3-45 所示。

示例3-45　符合NMDA规范的ietf-interfaces.yang树形格式（节选）

```
module: ietf-interfaces
  +--rw interfaces
  |  +--rw interface* [name]
  |     +--rw name                      string
  |     +--rw description?              string
  |     +--rw type                      identityref
  |     +--rw enabled?                  boolean
  |     +--ro oper-status               enumeration
  |     +--ro last-change?              yang:date-and-time
  |     +--ro phys-address?             yang:phys-address
  |     +--ro higher-layer-if*          interface-ref
  |     +--ro lower-layer-if*           interface-ref
  |     +--ro speed?                    yang:gauge64
```

注意，模型的复杂性和长度均显著降低。由于与所有接口相关的数据仅有一个列表，寻找与特定接口有关的所有数据时，可以不再依赖命名惯例或其他方式。

新数据存储有什么变化？ NETCONF 最初指定了三种数据存储，如图 3-1 所示。

❑ :startup（可选）

❑ :candidate（可选）

❑ :running（始终存在）

这三种数据存储映射一个典型路由器架构，此架构由启动配置、运行中配置和备选配置组成。

> **注释**
>
> NETCONF 中的功能具有非常冗长的正式名称，包含大量冒号。数据存储属于功能，因此也受这一问题影响。为此，人们开始缩写名称，仅保留一个冒号（表明名称是缩写）和指代它们的最后一个单词。:startup 数据存储的正式名称是 urn:ietf:para ms:netconf:capability:startup:1.0。

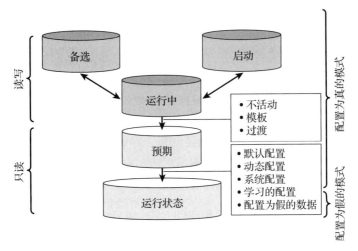

图 3-1　NMDA 架构中最常用的数据存储

采用 NMDA 架构，可以支持更高级处理链，将配置转换为运行状态的系统，可定义更多已描述语义的数据存储。例如，一些系统支持目前未使用的配置（称为"不活动的配置"），或者它们支持配置模板，用于通过通用模板扩展配置数据。这些规范可能来自 IETF 或其他机构。NMDA 规范本身定义了两种数据存储：

❑ :intended（预期）

❑ :operational（运行状态）

我们查看一下 NMDA 规范（RFC 8342）关于各数据存储内容的详细规定。

:operational 数据存储是 NETCONF 领域的一个老概念，现在重新作为数据存储出现；它保存了所有 config false 数据以及所有 config true 数据的只读副本。只是它从未正式命名为数据存储。另一个是全新的 :intended 数据存储。在简单服务器中，此数据存储包含与 :running 相同的信息。在可能支持服务概念、模板和不活动（被注释掉的）配置的更高级服务器中，:running 数据存储包含服务、模板和不活动配置的输入数据，:intended 包含当这些服务和模板结构扩展到具体配置元素（删除不活动的配置）时的结果。:intended 数据存储是只读的，但仍然可用于看到所有这些服务、模板和不活动元素的扩展情况。

:operational 数据存储包含当前实际使用的配置元素。无预先配置的元素。数据存储包含所有活动元素——即使是没有配置的元素。

专家访谈

与 Martin Björklund 的问答

Martin Björklund 是 IETF YANG 规范 RFC 6020 以及后来的 RFC 7950 的编辑（主联络人），他也曾深度参与许多其他相关文件的制定。2005 年，Martin 与人共同成立了 Tail-f

Systems，不到十年后被思科收购。Martin 仍然在思科内部的 Tail-f 产品部门工作，担任架构师、程序员和杰出工程师。Martin 曾创办多家企业，有多个项目被收购或发展成为知名企业。

提问：

是什么激励你和其他最初的参与者设计另一种数据建模语言，并认为你可以改变世界？

回答：

（笑声）实际上，我们并没有想到它可以获得这样大的发展。我们完全是为了解决 NETCONF 的建模问题。当然不仅仅是 NETCONF。我们已经有了用于管理所有接口的专用语言。这是我们希望的方式。当时也有政治原因称此语言不应仅仅用于 NETCONF。我们曾经有多次建立建模语言的尝试，特别是在 IETF。建立一种适合所有情况的语言的想法并不为人接受。觉得我们好高骛远。因此，我们仅将工作限制在 NETCONF。这一战术非常有效，但后来在一般的案例中出现明显的错误，我们也付出了代价。

提问：

从事这项工作的跨行业团队最初是怎样形成的？

回答：

最初始于 2006 年中的一次普通的交流。这次交流当时必须进行，但非常困难。每个人都有不同的想法。一些人希望使用 XSD，另一些人希望使用 RelaxNG；一些人认为完全不需要一种语言——建模语言标准化没有意义。当时，每个人都有他们自己的建模语言。我们有自己的语言，爱立信有自己的语言，瞻博网络也有他们自己的语言。在布拉格举行的 IETF 会议上，我与爱立信谈到此事，然后与瞻博网络的 Phil Shafer 同乘一辆出租车前往机场。正是此时我们决定放手一搏。从此 Phil Shafer、David Partain、Balász Lengyel、Jürgen Schönwälder 和我开始了这项工作。后来 Andy Bierman 也加入了设计团队。

提问：

对 YANG 的影响主要来自哪里？

回答：

问题是每个人都有他们自己的专用语言。我们有自己的语言。瞻博网络有。爱立信也有。Jürgen 是 IETF SMIng 设计团队的成员，但此技术从未得到使用。YANG 最初从中获得了一些概念。大部分来自我们和瞻博网络的语言，也考虑了一些 SMIng 技术。整个体系架构基本来自 SMIng。我们综合了每种语言的优点并将它们融合在一起。

提问：

由于每一方都贡献了知识，这样是否有助于新语言得到所有参与者的接受？

回答：

是的，这的确很有帮助。每个人都书写 YANG 规范，这在当时难以想象。在很长时间里行业里似乎什么都没发生，我们继续创建自己的工具。我们早干几年。最终人们看到它的优势。

提问：

十年之后，你是否对结果满意？

回答：

是的，我必须满意。即使有些方面原本可以做得更好。技术细节原本可以有所不同。这些当然存在。但我们必须对最终结果满意。我认为它非常好。

提问：

与早期语言相比，YANG 的优点在哪里？

回答：

其中一个特点是可读性。许多人发现他们面前的 YANG 文档是可理解的。人们可以直观的获得理解。许多其他语言理解起来要困难得多。这是一种相当自然的层级结构建模方式。当然，一些构建也不那么易懂，但总体上易于理解。相当紧凑。另一个重要特点是可扩展性。增扩功能允许整合不同来源和时间的模型。增扩功能使你能够扩展现有模型，但无须修改原有模型，甚至不需要考虑扩展问题，但同时保持良好的向后兼容性。其他任何语言都做不到这一点。

提问：

YANG 现在已经完成了吗，还是说发生了什么？

回答：

是的，我希望它已经完成了。这门语言越受欢迎，越多的人贡献他们的用例和想法。如果我们添加……是否会更好？，例如 YANG 更加地面向对象。实际上，许多这些想法不契合 YANG 的概念，重大的修改或增加会危及语言。一门语言的第 2 版或第 3 版常常会害了这一语言。稳定性是语言的关键特征之一。

我希望相关人员在添加任何内容时应当谨慎。不要进行过大的修改。现在的版本是 YANG 1.1。YANG 1.2 将包括一些修复，这也许是一件好事。不幸的是，最大的问题是现在 YANG 体量已经不小了。我认为，最困扰的是取决于上下文的值。对于不同的基于 YANG 的协议，作为实例标识符、标识和 XPath 表达式的值采用不同的编码方式。问题在于，在 XML 中使用 XML 命名空间编码这些值，而 JSON 没有命名空间。但通过更新 YANG 以彻底修复这一问题是不容易的。

小结

本章首先介绍了怎样获取真实世界的数据，并将其转换为正式的 YANG 模型，描述数据的类型和结构。这使客户可以知道期望什么，且服务器可以实施行业标准。在软件定义的世界中，基于模型驱动的 API 至关重要。

然后，采用更复杂的特性建模，以反映真实世界数据的组织方式。例如，表格中的表格、键和引用——以及一组值在随着时间发展而变化的情况下，怎样进行数据建模。无论是对于值、元素以及 YANG 语言本身，可扩展性是 YANG 的重要特点之一。

传统上，配置是最难正确处理的接口管理工作。因此，YANG 的强大一致性机制获得了许多关注，例如 must 和 when 表达式。有针对性的、设计严密的 YANG 模型使得模型可靠、有效。配置与状态数据之间的严格区分也是一致性的特性之一。

在讨论配置之后，使用 action、rpc 和 notification 结构，定义配置事务和运行状态采集之外的客户端 / 服务器通信。

快结束时，关于指针和 XPath 的部分解释（并有望阻止）近年来 YANG Doctor 评论中反复出现的常见错误。

在本章的最后，围绕基本的 IETF YANG 标准模型，探讨了如何进行了重新设计，以遵循网络管理数据存储体系结构（NMDA）的原则，还讨论了其背景和含义。这种转变允许使用更简单、更紧凑的模型，同时还为客户端提供了更大的灵活性，使其可以与实现高级功能（例如宏扩展，从网络学习的数据和预配置）的服务器更紧密地合作。

参考资料

本章并不能介绍使用 YANG 的全部方法，它仅能够帮助你充分掌握最重要的概念、YANG 如何解决问题以及怎样创建新的 YANG 模型。

如需获得更深入的了解，下一步你可以学习 RFC。它们非常易懂，是有用的详细信息来源，包括许多实用案例。特别是要阅读表 3-5 中的参考资料。

表 3-5 供进一步阅读的 YANG 相关文档

专 题	内 容
YANG 1.1	https://tools.ietf.org/html/rfc7950
YANG 1.0	https://tools.ietf.org/html/rfc6020 YANG 建模语言的定义见 RFC 7950 (YANG 1.1) 和 RFC 6020 (YANG 1.0) 定义所有 YANG 关键词和到 NETCONF 的映射。提供部分示例
XPath	https://www.w3.org/TR/1999/REC-xpath-19991116/ XML 路径语言（XPath）版本 1.0 是 YANG 中使用的 XPath 版本。其规范由万维网联盟（W3C）制定 定义 YANG path、must 和 when 语句中使用的 XPath 语言
REGEX	https://www.w3.org/TR/2004/REC-xmlschema-2-20041028/ XML Schema Part 2: Datatypes Second Edition 定义了 YANG pattern 语句中使用的正则表达式的特点 YANG pattern 语句使用 WWW（也称为 XML）正则表达式，与 Perl、Python 等语言中的不完全相同
NMDA	https://tools.ietf.org/html/rfc8342 网络管理数据存储架构的定义见 RFC 8342。这是新建议的 YANG 模块结构化方法

（续）

专　　题	内　　容
YANG 指南	https://tools.ietf.org/html/rfc8407 RFC 8407 中定义了 YANG 数据模型文档的作者和审阅者指南。强烈建议在审阅或编写 YANG 模块之前阅读此文档。包含约定和检查清单
NETMOD WG	https://datatracker.ietf.org/wg/netmod/documents/ IETF 网络建模工作组 制定 YANG 和许多 YANG 模块的工作组。可在这里查阅最新的文稿和 RFC
IETF YANG GitHub	https://github.com/YangModels/yang IETF 的 IETF、其他 SDO、开源和供应商专用 YANG 模型的代码库。可找到许多资源，但可能不完整，经常过期。在编写本文时已登记约 10 000 个 YANG 模块
yangcatalog.org	https://yangcatalog.org/ YANG 模块目录，可使用关键词和元数据搜索。还提供用于验证、浏览、依赖关系图和 REGEX 验证的 YANG 工具。在编写本文时目录中有约 3500 个 YANG 模块

对 NETCONF、RESTCONF 和 gNMI 的阐释

本章内容

- ❏ NETCONF、RESTCONF 和 gNMI 的传输层
- ❏ 使用哪些工具来处理这些协议
- ❏ 各协议中的连接、hello 消息和能力协商
- ❏ 可扩展标记语言（XML）标签和命名空间（可选部分）
- ❏ 读写配置和操作数据
- ❏ 各协议中的事务处理机制
- ❏ 调用 YANG 操作和 RPC
- ❏ 订阅操作通知和网络遥测更新

4.1　导言

本章对第 3 章中开发的 BookZone YANG 模型进行练习，使用三种基于 YANG 模型驱动的管理协议：NETCONF、RESTCONF 和 gNMI。欢迎阅读本章提供的每个示例，如果更喜欢动手操作，你也可以从第 3 章克隆 GitHub 项目并在自己的笔记本电脑上运行。有关如何获取必要的免费工具，请访问 https://github.com/janindblad/bookzone 项目中 README 文件。

4.2　NETCONF

正如第 2 章所述,国际互联网工程任务组(IETF)研发出 NETCONF 协议,是因为网络运维人员抱怨使用当时的标准和工具进行网络管理很吃力——主要是指简单网络管理协议(SNMP)。SNMP 中的"简单"是指设备供应商可以简化实施。但是,在某些用例中,SNMP 对于网络运维人员来说显然不易使用。事实证明配置任务尤其困难。

NETCONF 扭转了配置任务困难的现状,但其焦点在于更容易实施网络管理,在设备中实现它并不容易。因此,为满足网络运维人员的需求,NETCONF 有不同的侧重点,并提供一套不同的操作集。在 RFC 3535 中充分总结了此背景和要求。

4.2.1　基本原理

NETCONF 1.1(RFC 6241 和 6242)是 IETF 指定的网络管理协议。它定义了 NETCONF 客户端可以发送到 NETCONF 服务器的可扩展操作集。NETCONF 客户端通常扮演网络管理器的角色,而 NETCONF 服务器则扮演被管理的网络设备的角色。在许多情况下,还有一些中间系统控制着某特定方面或域。它们通常被称为"控制器"。控制器对管理器来说是服务器,对设备来说是客户端。管理控制器或大量设备的管理器通常称为"编排器",但编排器和控制器之间没有根本区别。在 NETCONF 规范中,真正使用的术语只有"客户端"和"服务器"。小规模设置如图 4-1 所示。

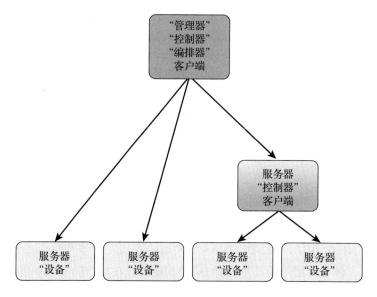

图 4-1　一个 NETCONF 客户端(管理器)管理一组 NETCONF 服务器(设备)和一个控制器,控制器既是服务器又是客户端

为了让网络管理器管理设备,NETCONF 定义了以下操作:

❏ 监控设备的运行状态

❏ 更新设备配置（管理员对设备的命令）

此外，NETCONF 还为 NETCONF 服务器实施者定义了一个机制用于定义其他操作，包括"动作"和通知。网络管理员通常使用此机制执行以下操作：

❏ 调用管理动作

❏ 订阅来自被管理设备的通知

通常，当监控或配置设备时，所有要检索或更新的数据以及管理操作和设备通知均由 YANG 模块描述。这是设备提供的契约，以便让管理器知道哪些对象被操控、哪些通知被订阅。

请注意，NETCONF 是在 YANG 之前定义的，对 YANG 没有根本性依赖。其他语言也可用于描述有效的 NETCONF 操作。然而，在实际应用中，YANG 是当今 NETCONF 中唯一广泛使用的 schema 语言。

从 NETCONF 客户端到 NETCONF 服务器，我们建立的每个 NETCONF 会话都是由一系列消息组成的。除了双方连接时立即发送的 hello 消息外，所有消息交换都由客户端（管理器）发起。hello 消息是一个声明，双方均声明可以使用的 NETCONF 协议版本，服务器声明其支持的可选功能。

每条 NETCONF 消息都是远程过程调用（RPC）或 RPC 应答。每个 RPC 都是客户端请求服务器执行某个给定操作的请求。当已完成或未能完成请求时，由服务器发送 RPC 应答。有些 RPC 应答是对一个简单查询的简短回答，或仅是回答 OK 表明该命令已执行。有些是很长的回答，可能包含整个设备配置或状态。对订阅的 RPC 应答包含一条从技术上来讲永不终止的消息。随着订阅事件的发生，服务器会产生额外的 RPC 应答。RPC 应答也可能是 RPC 错误，表示请求的操作未执行。

每条 NETCONF 消息都以 NETCONF 规范定义的 XML 结构进行编码。通过安全外壳（SSH）进行通信，该外壳反过来在传输控制协议 / 互联网协议（TCP/IP）上运行。互联网数字分配机构（IANA）已将端口 830 分配为 NETCONF 管理的默认端口，这种分配通常反映在实际的实现中。某些系统允许通过端口 22（NETCONF 的非标准端口）和端口 830 连接到 NETCONF 服务器。

SSH 支持子系统概念。默认子系统通常在远程系统上提供 shell 提示，但广为人知的子系统是 sftp（Secure File Transfer Protocol，安全文件传输协议）。当指定 sftp 子系统时，连接到设备上的标准 SSH 端口 22 通常会被连接到 SFTP 的服务器所代替。

同样，NETCONF 也有自己的子系统：netconf。要在典型的支持 NETCONF 的系统上连接到 NETCONF 服务器，请运行以下命令：

```
ssh user@system -p 830 -s netconf
```

这通常会提示 NETCONF hello 消息。类似于示例 4-1。

示例4-1　NETCONF hello消息

```
<hello xmlns="urn:ietf:params:xml:ns:netconf:base:1.0">
 <capabilities>
  <capability>urn:ietf:params:netconf:base:1.1</capability>
…
 </capabilities>
 <session-id>4281045817</session-id>
</hello>
]]>]]>
```

收到这样的消息表示你已连接到 NETCONF 服务器。hello 消息可能很长，因为某些 NETCONF 服务器支持数百种能力。

当首次连接到 SSH 服务器时，连接仅有一个通道。客户端可以在同一 SSH 连接内打开其他通道，而不需要新的 SSH 身份验证过程。每个通道独立于其他通道进行传输。

当管理器（NETCONF 客户端）希望对特定设备并行执行多项操作时，这很有用。管理器可以使用一个 SSH 通道配置设备，另一个 SSH 通道读取运行状态，第三个 SSH 通道订阅某些特别关注的运行状态的更改——比如，如果设备是路由器的话，则是 BGP 对端的健康状况。所有通道都在相同的单个 SSH 连接内运行。

图 4-2 显示客户端和服务器使用三个 SSH 通道，通过 SSH 连接子系统 netconf、TCP 端口 830 和 IP 地址 10.20.30.40 完成相互之间的通信。这三个通道具有用于三个不同目的的 NETCONF 载荷，独立且异步地工作。

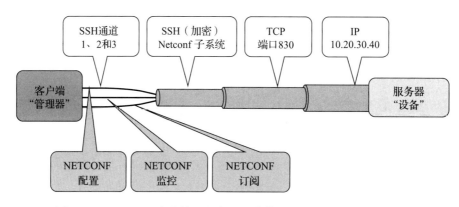

图 4-2　NETCONF 客户端－服务器连接使用三个通道的样例分解图

4.2.2　XML 标签、属性和命名空间

由于 NETCONF 是在 XML 中编码的，我们简要回顾一些基本的 XML 术语。

XML 标签

XML 文档包含结构化数据。该结构由标签提供。标签由起始标签、结束标签和标签之间的数据组成。标签声明文档中包含每条数据的真正含义。通过用尖括号括起名称来创建起始标签。例如，<rpc> 可能是某些远程过程调用参数的起始标签。结束标签看起来像起始标签，在其名字前面加一个斜杠。例如，</rpc> 表示开始定义的 RPC 参数在此处结束。

内部没有数据的标签称为空标签。可以将它们写为起始标签紧跟结束标签（例如，<quick></quick>）的形式。或者可以将它们写成类似于起始标签与结束标签合并的标签，并在末尾使用反斜杠（例如，<quick/>）。这与起始标签后紧跟结束标签意思相同。两种形式可以互换使用。示例 4-2 显示了一个包含三个标签的外部 rpc 标签，其中两个内部标签包含一些数据，最后一个是空标签。

示例4-2　带有包含两个值的标签和一个空标签的顶级标签XML结构示例

```
<rpc>
  <what>ping</what>
  <who>10.20.30.40</who>
  <quick/>
</rpc>
```

XML 属性

标签可能有属性。在 NETCONF 上下文中，XML 属性传输消息的元水平信息，如示例 4-3 所示（例如，应该删除 message-id 或某个结构中最深处的某个配置项，同时应该创建另一个配置项）。在起始标签名称之后添加属性，但仍在尖括号内。每个属性都有一个名称、一个等号和一个值。在有着严格规范的 XML 中，该值需要出现在单引号或双引号内，但实际上省略掉值周围的引号并不罕见。

示例4-3　具有属性的XML结构样例

```
<rpc message-id="17">
  <what>ping</what>
  <who>10.20.30.40</where>
  <quick/>
</rpc>
```

XML 命名空间

XML 代表可扩展标签语言。使 XML 可扩展的是命名空间机制。XML 文档中的每个标签和属性都属于特定的命名空间。它所属的命名空间定义了它的含义，以及标签或属性来自哪个规范。

特殊属性用于声明定义了哪些命名空间标签和属性。称为 xmlns。下面的代码片段显示了 NETCONF get 请求的 XML 表示形式。你可以告诉它是 NETCONF get 请求，因为 xmlns 值与 NETCONF 规范中的值完全匹配。

```
<rpc xmlns="urn:ietf:params:xml:ns:netconf:base:1.0" message-id="17">
 <get></get>
</rpc>
```

可能还有许多其他规范也为 XML 文档定义了一个带有不同含义的标签"get"。这很好。它们对其定义使用不同的命名空间值。IETF NETCONF 工作组使用的命名空间值已在 IANA 注册,因此,其他任何人都不应使用此命名空间值。它是一个很长很复杂的字符串,碰到它的可能性非常小。

命名空间不必在 IANA 注册。任何需要全球唯一命名空间字符串的公司都会被鼓励使用 URL,该 URL 往往是唯一的,附加一些使其在公司内部具有独特性的内容。在第 3 章中,BookZone 示例使用以下命名空间:

```
http://example.com/ns/bookzone
```

看起来像 URL,但它只是一个全球唯一的字符串。将此内容粘贴到 Web 浏览器中可不明智。

xmlns 属性适用于它所在的标签,此标签可体现任何其他非限定属性以及内部的所有内容,直到相应的标签结束为止,如示例 4-4 所示。即使 xmlns 命名空间通常在标签中添加所有内容,子标签和属性也可以通过明确自己的 xmlns 属性来显式引用不同的命名空间。

示例4-4　具有多个命名空间、属性和深度结构化标签的实际XML结构样例

```
<rpc message-id="1" xmlns="urn:ietf:params:xml:ns:netconf:base:1.0">
  <get-config>
    <source>
      <running/>
    </source>
    <filter type="subtree">
      <authors xmlns="http://example.com/ns/bookzone"/>
      <books xmlns="http://example.com/ns/bookzone"/>
    </filter>
  </get-config>
</rpc>
```

本章稍后将介绍这些标签是什么意思。先来看看这些标签。此处,标签 rpc、get-config、source、running 和 filter,都是基于 NETCONF 的基本规范进行定义的,而 authors 和 books 则是在 BookZone YANG 模块(规范)中定义的。

如果要在多个命名空间之间切换,需要使用前缀来限定特定标签或属性所属的命名空间。要定义前缀,需要使用 xmlns 属性的特殊形式。假设你要通过定义前缀 nc(NETCONF 的简称)以便轻松引用 NETCONF 规范中的内容,那么它看起来像下面这样:

```
xmlns:nc='urn:ietf:params:xml:ns:netconf:base:1.0'
```

在具有 xmlns:nc 属性的标签中,你可以通过在相关标签或属性前面添加 nc：即可引用

NETCONF 规范中的任何内容。

例如，可以像示例 4-5 一样编写刚刚显示的相同消息。请注意，现在默认的命名空间由 bookzone 代替。目前对 NETCONF 规范对象的所有引用都以 nc：为前缀。

示例4-5 与示例4-4完全相同的XML消息，但是使用不同的默认命名空间进行编码

```
<nc:rpc nc:message-id="1"
        xmlns:nc="urn:ietf:params:xml:ns:netconf:base:1.0"
        xmlns="http://example.com/ns/bookzone">
  <nc:get-config>
    <nc:source>
      <nc:running/>
    </nc:source>
    <nc:filter nc:type="subtree">
      <authors/>
      <books/>
    </nc:filter>
  </nc:get-config>
</nc:rpc>
```

这种混合和匹配命名空间的真正价值是能够指向各种规范文档中的对象（在此上下文中为 YANG 模块），并仍然能够在需要时使用 NETCONF 属性。以下示例：请注意 edit-config 标签如何声明 "nc:" 前缀是引用 NETCONF 规范。然后，在 config 标签内，每个标签都来自一个新的规范（YANG 模块），直到找到要删除的标签为止。要删除 book 标签，需要引用 NETCONF 规范中定义的 NETCONF 操作属性，因此只需使用 nc:operation。

示例 4-6 从书目中删除了一本名为 The Art of War 的书，但是尚未引入 NETCONF 的操作，所以这里不要担心细节。你现在感兴趣的只是在 NETCONF 消息中使用命名空间。

示例4-6 声明命名空间nc，并在结构内部更深层次引用的XML结构样例。此XML结构也可能是真实的NETCONF消息，用于从列表中删除条目

```
<rpc message-id="1" xmlns="urn:ietf:params:xml:ns:netconf:base:1.0">
  <edit-config xmlns:nc="urn:ietf:params:xml:ns:netconf:base:1.0">
    <target>
      <running/>
    </target>
    <error-option>rollback-on-error</error-option>
    <config>
      <books xmlns="http://example.com/ns/bookzone">
        <book nc:operation="delete">
          <title>The Art of War</title>
        </book>
      </books>
    </config>
  </edit-config>
</rpc>
```

XML 处理指令

典型的 NETCONF 服务器实际上通常只使用一种处理指令:

```
<?xml version="1.0" encoding="UTF-8"?>
```

这仅表示文档是普通的 XML,其中的文本采用 UTF-8 字符集编码。这基本上意味着一切正常适当。可以放心忽略此行。

4.2.3　RPC 机制

与大多数其他管理协议一样,NETCONF 具有远程过程调用(RPC)层。NETCONF 中如何完成 RPC 没有什么特别的地方,为了理解协议,我们来简要地看一看。

除了初始 hello 消息外,每个 NETCONF 消息都是从客户端到服务器的 RPC 请求,或者是从服务器到客户端的 RPC 应答。RPC 应答可以是简单的 OK 消息、带有某些数据的应答或 RPC 错误。这些消息都用 XML 编码。每个 RPC 请求都有一个 XML 属性 message-id,该属性的值由客户端选择。相应的 RPC 应答或错误消息具有完全相同的 message-id,以便客户端(管理器)匹配哪个应答是针对哪个请求的。如果客户端快速连续向服务器发出多个请求,该属性值将非常有用。

从客户端到服务器的典型 RPC 消息类似于示例 4-7。

示例4-7　带有Source和Filter的NETCONF get-config请求,由NETCONF客户端发送到服务器

```
<?xml version="1.0" encoding="UTF-8"?>
<rpc message-id="1" xmlns="urn:ietf:params:xml:ns:netconf:base:1.0">
  <get-config>
    <source>
      <running/>
    </source>
    <filter type="subtree">
      <authors xmlns="http://example.com/ns/bookzone"/>
      <books xmlns="http://example.com/ns/bookzone"/>
    </filter>
  </get-config>
</rpc>
```

XML 处理指令的第一行断言这是普通的 XML,字符编码为 Unicode UTF-8。第二行表示这是 NETCONF RPC。xmlns 值与 NETCONF 规范中给出的字符串完全匹配;由此判断它是 NETCONF。message-id 为 1,服务器应答此操作时应该以相同的方式标记应答。

实际的 RPC 操作是 <get-config>,如 NETCONF 规范中定义的,get-config 操作接受一个载荷,该载荷准确地描述了要获取的内容(本章稍后将详细介绍)。根据 NETCONF 规范(RFC 6241,第 7.1 节)中有关 get-config 操作的指引,<filter> 标签意味着服务器应仅获取与 <filter> 标签中 YANG 元素相对应的数据。

如果服务器支持 bookzone YANG 模块（确切地说，它拥有命名空间字符串为"http://example.com/ns/bookzone"），然后，get-config 操作应返回作者、书籍以及你所拥有的所有信息的列表。从运行的数据存储中获取数据意味着获取数据库中当前处于活动状态的数据。稍后将进一步介绍 NETCONF 数据存储。

示例 4-8 展示了来自服务器系统可能的应答。

示例4-8 NETCONF对示例4-7中请求的应答，由服务器发送回客户端

```
<?xml version="1.0" encoding="UTF-8"?>
<rpc-reply xmlns="urn:ietf:params:xml:ns:netconf:base:1.0" message-id="1">
  <data>
    <authors xmlns="http://example.com/ns/bookzone">
      <author>
        <name>Douglas Adams</name>
        <account-id>1010</account-id>
      </author>
      <author>
        <name>Malala Yousafzai</name>
        <account-id>1011</account-id>
      </author>
      <author>
        <name>Michael Ende</name>
        <account-id>1001</account-id>
      </author>
      <author>
        <name>Per Espen Stoknes</name>
        <account-id>1111</account-id>
      </author>
      <author>
        <name>Sun Tzu</name>
        <account-id>1100</account-id>
      </author>
    </authors>
    <books xmlns="http://example.com/ns/bookzone">
      <book>
        <title>I Am Malala: The Girl Who Stood Up for Education and Was Shot by the
Taliban</title>
        <author>Malala Yousafzai</author>
        <format>
          <isbn>9780297870913</isbn>
          <format-id>hardcover</format-id>
        </format>
      </book>
      <book>
        <title>The Art of War</title>
    ...
```

第一行是 XML 处理指令，它是可选的，可有可无。第二行是 RPC 应答。显然操作进行得很顺利。RPC 应答有一个 message-id 属性，该属性与请求中的属性匹配。<data> 标签包含请求查询的答案，当下为 <get-config> 操作。

响应 data 主体包含 YANG 模块 bookzone-example 中定义的 authors 和 books 标签，以及一些 author 和几个 book 实例，每本书至少采用一种 format 格式。

有些 RPC 可能不会返回实际数据。该请求类似于示例 4-9。

示例4-9　NETCONF请求锁定候选数据存储

```
<?xml version="1.0" encoding="UTF-8"?>
<rpc xmlns="urn:ietf:params:xml:ns:netconf:base:1.0" message-id="4">
 <lock><target><candidate/></target></lock>
</rpc>
```

此 RPC 请求 NETCONF 服务器锁定候选数据存储，以便在此客户端执行操作时其他人无法更改。响应是简单的 <ok/>，如示例 4-10 所示。

示例4-10　NETCONF应答成功

```
<?xml version="1.0" encoding="UTF-8"?>
<rpc-reply xmlns="urn:ietf:params:xml:ns:netconf:base:1.0" message-id="4">
 <ok/>
</rpc-reply>
```

上面是应答的情形。如果该锁定由另一个会话执行，则应答可能类似于示例 4-11。

示例4-11　NETCONF应答失败

```
<?xml version="1.0" encoding="UTF-8"?>
<rpc-reply xmlns="urn:ietf:params:xml:ns:netconf:base:1.0" message-id="4">
 <rpc-error>
  <error-type>protocol</error-type>
  <error-tag>lock-denied</error-tag>
  <error-severity>error</error-severity>
  <error-message>Lock failed, lock held by other session</error-message>
  <error-info>
   <session-id>8</session-id>
  </error-info>
 </rpc-error>
</rpc-reply>
```

一个 RPC 应答中可能返回多个 RPC 错误。

4.2.4　消息框架

为了清楚地将消息彼此分开，NETCONF 使用框架机制。框架机制负责将字符流转换为单独的 XML 消息。

因为 NETCONF 1.0 和 NETCONF 1.1（当今存在的两个 NETCONF 版本）之间存在差异，所以在 NETCONF 中存在两种实现方式。实际上，框架机制上的这种差异是两个协议版本之间的主要差异。

在 NETCONF1.0 中，消息由六个字符的字符串分隔，该字符串不太可能出现在消息中：

]]>]]>

当 NETCONF 客户端连接到 NETCONF 1.0 服务器时，它会在 RPC 请求之间插入该字符串，以确保双方在每条消息的开头都是同步的，并且能够在消息出现 XML 问题时重新同步，如标签不平衡或标签拼写错误。

即使此字符串几乎不可能自发地出现在数据中，NETCONF 1.0 发布之后仍然有人认为此机制存在安全隐患。如果客户端没有在所有地方正确清除所有输入数据，可以想象攻击者可以将包含此字符串的数据注入门户的字段中（例如，在标有 Name 的输入字段中）。然后，毫无戒心的门户可能会将此用户输入的字符串填进它发送的 NETCONF 载荷中。

如果攻击者进入了这个字符串，随后是精心制作的 NETCONF 消息，便可获得巨大的黑帽能力——一种经典的注入攻击案例。现实的补救办法是适当的预防，NETCONF 工作组决定让这种攻击更加困难。

NETCONF 1.1 中有独特的框架机制。作为有效负载中可能出现在任何位置的字符串替代方案，发送者发送一个 # 字符，一个 ASCII 码字节的计数，然后是一个由许多字节组成的块。每条消息可能由许多块组成。最后，发送方发送一个特殊标记 ##，表示此消息中不再存在块。一条具有 NETCONF 1.1 框架的简单消息类似于示例 4-12。

示例4-12　带有NETCONF1.1框架的NETCONF消息

```
#137
<?xml version="1.0" encoding="UTF-8"?>
<rpc-reply xmlns="urn:ietf:params:xml:ns:netconf:base:1.0" message-id="2">
    <ok/>
</rpc-reply>

##
```

块可以很大（例如，兆字节）或很多（例如，上千个）。XML 文本可以在块框架内的任何地方中断，如示例 4-13 所示。

示例4-13　带有NETCONF 1.1框架的大型NETCONF消息

```
#16376
<?xml version="1.0" encoding="UTF-8"?>
<rpc-reply xmlns="urn:ietf:params:xml:ns:netconf:base:1.0" message-id="1"><data><aaa
xmlns="http://cisco.com/ns/ciscosb/aaa-trans"><authentication><users><user>
<name>cisco</name>
```

···几千字节后···

```
</description></category><category><id>29</id><parent>2</parent>
<name>Reference and Research</name><description>Personal, pro
```

#16376
```
fessional, or educational reference material, including online dictionaries, maps,
census, almanacs,
library catalogs, genealogy, and scientific information.</description>
```

在这里，服务器显然以**16376**字节的块发送载荷。在发送了许多这样的块之后，最后一个块出现在这里：

#1234
```
v6-enabled><v4-enabled>false</v4-enabled><ripng><interfaces><interface>
```

···一千字节后···

```
</system></data></rpc-reply>
```

##

这种新的框架使攻击者很难获得 NETCONF 流的访问权限，即使他能够猜测针对他的注入攻击块中剩余的字节数并在进入块结束标记 ## 之前填充那么多字节，客户端门户仍然会计算载荷的长度，并将攻击者额外的字符添加到载荷中。通常攻击者只能得到 Name 字段中看起来异常古怪的内容。

本章的其余部分未显示任何框架或开放 XML 版本处理指令，这些指令是可选的，可有可无。而且，XML 内容可以精美打印以易于阅读。可以发送能够被精美打印的 XML 内容，如示例 4-14 所示。

示例4-14　显示精美打印的不带框架的NETCONF消息

```
<rpc xmlns="urn:ietf:params:xml:ns:netconf:base:1.0" message-id="1">
 <get-config>
  <source>
   <running/>
  </source>
 </get-config>
</rpc>
```

大多数情况下，示例 4-14 所示的载荷实际上是在没有空格的情况下发送的，如示例 4-15 所示。

示例4-15　示例4-14消息中实际发送的字符

#168
```
<?xml version="1.0" encoding="UTF-8"?><rpc xmlns="urn:ietf:params:xml:ns:netconf:base
:1.0" message-id="1"><get-config><source><running/></source></get-config></rpc>
```

##

4.2.5　消息概述

NETCONF 具有 RPC 机制和 XML 消息编码，允许客户端在服务器上调用功能，并允许服务器以正确格式响应。NETCONF 中的机制并不特别。已经有很多其他 RPC 机制和消息编码——其中许多与 NETCONF 中一样好用。

NETCONF 的真正本质、创新和价值在于少数预定义的管理操作，或更确切地说，在于如何定义这些操作。

最重要的操作是 hello、get、get-config、edit-config、rpc 和 create-subscription。以下各节将讨论这些基本操作。对于支持网络管理数据存储架构（NMDA）的现代系统（请参阅第 3 章），还提供了另外几项操作——get-data 和 edit-data。

4.2.6　hello 消息

如前所述，当建立新的 NETCONF 会话时，hello 消息是会话建立后双方立即发送的第一条消息。此消息包含各方的能力声明——例如，各方支持的 NETCONF 版本（1.0、1.1 或两者都有）。宣布支持 1.0 和 1.1 版本（以及其他一些功能）的服务器可能会发送类似示例 4-16 中所示的内容。

示例4-16　带有支持的功能集的NETCONF hello消息

```
<hello xmlns:nc="urn:ietf:params:xml:ns:netconf:base:1.0"
 xmlns="urn:ietf:params:xml:ns:netconf:base:1.0">
 <capabilities>
  <capability>urn:ietf:params:netconf:base:1.0</capability>
  <capability>urn:ietf:params:netconf:base:1.1</capability>
  <capability>urn:ietf:params:netconf:capability:writable-running:1.0</capability>
  <capability>urn:ietf:params:netconf:capability:rollback-on-error:1.0</capability>
…
 </capabilities>
 <session-id>5</session-id>
</hello>]]>]]>
```

hello 消息结束时，服务器发送 session-id 号码。此 ID 可用于标识此会话。任何其他会话都不会获得相同的号码。

根 NETCONF 规范（用于 NETCONF 1.1 的 RFC 6241）定义了 NETCONF 服务器必须支持的多个强制操作（例如，get、get-config 和 edit-config）。它还定义了一些可选功能，例如 writable-running 功能，如示例 4-16 所示。但是，大多数操作和功能都在单独的附加规范（通常是 RFC）中定义，可以选择性支持（例如，create-subscription 和 with-defaults）。每个此类附加规范都定义了一个或多个可选功能，功能的名称在 hello 消息中宣布，以便客户端知道服务器能够理解并使用这些功能。

例如，支持 RFC 5277 中定义的 NETCONF 通知的服务器在 hello 消息中包含如下一行：

```
<capability>urn:ietf:params:netconf:capability:notification:1.0</capability>
```

此功能字符串在该 RFC 中定义，由 IANA 注册。

功能名称往往很长，传统做法是在演示材料、邮件和文献中以缩写形式非正式地引用。本节中使用的功能通常被非正式地称为 :notification、:writable-running 和 :rollback-on-error。

在 YANG 1.0 模块的系统中，hello 消息还列出了服务器支持的所有 YANG 模块，其中每个模块的命名空间字符串被列为一项功能。请记住，YANG 模块命名空间不是来自像 IETF 这样的标准机构，通常其结构看起来像一个公司的 URL。每个命名空间名称可以用 module 的名称和 revision 装饰，采用 URL 编码形式，如示例 4-17 所示。

示例4-17　NETCONF服务器从NETCONF hello消息获得的信息，宣布它支持的YANG 1.0模块集

```
<capability>urn:ietf:params:xml:ns:yang:ietf-inet-types?module=ietf-inet-types&amp;
revision=2013-07-15</capability>
<capability>urn:ietf:params:xml:ns:yang:ietf-netconf-acm?module=ietf-netconf-acm&amp;
revision=2012-02-22</capability>
<capability>urn:ietf:params:xml:ns:yang:ietf-netconf-monitoring?module=ietf-netconf-
monitoring&amp;revision=2010-10-04</capability>
```

通过这种方式，客户端（管理器）知道某服务器支持哪些 YANG 模块。

YANG 1.1 中该机制被弃用，并被 YANG 模块库所取代。连接时发送声明功能的 hello 消息，这种方式的问题在于，随着服务器支持的 YANG 模块数量的增加，hello 方式会花费越来越多的时间。现代路由器已有接近上千个 YANG 模块，这使 YANG 1.0 机制成为一种耗时的打招呼方式。

因此，YANG1.1 服务器必须支持并宣布以下功能：

```
<capability>urn:ietf:params:netconf:capability:yang-library:1.0?
        revision=      &module-set-id=    <capability>
```

所有 YANG 1.0 模块仍在 hello 中公告，但所有 YANG 1.1 模块都从 /modules-state/ module 通过 get（或 get-data）操作获取来代替，如示例 4-18 所示。为了使客户端不必读取相同的列表，每次服务器上的 YANG 1.1 模块集发生改变时，module-set-id 属性都必须具有不同的值。这样，服务器就可以快速确定自上次连接以来是否有任何变化。

示例4-18　服务器应答支持的YANG 1.1模块列表（不完整）

```
<rpc-reply xmlns="urn:ietf:params:xml:ns:netconf:base:1.0" message-id="1">
  <data>
    <modules-state xmlns="urn:ietf:params:xml:ns:yang:ietf-yang-library">
      <module-set-id>7aec0b1b1d4e5783ff4d305475e6e92c</module-set-id>
      <module>
        <name>audiozone-example</name>
```

```
        <revision>2018-01-09</revision>
        <schema>https://localhost:8888/restconf/tailf/modules/audiozone-example
/2018-01-09</schema>
        <namespace>http://example.com/ns/audiozone</namespace>
        <conformance-type>implement</conformance-type>
    </module>
    <module>
      <name>bookzone-example</name>
      <revision>2018-01-05</revision>
      <schema>https://localhost:8888/restconf/tailf/modules/bookzone-example
/2018-01-05</schema>
      <namespace>http://example.com/ns/bookzone</namespace>
      <conformance-type>implement</conformance-type>
    </module>
    <module>
      <name>iana-crypt-hash</name>
      <revision>2014-08-06</revision>
```

4.2.7　get-config 消息

NETCONF get-config 实现从服务器检索所有配置或部分配置。

在 NETCONF 中，什么是配置什么不是配置有非常清楚的区分。NETCONF 客户端（管理器）应该能够检索配置，将其存储，然后再将其发送回服务器以使其做相同的事情。

这些功能听起来可能非常明显和基本。如果你问网络运维人员的话，确实也是如此。但事实是，大多数其他广泛使用的网络管理协议都会给这种使用带来障碍。例如，在 SNMP 中，并非所有可写的内容都是配置的一部分，因此有人需要知道不包含什么内容。在其他协议中，不使用大量操作便无法检索并呈现完整的配置。

提供一个只检索配置的全部或某特定子集的操作对于有效地理解客户端和服务器之间的关系至关重要。

基本 get-config 请求可能类似于示例 4-19 中所示。

示例4-19　基本NETCONF get-config请求

```
<rpc xmlns="urn:ietf:params:xml:ns:netconf:base:1.0" message-id="1">
 <get-config>
  <source>
   <running/>
  </source>
 </get-config>
</rpc>
```

作为回应，期待服务器返回完整的运行配置，如示例 4-20 所示。

示例4-20　基本NETCONF get-config应答

```
<rpc-reply xmlns="urn:ietf:params:xml:ns:netconf:base:1.0" message-id="1">
  <data>
    <authors xmlns="http://example.com/ns/bookzone">
      <author>
        <name>Douglas Adams</name>
        <account-id>1010</account-id>
      </author>
      <author>
        <name>Malala Yousafzai</name>
…
    </authors>
    <books xmlns="http://example.com/ns/bookzone">
      <book>
        <title>I Am Malala: The Girl Who Stood Up for Education and Was Shot by the
Taliban</title>
        <author>Malala Yousafzai</author>
        <format>
          <isbn>9780297870913</isbn>
          <format-id>hardcover</format-id>
        </format>
      </book>
      <book>
        <title>The Art of War</title>
        <author>Sun Tzu</author>
…
    <aaa xmlns="http://tail-f.com/ns/aaa/1.1">
      <authentication>
        <users>
          <user>
            <name>admin</name>
            <uid>9000</uid>
…
  </data>
</rpc-reply>
```

get-config 操作还支持两种不同类型的筛选。筛选仅用于检索配置的选定部分。示例 4-21 显示的 get-config 请求仅获取 authors 和 books 的内容。

示例4-21　筛选的NETCONF get-config请求

```
<rpc xmlns="urn:ietf:params:xml:ns:netconf:base:1.0" message-id="1">
 <get-config>
  <source>
   <running/>
  </source>
  <filter>
   <authors xmlns="http://example.com/ns/bookzone"/>
```

```
  <books xmlns="http://example.com/ns/bookzone"/>
 </filter>
 </get-config>
</rpc>
```

这称为子树（subtree）筛选，是 NETCONF 协议必备的部分。子树是默认样式，但可以用这样的方式来说明：

```
<filter type="subtree">
```

子树筛选可能比这个更具体。例如，你需要某一本特定的书，或者所有的书，但只要它们的书名和价格。如果需要进行复杂的类似 SQL 的搜索，请使用 XPath 筛选代替 get-config 操作。XPath 筛选是可选功能，某些 NETCONF 服务器/设备不支持。

例如，使用带有 XPath 筛选的 get-config 操作，你可以请求目录中包含 5 个以上标题的作者列表，或所有 price 低于 10 美元的书籍。你可以在 4.2.9 节看到 XPath 筛选的几个示例。

4.2.8　edit-config 消息

NETCONF edit-config 操作会更改服务器上的部分或全部配置。

NETCONF 有许多必要但非唯一的特性（例如 RPC 和安全机制）。还有一些东西给网络管理领域带来了新的价值，这是 NETCONF 真正突出的地方。其中最重要的是 edit-config 操作。

使 edit-config 操作在网络管理中真正有用的关键特性是它支持事务性处理。它还使你可以通过一次调用的方式更改配置，完全基于（YANG）数据模型。从理论上讲，一个系统可以支持 NETCONF 而无须进行事务处理，因为事务处理行为是一种可选功能，称为 :rollback-on-error。如果 NETCONF 服务器/设备未宣告支持此功能，则 edit-config 操作会突然变得比 SNMP 或任何其他旧协议中的相应操作更差。幸运的是，缺少 :rollback-on-error 的 NETCONF 服务器非常罕见。

每个人都必须意识到，在不实施此核心功能的情况下投资 NETCONF 基础设施是没有意义的。

:rollback-on-error 功能说的是，edit-config 内容被视为事务。这意味着，edit-config 请求中的所有更改均由服务器/设备实现。如果配置在某种程度上无效，或有效但是服务器无法对其进行处理（例如，内存不足），则不会执行任何更改。此功能保证结果明确，要么完全实现，要么根本不实现。

对管理员来说这是个好消息。传统的网络管理系统（NMS）一般有一半的代码用于检测故障，并在出现故障时将更改回滚到原来的一致状态。恢复代码不容易编写，测试更难。换句话说，开发代码非常昂贵。服务器可能无法接受数不清的新配置方式，并确保可以从其中的每个配置中恢复，这并不是微不足道的——如果服务器表示自己能处理此问题，那真是好消息。

除了"全部或全无"的事务外，它们通常也是"全部同时"。这意味着在事务中没有时间概念。从逻辑的角度来看，这种变化会同时发生。这意味着管理员无须对配置数据进行排序，以便在修改接口之前创建访问控制（ACL）规则，如果服务器从命令行界面（CLI）进行管理，则可能会出现这种情况。如果服务器需要按特定顺序处理配置更改中的信息更好。但这并不是管理员应该知道的。这使管理员的工作变得更加轻松，无须根据每个服务器（设备）供应商的实施细节（通常文档记录得很差）对配置载荷进行排序和重新排列。

由于有许多 API 不是基于 NETCONF 的（如许多 REST API），通常会有一个不同 API 调用的目录，管理员可以创建、更新或删除。这种基于 API 目录的方法很典型，使用起来非常自然。例如，在传统 API 中创建接口可能意味着调用 CreateInterface 接口支持以下参数：location="1/1/2"，type="vlan"，tag="10"，name="v10"和 description="Volvo vlan 10"。

稍后，假设类型需要更改为 vxlan，那么管理员需要进行 UpdateInterface 调用。此调用可能采用类似的参数列表，只有少数参数"无法更改"。所有可能更改的参数都需要传入，即使实际上只有一个参数被更改。这种机制使得管理器很难有效地更新现有配置。首先，它必须检索现有的值，更新应该更改的内容，然后将整个配置再次推送回去。

如何在 NETCONF 中工作？ edit-config 操作是事务性的，不论需要创建、合并、替换、删除哪些元素或元素组合，都只需要有一个 edit-config 操作就可调用。示例 4-22 显示了 edit-config 的操作细节。

示例4-22　NETCONF edit-config创建、更新和删除各种书籍数据的请求

```
<edit-config xmlns:nc='urn:ietf:params:xml:ns:netconf:base:1.0'>
  <target>
   <running/>
  </target>
  <test-option>test-then-set</test-option>
  <error-option>rollback-on-error</error-option>
  <config>
   <authors xmlns="http://example.com/ns/bookzone"
            xmlns:nc="urn:ietf:params:xml:ns:netconf:base:1.0">
    <author>
     <name>Michael Ende</name>
     <account-id nc:operation="replace">1001</account-id>
    </author>
    <author nc:operation="delete">
     <name>Sun Tzu</name>
    </author>
   </authors>
   <books xmlns="http://example.com/ns/bookzone"
          xmlns:nc="urn:ietf:params:xml:ns:netconf:base:1.0">
```

```
<book>
 <title>The Buried Giant</title>
 <author>Kazuo Ishiguro</author>
 <language>english</language>
 <format>
  <isbn>9781467600217</isbn>
  <format-id>mp3</format-id>
  <price>55</price>
 </format>
</book>
<book>
 <title>The Neverending Story</title>
 <format>
  <isbn>9780140386332</isbn>
  <price nc:operation="merge">16.5</price>
 </format>
</book>
<book nc:operation="remove">
 <title>The Art of War</title>
</book>
</books>
<authors xmlns="http://example.com/ns/bookzone"
         xmlns:nc="urn:ietf:params:xml:ns:netconf:base:1.0">
 <author nc:operation="create">
  <name>Kazuo Ishiguro</name>
  <account-id>2017</account-id>
 </author>
</authors>
</config>
</edit-config>
```

本示例更改作者 Michael Ende 的 account-id，并删除作者 Sun Tzu。它增加了一本新书 *The Buried Giant*，作者为 Kazuo Ishiguro；调整 *The Neverending Story*（ISBN 9780140386332）的平装本的价格，并删除了 *The Art of War* 一书。最后增加了作者 Kazuo Ishiguro，没有他，书 *The Buried Giant* 的条目将是无效的，因为此条目将他命名为作者。

NETCONF 操作属性将声明如何具体更改某个特定的叶（leaf）或子树（subtree）。以下是可能的值：

❑ create：创建叶或子树。如果服务器配置中已存在这个部分，则事务失败。

❑ merge：如果不存在叶或子树，则创建该叶或子树，或将已存在值更新为给定的值。

❑ replace：删除服务器上当前节点下的叶或子树，然后将其替换为给定的值。

❑ delete：删除叶或子树。如果服务器中不存在该叶或子树，则事务失败。

❑ remove：如果存在叶或子树，则删除该叶或子树。如果本来不存在该叶或子树，什么都不做。

❑ 如果没有指定操作标签，如 *The Buried Giant* 一书的情况，默认操作是 merge。edit-config 报头中可能指定了不同的默认操作，但此处尚未指定。

服务器对前面 edit-config 的响应可能是示例 4-23 中列出的数据。

示例4-23　NETCONF edit-config成功响应

```
<rpc-reply message-id="3"
  xmlns="urn:ietf:params:xml:ns:netconf:base:1.0">
 <ok/>
</rpc-reply>
```

由于这些操作可以在事务内容的不同部分混合匹配，因此把服务器上的当前配置改为期望的其他配置不需要一个以上的 edit-config 操作。这不仅是网络管理协议非常方便和高效的属性，实际上更是 NETCONF 提供价值的基础。

要理解为什么这一点如此重要，请考虑如果不这样将会发生什么。在许多非事务性系统中，需要一个操作更新作者名称和账号，需要一个操作来删除作者，需要一个操作来增加一本新书，需要一个操作来更新书籍价格，然后是移走一本书的操作，最后又是增加一个作者的操作。一共六项操作。有点无聊，但如果无聊唯一的问题，你也许能忍受。

真正的问题是，任何操作都会因某种理由而失败。想象一下前两个更改被接受了，但第三个更改失败（即增加新书 *The Neverending Story* 失败了）。客户端需要做些什么才能从这种不一致的状态中恢复？

当前状态处于期望状态与先前状态之间的中间态。现在，作者账户已经更新，但书的价格却没有更新。这可能违反了与作者的合同。由于客户端无法达到期望状态，下一步最好返回到先前的状态。先前状态至少是一致的。

首先，客户需要弄清楚如何撤销已经生效的前两个更改。在许多应用程序编程接口（API）中这个操作并不简单——对于每个可能的 API 调用，并不总是有精确的反向函数来调用。客户需要首先检索之前的价格信息，并存储该信息，以便能够撤销价格更新操作。

然后，客户端需要将这些撤销操作发送到服务器。如果一切顺利，服务器将返回到先前的状态，这样造成的唯一损害是系统在一段时间内处于不一致状态。例如，由于账号暂时更改，如果当时有人下了订单，作者将在新账户上得到老价格的付款。这显然是不合理的，会引起混乱不安。

客户进行恢复的尝试可能并不顺利。价格变更的撤销也许会被服务器拒绝。这种情况下服务器应该做什么？更改已经完成了一半，现在它被卡住了，无法继续进行，也无法恢复到之前的状态。

更糟糕的是，如果客户端软件在恢复操作中崩溃或断电怎么办？系统中数据的一致性现在取决于客户端是否失败。为了确保一致性，客户端需要实施高可用性机制，以便备用服务器在主服务器失败时随时在操作过程中接管并将操作的进度持续保存到硬盘，以便在断电后恢复。

越细看就越清楚：在这种情况下，客户端的行为很难达到人人满意。这是 IETF 在 2002 年达成的一项基本共识，当时决定成立一个工作组，打算为这几十年的老问题提供一个解决办法。结果产生了今天的 NETCONF，行为事务化是 NETCONF 的核心。

另一个重要观察结果是所有变化中的事件顺序——更确切地说，缺少序列。在 NETCONF/YANG 世界中定义的事务是原子和瞬时的。显然，更改集是通过一连串编辑操作实现的，该字符串具有起始、中间和结尾。此处重点是将更改的有效性视为一个原子单位。如果所有的编辑加在一起导致一个有效的数据存储，则该更改是有效的。

因此，在删除 Sun Tzu 作为作者的命名"之前"（事务中不存在这个概念）删除他的书籍 *The Art of War* 是有效的——只要这两项更改都在同一笔事务中进行。同样，添加作者 Kazuo Ishiguro "之后"（在事务中不存在的概念）再添加到他的书 *The Buried Giant*，是完全有效的。

这也非常重要，因为如果事务不是瞬时的，则由客户端来确定哪些序列是有效的。这不是小事，在许多情况下它是无章可循的。编写脚本的程序员可能会通过实验和错误找到解决方案，但自动化引擎不能。为了实现高度的自动化，软件应用程序必须能够计算配置的更改，而不需要根据 YANG leafref 依赖关系图和不成文的特定依赖关系规则对所有操作进行排序。

4.2.9　get 消息

NETCONF <get> 操作从服务器检索所有或部分运行状态和配置。

许多服务器（设备）上存在大量的运行状态数据，因此，在没有筛选的情况下请求服务器获取所有内容不是个好主意。对于某些服务器来说，未经筛选的请求消息将导致数小时或数天的数据井喷。

与 get-config 一样，筛选可以是 subtree 类型或 xpath。顾名思义，subtree 筛选选择一个或多个带有信息的 subtree。XPath 筛选可以进行高级搜索，例如返回在描述中找到 "Volvo" 单词的所有接口名称，或者返回 popularity 超过给定阈值的所有英语书籍。有关 subtree 筛选的示例，请参阅 4.2.8 节。之后是 XPath 示例。

无论筛选类型如何，如果筛选与任何数据都不匹配，服务器会使用带有空 <data/> 标签的消息进行响应。换句话说，检索系统中不存在的内容并不是错误。当人们在标签拼写错误或命名空间上犯错时，通常会得到空的响应。

不存在只返回运行状态而不带配置的 NETCONF 标准操作。这是因为许多 YANG 数据模型在配置项下都有一些运行状态模型，因此仅返回运行元素没有意义。例如，服务器的 interface 列表是典型的配置数据。与接口关联的数据包计数器可能在 interface 列表中建模。这样不返回接口名称（这是配置的一部分）就无法返回数据包计数器。在不知道每个计数器属于哪个接口的情况下，返回一堆数据包计数器是毫无意义的。

进一步进行细粒度的控制查询，如果服务器支持，请使用 XPath 表达式选择要获取的数据。在 BookZone 上下文示例中，比如你想知道 *The Hitchhiker's Guide to the Galaxy* 作者的姓名。你可以使用一个类似于 netconf-console 的简单命令行工具发送查询，如下所示：

```
netconf-console --get --xpath '/books/book[title="The Hitchhiker&apos;s Guide to the Galaxy"]/author'
```

请注意，你必须对 XML（&）中具有特殊含义的字符进行编码才能使其工作。更智能的工具可能已经为你完成了此操作。但在这里，它可以提醒你所处的是 XML 世界。该工具将其转换为 NETCONF 查询，如示例 4-24 所示。

示例4-24　NETCONF get关于获取书的作者请求

```
<rpc message-id="1" xmlns="urn:ietf:params:xml:ns:netconf:base:1.0">
  <get>
    <filter select='/books/book[title="The Hitchhiker&apos;s Guide to the Galaxy"]/author' type="xpath"/>
  </get>
</rpc>
```

如示例 4-25 所示，服务器使用 author 的姓名和你查询的叶的最小上下文来应答。

示例4-25　NETCONF get关于书作者单个leaf的应答

```
<rpc-reply message-id="1" xmlns="urn:ietf:params:xml:ns:netconf:base:1.0">
  <data>
    <books xmlns="http://example.com/ns/bookzone">
      <book>
        <title>The Hitchhiker's Guide to the Galaxy</title>
        <author>Douglas Adams</author>
      </book>
    </books>
  </data>
</rpc-reply>
```

实际上，服务器应答中的撇号标点符号（英文叫 apostrophe）正确的 XML 编码为 '，除非你要求它不这样做，否则 netconf-console 工具会将回复转换为打印前的明文，用可读的字符替换 XML 实体。这种美观的打印风格显示方式让应答看起来很好看，但已经不是有效的 XML，不要把这个文本剪切并粘贴到你的工具中。

这里是一个稍微复杂一点的查询，只是为了说明可能的情况，以及查询会是什么样子。该查询是获取对那些以一种以上的 format 销售的 books 的库存数量，以及每天销售的 popularity 不足一本的书籍。在你问之前：*The Neverending Story* 最终出现在结果中，因为它是以 mp3 数字格式以及 paperback(平装版) 的形式销售。只有平装版有库存，所以结果中只有一个条目。就像通常的计算方式一样，你会得到期望的答复。

```
netconf-console --get --xpath '/books/book[count(format) &gt; 1]
[popularity &lt; 365]/format/number-of-copies/in-stock'
```

这将导致 netconf-console 工具发送示例 4-26 中所示的查询。

示例4-26　NETCONF XPath get有关库存书籍的请求

```
<rpc message-id="1" xmlns="urn:ietf:params:xml:ns:netconf:base:1.0">
  <get>
    <filter select=" /books/book[count(format) &gt; 1][popularity &lt; 365]/format/
number-of-copies/in-stock" type="xpath"/>
  </get>
</rpc>
```

服务器的响应参见示例 4-27。

示例4-27　NETCONF get有关库存书籍的响应

```
<rpc-reply xmlns="urn:ietf:params:xml:ns:netconf:base:1.0" message-id="1">
  <data>
    <books xmlns="http://example.com/ns/bookzone">
      <book>
        <title>The Hitchhiker's Guide to the Galaxy</title>
        <format>
          <isbn>0330258648</isbn>
          <number-of-copies>
            <in-stock>32</in-stock>
          </number-of-copies>
        </format>
        <format>
          <isbn>9781400052929</isbn>
          <number-of-copies>
            <in-stock>3</in-stock>
          </number-of-copies>
        </format>
      </book>
      <book>
        <title>The Neverending Story</title>
        <format>
          <isbn>9780140386332</isbn>
          <number-of-copies>
            <in-stock>4</in-stock>
          </number-of-copies>
        </format>
      </book>
    </books>
  </data>
</rpc-reply>
```

4.2.10 RPC 和动作

从功能的角度来看，RPC 和动作几乎相同。他们可以做很多事情。RPC 和动作之间的唯一真正区别是 RPC 位于 YANG 模块中的位置，如第 3 章所述，由于动作不在 YANG 的顶层，因此它们需要通过略微不同的编码（例如，在 NETCONF 中）通过网络线路传达其作用的对象。

最常见的使用案例是提供一个改变服务器运行状态的命令，并执行一个短期的任务。如果 RPC 描述中明确了这一点，则 RPC（或操作）可以很好地更改服务器的配置。有几种不同的 RPC：

- ❏ Ping：服务器（设备）可能有 ping 操作，它需要一个 IP 地址和可选的接口名称作为参数。服务器向给定 IP 地址发送四个 ICMP ping 消息，并报告 ping 响应延迟。此操作不会真正改变运行状态，而且绝对不会改变配置。
- ❏ Setup-interface：服务器可能有 Setup-interface 操作。它将接口的位置名称作为参数。操作运行一系列探测脚本，并最终使用某种适当的类型、速度、封装、最大传输单元（MTU）和其他设置来配置接口。此操作可能会更改运行状态（接口现在已启动）和配置（已将探测到的配置值输入到配置中）。
- ❏ 购买一本书：电子商务系统可能对目录中的产品会有一个购买操作。它被买方调用，并采用四个强制性的参数：书籍标题和格式、付款方式，以及在该付款平台上使用的账户 ID。购买商品的数量默认为 1 本。此操作会更改运行状态（书库存和订单历史记录），但不会更改配置（书目录）。

要调用此购买动作，客户端可能会发送示例 4-28 中所示的内容。将第 3 章中的 bookzon-example.yang 模型与 yang 模型进行比较。

示例4-28　使用NETCONF购买动作购买书籍

```
<rpc message-id="1" xmlns="urn:ietf:params:xml:ns:netconf:base:1.0">
  <action xmlns="urn:ietf:params:xml:ns:yang:1">
    <users xmlns="http://example.com/ns/bookzone">
      <user>
        <user-id>janl</user-id>
        <purchase>
          <title>What We Think About When We Try Not To Think About Global Warming:
Toward a New Psychology of Climate Action</title>
          <format>paperback</format>
          <payment>
            <method>paypal</method>
            <id>4711.1234.0000.1234</id>
          </payment>
        </purchase>
      </user>
    </users>
  </action>
</rpc>
```

看看 YANG 动作是如何在 rpc 封装里用 action 标签进行编码的。然后，action 标签里面紧跟着指向特定对象所需的标签和键值，以及所需特定 format 的 book，最后是动作名称 purchase。在 purchase 标签里面紧跟着动作的输入数据。如果购买动作是 RPC，那么 purchase 标签就会直接出现在 rpc 封装内，并适当地用命名空间作为前缀。

服务器可能会对示例 4-28 中的动作调用做出此响应。再次将结果与第 3 章 purchase 动作的 YANG 声明进行比较。

```
<rpc-reply xmlns="urn:ietf:params:xml:ns:netconf:base:1.0" message-id="1">
  <out-of-stock xmlns="http://example.com/ns/bookzone"/>
</rpc-reply>
```

这对你的订单来说太可惜了。以 BookZone 上下文为例，这个应答意味着采购订单已经录入，但不会立即发货。稍后等启动发货流程后会发通知。

4.2.11　通知

NETCONF 通知是一种机制，其中服务器将发生的事件通知客户端。发送事件用于指示服务器（设备）上存在的问题，并被视为告警。它们可能是完成的通知，指示先前订单的动作已经完成。也可能是通知性事件，比如通知用户登录和退出，或者是定期发送的测量数据，比如温度或系统负载。

编写 NETCONF 通知规范时，当时参考的是 SNMP 协议。SNMP 中的通知是指用户数据报协议（UDP）广播中的三种不同类型的消息：陷阱、通知和通告。当网络拥塞时，UDP 很好用。在服务器端设置广播非常简单，因为它不需要接收端的任何信息。

然而，该方案不是有效的信息传输方式，可靠性和安全性在某种程度上值得怀疑。即使在 SNMPv3 中使用加密数据，但对数据包的最终位置几乎没有控制，因为其广播方式间谍可以轻松确定哪些流量是通知。

NETCONF 工作组（WG）决定使 NETCONF 通知变得不同——使其高效、可靠和安全，但设置起来有点复杂，在拥堵的网络中效果并不是很好。NETCONF 通知始终通过 SSH（在 TCP 上运行）传输。这意味着即使有大量数据也能有效地传输。要接收到通知，需要连接客户端。同时监听来自一千个服务器的通知需要一千个 SSH 连接。因此，WG 添加了一个应答功能，这样长时间没有连接到服务器的客户端可以请求获取从某一时间点开始的任何消息，服务器应答并发送从该时间点开始的事件。

由于始终存在已建立的 SSH 会话，外部观察者很难猜测双方正在交换的数据类型，而且连接非常可靠。服务器知道哪些客户端正在监听哪些类型的事件，它将正确的信息发送到正确的目的地——并且只在有人监听时才会发送通知。

所有 NETCONF 通知将发送到一个或多个 NETCONF 通知流中。通知流有点像广播电台。一些广播电台是很好的国际新闻来源，而另一些电台则有很多消费者信息（称为广告）或当地新闻。每个支持 :notification 功能的 NETCONF 服务器都有一个叫作 NETCONF 的默认流。由服务器实施者决定在这个流中发送什么通知。每台服务器可以有任意数量的附加流,用于任何被认定为合适的主题。如果服务器实施者愿意,可以为每个客户或接口设置一个通知流。

要查看某个服务器上有哪些数据流,用 NETCONF <get> 查询 netconf-state 便可以得到答案。这里使用简单的 netconf-console 工具来编码和发送查询:

```
netconf-console --get --xpath /netconf-state/streams
```

这将向服务器发送示例 4-29 所示的消息。

示例4-29 NETCONF get请求服务器通知流列表

```
<rpc message-id="1" xmlns="urn:ietf:params:xml:ns:netconf:base:1.0">
  <get>
    <filter select=" /netconf-state/streams" type="xpath"/>
  </get>
</rpc>
```

服务器使用两个流的名称进行应答,如示例 4-30 所示。

示例4-30 服务器响应支持的通知流列表

```
<rpc-reply xmlns="urn:ietf:params:xml:ns:netconf:base:1.0" message-id="1">
  <data>
    <netconf-state xmlns="urn:ietf:params:xml:ns:yang:ietf-netconf-monitoring">
      <streams xmlns="http://tail-f.com/yang/netconf-monitoring">
        <stream>
          <name>NETCONF</name>
          <description>default NETCONF event stream</description>
          <replay-support>false</replay-support>
        </stream>
        <stream>
          <name>Trader</name>
          <description>BookZone trading and delivery events</description>
          <replay-support>true</replay-support>
        </stream>
      </streams>
    </netconf-state>
  </data>
</rpc-reply>
```

这种情况下,服务器为内容建立了 Tail-f 专有命名空间,但 IETF 标准命名空间看起来正好相同。

在此 BookZone 示例中,每次发货在订单出现 out-of-stock(库存不足)的情况后发出通知。这些信息通过 NETCONF 通知流 Trader 发送。

客户端要接收通知,需要连接到服务器并发出订阅请求。使用简单的 netconf-console

工具，看起来如下所示：

```
netconf-console --create-subscription=Trader
```

实际上发送到服务器的 NETCONF 请求如示例 4-31 所示。

示例4-31　NETCONF create-subscription创建Trader通知流请求

```
<rpc message-id="1" xmlns="urn:ietf:params:xml:ns:netconf:base:1.0">
  <create-subscription xmlns="urn:ietf:params:xml:ns:netconf:notification:1.0">
    <stream>Trader</stream>
  </create-subscription>
</rpc>
```

如果服务器支持 Trader 流，则会记录下客户端等待更新的情况，并以"ok"响应：

```
<rpc-reply message-id="1" xmlns="urn:ietf:params:xml:ns:netconf:base:1.0">
  <ok/>
</rpc-reply>
```

会话仍在进行中，但没有收到任何消息。

在某一时刻，当万事俱备时，服务器将决定发出一个通知。它只是在刚刚提到的 rpc-reply 之后，在同一个会话中发送。这也可能是两毫秒、两天或两年后。看一下 bookzon-example.yang，将此输出与示例 4-32 中所示的发货通知 YANG 声明进行比较。

示例4-32　服务器在Trader通知流发送发货通知

```
<notification xmlns="urn:ietf:params:xml:ns:netconf:notification:1.0">
  <eventTime>2018-07-31T10:51:37+00:00</eventTime>
  <shipping xmlns="http://example.com/ns/bookzone">
    <user>janl</user>
    <title>What We Think About When We Try Not To Think About Global Warming:
Toward a New Psychology of Climate Action</title>
    <format xmlns:bz="http://example.com/ns/bookzone">bz:paperback</format>
    <copies>1</copies>
  </shipping>
</notification>
```

如果客户端由于任何原因（例如，由于网络错误或客户端自愿断开连接）而失去与服务器的连接，客户端会在可能时重新连接并再次发出订阅。如果流支持重播，则可以请求重播自上次断开连接后发生的所有事情。

撰写本文时 IETF 内部正在开展大量工作来定义 YANG Push。这是通知的下一个发展层次。它可以更精确地控制发送哪些信息以及何时发送。此外还将有几种不同的方式来传送这些通知。

4.2.12 更多 NETCONF 操作

主要的 NETCONF 操作前面已经提到过（hello、get、get-config、edit-config、create-subscription 和 RPC/ 动作调用机制），但还有更多的强制操作和可选操作（注意这里只简单提及几个，以便让大家了解有哪些可用操作）：

❏ commit 和 validate 是最重要的可选操作。它们对于全网事务至关重要，但也是可选的，因为并非所有服务器都支持此功能。有关如何使用的高级示例，请参阅第 2 章。第 10 章包含一个具有全网事务的详细示例。

❏ copy-config 复制整个数据存储。例如，用于将 :running 复制到 :candidate，或将 URL 复制到 :candidate。

❏ delete-config 删除整个数据存储。获得一个干净的起点很好，但一个空的数据存储本身并没有用。

❏ lock 可防止其他客户端更改数据存储命名，直到此客户端解锁或关闭与服务器的连接。unlock 为其他客户端打开数据存储命名。

❏ close-session 是客户礼貌地说再见的方式，但关闭连接也具有相同的效果。

❏ kill-session 是不礼貌的方法，它可以让客户机杀死其他管理会话（当然要经过许可）。这对于删除一个挂起的会话是很有用的，也可以作为删除流氓会话的最后手段。如果服务器支持，ietf-netconf-monitoring YANG 模块提供了一种列出现有会话的方法。

❏ partial-lock 用来锁定配置中的某一个元素或子树，而不是整个数据存储，使其不受其他客户端更改的影响。如果服务器支持的话，这可以用来锁定特定的接口、服务、客户或子系统的更改。

❏ get-schema 允许客户端下载特定服务器托管的 YANG 模块的实际存在的 YANG 文本。这对于数据驱动的客户端非常有用，这些客户端可以连接到服务器，并确定哪些 YANG 模块和版本由该服务器托管。如果其中某些模块对客户端是新的，客户端可以实时查询这些模块，然后编译并加载它们。管理新型服务器骤然变得容易。不用在网上搜索，也不用为了得到合适的版本而打电话给供应商。

4.2.13 NMDA 操作 get-data 和 edit-data

如前所述，NMDA 架构改变了检索和编辑数据的方式。实际上，get-data 和 edit-data 两个新操作取代了三个旧操作：get、get-config 和 edit-config。它还扩展了其他一些 NETCONF 操作的有效数据存储集：lock、unlock、validate。

新的 get-data 操作与旧的 get-config 操作非常相似，有几个不同之处：

❏ 它所运行的数据存储可以是 NMDA 中任何可用的数据存储，包括新的可运行数据存储。

❏ 查询参数决定只包含 config true 节点还是包含所有节点。

❏ 除了传统的子树（subtree）和 XPath 筛选之外，还可以筛选元素的来源（origin）。

❏ 查询参数决定了是否在应答中为每个元素返回来源信息。

来源概念使可操作数据存储中的每个数据节点都可以用 origin 值进行注释，该值说明元素来自何处（从根本上讲，这是元素存在的原因）。以下是一些可能的来源示例：

❏ intended：元素由客户端直接配置，或者通过模板、服务或类似机制的扩展创建。

❏ system：元素代表系统本身创建的配置。这可能与安装的硬件、始终存在的对象或系统出厂默认值有关。

❏ default：元素表示来自 YANG 模块的默认值。

❏ learned：元素值通过某些协议获得，如动态主机配置协议（DHCP）。

❏ unknown：服务器不了解。

新的 edit-data 操作与旧的 edit-config 操作非常相似。主要区别在于它可以针对任何一个可写的 NMDA 数据存储。请注意，:intention 和 :operational 都不是直接可写的，所以对于很多系统来说，现成的可写数据存储集和没有 NMDA 的情况下一样——可能只有 :running、或 :running 和 :candidate、或 :startup。

4.3 RESTCONF

近年来，REST 已成为一种非常受欢迎的 RPC 机制。通过超文本传输协议（HTTP）和 HTTPS 传输，流量可以轻松地通过典型配置穿越防火墙。REST 是相当简单的（好坏都很简单），在所有流行的编程语言中有广泛的工具和捆绑。难怪"NETCONF，用 REST 方式"的需求大增。

在 IETF 里面，NETCONF 工作组最终决定满足需求，开始设计一个基于 REST 的 NETCONF 变体。该结果于 2017 年 1 月在 RFC 8040 中作为 RESTCONF 发布。RESTCONF 遵循 REST 原则，但这并不意味着所有基于 REST 的 API 现在都与 RESTCONF 兼容或甚至类似。实际远非如此。

在仔细查看 RESTCONF 之前，让我们先简单地提醒一下 REST 究竟是什么。

4.3.1 REST 原则

REST 不是协议，它没有规范。REST 是一种设计模式。与规范最接近的是 Roy Fielding 2000 年的博士论文，他创造了术语 REST。还有一篇经常引用的维基百科文章"Representational state transfer"，它概述了主要原则。

REST 本身使用了基本的 HTTP 动词——主要是 GET、PUT、POST、PATCH。DELETE。REST 定义了一些关于 GET、PUT 或 POST 含义的语义，但不是很多。但是它确实定义了一些核心原则：

- ❑ 客户端 – 服务器：消息由客户端启动并发送到服务器。服务器对客户端做出响应。
- ❑ 无状态：服务器响应客户端后不保留客户端的记忆。它是无状态的。客户端通常会发送一串消息，但服务器在每串消息之间没有关于客户端的记忆（认证信息除外）。
- ❑ 可缓存性：客户端接收到的数据通常是链接（URL）的形式，其构造应该是可缓存的（也就是说，它有可能在相当长的时间内保持有效）。
- ❑ 分层系统：客户端与服务器的关系是其与逻辑端点的关系，如果你愿意的话，也可以说是逻辑地址。服务器实际上可能由许多服务器集群组成。除了认证和安全涉及服务器地址之外，客户端对服务器的内部实现情况一无所知。
- ❑ 统一接口：接口是围绕少量标准化请求（GET、PUT、POST、PATCH 和 DELETE）建立的。
  - ❍ 每个请求都需要一个资源 ID 参数，表明它对哪个"资源"进行操作。从 REST 的角度来看，资源都是等价的；对所有资源的操作都相同。
  - ❍ 所有资源都可以在 REST 消息中"表示"；创建、更新和删除资源所需的所有信息都是 REST 请求的一部分。
  - ❍ 所有的资源都是自我描述的；关于资源的充足信息都包含在请求中，服务器知道如何处理它而不需要其他的事先知识。例如，REST 请求指定其多用途互联网邮件扩展媒体类型（MIME 类型）的载荷资源。
  - ❍ 超媒体作为应用状态引擎（HATEOAS）对 REST 请求的响应通常包含指向其他请求的链接。这些链接捕获客户端在将来的请求中需要提供给服务器的状态。

在 REST 世界中，资源通常分为元素和集合。这类似于包含许多文件的文件系统目录，或包含许多歌曲的播放列表。目录和播放列表是集合，而文件和歌曲是元素。REST 操作通常以不同的方式工作，这取决于给定的资源 ID（通常指 URL）是否指向集合或元素。

4.3.2 RESTCONF 与 NETCONF 对比

许多 REST 原则与 NETCONF 的工作原理非常相似。客户端 – 服务器模型、分层系统原理和前两个统一接口原理完全相同。一个关键的区别是无状态服务器原则。NETCONF 基于客户端与服务器建立会话，这当然不是无状态的。在 NETCONF 中客户端往往通过连接，和一系列 edit-config 操作来操作候选数据存储。在某一时刻，客户端可能会发出一个验证调用。如果在所有的服务器上都成功了，紧接着是确认操作。

而这种行为在 RESTCONF 或严格遵循 REST 原则的任何系统中是不可行的。它要求服务器保持某些客户端状态。如果将其添加到 RESTCONF 中，则协议不再满足 REST 的设计原则。同样也不能在未来版本的 RESTCONF 中添加客户端状态。严格地说，这将不再是"REST"。

> **注释**
>
> 　　IETF 对此进行了认真的讨论。这意味着将来的 RESTCONF 版本对 REST 原则的要求不那么严格。

　　这具有深远影响。这意味着在 RESTCONF 中，客户端想要发送的任何请求都需要完整地发送，并由服务器立即执行。不可能有跨越多个消息的事务。

　　这意味着 RESTCONF 无法实现 NETCONF 的某些关键功能，尤其是全网事务。如果这个功能对你的用例而言很重要，则 RESTCONF 并不是合适的协议。你需要 NETCONF。

　　这实际上意味着当客户端需要管理单个系统时，RESTCONF 非常有用。在控制器或编排器上运行的 Web 门户或应用程序通常是这种情况。此时 Web 编程环境中大量的 REST 工具使 RESTCONF 成为许多人不证自明的选择。

　　当客户需要管理多个系统时，NETCONF 更适合。控制器 / 编排器本身通常就是这种情况。由控制器 / 编排器管理的服务器需要支持 NETCONF。

　　在图 4-3 中，所有设备都需要支持 NETCONF 以支持全网事务。如果没有全网事务，客户端必须处理所有不同的故障场景，NETCONF 富有吸引力的简单性也就失去了。

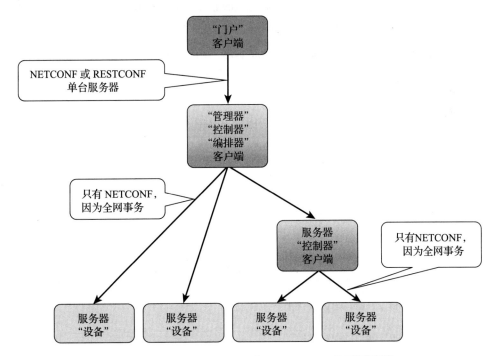

图 4-3　适用于 NETCONF 和 RESTCONF 的不同用例

　　由于 RESTCONF 无法涵盖 NETCONF 的所有功能，NETCONF 工作组决定从 RESTCONF 设计中删除一些额外的 NETCONF 功能，以消除客户端程序员面对的部分复杂性。

除了丢掉 session 的概念，RESTCONF 中最突出的简化是丢掉了 NETCONF 的数据存储概念。在 NETCONF 中，有候选数据存储、运行数据存储和启动数据存储。RESTCONF 中有一个单一的"统一"数据存储，其行为方式与 NETCONF 中的运行数据存储相似。

在 RESTCONF 中没有锁定，甚至没有锁定的概念。如果数据存储或其中的一部分被锁定（通过 NETCONF 或其他机制），则 RESTCONF 操作失败并出现对应的错误代码。RESTCONF 中没有操作可以获取或查看任何锁定。

4.3.3　查找 RESTCONF 服务器 URL

显然，要找到 RESTCONF 服务器需要知道其地址和端口。但是，地址和端口只会将你引导到 HTTP 服务器，它可能有很多用途。为了找出 RESTCONF 子系统的根 URL 是什么，客户端应该使用 RFC 6415 中定义的 Web 主机元数据机制。

本质上，客户端运行一个 GET 指向 /.known/host-meta URL。这应该会返回一个链接到此 HTTP 服务器上各种服务的列表。如果这确实是一个 RESTCONF 服务器，其中一个链接将有一个属性 rel='restconf'，另一个属性 href= 指向根 URL，用于与 RESTCONF 服务器对话。

如果你知道有一个 RESTCONF 服务器在 localhost 端口 8080 上运行，接受一个名为"admin"的用户，密码为"admin"，请使用 curl 工具：

```
curl -i -X GET http://localhost:8080/.well-known/host-meta
--header "Accept: application/xrd+xml" -u admin:admin
```

curl 命令实际发送示例 4-33 中所示的消息。

示例4-33　Well-Known host-meta信息的GET请求

```
GET /.well-known/host-meta HTTP/1.1
Host: localhost:8080
Authorization: Basic YWRtaW46YWRtaW4=
User-Agent: curl/7.54.0
Accept: application/xrd+xml
```

服务器可能会对其作出响应，如示例 4-34 所示。

示例4-34　Well-Known host-meta信息的GET响应

```
Server:
Date: Thu, 04 Jan 2018 13:19:29 GMT
Content-Length: 107
Content-Type: application/xrd+xml
Vary: Accept-Encoding

<XRD xmlns='http://docs.oasis-open.org/ns/xri/xrd-1.0'>
    <Link rel='restconf' href='/restconf'/>
</XRD>
```

通过将服务器地址 [http://localhost:8080] 与响应的 href 参数 (/restconf) 串接起来，便可知道这个服务器的根 URL 是 http://localhost:8080/restconf。

4.3.4　阅读和导航 RESTCONF 资源

REST 设计模式将 HTTP/HTTPS 操作命名为要在 REST 中使用的操作。它还定义了 URL 周围的某些语义，以及除了 HTTP 和 HTTPS 规范中提到的操作之外，这些操作应该做什么。

与其简单地从上到下列出所有的操作，不如让我们来看看 REST 的一个关键原则：超媒体驱动应用状态，简称 HATEOAS。这实际上意味着 REST 接口通过浏览和发现进行导航。

上一节给了一个 RESTCONF 服务器的根 URL，即 http://localhost:8080/restconf。下一步是什么？让我们在上面运行 GET 并进行以下浏览：

```
curl -i -X GET http://localhost:8080/restconf -u admin:admin
```

这将发送示例 4-35 中显示的信息。

示例4-35　restconf根的GET请求

```
GET /restconf HTTP/1.1
Host: localhost:8080
Authorization: Basic YWRtaW46YWRtaW4=
User-Agent: curl/7.54.0
Accept: */*
```

示例 4-36 显示了服务器的响应。

示例4-36　restconf根的GET响应

```
HTTP/1.1 200 OK
Server:
Date: Thu, 04 Jan 2018 13:22:18 GMT
Cache-Control: private, no-cache, must-revalidate, proxy-revalidate
Content-Length: 157
Content-Type: application/yang-data+xml
Vary: Accept-Encoding
Pragma: no-cache

<restconf xmlns="urn:ietf:params:xml:ns:yang:ietf-restconf">
  <data/>
  <operations/>
  <yang-library-version>2016-06-21</yang-library-version>
</restconf>
```

根 URL /restconf 中有三个资源：data、operations 和 yang-library-version。除了 GET

之外，还有没有其他的操作可以在这里运行呢？让我们通过 OPTIONS 操作来了解一下。
OPTIONS 允许对任何 RESTCONF URL 进行操作：

```
curl -i -X OPTIONS http://localhost:8080/restconf -u admin:admin
```

这将发送示例 4-37 中所示的信息。

示例4-37   restconf根的OPTIONS请求

```
OPTIONS /restconf HTTP/1.1
Host: localhost:8080
Authorization: Basic YWRtaW46YWRtaW4=
User-Agent: curl/7.54.0
Accept: */*
```

示例 4-38 显示了服务器如何响应。

示例4-38   restconf根的OPTIONS响应

```
HTTP/1.1 200 OK
Server:
Allow: GET, HEAD
Cache-Control: private, no-cache, must-revalidate, proxy-revalidate
Content-Length: 0
Content-Type: text/html
Pragma: no-cache
```

示例 4-38 中的 Allow: GET, HEAD 意味着根节点上仅支持 GET 和 HEAD。好吧，听起
来不是很有趣，所以我们继续吧。你之前发现了一个 data 资源。让我们来 "GET" 它并看
一看：

```
curl -i -X GET http://localhost:8080/restconf/data -u admin:admin --verbose
```

这将发送示例 4-39 中的消息。

示例4-39   restconf/data的GET请求

```
GET /restconf/data HTTP/1.1
Host: localhost:8080
Authorization: Basic YWRtaW46YWRtaW4=
User-Agent: curl/7.54.0
Accept: */*
```

示例 4-40 显示了服务器如何响应。

示例4-40   restconf/data的GET响应

```
HTTP/1.1 200 OK
Server:
```

```
Date: Thu, 04 Jan 2018 13:30:20 GMT
Last-Modified: Tue, 21 Nov 2017 15:02:00 GMT
Cache-Control: private, no-cache, must-revalidate, proxy-revalidate
Etag: 1511-276521-37084
Content-Type: application/yang-data+xml
Transfer-Encoding: chunked
Pragma: no-cache

<data xmlns="urn:ietf:params:xml:ns:yang:ietf-restconf">
  <authors xmlns="http://example.com/ns/bookzone">
    <author>
      <name>Douglas Adams</name>
      <account-id>1010</account-id>
    </author>
    <author>
      <name>Malala Yousafzai</name>
      <account-id>1011</account-id>
    </author>
    <author>
…
</data>
```

这给了你很多数据——超过 30kB。这些数据是服务器的完整配置和运行状态。

继续浏览之前来讨论一下 Etag 标头。该值是一个字符串，保证每次配置更改时都会改变，否则保持不变。这使客户端很容易检测自从上次 GET 操作以来是否有任何变化。

如果说浏览是为了收集尽可能多的数据，那么你已经完成了。但是，浏览难道不应该更多地关注洞察力吗？细节太多没有意义。如何才能对系统中的数据有一个大致的了解呢？我们只看一下数据内部的顶层资源。

这通过向 URL 添加查询参数来实现。在 URL 末尾添加 ?depth=1，然后再试一次：

```
curl -i -X GET http://localhost:8080/restconf/data?depth=1 -u admin:admin
```

现在开始我们省略发送内容和接收消息头部的细节，除非有什么非常有趣的东西。如果你对 curl 在实验中到底发送了什么感兴趣并想看一看，只需添加 --verbose 标志即可。

示例 4-41 显示了服务器响应的载荷内容。

示例4-41 restconf/data?depth=1的GET响应

```
<data xmlns="urn:ietf:params:xml:ns:yang:ietf-restconf">
  <authors xmlns="http://example.com/ns/bookzone"/>
  <books xmlns="http://example.com/ns/bookzone"/>
  <users xmlns="http://example.com/ns/bookzone"/>
  <nacm xmlns="urn:ietf:params:xml:ns:yang:ietf-netconf-acm"/>
  <netconf-state xmlns="urn:ietf:params:xml:ns:yang:ietf-netconf-monitoring"/>
  <restconf-state xmlns="urn:ietf:params:xml:ns:yang:ietf-restconf-monitoring"/>
  <modules-state xmlns="urn:ietf:params:xml:ns:yang:ietf-yang-library"/>
```

```
    <aaa xmlns="http://tail-f.com/ns/aaa/1.1"/>
    <confd-state xmlns="http://tail-f.com/yang/confd-monitoring"/>
</data>
```

现在你有了一个看起来像表格的内容，可以随心所欲地浏览。浏览一下 books 资源，保留 ?depth=1 查询参数，这样你就不会被淹没了：

```
curl -i -X GET http://localhost:8080/restconf/data/books?depth=1 -u admin:admin
```

示例 4-42 展示了服务器的响应。

示例4-42　restconf/data/books?depth=1的GET响应

```
<books xmlns="http://example.com/ns/bookzone"
    xmlns:bz="http://example.com/ns/bookzone">
  <book/>
  <book/>
  <book/>
  <book/>
  <book/>
</books>
```

你看到有 5 本书，但无法浏览到任何一本，因为不知道它们的名字。你可以将 depth 查询参数改为 2，并再次浏览相同的 URL：

```
curl -i -X GET http://localhost:8080/restconf/data/books?depth=2 -u admin:admin
```

示例 4-43 展示了服务器的响应。

示例4-43　restconf/data/books?depth=2的GET响应

```
<books xmlns="http://example.com/ns/bookzone"  xmlns:bz="http://example.com/ns/
bookzone">
  <book>
    <title>I Am Malala: The Girl Who Stood Up for Education and Was Shot by the
Taliban</title>
    <author>Malala Yousafzai</author>
    <popularity>89</popularity>
    <format/>
  </book>
  <book>
    <title>The Art of War</title>
    <author>Sun Tzu</author>
    <language>english</language>
    <format/>
  </book>
  <book>
    <title>The Hitchhiker's Guide to the Galaxy</title>
    <author>Douglas Adams</author>
    <language>english</language>
    <popularity>289</popularity>
    <format/>
```

```
        <format/>
    </book>
    <book>
        <title>The Neverending Story</title>
...
</books>
```

很好。你得到了关于书籍的信息和所有的顶层属性。但是，在你努力浏览的过程中，只看到这些书的名称和描述，是不是会好很多呢？通过提取所需要的信息，你可以把它插入到其他信息流中，或者说，把回复粘贴在邮件中。

你可以在同一个查询中使用多个查询参数。只需用 &（与符号）将它们分开即可。如前文所述，RESTCONF GET 请求同时返回 config true 和 config false 元素。例如，叶 title 和叶 author 是 config true，而 populairity 则配置为 config false。使用查询参数 content=，你可以控制返回的内容。请求 content=all（默认值）返回所有内容，而 content=config 只返回配置。查询标志 content=nonconfig 返回所有的操作数据，再加上最低限度的配置以辨识操作数据。如果这个数字与书名无关，即使书名恰好 config true，那么返回 popularity 89 也没有意义。有几个服务器对此实现在此存在问题，使用之前请检查。

查询参数 fields 允许你选择感兴趣的一个或多个字段。我们假定你想要每本书的 title 和 author。因为 title 和 author 资源都在 book 内，而 book 又在 books 的内部，也就是你要发送查询的资源，所以需要在筛选器中加上 book/。查询如下：

```
curl -i -X GET "http://localhost:8080/restconf/data/books?depth=2&content=config&
fields=book/title;book/author" -u admin:admin
```

示例 4-44 显示了服务器的响应。

示例4-44　restconf/data/books中特定字段的GET响应

```
<books xmlns="http://example.com/ns/bookzone"
xmlns:bz="http://example.com/ns/bookzone">
    <book>
        <title>I Am Malala: The Girl Who Stood Up for Education and Was Shot by the
Taliban</title>
        <author>Malala Yousafzai</author>
    </book>
    <book>
        <title>The Art of War</title>
        <author>Sun Tzu</author>
    </book>
    <book>
        <title>The Hitchhiker's Guide to the Galaxy</title>
        <author>Douglas Adams</author>
    </book>
    <book>
```

```
    <title>The Neverending Story</title>
    <author>Michael Ende</author>
  </book>
  <book>
    <title>What We Think About When We Try Not To Think About Global Warming: Toward
a New Psychology of Climate Action</title>
    <author>Per Espen Stoknes</author>
  </book>
</books>
```

这很好!

请注意,收到的响应是 XML 编码。作为客户端,你没有指定要接受的响应类型,默认将获得服务器想要发送的任何响应。如果希望以 JSON 格式获取这些信息,可以要求它提供这样的信息。为此,请在消息头部使用 Accept:参数,如下所示:

```
curl -i -X GET "http://localhost:8080/restconf/data/books?depth=2&fields=book/title;
book/author" --header "Accept: application/yang-data+json" -u admin:admin
```

示例 4-45 显示服务器的响应。

示例4-45　restconf/data/books特定字段的JSON格式GET响应

```
{
  "bookzone-example:books": {
    "book": [
      {
        "title": "I Am Malala: The Girl Who Stood Up for Education and Was Shot by the
Taliban",
        "author": "Malala Yousafzai"
      },
      {
        "title": "The Art of War",
        "author": "Sun Tzu"
      },
      {
        "title": "The Hitchhiker's Guide to the Galaxy",
        "author": "Douglas Adams"
      },
      {
        "title": "The Neverending Story",
        "author": "Michael Ende"
      },
      {
        "title": "What We Think About When We Try Not To Think About Global Warming:
Toward a New Psychology of Climate Action",
        "author": "Per Espen Stoknes"
      }
    ]
  }
}
```

这取决于每个 RESTCONF 服务器是否支持 XML 或 JSON 编码——或者像本示例中两个都支持的情况下，默认支持 XML。与世界上所有 RESTCONF 服务器通信的客户端都需要支持 XML 和 JSON 两种编码格式。

4.3.5　使用 RESTCONF 创建和更新配置

假设现在你想在书单中添加一本新 book。是否支持此功能？这是用 OPTIONS 请求来检查的。你可以向任何 RESTCONF URL 发出 OPTIONS 请求，观察一下它的用途：

```
curl -i -X OPTIONS "http://localhost:8080/restconf/data/books/book" -u admin:admin
```

示例 4-46 显示了服务器的响应。

示例4-46　restconf/data/books/book的OPTIONS响应

```
HTTP/1.1 200 OK
Server:
Allow: DELETE, GET, HEAD, PATCH, POST, PUT, OPTIONS
Cache-Control: private, no-cache, must-revalidate, proxy-revalidate
Content-Length: 0
Content-Type: text/html
Accept-Patch: application/yang-data+xml, application/yang-data+json
Pragma: no-cache
```

好的，你可以使用三个操作来更新此内容：PATCH、POST 和 PUT。另请注意头部参数 Accept-Patch:，稍后将在"PATCH"部分中讨论。

元素 book 是一个 YANG 列表。用 REST 术语表示为一个集合。你有五本书，很明显它可以有很多的东西。然而，即使只有一本它也是一个集合，因为你可以拥有五本中的一本，即使此刻只有一本。要想在平常的 REST 中证实这一点，必须查看 OPTIONS 以确定 POST 是支持的，也就意味着元素 book 是一个集合。

POST

如果询问 REST 专家如何将条目添加到集合中，你很可能会被告知使用 POST 操作。在 RESTCONF 中也是如此：POST 在集合中创建新元素，如示例 4-47 所示。如果使用该名称的元素已存在，则 POST 失败并出现错误。POST 不能用来更新已经存在的事物。

示例4-47　使用curl命令POST新的作者

```
curl -i -X POST "http://localhost:8080/restconf/data/authors"
--header "Content-Type: application/yang-data+json"
--header "Accept: application/yang-data+json"
--data @rc/add-kazuo-ishiguro.rc.json -u admin:admin
```

文件 adda-kazuo-ishiguro.rc.json 包含示例 4-48 中显示的内容。

示例4-48　POST载荷add-kazuo-ishiguro.rc.json的内容

```
{
  "author": [
    {
      "name": "Kazuo Ishiguro",
      "account-id": 2017
    }
  ]
}
```

服务器返回示例 4-49 中所示的请求。

示例4-49　POST新作者的应答

```
HTTP/1.1 201 Created
Server:
Location: http://localhost:8080/restconf/data/bookzone-example:authors/
author=Kazuo%20Ishiguro
Date: Wed, 11 Jul 2018 11:34:19 GMT
Last-Modified: Wed, 11 Jul 2018 11:34:19 GMT
Cache-Control: private, no-cache, must-revalidate, proxy-revalidate
Etag: 1531-260735-677653
Content-Length: 0
Content-Type: text/html
Pragma: no-cache
```

尝试再运行一次相同的命令，服务器返回不同的应答，如示例 4-50 所示。

示例4-50　第二个POST新作者的应答

```
HTTP/1.1 409 Conflict
Server:
Date: Wed, 11 Jul 2018 11:38:44 GMT
Cache-Control: private, no-cache, must-revalidate, proxy-revalidate
Content-Length: 281
Content-Type: application/yang-data+json
Vary: Accept-Encoding
Pragma: no-cache

{
  "errors": {
    "error": [
      {
        "error-message": "object already exists: /bz:authors/bz:author[bz:name='Kazuo
Ishiguro']",
        "error-path": "/bookzone-example:authors",
```

```
                "error-tag": "data-exists",
                "error-type": "application"
            }
        ]
    }
}
```

请注意，POST 不能用来更新现有信息。RESTCONF 里有三种不同的更新方式，具有不同的性质：PUT、普通 PATCH 和 YANG-PATCH。从技术上讲，DELETE 也是一种更新，接下来看一下这四种方式。

PUT

PUT 方法非常简单，无论好坏都简单。如果你有一个比较小的、重点突出的更改，例如某个叶，或某个特定的完整列表实例，PUT 非常有用。通过 PUT，你可以指向资源并为该资源提供完整的替换，从单个叶到单个列表实例、单个列表或整个数据存储，但只能是一个"事物"。

比如你想更新 Douglas Adam 的 *The Hitchhiker's Guide to the Galaxy* 精装版价格，curl 命令使用 PUT，以 JSON 消息格式，如示例 4-51 所示。

示例4-51　Curl命令PUT新的书籍价格

```
curl -i -X PUT "http://localhost:8080/restconf/data/bookzone-example:books/
book=The%20Hitchhiker%27s%20Guide%20to%20the%20Galaxy/format=9781400052929/price"
--header "Accept: application/yang-data+json"
--header "Content-Type: application/yang-data+json"
--data '{ "price" : "38.0" }'
-u admin:admin
```

服务器以示例 4-52 中所示的无正文的正面应答方式进行响应。

示例4-52　PUT新的书籍价格响应

```
HTTP/1.1 204 No Content
Server:
Date: Wed, 11 Jul 2018 13:21:17 GMT
Last-Modified: Wed, 11 Jul 2018 13:21:17 GMT
Cache-Control: private, no-cache, must-revalidate, proxy-revalidate
Etag: 1531-267216-364977
Content-Length: 0
Content-Type: text/html
Pragma: no-cache
```

如果只想做一次快速的改变，这很好。但是，如果想在一次事务中更改多个价格呢？那就不能在 URL 中指向一个特定的价格；相反，必须指向模型中最深层的共同元素，并替换掉这个点以下的所有内容。

如果有多个价格的情况，必须指向 book 列表，不仅要替换掉所有想更新价格的书，还要替换掉所有的书。显然，这并不实用。如果你确实这样做呢？能不能 GET 整个 book 列表的内容，在文本编辑器中编辑结果，然后再把它放回去？从技术上讲可以的。但是，要假定在这个操作过程中没有发生其他更改。没有任何锁定来阻止其他人。如果其他人做了任何更改，当你运行 PUT 操作时，这些更改会立即被覆盖。

在只有一个人控制的情况下，这可能是可行的。但如果有更多的人参与，或者自动运行时，很少需要 PUT。PUT 是一个非常基本的、相当粗糙的方法。它用一个新的资源代替一个单一的资源。

PATCH

由于 PUT 的局限性，Web 社区发明了 PATCH 操作。它允许用新的值覆盖请求资源中的任何内容，而不是用新的文档替换它。这对于多次更新非常方便。PATCH 的缺点是它永远不能删除任何内容；它只覆盖和添加。示例 4-53 显示了 curl 命令。

示例4-53　使用curl命令PATCH几本书籍价格

```
curl -i -X PATCH "http://localhost:8080/restconf/data/bookzone-example:books/book"
--header "Accept: application/yang-data+json"
--header "Content-Type: application/yang-data+json"
--data @rc/update-prices.rc.json -u admin:admin
```

示例 4-54 显示 update-prices.rc.json 的内容。

示例4-54　PATCH载荷update-prices.rc.json的内容

```
{
  "book": [
    {
      "title": "The Hitchhiker's Guide to the Galaxy",
      "format": [
        {
          "isbn": "9781400052929",
          "price": 36.0
        }
      ]
    },
    {
      "title": "I Am Malala: The Girl Who Stood Up for Education and Was Shot by the
Taliban",
      "format": [
        {
          "isbn": "9780297870913",
          "price": 26.0
        }
      ]
    }
```

```
        }
    ]
}
```

服务器以示例 4-55 进行响应无正文的正面应答。

示例4-55　PATCH几本书籍价格的响应

```
HTTP/1.1 204 No Content
Server:
Date: Wed, 11 Jul 2018 15:06:55 GMT
Last-Modified: Wed, 11 Jul 2018 15:06:55 GMT
Cache-Control: private, no-cache, must-revalidate, proxy-revalidate
Etag: 1531-273615-851931
Content-Length: 0
Content-Type: text/html
Pragma: no-cache
```

这样就更新了 *Hitchhiker's Guide* 的价格，并为 Malala 的书增加了价格。它没有删除所有其他先前存在的格式或书籍。

DELETE

DELETE 完全按照你的想法去做：它删除一个资源。如图所示，资源可以是单个叶、列表实例、整个列表、容器或整个数据存储。

要删除 *The Art of War* 一书，包括 format 和 price，你可以发出示例 4-56 中所示的 DELETE 调用。

示例4-56　使用curl命令DELETE一本书

```
curl -i -X DELETE "http://localhost:8080/restconf/data/bookzone-example:
books/book=The%20Art%20of%20War"
--header "Accept: application/yang-data+json"
--header "Content-Type: application/yang-data+json" -u admin:admin
```

服务器以示例 4-57 所示的以无正文的正面应答方式进行响应。

示例4-57　DELETE一本书的响应

```
HTTP/1.1 204 No Content
Server:
Date: Wed, 11 Jul 2018 15:26:00 GMT
Last-Modified: Wed, 11 Jul 2018 15:26:00 GMT
Cache-Control: private, no-cache, must-revalidate, proxy-revalidate
Etag: 1531-274772-193783
Content-Length: 0
Content-Type: text/html
Pragma: no-cache
```

YANG-PATCH

到此为止，你已经看到了 POST，它能创建但不能更新或删除；你也看到了 PUT，它能替换资源，从而隐含了创建、更新和删除，但在大多数情况下它的效率很低且存在问题；你也见过 PATCH，它擅长更新，但不能删除；还有 DELETE，它只能删除。

当然，所有这些都可以组合在一起做任意的更新——只是每个操作都会变成单独的事务，如果你关注了本书的前几章，就知道一连串的事务连单一事务的一半都比不上。

那么，一个可以将所有的"创建－读取－更新－删除"（CRUD）操作混合进一个事务的单一 RESTCONF 请求的操作如何？ REST 社区没有这种操作，所以 RESTCONF 工作小组决定定义一个。其结果被称为 YANG-PATCH。实际上是一个很好的 PATCH 操作，发送或提供的数据并不是传统资源，就像你目前为止看到的那样。相反，PATCH 操作的输入是一个序列，在 RFC 8072 中详细描述了一个特定格式的编辑操作。用 REST 的说法，这就是一个新的 MME 类型。实际上，有两种新的 MME 类型，叫作 application/yang-patch+xml 和 application/yang-patch+json。根据喜好选择 XML 或 JSON 编码。

在此 MME 类型下，PATCH 操作的输入数据是所有 CRUD 操作的清单，以在不同位置申请，都是在同一事务中。这就是 RESTCONF 更新方法的王者风范——统治了所有的方法。你很可能决定永远不使用任何其他的编辑操作——假设所使用的 RESTCONF 服务器支持此 MME 类型。它对服务器来说是可选的。这一次请求用 XML 而不是 JSON 编码格式，只为了显示 XML 也可以使用。

为了演示 YANG-PATCH 的工作原理，让我们构建一个执行以下任务的单一事务：

1. 合并一本书（*The Buried Giant*，Kazuo Ishiguro 著）。

2. 创建一本新书（*The Girl with the Dragon Tattoo*，Stieg Larsson 著）。

3. 创建新作者（Stieg Larsson）。

4. 设置 *The Hitchhiker's Guide to the Galaxy* 精装版的价格为 44。

5. 删除 *The Neverending Story* 的平装本。

6. 设置 MP3 版本的 *The Neverending Story* 的价格为 40。

执行此命令的 curl 命令看起来和之前的 PATCH 命令一样，只是 Content-type 被设置为 application/yang-patch+xml。该命令如示例 4-58 所示。

示例4-58　使用curl命令YANG-PATCH六项更改

```
curl -i -X PATCH "http://localhost:8080/restconf/data"
--header "Accept: application/yang-data+xml"
--header "Content-Type: application/yang-patch+xml"
--data @rc/many-changes.rc.yangpatch.xml -u admin:admin
```

示例 4-59 显示了 many-changes.yangpatch.xml，其中包含如何编辑数据存储的详细说明。

示例4-59 YANG-PATCH载荷many-changes.yangpatch.xml的内容

```
<yang-patch xmlns="urn:ietf:params:xml:ns:yang:ietf-yang-patch">
  <patch-id>many-changes</patch-id>
  <edit>
    <edit-id>#1</edit-id>
    <operation>merge</operation>
    <target>/books/book=The%20Buried%20Giant</target>
    <value>
      <book xmlns="http://example.com/ns/bookzone">
        <title>The Buried Giant</title>
        <author>Kazuo Ishiguro</author>
        <language>english</language>
        <format>
          <isbn>9781467600217</isbn>
          <format-id>mp3</format-id>
          <price>55</price>
        </format>
      </book>
    </value>
  </edit>
  <edit>
    <edit-id>#2</edit-id>
    <operation>create</operation>
    <target>/books/book=The%20Girl%20with%20the%20Dragon%20Tattoo</target>
    <value>
      <book xmlns="http://example.com/ns/bookzone">
        <title>The Girl with the Dragon Tattoo</title>
        <author>Stieg Larsson</author>
        <language>english</language>
        <format>
          <isbn>9781616574819</isbn>
          <format-id>mp3</format-id>
          <price>45</price>
        </format>

      </book>
    </value>
  </edit>
  <edit>
    <edit-id>#3</edit-id>
    <operation>create</operation>
    <target>/authors/author=Stieg%20Larsson</target>
    <value>
      <author xmlns="http://example.com/ns/bookzone">
        <name>Stieg Larsson</name>
        <account-id>2004</account-id>
      </author>
    </value>
```

```
      </edit>
      <edit>
        <edit-id>#4</edit-id>
        <operation>merge</operation>
        <target>/books/book=The%20Hitchhiker%27s%20Guide%20to%20the%20Galaxy/format=
9781400052929/price</target>
        <value>
          <price xmlns="http://example.com/ns/bookzone">44</price>
        </value>
      </edit>
      <edit>
        <edit-id>#5</edit-id>
        <operation>delete</operation>
        <target>/books/book=The%20Neverending%20Story/format=9780140386332</target>
      </edit>
      <edit>
        <edit-id>#6</edit-id>
        <operation>merge</operation>
        <target>/books/book=The%20Neverending%20Story/format=9781452656304/price</target>
        <value>
          <price xmlns="http://example.com/ns/bookzone">40</price>
        </value>
      </edit>
    </yang-patch>
```

示例 4-60 显示了服务器的响应。

示例4-60　YANG-PATCH六项更改的响应

```
HTTP/1.1 100 Continue
Server:
Allow: GET, POST, OPTIONS, HEAD
Content-Length: 0
HTTP/1.1 200 OK
Server:
Date: Thu, 12 Jul 2018 13:20:34 GMT
Allow: GET, POST, OPTIONS, HEAD
Last-Modified: Thu, 12 Jul 2018 13:20:34 GMT
Cache-Control: private, no-cache, must-revalidate, proxy-revalidate
Etag: 1531-349919-767171
Content-Length: 141
Content-Type: application/yang-data+xml
Vary: Accept-Encoding
Pragma: no-cache


  <yang-patch-status xmlns="urn:ietf:params:xml:ns:yang:ietf-yang-patch">
    <patch-id>many-changes</patch-id>
```

```
    <ok/>
  </yang-patch-status>
```

看一下此 YANG-PATCH MME 的操作列表是如何被执行的，不像 POST、PUT 和 PATCH，仅仅替换一堆数据。这些操作保证按顺序从上到下执行。这一点很重要，可以使复杂的操作，如移动、前插入或后插入（本书中未显示）等复杂的操作有一个清晰的、准确的含义。

不要误会：这仍然是一个具有原子性和一致性特性的事务。客户端仍然可以按其喜欢的任何顺序生成这些编辑，仅在事务结束时验证。例如，在刚才提到的数据集中，编辑 #2 创建了由作者 Stieg Larsson 创作的 *The Girl with the Dragon Tattoo* 一书。如果事务到此结束，交易将会失败，因为 authors 下还没有该名字的作者。这是编辑 #3 中添加的。由于它是在事务结束之前添加的，更改集作为一个整体，仍然有效。

一个客户端如果想用传统的 POST、PUT 和 DELETE 操作来实现此 YANG-PATCH 中所有的更改操作，最终会出现多个事务，而且必须仔细考虑发送的顺序，这样在引用之前，作者就会被创建，而 YANG-PATCH 则不需要这样做，因为有恰当的事务支持。

4.3.6 动作

带着许多 REST 服务器中，POST 操作既用于在集合中创建新条目，也用于调用动作。这在 RESTCONF 中也有体现。当 URL 指向一个集合（例如，YANG 列表）时，POST 意味着创建一个新的实例。当它指向一个 YANG 动作时，意味着调用该动作。要调用 RPC，URL 是服务器根目录下的 /operations/rpc-name。

POST 载荷被用作动作或 RPC 的输入参数。为了购买 *What We Think About When We Try Not to Think About Global Warming: Toward a New Psychology of Climate Action*，你可以发出 curl 命令，如示例 4-61 所示。

示例4-61　使用curl命令调用purchase动作

```
curl -i -X POST "http://localhost:8080/restconf/data/users/user=janl/purchase"
--header "Content-Type: application/yang-data+json"
--header "Accept: application/yang-data+json"
--data @rc/purchase-book.rc.json -u admin:admin
```

purchase-book.rc.json 文件包含动作调用的载荷，如示例 4-62 所示。

示例4-62　POST载荷purchase.rc内容

```
{
  "bookzone-example:input" : {
    "title" : "What We Think About When We Try Not To Think About Global Warming:
Toward a New Psychology of Climate Action",
    "format": "paperback",
```

```
    "payment": {
      "method": "paypal",
      "id": "4711.1234.0000.1234"
    }
  }
}
```

服务器应答 out-of-stock，如示例 4-63 所示，但这一次我们是有备而来。同样的事情也发生在之前的 NETCONF 事件中。

示例4-63　purchase动作的POST响应

```
HTTP/1.1 200 OK
Server:
Date: Wed, 01 Aug 2018 13:37:47 GMT
Cache-Control: private, no-cache, must-revalidate, proxy-revalidate
Content-Length: 66
Content-Type: application/yang-data+json
Vary: Accept-Encoding
Pragma: no-cache

{
  "bookzone-example:output": {
    "out-of-stock": [null]
  }
}
```

4.3.7　通知

RESTCONF 客户端通过将 GET 定向到一个特定流的 URL 来设置通知订阅。此 GET 操作原则上永远不会结束，从某种意义上说，服务器将永远不会在请求中发出文件结束信号。只要有通知要传递，服务器就会简单地传递数据。

第一个任务是找出特定的 URL 流。这是通过传统的 REST 方式完成的（运行 GET，它返回一堆链接）。RESTCONF 通知流的 URL 列表是这样获取的。

```
curl -i -X GET "http://localhost:8080/restconf/data/ietf-restconf-monitoring:
restconf-state/streams" -u admin:admin
```

示例 4-64 显示了可能的服务器响应。

示例4-64　用RESTCONF通知流信息的GET响应

```
<streams xmlns="urn:ietf:params:xml:ns:yang:ietf-restconf-monitoring"
xmlns:rcmon="urn:ietf:params:xml:ns:yang:ietf-restconf-monitoring">
  <stream>
    <name>NETCONF</name>
    <description>default NETCONF event stream</description>
```

```
    <replay-support>false</replay-support>
    <access>
      <encoding>xml</encoding>
      <location>https://localhost:8888/restconf/streams/NETCONF/xml</location>
    </access>
    <access>
      <encoding>json</encoding>
      <location>https://localhost:8888/restconf/streams/NETCONF/json</location>
    </access>
  </stream>
  <stream>
    <name>Trader</name>
    <description>BookZone trading and delivery events</description>
    <replay-support>true</replay-support>
    <access>
      <encoding>xml</encoding>
      <location>https://localhost:8888/restconf/streams/Trader/xml</location>
    </access>
    <access>
      <encoding>json</encoding>
      <location>https://localhost:8888/restconf/streams/Trader/json</location>
    </access>
  </stream>
</streams>
```

示例中有两个流，每个流有两个编码，共四个链接。不过，本节的其他部分并没有使用其中任何一个，因为它们都是 HTTPS 地址。HTTPS 当然是很好的，但为了避免在本书中花费宝贵的时间在证书设置上，我们暂时只用 HTTP。这两个根 URL 的信息相同。

下面的 curl 命令以 JSON 编码订阅 BookZone Trader 通知。这条命令会无限期地运行，因为通常很快就会有另一个通知。

```
curl -i -X GET http://localhost:8080/restconf/streams/Trader/json -u admin:admin
```

当服务器处理这个请求时，它知道哪些流具有活动的监听器。服务器立即以 HTTP 消息头响应，但没有实际的载荷，如示例 4-65 所示。

示例4-65　Trader通知的订阅确认

```
HTTP/1.1 200 OK
Server:
Date: Wed, 01 Aug 2018 13:45:13 GMT
Cache-Control: private, no-cache, must-revalidate, proxy-revalidate
Content-Type: text/event-stream
Transfer-Encoding: chunked
Pragma: no-cache
```

在某个时刻，服务器可能感觉像是在向连接的监听器发送通知。然后，数据将显示到正在挂起的 curl 命令，如示例 4-66 所示。

示例4-66　Trader订阅通知到达

```
data: {
data:     "ietf-restconf:notification": {
data:       "eventTime": 2018-08-01T13:46:38+00:00,
data:       "bookzone-example:shipping": {
data:         "user": "janl",
data:         "title": "What We Think About When We Try Not To Think About
Global Warming: Toward a New Psychology of Climate Action",
data:         "format": "bz:paperback",
data:         "copies": 1
data:       }
data:     }
data: }
```

其他事件可能随时到达，因此 curl 会话将挂起，等待更多事件。

你可能对每行都有前缀 data: 感到疑惑，但它确实应该存在。它来自 W3C Web 应用程序工作组关于服务器 – 发送事件的 W3C 建议。

4.4　OpenConfig 和 gNMI

众所周知，NETCONF 和 RESTCONF 网络管理协议由 IETF 定义。尽管 IETF 是互联网规范世界的一个巨人，但它不是唯一一个在网络中制定标准的标准定义组织（SDO）。Google 和 OpenConfig 联盟是网络管理领域的最新成员。OpenConfig（OC）建议使用 gNMI 框架。gNMI 支持 gRPC 网络管理接口；gRPC 支持 gRPC 远程过程调用。该递归缩写并不说明字母 g 的来源。Google 一直处于行业前沿，为行业带来一些有趣的探索，也许这是一个小测验。

使用 OpenConfig 的 GitHub 账号可公开获得 gNMI 规范。联盟还向 IETF 提交了本文件的 RFC 版本（draft-openconfigrtgwg-gnmi-spec-01）。换句话说，它描述了一个事实标准，而不是参与 IETF 相当缓慢和乏味的关于粗略的共识和工作代码的标准化过程。

从较高的层次看，gNMI 协议在许多方面类似于 NETCONF 和 RESTCONF，是一种可能的替代方案。大多数 gNMI 的使用似乎与 YANG 模型结合在一起，但是 gNMI 的作者明确指出 YANG 是几种可能的接口描述语言（IDL）之一。

OpenConfig 联盟还定义了许多标准 YANG 模型与协议一起使用。这些 YANG 模型描述了许多基本的网络特性，从接口到服务质量（QoS）、Wi-Fi、边界网关协议（BGP）等。尽管每个人都将这些模块称为 YANG 模块，但值得注意的是，在 OpenConfig 模块中使用的 YANG 略有偏离。这导致了一些互操作性问题，引起激烈的争论，并使以 YANG 为中心的世界分为两个阵营：IETF 和 OC 学派。

人们总是争论哪一方对 YANG 的定义拥有更大的权利，谁拥有技术上更好的解决方案，应该对哪些用例进行评估，哪个组织更认真地对待互操作性等。不过这不是这本书讨论的内容。感兴趣的人可以在邮件列表档案中找到大量可用的信息。实际上，现在有可能发现多年来的分裂现象正在逐渐消失。最后，终端用户只对能够正确工作的系统产生兴趣，这将促使各方走到一起，最终推动整个行业的发展。

4.4.1　gRPC

远程过程调用（RPC）机制通常允许客户端调用服务器上的操作（早期通常称为"流程"；可以说"RPC"是一个非常老的计算机科学术语）。典型 RPC 机制具有以下组件：

❑ 接口描述语言（IDL），用于指定服务器提供的流程，以及输入和输出数据
❑ 客户端库使客户端应用程序可以轻松地调用流程，可能适用于几种不同的编程语言
❑ 消息的序列化、编码和传输机制（通常称为协议）

显然谷歌的 RPC 机制 gRPC 拥有上述全部组件。你可以在 https://grpc.io/docs/ 上找到详细内容。gRPC 的传统用途是与 Google 的 protobuf 一起使用。gRPC 提供 IDL，并可以在其中指定任何操作，任何类型的输入和输出数据。

这就是 gNMI 与 gRPC 产生联系的地方。gNMI 定义了一组特定的 gRPC 操作——即 CapabilityRequest、GetRequest、SetRequest 和 SubscribeRequest。这些操作可以不同程度地对应 NETCONF/RESTCONF 的 hello、get/get-config、edit-config 和订阅机制，订阅机制比 IETF 的基础规范 NETCONF 通知有更多的功能。每个请求报文显然也有一个响应消息，每个消息都是在 gRPC 中定义的。

4.4.2　gNMI CapabilityRequest

CapabilityRequest 操作所传达的信息与 NETCONF 中的 hello 消息基本相同，只是从服务器到客户端的方向不同。由服务器决定使用哪个协议版本，服务器声明支持哪些 YANG 模块和编码格式。gNMI 支持多种编码格式。JSON 存在两种变体：JSON 和 JSON_IETF。

在 gNMI 上下文中称为 JSON_IETF 的编码，与 RESTCONF 中称为 JSON 的编码相同（也就是 RFC 7159 加上 RFC 7951 约定）。当 gNMI 编码为 JSON 时，不适用 RFC 7951 约定。在这种情况下，由服务器决定如何对 YANG 的命名空间、大整数、空列表等进行编码。

gNMI CapabilityRequest 没有内容，所以这里不显示。返回的 CapabilityResponse 消息如示例 4-67 所示。

示例4-67　gNMI CapabilityResponse消息

```
== capabilitiesResponse:
supported_models: <
  name: "bookzone-example"
  organization: ""
```

```
      version: "2.0.0"
  >
  supported_models: <
    name: "openconfig-interfaces"
    organization: "OpenConfig working group"
    version: "2.0.0"
  >
  supported_models: <
    name: "openconfig-openflow"
    organization: "OpenConfig working group"
    version: "0.1.0"
  >
  supported_models: <
    name: "openconfig-platform"
    organization: "OpenConfig working group"
    version: "0.5.0"
  >
  supported_models: <
    name: "openconfig-system"
    organization: "OpenConfig working group"
    version: "0.2.0"
  >
  supported_encodings: JSON
  supported_encodings: JSON_IETF
  gNMI_version: "0.7.0"
```

4.4.3 gNMI GetRequest

当从 gNMI 服务器上获取信息时, 你可以有两个选项。当检索少量数据时, GetRequest 是最有用的。返回的数据是快照, 这意味着它是内部一致的, 因此可能需要在服务器(设备)的临时内存中保存一段时间。而 SubscribeRequest 则更适合于较大范围的查询, 比如整个路由表或 BGP 对端列表。别管名字如何, 当数据量较大时, 即使是在需要立即获得结果且仅有一次的结果时, 它也是首选的操作。

为了给这部分增加一些特色功能, 你可以自己安装一套 gNMI 工具然后试用一下, 就像在 NETCONF 和 RESTCONF 部分一样。这里使用的 Google 工具是在 gNXI 工具集中, 它是基于 Go 语言的。详细说明请参见 BookZone 代码库。请注意, 因为经常更新, GitHub 上的说明可能与你在此看到的略有出入。

在写这篇文章的时候, gNXI 工具还不支持 YANG 1.1, 所以必须回退到 bookzon-example.yang 修订版 2018-01-02(也就是第二个发布版本)。它没有使用任何 yang1.1 的特性。

gNXI 工具包含一个简单的 gNMI 服务器 gnmi_target 以便使用。启动之前你需要使用 ygot(YANG Go 工具)编译服务器支持的 YANG 文件, 生成 Go 数据结构。你还需要创建一个传输层安全（TLS）证书和密钥以及数据库初始化文件，以免服务器在启动时出现空白。这里它被称为 bookzone.json，它包含的数据和前面章节中的数据一样。完成此操作后启动服务器，如示例 4-68 所示。

示例4-68　gNXI命令启动gNMI服务器样本

```
go run gnmi_target.go \
  -bind_address :10161 \
  -config bookzone.json \
  -key MyKey.key \
  -cert MyCertificate.crt \
  -ca MyCertificate.crt \
  -username foo \
  -password bar \
  -alsologtostderr
```

一旦服务器运行，它将在端口 10161 上等待 gNMI 请求（也许是对 SNMP 的致敬？）。要测试此设置，请发出 gNMI GetRequest。例如，要求列出所有作者的名单和 The Neverending Story 作者的名字。使用 gNXI 工具发送 GetRequest，如示例 4-69 所示。

示例4-69　gNXI命令运行两个路径的GetRequest

```
go run gnmi_get.go \
  -xpath "/authors" \
  -xpath "/books/book[title=The Neverending Story]/author" \
  -target_addr localhost:10161 \
  -target_name gnmi \
  -key MyKey.key \
  -cert MyCertificate.crt \
  -ca MyCertificate.crt \
  -username foo \
  -password bar \
  -alsologtostderr
```

运行 gnmi_get.go 脚本会生成一个 gNMI GetRequest，带有两个查询，如示例 4-70 所示。

示例4-70　两条路径的gNMI GetRequest

```
== getRequest:
path: <
  elem: <
    name: "authors"
  >
>
path: <
  elem: <
    name: "books"
  >
```

```
    elem: <
      name: "book"
      key: <
        key: "title"
        value: "The Neverending Story"
      >
    >
    elem: <
      name: "author"
    >
  >
encoding: JSON_IETF
```

对于这些查询，服务器给出了示例 4-71 中所示的响应。

示例4-71　两条路径的GetResponse

```
== getResponse:
notification: <
  timestamp: 1531927528820201450
  update: <
    path: <
      elem: <
        name: "authors"
      >
    >
    val: <
      json_ietf_val: "{\"bookzone-example:author\":[{\"account-id\":1010,\"name\":
\"Douglas Adams\"},{\"account-id\":2017,\"name\":\"Kazuo Ishiguro\"},{\"account-id\":
1011,\"name\":\"Malala Yousafzai\"},{\"account-id\":1001,\"name\":
\"Michael Ende\"}]}"
    >
  >
>
notification: <
  timestamp: 1531927528820354611
  update: <
    path: <
      elem: <
        name: "books"
      >
      elem: <
        name: "book"
        key: <
          key: "title"
          value: "The Neverending Story"
        >
      >
      elem: <
```

```
        name: "author"
      >
    >
    val: <
      string_val: "Michael Ende"
    >
  >
>
```

由于客户机特别要求 JSON-IETF 编码，服务器用一个标记为 json_ietf_val 的值来响应。
使用 GetRequest，无法指定特定属性或返回最全的信息。一旦到达请求中指定的路径后，
将返回该点以下的所有信息。

4.4.4　gNMI SetRequest

在 gNMI 服务器中创建、更新、替换或删除配置的方法是使用 SetRequest。SetRequest
包含一个有序的编辑操作序列。整个请求是原子式的，所以如果有问题，不管是验证问题
还是其他问题，任何操作都不会生效。

> **SetRequest 规范**
>
> 　　服务器必须先处理被删除的路径（在 SetRequest 的 delete 字段中），然后是要替换
> 的路径（在 replace 字段中），最后是更新路径（在 update 字段中）。在单个 SetRequest
> 消息中，必须重视替换和更新字段的顺序。
> 　　SetResponse 消息必须填充一条错误消息，以指示 SetRequest 消息中操作集的成功
> 或失败。
> 　　单个 SetRequest 消息中包含的对目标状态的所有更改都被视为事务的一部分。也就
> 是说，要么请求中的所有修改都被接收，要么目标必须回滚到状态更改前，以反映其在
> 接收任何更改之前的状态。在成功接受所有更改之前，目标的状态不得更改。因此，在
> 预定的修改被接受之前，遥测更新消息不能反映状态的变化。

为了演示这是如何工作的，示例 4-72 提供一个 SetRequest，结束与 Michael Ende 的关
系，将 Michael Ende 从作者列表中删除，并将其书名 *Neverending Story* 从书籍目录中删除。
最后，还对 *The Art of War* 这本书的价格进行了调整。

示例4-72　gNXI命令发送SetRequest操作两本书和作者

```
go run gnmi_set.go \
  -delete "/authors/author[name=Michael Ende]" \
  -delete "/books/book[title=Neverending Story]" \
  -update "/books/book[title=The Art of War]/format[isbn=160459893X]/
price:\"16.50\"" \
```

```
-target_addr localhost:10161 \
-target_name gnmi \
-key MyKey.key \
-cert MyCertificate.crt \
-ca MyCertificate.crt \
-username foo \
-password bar \
-alsologtostderr
```

运行此脚本时，生成向 gnmi_target 服务器发送的请求，如示例 4-73 所示。

示例4-73　SetRequest两本书和作者

```
== setRequest:
delete: <
  elem: <
    name: "authors"
  >
  elem: <
    name: "author"
    key: <
      key: "name"
      value: "Michael Ende"
    >
  >
>
delete: <
  elem: <
    name: "books"
  >
  elem: <
    name: "book"
    key: <
      key: "title"
      value: "Neverending Story"
    >
  >
>
update: <
  path: <
    elem: <
      name: "books"
    >
    elem: <
      name: "book"
      key: <
        key: "title"
        value: "The Art of War"
      >
```

```
      >
      elem: <
        name: "format"
        key: <
          key: "isbn"
          value: "160459893X"
        >
      >
      elem: <
        name: "price"
      >
    >
    val: <
      string_val: "16.50"
    >
  >
```

无论对于 gNMI 规范，还是对于 gnmi_target 实现，此请求揭示了一个重要的发现，如示例 4-74 所示。

示例4-74　SetReply两本书和一位作者

```
F0718 18:26:26.156011    61136 gnmi_set.go:160] Set failed: rpc error: code = Internal
desc = error in creating config struct from IETF JSON data: field name Author value
Michael Ende (string ptr) schema path /device/books/book/author has leafref path
/authors/author/name not equal to any target nodes
exit status 1
```

这个错误的含义是服务器拒绝从作者列表中删除 Michael Ende，因为还有一本书提到他的名字。该书也在同一事务中被删除，但被列在了删除作者动作之后。本质上，事务中的每个单独编辑操作必须由客户端排序，以便在每次操作之后数据存储处于一致状态。这与 NETCONF 和 RESTCONF 有所不同。

如果颠倒删除操作的顺序（即先删除书本，然后删除作者）验证成功。逆转它们顺序的问题是仅在客户端经过了训练或足够聪明，能够为所有服务器（设备）类型和版本中的每对元素推断出"正确"的序列时才能正常操作，那么客户端的成本就会猛增。这会很棘手。对于某些 YANG 模型，甚至可能根本不存在可以将两个对象彼此分开删除的序列。在 RFC 3535 中，此排序问题是 SNMP 的基本问题之一，也是它作为配置协议失败的原因。

使用 NETCONF 和 RESTCONF，仅在考虑所有编辑之后，才检查数据存储的有效性。这使客户端（管理员）可以不了解依赖项的详细信息，从而允许雇用未经培训的工程师或半自动化引擎来实现计算机从配置 A 到配置 B 的动态迁移。

虽然 gNMI 规范涉及事务，但这个事务定义比 NETCONF 和 RESTCONF 使用的定义要弱。

回到 SetRequest：如果丢弃删除作者，则请求看起来像示例 4-75 中显示的一样。

示例4-75　SetRequest两本书，但没有作者

```
== setRequest:
delete: <
  elem: <
    name: "books"
  >
  elem: <
    name: "book"
    key: <
      key: "title"
      value: "Neverending Story"
    >
  >
>
update: <
  path: <
    elem: <
      name: "books"
    >
    elem: <
      name: "book"
      key: <
        key: "title"
        value: "The Art of War"
      >
    >
    elem: <
      name: "format"
      key: <
        key: "isbn"
        value: "160459893X"
      >
    >
    elem: <
      name: "price"
    >
  >
  val: <
    string_val: "16.50"
  >
>
```

对于这个没有争议的请求，响应是成功的，如示例 4-76 所示。

示例4-76　SetResponse两本书，但没有作者

```
== getResponse:
response: <
```

```
    path: <
      elem: <
        name: "books"
      >
      elem: <
        name: "book"
        key: <
          key: "title"
          value: "Neverending Story"
        >
      >
    >
    op: DELETE
>
response: <
  path: <
    elem: <
      name: "books"
    >
    elem: <
      name: "book"
      key: <
        key: "title"
        value: "The Art of War"
      >
    >
    elem: <
      name: "format"
      key: <
        key: "isbn"
        value: "160459893X"
      >
    >
    elem: <
      name: "price"
    >
  >
  op: UPDATE
>
```

4.4.5 gNMI SubscribeRequest 和遥测

OpenConfig 联盟围绕遥测（即记录和传输仪器读数的过程）进行了大量的思考和编码工作。在所有的规范、代码示例和讨论中，有相当一部分是围绕着这个主题进行的。

这也难怪，因为遥测对于网络管理领域的各种不同用例来说非常有用，也必不可少。

❑ 计量和计费

- ❑ 网络问题的解决和优化
- ❑ 网络监控
- ❑ 流量分析和容量规划
- ❑ 合法拦截
- ❑ 大数据加 AI/ 深度学习

每个 gNMI SubscribeRequest 可以包含 YANG 模型中的多个要订阅的路径。每个路径下的所有数据都会被返回。返回的数据不是快照，这意味着如果在传递更新过程中发生了变化，则不需要内部一致。对于任何产生较大数据量的查询来说，这是首选的传递方式，因为存储一个大型查询的一致快照需要大量服务器的内存和 CPU 计算时间。

订阅者设定传递频率，可能值如下：

- ❑ ONCE：数据会尽快返回，并且仅返回一次。
- ❑ POLL：按照客户的要求，每隔一段时间返回一次数据。
- ❑ STREAM：数据更改后返回数据。

这些模式中的每一个都有几个选项，可以使它们相互混合。

在撰写本文时，gNXI 工具还不支持订阅。SubscribeRequest 和 SubscribeReply 消息与 GetRequest 和 GetReply 有很多共同点。

4.4.6　YANG RPC、动作和通知

目前，gNMI 中没有与 YANG RPC、动作和通知结构相对应的协议操作。有一个名为 gNOI 的项目和代码库正在开发对此类功能的支持。请检查代码库以获取最新添加的内容。

专家访谈

与 Kent Watsen 的问答

Kent Watsen 1982 年就开始在 Timex Sinclair 1000 上编写计算机程序。那台计算机是他用帮人割草存下的钱购买的。Kent Watsen 从未忘记他对计算机的热情，他花了十年时间为虚拟现实制作底层图形，从事近二十年的网络管理和网络安全工作。在网络管理领域，Kent Watsen 设计了四个成功的商业网络管理系统，编写了八个互联网标准，并获得了八项软件专利。目前，Kent 是 Juniper Networks 云服务平台团队的首席工程师、IETF NETCONF 工作组的联合主席、IETF NETMOD 工作组的联合主席以及 NETCONF 和 NETMOD 工作组的积极贡献者。

提问：

Kent，你曾作为 NETCONF 联合主席、NETMOD 联合主席和一个重要参与者活跃在 IETF。你参与了 NETCONF 和 RESTCONF 规范，并见证了 gNMI 的发展。这些不同协议

的优缺点是什么?

回答:

首先,我认为这三个协议有很多共同点。在最基本的层次上,它们都是数据模型驱动的 RPC 和基于通知的协议,此外,它们都主要使用 YANG 来定义数据模型。但是,为了回答这个问题,此处根据特性、运行时性能和易用性,对这些协议进行比较。

特性差异仅在提升到运维人员可见的水平时才有意义。NETCONF 唯一提供对提交的支持,除非得到确认,否则提交将自动回滚,这可能会造成回滚与不回滚之间的差异。NETCONF 还唯一提供对全网事务的支持,这可以减少某些配置更新操作的服务中断。NETCONF 和 RESTCONF 均支持回呼(call-home)连接,这使得一些部署场景成为可能(例如,部署在 NAT/FW 之后的设备)。gNMI 唯一支持遥测数据流,这是 SDN 可用的关键基础。

同样,运行性能通常只有在提升到运维人员可见的层次时才有意义。对于需要低延迟(例如,SDN)或高吞吐量(例如,遥测数据流)的工作流,性能很重要。gNMI 的gRPC/protobuf(即二进制)协议在这方面表现突出。公平地说,应该注意到 NETCONF 和RESTCONF 很快也将支持遥测数据流,而且对于已配置的订阅,也将计划支持高吞吐量的二进制编码。

易用性通常只对开发人员有意义。如果编程语言绑定很重要,那么 gNMI 内置了对许多流行编程语言的支持,而 NETCONF 和 RESTCONF 的绑定只能作为第三方附加组件提供。这也许是这些协议之间最显著的区别,因为 NETCONF 和 RESTCONF 被定义为协议,而 gNMI 是一个 API 接口和一个附带的工具链。当然,RESTCONF 是一个基于 HTTP的协议,拥有强大的工具支持,也是最常见的。另一方面,如果可移植性是最重要的,NETCONF 和 RESTCONF 都提供了极大的灵活性,因为任何人都可以开发代码(许多人已经开发)来实施这些相当简单的协议,而扩展 gNMI 对某些人来说可能是一件相对麻烦的事情。

提问:

你如何看待运维领域采用自动化?

回答:

当然,为了支持未来的可伸缩性和弹性需求,采用自动化是唯一可行的方法。可以预期,神经网络将使网络自适应和故障自愈成为可能。我们正在取得进展,但仍有很长的路要走。

小结

本章介绍了一些实际的示例,演示了如何使用三种最常用的协议(即 NETCONF、RESTCONF 和 gNMI)以及 YANG 模型。每一部分都提供了使用免费工具的实操命令,以试用每个协议中提供的功能，如果你愿意，可以在自己的环境中试用这些功能。可用于所有示例的 YANG 模型是第 3 章里的 BookZone 模型。

　　NETCONF 部分首先介绍了 XML 的工作原理，因为这对理解 NETCONF 非常重要。与通常的看法相反，XML 中有许多隐藏的要点。然后，NETCONF 1.0 和 1.1 版本中的 NETCONF 连接、hello 消息和框架机制也会受模块是否使用 YANG 1.0 或 1.1 的影响。随后，围绕着事务语义，以及如何在每个事务边界上保持一致的前提下 edit-config 内容可以被无序地提供，甚至被分割成单独的消息，进行了相当长的讨论。示例还提供了使用 get 操作读取、调用 RPC 和接收通知的方法，以及简短地讨论了不太突出的功能，如锁定和数据存储操作。在本节最后讨论了 NMDA 定义的新操作 get-data 和 edit-data 带来的结果。

　　一般来说，RESTCONF 可以说是基于 Web 技术的 NETCONF 的轻量级版本。它的内容采用 JSON 或 XML 编码，REST 原则也适用。NETCONF 事务的概念仍然存在，但是像数据存储和全网事务这样的特性被删除了。本节介绍了不同的 HTTP 动作之间写操作的区别：POST、PUT、PATCH、PATCH、DELETE 和 YANG-PATCH。最后，还介绍了动作和通知。

　　最后讨论的协议是 gNMI，它在 OpenConfig 联盟的参与者中特别流行，它是由 Google 开发的。YANG 模型驱动的方法和操作集使其与 RESTCONF 非常相似。一个重要的区别在于事务定义，它要求客户端根据设备特定的规则对事务内容进行排序，而这些规则并不是 YANG 合约的一部分。在 gNMI 规范中对遥测数据的采集有很广泛的阐述。

参考资料

　　本章的目的不是介绍关于 NETCONF、RESTCONF 或 gNMI 的全部内容，而是要强调深入理解所需要的基本的重要机制。除此以外的细节最好在原始规范中去查找。

　　从这里开始，你可以通过自己尝试运用这些协议和工具来扩展你的知识。GitHub 上的 BookZone 项目介绍了如何入门和重复本书中的示例。要深入到理论方面，下一步就是看 RFC 和规范。具体来说，阅读表 4-1 中的参考资料。

表 4-1　NETCONF、RESTCONF 和 gNMI 相关文档，供进一步阅读

专　题	内　容
网络管理需求	https://tools.ietf.org/html/rfc3535 RRFC 3535 概述了 IETF Internet 体系结构委员会（IAB）在 2002 年举行的网络管理研讨会 讲研讨会的目的是指导今后的网络管理工作
NETCONF	https://tools.ietf.org/html/rfc6241 RFC 6241 和 RFC 6242 定义 NETCONF 1.1 协议，RFC 4741 和 RFC 4742 定义 NETCONF 1.0 协议
NETCONF WG	https://datatracker.ietf.org/wg/netconf/about/ IETF 的 NETCONF 工作组是 NETCONF 和 RESTCONF 背后的团队

（续）

专　题	内　容
REST 概述	（搜索维基百科） 维基百科关于表述性状态传递（REST）的文章
REST 根 URL	https://tools.ietf.org/html/rfc6415 RFC 6415 定义了为基于 REST 的服务获取根 URL 的机制
RESTCONF	https://tools.ietf.org/html/rfc8040 RFC 8040 定义 RESTCONF 协议
YANG-PATCH	https://tools.ietf.org/html/rfc8072 RFC 8072 定义了使用 RESTCONF 在单个事务中进行多个更改时使用的 YANG-PATCH 媒体类型
OpenConfig	http://www.openconfig.net/ OpenConfig 工作组是 gNMI 和 OpenConfig YANG 模型背后的团队
OpenConfig 的 GitHub	https://github.com/openconfig OpenConfig 工具和 YANG 模块的位置
gRPC	https://grpc.io/docs/ gRPC 是 gNMI 的底层传输协议
gNMI	https://github.com/openconfig/reference/blob/master/rpc/gnmi/gnmi-specification.md gRPC 网络管理接口（gNMI）规范
gNXI	http://github.com/google/gnxi 谷歌的 GitHub gNXI 工具库
gNOI	https://github.com/openconfig/gnoi 在 GitHub 库中的 OpenConfig gNOI 的工具
Go 语言	https://golang.org/doc/install Go 语言下载站点。Go 语言与 Google 提供 / 策划的许多开源工具一起使用
BookZone 代码库	https://github.com/janlindblad/bookzone BookZone 代码库包含本书第 3、4 和 10 章中使用的示例

对遥测的阐释

本章内容

❑ 与遥测相关的不同术语

❑ 摆脱简单网络管理协议（SNMP）的需求

❑ 遥测组件以及所有不同的构建块如何适配

❑ IETF 的 YANG Push 和 OpenConfig 流式遥测概述

❑ 选择遥测机制的一些帮助

5.1 导言

本章介绍了数据模型驱动遥测的概念和架构。通读本章，你会明显感觉到该主题处于"正在建设中"——没错，遥测技术在行业中正在不断发展。本章将介绍遥测技术的现状，并提供一些指导。

5.2 数据模型驱动的遥测

遥测作为一个通用术语，是指遥测数据的过程或科学，其中，遥测过程是指测量一个数值（例如：压力、速度或温度）并将测量结果传输到远端站点（例如：通过无线电）的动作。在网络世界中，遥测是一种自动化的通信过程。通过该过程可以在远程或无法访问的点收集测量值和其他数据，并将其传输到接收设备进行监控。典型的网络示例是 SNMP 通知、NetFlow（RFC 3954）和 IP 流信息导出（IP Flow Information eXport，RFC 7011）记录以及系统日志消息。遥测技术在行业中并不新鲜，尽管数据模型驱动的遥测技术是新的。

SNMP 通知、NetFlow 及系统日志消息已经存在了几十年。

当网络变得越来越庞大、越来越复杂，并因此从物理和虚拟实体生成越来越多的监控数据时，网络管理需要遥测。遥测有助于更快地将数据从网络中采集出来，从而可以实时或接近实时地传输大量数据。

第 1 章说明了为什么数据模型驱动的遥测是当今世界上最需要自动化且最有用的遥测类型。请注意，本书重点关注以下遥测定义。

> **遥测**
>
> 　　一种自动通信过程，通过该过程可以在远程或无法访问的点收集测量值和其他数据，并将其传输到接收设备以进行监控。模型驱动的遥测技术提供了一种将数据从模型驱动的支持遥测的设备传输到目的地的机制。
>
> 　　遥测使用订阅模型来识别信息源和目的地。模型驱动的遥测代替了对网元进行定期轮询的需求；取而代之的是，针对要传递给订阅者的信息，在网元上建立一个持续的请求。然后，定期地或随着对象的变化，将一组订阅的 YANG 对象传送到订阅者。

虽然准确的术语是数据模型驱动的遥测，但本书使用术语"遥测"，可以认为是"模型驱动的遥测"的简化和"流式遥测"。第 2 章提出高效自动化正是基于数据模型的用例。

对于大多数运维工程师而言，遥测指的是监控的数据流，其有助于网络监控和故障排除。请注意，遥测还可能包含已经使用的配置，尤其是在与非完全事务性协议（例如 RESTCONF 和 gRPC）一起使用时。将这两种信息（监控和配置）结合在一起是实现自动化和基于意图网络的基础（即创建能够持续学习和调整的反馈；请参阅 1.2.10 节。相对于商业遥测，这种遥测可以称为"运维遥测"（即使业内没有人使用该术语）。

商业遥测是一个明确的术语，指的是使用遥测来传输信息以帮助商业发展。例如，网络资产在硬件、软件和许可证方面如何与每个客户相关联？在了解客户如何使用具体的功能和服务（使用什么以及如何使用）之上，了解此资产当然可以帮助供应商销售团队。这个对支持团队而言还有一个很大的优势，他们可以主动警告潜在的缺陷，从而降低支持成本。业务开发人员、（高级）副总裁和高层管理人员谈到的所谓遥测技术实际上是指商业遥测技术。有人可能会争辩说，任何遥测最终都可以实现商业目的，因此"商业遥测"中的"商业"前缀不是必需的，甚至会造成混淆。但是，术语"商业遥测"有助于在遥测讨论中明确区分受众。

可以肯定的是，（运维）遥测和商业遥测会在某个地方相遇，因为某些流数据可能会重叠甚至是相同的——数据相似，但用法不同。例如，使用流式遥测技术解决网络问题需要数据清单来了解信息的来源以及如何解释信息。通常，数据清单由设备或网络清单、软件版本、启用的功能、许可信息等组成。就像技术支持中心（TAC）的工程师一贯要求输出"展现技术支持"开始调查案例一样，遥测也需要数据清单来解释数据。在没有上下文的情况下获取一些计数器信息不怎么有用。有趣的是，不同的受众（在这种情况下，指商业开发人员）将从几乎完全相同的信息中受益，以确保客户拥有能够实现商业成果的正确产品集——这显然是在抓住机会出售更多产品。

5.3 从 SNMP 转向遥测

暂且不提配置和监控都需要一个单一的数据模型这个基本论点，其实单单这个论点就证明了从 SNMP 通知转向（基于 YANG 的）遥测的理由，让我们来谈谈 SNMP（通知）效率不高的几个额外原因。

正如谢利·卡多拉（Shelly Cadora）在她的博客 [https://blogs.cisco.com/sp/the-limits-of-snmp][1] 中提到的，要检索大量数据，SNMP 轮询依赖于 GetBulk 操作。SNMPv2 中引入的 GetBulk 将连续执行 GetNext 操作来检索给定表的所有列（例如，所有接口的统计信息）。进行轮询时，路由器将在一个数据包中返回尽可能多的列。在第一个 GetBulk 数据包填满后，路由器上的 SNMP 代理继续按顺序填充另一个数据包。当轮询器检测到路由器"退出该表"时（通过发送属于下一个表的对象标识符 [OID]），它将停止发送 GetBulk 操作。对于非常大的表，这可能需要大量的请求，并且在每个请求到达时路由器必须进行处理。

使用单个网络管理系统（NMS）轮询情况已经很糟糕，如果使用多个 NMS 的轮询又会怎么样？显然，由于轮询不在不同的 NMS 之间同步，所以路由器必须独立处理每个请求，在词汇树中找到请求的位置并进行遍历，即使两个 SNMP 轮询器几乎同时请求相同的管理信息库（MIB）对象也是如此。许多网络运维人员都知道：SNMP 轮询器越多，SNMP 响应就越慢。一个运维人员向我提到了多达 200 个 NMS 正在轮询其网络，其中大多数都在轮询接口表中的类似信息：这是一种糟糕的情况，源自专注于不同技术的 NMS 混合在一起，不同部门拥有自己的 NMS，合并或收购混合，仅仅担心接触遗留的 NMS 会破坏某些东西。遥测通过完全消除轮询过程而获得比 SNMP 更高的效率。遥测不是使用路由器每次必须处理的特定指令发送请求，而是使用已配置的策略来了解要收集哪些数据，多久发送一次以及向谁发送。从编码的角度来看，使用紧凑的 Google Protocol Buffer（GPB）编码的遥测比 SNMP 更有效：

所有接口统计信息都适合单个 GPB 遥测数据包，而需要多个 SNMP 数据包才能导出相同的信息。占用的带宽大大降低，但真正的好处却是：路由器只需一次进入内部数据结构就能获取数据，而不是多次响应轮询请求。如果有多个感兴趣的接收器，则路由器可以仅将数据包复制到不同的目的地，这对于路由器来说是非常微不足道的任务。因此，将遥测发送到一个接收器与发送到五个接收器具有相同的延迟和开销。

轮询并不是 SNMP 给路由器带来的唯一计算负担。同样重要的性能因素是数据的排序和导出方式。SNMP 在建立索引和导出方面采用了非常严格的模型。以 SNMP 接口表（ifTable，RFC 2863）为例，如表 5-1 所示。表的每一列代表给定接口的不同参数，由接口的唯一标识符 ifIndex 索引。

表 5-1　SNMP 接口表中的一些条目

ifIndex	ifDescr	ifType	ifMTU	ifSpeed
3	GigabitEthernet0	6	1514	1000000000
4	GigabitEthernet1	6	1514	1000000000
5	Loopback0	24	1500	0

GetNext/GetBulk 操作的严格语义迫使路由器逐列遍历表（返回 ifIndex 列表，然后是 ifDescr、ifType 等列表），从最低索引值到最高索引值。从路由器的角度来看，这并不适合内部的数据表示。因此，路由器必须将数据重新排序到表中，并遍历各列以满足 GetBulk 请求。显然，SNMP 轮询和 SNMP 通知具有相同的缺点。

轮询接口表需要在路由器上增加这种"重新排序"的额外负载，如果多个轮询器需要相同的信息，则显然要乘以轮询器的数量。与重新排序面临的问题相同，另一个运维人员周知的例子是轮询路由表。它会使路由器瘫痪或至少花费很长时间（取决于 SNMP 进程的相对优先级）。15 年前对整个边界网关协议（BGP）表进行轮询（包含约 1000 个条目）耗时约 30 分钟。如今，BGP 路由表包含近 800 000 条路由 [https://bgp.potaroo.net/][2]。算一算！

如果只需释放路由器以自然顺序显示数据，那就好多了！这正是遥测要做的事。遥测使用内部批量数据收集机制收集数据，进行最少的处理以筛选内部结构并将其转换为 Google Protocol Buffer，然后按配置的时间间隔将整个内容推送到收集器。目标是最大限度地减少每一步的处理开销，从而以最少的工作量获得最快、最新的数据。

最后，与 SNMP 轮询相比，遥测还提供了另一个优势：一致的观察时间。通常，NMS 的定期轮询器称为 SNMP 轮询间隔。运维人员通常每 5 或 30 分钟对接口计数器进行一次轮询，以绘制容量规划的使用情况演变图。但是用于故障排除的 SNMP 轮询需要精确的观察时间。例如，让我们尝试将多个 MIB 表中的计数器关联起来（例如，接口、服务质量、流）。当 SNMP 轮询器通过 SNMP 请求这三个表时，由于传输延迟、可能的重传、重新排序的额外处理或者仅仅是不同 NMS 的轮询时间不同步，导致请求在路由器上的不同时间得到处理。因此，在不同时间观察计数器影响了数据的关联。最重要的是，SNMP 是基于用户数据报协议（UDP）的，轮询周期可能会丢失，因此数据包可能会丢失，通常会发生在网络负荷较大且对数据的需求最大时。通过遥测，运维人员可以直接在代理上订阅这三个表，此时轮询是代理内部的处理，可以最大限度地减少负面的时序影响。

注意，SNMP 轮询器总是不停地进行轮询。在此期间，数据可能会变得无关紧要。因此，将定期订阅和某些事件驱动的遥测（由特定变化触发的遥测）结合起来，可以大大地消除或减少这个问题。请参阅本章后面的两类订阅类型：定期订阅和变动订阅。

现在你确信需要脱离 SNMP。但如何升级到模型驱动的遥测？第一步是将 SNMP 通知转换为遥测。YANG 目录搜索引擎 [https://www.yangcatalog.org/yang-search/][3] 可以帮助你找到合适的 YANG 对象。例如，接口配置和操作信息可以在如下 YANG 模块中找到：ietf-interfaces [https://www.yangcatalog.org/yang-search/module_details/?module=ietf-interfaces][4] 和 openconfig- interfaces [https://www.yangcatalog.org/yang-search/module_details/?module=openconfig-interfaces][5]。研发人员正在开发一个遥测数据映射工具，可以直接将 MIB 模块的 OID 映射到 YANG 对象。例如，对于 ifIndex、ifAdminStatus 和 ifOperStatus 以及 linkDown 和 linkUp SNMP 通知（RFC 2863）中的 MIB 变量，该工具将返回内容，如图 5-1 中所示。

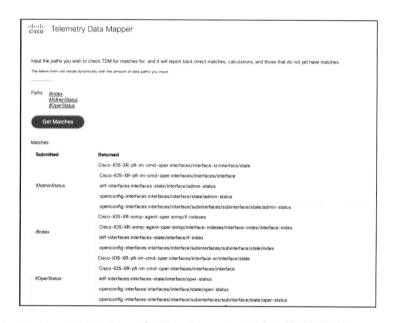

图 5-1　ifIndex、ifAdminStatus 和 ifOperStatus MIB 对象映射到可操作的 YANG 对象

该工具的目标是将 MIB OID 映射到可操作的 YANG 对象，以进行遥测。

配置对象的映射可能略有不同。ifAdminStatus 配置对象如下所示：

❑ openconfig-interfaces:interfaces/interface/config/enable

❑ openconfig-interfaces:interfaces/interface/subinterfaces/subinterface/config/enable

❑ ietf-interfaces:interfaces/interface/enabled

❑ Cisco-IOS-XR-ifmgr-cfg:interface-configuration/interface-configuration/shutdown

对于尚不支持 NMDA 的系统（网络管理数据存储体系结构；请参阅第 3 章），ietf-interfaces (RFC7223) 中的 ifAdminStatus 配置将映射到 ietf-interfaces:interfaces/interface/enabled。

对于支持 NMDA 的现代系统（RFC 8343，即 RFC 7223 的更新，支持 NMDA），ifAdminStatus 配置将映射到如下相同对象的数据存储中：:startup、:candidate、:running 和 :intended。

该计划是将遥测数据映射器与 YANG Catalog 工具集集成在一起。其源代码在如下 GitHub 代码库 https://github.com/cisco-ie/tdm 中 [6]。

5.4　遥测的使用案例

流式遥测提供了一种机制，可以从发布者中选择感兴趣的数据，并以结构化格式传输到远程管理站进行监视。这种机制可以根据实时数据自动调整网络，这对于无缝运行至关重要。通过遥测可获得更细粒度和更高频率的数据，实现更好地性能监视，从而可以更好地排除故障。它有助于提高服务效率、提高带宽利用率、链路利用率、有助于风险评估、风险控制、远程监控以及确保服务的可伸缩性。流式遥测因此将监视过程转换为数据分析过程，从而能够快速提取和分析海量数据集以改善决策。

遥测允许用户将数据定向到已配置的接收器 / 收集器中。这是通过利用机器对机器（machine-to-machine）通信的功能来实现的。数据由开发运维（DevOps）人员使用，他们计划通过实时收集网络数据并进行分析、查找问题发生位置、相互协作调查和解决问题、优化网络。

遥测有很多用例，下面列出一部分：

- ❏ 网络状态指示器、网络统计信息和关键基础结构信息已暴露给应用层，用于提高运行性能并减少故障排除时间（例如，流式传输有关设备运行状况的所有信息）。
- ❏ 需要部分操作状态（有时是使用的配置）的实时报告。多个操作组关心设备中重叠对象的状态。拥有设备的一个操作组不想授予对该设备的完全访问权限，只授予具有只读类型凭据的 NMS 的只读源。另一个示例是直接向租户或服务提供商提供所有相关操作 / 配置更新，这些更新为企业提供了单独的网络功能虚拟化。
- ❏ 快速复制网络流以进行后处理（例如，流化网络拓扑、路由信息、配置、接口状态、核心流量矩阵等，以进行网络仿真和优化）。
- ❏ 遥测作为一种反馈回路机制，例如基于通过遥测接收到的网络条件的变化（例如，运行性能数据的变化驱动网络重新平衡以优化设施的使用），将流量引向备用路径。
- ❏ 条件遥测，可建立推送连接，并在满足某些条件时将目标遥测数据转发给目标接收者。例如，仅当另一个接口关闭时才发送丢包计数器信息。这可能需要在变化时进行遥测（本章后面将进行讨论）。
- ❏ 对端配置错误，可监视相邻网元的配置，查看两侧的公共参数是否设置为相同。

在描述遥测用例时，重要的是理解遥测是一种协议（即，对受益于遥测所提供知识的应用而言，这是一种达到目的的手段）。换句话说，价值不在遥测协议本身，甚至不在数据模型，而在信息流以及基于此信息的数据分析中。

5.5　遥测组件

本节介绍遥测架构、遥测事件的概念以及两种拨号遥测模式。

5.5.1 架构

从多层的角度来看，遥测架构类似于管理架构（参见图 2-3），如图 5-2 所示。

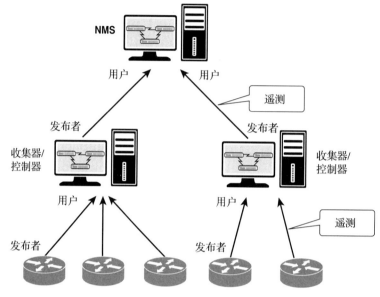

图 5-2 遥测架构

网元（无论是物理网元还是虚拟网元）将遥测信息从发布者（Publisher）传输到收集器（Collector），有时称为遥测接收器（Receiver）。此信息集成在收集器中（有时与控制器共存），进行汇总、关联、并将其聚合。信息可以按时间（即时间序列）或空间（即网络中不同位置的多个发布者）进行聚合。最后，收集器将收集 / 关联 / 聚合的遥测数据转发给 NMS。考虑到来自多个发布者的大量遥测数据可能以很高的频率被推送，这是收集器 / 控制器中的关键过程。

显然，在模型驱动的遥测中，信息源是一系列 YANG 对象。如 1.4.2 节所述（该节介绍了管理一个简单概念的挑战，例如：使用不同数据模型语言的接口），使用与信息源相同的数据语言有利于数据关联、聚合和分析。但是，该行业的现实情况是，并非所有信息源都被 "YANG 化" 了。在某些情况下，把设备中的所有信息 YANG 化是不值得的——YANG 不需要重新设计一切！例如，遥测用例之一提到了核心流量矩阵，该矩阵通常是从 NetFlow（或 IPFIX）流记录中计算出来的。实际上，在这种情况下，收集器将从网络中多个关键位置接收 NetFlow/IPFIX 流记录，并生成核心流量矩阵，并可能补充一些遥测数据。从此，创建以核心流量矩阵为模型的 YANG 模块是一项相对容易的工作，收集器可以在通过遥测推送其内容之前进行公告。如果 YANG 对象和非 YANG 对象必须从单个遥测协议流中传输（例如，用以补充基于 YANG 的遥测），则可以使用当前遥测机制之一：

NETCONF、RESTCONF 或 gNMI 来完成此操作。gNMI 在其文档中明确提到它可以用于任何数据（即非 YANG 数据），其具有以下特征：

- ❏ 可以用树（tree）来表示的结构，其中节点（node）由包含节点名称或带有属性的节点名称组成的路径唯一标识。
- ❏ 数值可以序列化为标量对象。

即使是 YANG 本身，描述不是由 schema 指定，或者由 anyxml 或 anydata 构建，或者由字符串和二进制文件建模的信息也完全没有问题。当然如何解释该数据需要一个数据模型，无论传输什么数据都需要有一种能够在遥测订阅中引用它的方法。如果要在节点级别启用具有筛选功能的订阅，当然应该有一个通用的 schema 或数据模型；订阅筛选器很难以结构化的方式引用任意数据。

带有专门为协调器和控制器之间接口设计的 Network YANG 模块特点非常明显（参见图 2-3）。即使理想的目标是在每一层接收模型驱动的遥测，多层架构也会帮助来自不同潜在信息源的数据聚合、关联和分析。

从发布者配置的角度来看，典型元素如下：

- ❏ **传感器路径**：描述要流到收集器的数据，该数据是 YANG 路径或带有 tree 的 YANG 模型中的数据定义的子集。在 YANG 模型中，传感器路径可以指定为在容器层次结构中的任何级别结束。
- ❏ **一个或多个 YANG subtree（包括单个 leaf）的订阅请求**：这是由发布者的用户提出的，并且是针对收集器提出的。订阅可能包含约束，这些约束指示 YANG 信息更新的发送频率或发送条件。订阅是规定要推送的数据和相关条款的合同。换句话说，它将所有内容绑定在一起，以便路由器以配置好的时间间隔传输数据。
- ❏ **流传输会话的初始化**：描述是谁发起从路由器到收集器的数据流。有两种可能的选择分别是拨入模式（收集器发起到路由器的会话并订阅要流式传输的数据）和拨出模式（路由器基于订阅发起到目的地的会话）。
- ❏ **传输协议**：描述要用于通过传感器路径将选择的信息传递给采集器 / 控制器的协议，例如 NETCONF、RESTCONF 或某些基于 gRPC、传输控制协议（TCP）甚至是 UDP 的新协议。
- ❏ **编码**：描述线路上数据的格式，例如可扩展标记语言（XML）、对象表示法（JSON）或 GPB。

5.5.2　传输讨论：监控与事件

遥测应使用哪种正确的传输协议（基于 UDP 或 TCP）？有趣的是，当今业界对遥测的讨论与大约 10 年前对 IPFIX（IP 流信息导出）的标准化讨论相同（注意 IPFIX 也是遥测协议）。确实，遥测对于某些人来说可能是新的流行词，但它显然不是新概念：IPFIX 已经是遥测协议了。

最后，传输讨论归结为运维问题。对于不可靠的 UDP 传输，如果在收集器上未接收到流信息代表什么？发布者已关闭、无法访问或根本没有流信息要发送？显然，你可以包含一个消息标识符，以指示是否丢失了某些记录（例如在 NetFlow 和 IPFIX 中），但这就够了吗？这取决于遥测内容。如果使用遥测进行监视（例如接口统计信息），则在时间序列中丢失一些遥测数据包并不是什么大问题。但是，在将遥测数据用于计费的极端情况下，你不能错过任何遥测信息。十年前，IPFIX 解决方案要求将流控制传输协议（SCTP）Partial Reliability Extension（RFC 3748）作为强制实施协议。但 SCTP 并没有成为业界重要的传输协议。业界只能选择：基于 TCP 或基于 UDP 的传输协议。当发布者是路由器并以高频度传输大量遥测数据时，期望发布者保留一个已填满遥测记录的缓冲区，以便进行潜在的重传是不切实际的。关键是，如果你无法获得有效样本会影响工作，或者如果依赖遥测采取行动，则必须将遥测视为基于事件的机制，并且必须面向连接传输。在 IETF YANG Push 和 OpenConfig 的流式遥测中，传输都是加密的且面向连接的协议 TCP。请参阅表 2-1，该表着重介绍了不同的传输堆栈。最后，请注意，与 UDP 相比，TCP 提供了另一个优势——不可否认性，这在事件发生时尤其重要。

IETF 围绕基于 UDP 的发布渠道进行了讨论，该发布渠道用于从设备收集数据的流式遥测 [https://tools.ietf.org/html/draft-ietf-netconf-udp-pub-channel][7]。未来将告诉我们本规范适用于哪些运维用例。

5.5.3 订阅类型：变动与定期

订阅有两种类型：定期（Periodic）订阅和变动（On-Change）订阅。通过定期订阅，数据将以配置的时间间隔流式传输到目标。在该订阅的生存期内连续发送数据。变动订阅仅在数据发生变动时才发布数据。变动也称为事件驱动的遥测。变动订阅主要适用于类似状态的对象，通常是接口断开或邻居出现。注意，不应该因为不相关而放弃使用变动订阅监控计数器。例如，与定期（Periodic）机制相比，BGP 对端重置计数器是事件驱动遥测的理想选择。但是，某些系统除了为每个计数器改变软件行为外，还可能隐含负荷惩罚（例如，没有在共享内存中实现）。

那么，如何发现哪些 YANG 对象支持变动订阅的遥测呢？这里有一个基于 Cisco IOS-XR 设备的示例。从 Cisco-IOS-XR-types.yang YANG 模块中提取：

[https://github.com/YangModels/yang/blob/master/vendor/cisco/xr/651/Cisco-IOS-XR-types.yang][8]。示例 5-1 显示了一个称为事件遥测的扩展，用于标记具有变动订阅能力的对象。

示例 5-2 显示了两个对象：address leaf 和 information-source leaf，是 ipv4-rib-edm-path 列表的一部分，已实现变动订阅类型。

示例5-1　思科IOS-XR事件遥测扩展

```
extension event-telemetry {
  argument description;
  description
```

```
    "Node eligible for telemetry event subscription";
}
```

示例5-2　来自Cisco-IOS-XR-ip-rib-ipv4-oper-sub1.yang的事件驱动遥测示例

```
…
import Cisco-IOS-XR-types {
  prefix xr;
}
…
grouping IPV4-RIB-EDM-PATH {
  description
    "Information of a rib path";
  list ipv4-rib-edm-path {
    description
      "ipv4 rib edm path";
    leaf address {
      type Ipv4-rib-edm-addr;
      description
        "Nexthop";
      xr:event-telemetry "Subscribe Telemetry Event";
    }
    leaf information-source {
      type Ipv4-rib-edm-addr;
      description
        "Infosource";
      xr:event-telemetry "Subscribe Telemetry Event";
    }
```

示例 5-1 说明了 YANG 语言的可扩展性，其 extension 关键词在第 3 章中已简要提及。提醒一下，extension 声明允许在 YANG 语言中定义新的语句。此新的语句定义可以被其他模块导入并使用，如示例 5-2 Cisco-IOS-XR-ip-rib-ipv4-oper-sub1.yang 所示。

在等待 yangcatalog.org 为每个 YANG 对象报告非常有用的变动能力元数据的时候，示例 5-3 使用 Unix grep 函数突出显示了 IOS XR 6.5.1 中发布的、YANG 模块之间所有变动订阅的实现，其 GitHub 地址为：https://github.com/YangModels/yang/tree/master/vendor/cisco/xr/651[9]。

示例5-3　所有支持事件驱动遥测的YANG模块

```
VM:~/yanggithub/yang/vendor/cisco/xr/651$ grep "xr:event-telemetry" *
Cisco-IOS-XR-bundlemgr-oper-sub2.yang:      xr:event-telemetry "Subscribe Telemetry
Event";
Cisco-IOS-XR-controller-optics-oper-sub1.yang:      xr:event-telemetry "Subscribe
Telemetry Event";
Cisco-IOS-XR-ip-rib-ipv4-oper-sub1.yang:      xr:event-telemetry "Subscribe
Telemetry Event";
```

```
Cisco-IOS-XR-ip-rib-ipv6-oper-sub1.yang:        xr:event-telemetry "Subscribe
Telemetry Event";
Cisco-IOS-XR-ipv6-ma-oper-sub1.yang:        xr:event-telemetry "Subscribe Telemetry
Event";
Cisco-IOS-XR-pfi-im-cmd-oper-sub1.yang:        xr:event-telemetry "Subscribe Telemetry
Event";
Cisco-IOS-XR-pmengine-oper-sub1.yang:        xr:event-telemetry "Subscribe Telemetry
Event";
…
```

5.5.4 拨入模式和拨出模式

遥测会话可以通过如下两种模式之一来启动：拨入模式或拨出模式。

在拨出模式下，发布者拨出到收集器。配置传感器路径和目的地（通常使用遥测配置 YANG 模块）并绑定到一个或多个订阅中。设备不断尝试与订阅中的每个目的地建立会话，并将数据流传输到接收器。订阅的拨出模式是持久的。当会话中断时，设备将持续每 30 秒尝试一次与接收方重新建立新会话。为了进行拨出遥测，配置路由器执行三个步骤：

步骤 1：创建一个目标组。目标组指定路由器用于发送遥测数据的目标地址、端口、编码和传输。

步骤 2：创建一个传感器组。传感器组指定要流式传输的 YANG 路径列表。

步骤 3：创建一个订阅。订阅将目标组与传感器组关联，并设置流传输间隔。

在拨入模式下，收集器拨入设备并动态订阅一个或多个传感器路径或订阅。设备（发布者）充当服务器，接收者充当客户端。设备通过同一会话传输遥测数据。订阅的拨入模式是动态的。

当接收方取消订阅或会话终止时，此动态订阅将终止。当收集器确切知道其遥测要求或只有一个收集器时，拨入模式是适用的。仅在 gRPC 网络管理接口（gNMI，即收集器发起到路由器的 gRPC 会话，并指定一个订阅）上支持拨入模式。路由器在收集器发起的订阅中可发送传感器组指定的任何数据。

5.6 遥测标准机制

图 5-3 和 5-4 可帮助你在新兴且不断发展的遥测世界中找到出路。它们提供了浏览不同遥测选项的快速方法。后续各节中将详细讨论其机制。

模 式	拨 入						
编码（序列化）	protobuf				JSON（IETF 或 OpenConfig）		XML
	自描述		紧凑				
遥测协议	gNMI	TCP（厂商）	gNMI	TCP（厂商）	gNMI	TCP（厂商）	NETCONF

图 5-3　拨入遥测选项

模　式	拨　出						
编码 （序列化）	protobuf						JSON（IETF）
	自描述			紧凑			
遥测协议	gRPC	gNMI	TCP（厂商）	gRPC	gNMI	TCP（厂商）	NETCONF

图 5-4　拨出遥测选项

找到最适合的遥测机制其方法是从以下问题开始：拨出还是拨入模式？图 5-3 显示了拨入遥测选项，图 5-4 显示了拨出遥测选项。拨出模式提供 RESTCONF、gRPC、gNMI 和专有 TCP 实现作为协议，搭配相应的编码 JSON 和 protobuf（Protocol buffer）。另一方面，拨入模式适用于 NETCONF、gNMI 或专有 TCP 实现。选择 gNMI 后，编码选择（根据 IETF 规范的 JSON、根据 openconfig 或 protobuf 规范的 JSON）是两种考虑因素的混合：

❑ 首先要考虑的是编码效率。protobuf 紧凑模式（与 protobuf 自描述模式、XML 和 JSON 相对）是一种紧密的二进制形式，可以节省线路和内存空间。因此，当将大量数据以高频率发向收集器时（通常是持续时间长且频度高的时间序列、整个转发信息库（FIB）、BGP 路由信息库（RIB）、QoS 统计信息等），此编码非常适合遥测。与最冗长的 XML 编码相比 protobuf 具有明显的效率优势，数据量减少了 3 到 10 倍。

❑ 第二个考虑因素是网络运营中心的工具类型和专业知识。例如，现有的 JSON 工具集以及网络运营中心中的 JSON 专业知识可以把 JSON 确定为首选编码。

5.6.1　NETCONF 事件通知

2008 年发布的 RFC 5277"NETCONF Event Notifications"在 NETCONF 定义之上定义了一种可选机制，NETCONF 客户端通过创建接收事件的订阅来表示有兴趣从 NETCONF 服务器接收事件通知。NETCONF 服务器应答一个响应以指示订阅请求是否成功，如果成功，则在系统中事件发生时开始向 NETCONF 客户端发送事件通知。这些事件通知将一直发送到 NETCONF 会话终止或因其他原因终止订阅为止。事件通知订阅允许创建订阅时指定多个选项，以使 NETCONF 客户端能够选择感兴趣的事件。订阅创建后将无法修改。要更改订阅必须创建一个新的订阅并删除旧的订阅。这种机制减少了订阅紊乱的风险。

"NETCONF Event Notifications"规范描述了在当前遥测中反复使用的几个关键术语：订阅、事件和流。

订阅

通过 NETCONF 会话接收事件通知的协议和方法。与通知发送（如果有要发送的通知）相关的概念，涉及通知的目的地和选择。它绑定于会话生命周期。

> **事件**
>
> 事件是发生的可能感兴趣的事，例如配置更改、故障、状态更改、超过阈值或系统的外部输入。通常，这会触发异步消息（有时称为通知或事件通知）发送给相关方，以通知它们该事件已发生。

> **流**
>
> 事件流是一组符合某些转发条件的事件通知，可供 NETCONF 客户端订阅。

该规范定义了 <create-subscription> 操作，该操作将发起事件通知订阅，该事件通知订阅将异步事件通知发送到命令的发起者，直到订阅终止。可选的筛选器可指示感兴趣的所有可能事件的子集。当感兴趣的事件（即满足指定的筛选条件）触发时，<notification> 操作将发送给客户端，该客户端异步启动 <create-subscription> 命令。事件通知是一个完整且格式完好的 XML 文档。请注意，<notification> 不是远程过程调用（RPC）方法，而是将单向消息标识作为通知的顶层元素。

RFC 5277 NETCONF 事件通知实现已存在，但是旧版本的规范存在一个缺点。最初，YANG 模型仅关注配置信息，对仅通过遥测推送配置对象兴趣有限。实际上，有时与配置结合在一起的运行状态更有价值。此时新的需求产生，新的遥测工作也开始了。

5.6.2 IETF YANG 订阅

2014 年，"Requirements for Subscription to YANG Datastores" 工作启动，最终定稿为 RFC 7923。本文档描述了遥测服务基础需求集合，概括为一种"发布/订阅"服务，用来更新 YANG 数据存储。作为订阅协商标准的一部分，将更新推送到目标接收器，从而消除了应用程序定期轮询 YANG 数据存储的需求。该文档还包括一些改进：定期对象更新、在请求的子树下筛选对象，以及传递 QoS 保证。RFC 7923 是易于阅读的快速文章，提供了术语描述，提供了推送解决方案的业务驱动力，将发布/订阅机制与 SNMP 进行了比较，描述了一些用例并提出了一系列要求。阅读本文档尤其是需求部分，可以帮助你了解 YANG 订阅的目标，这是模型驱动遥测的基础。

在撰写本文时，针对"YANG Push and Friends"有四个不同的 IETF 规范，如表 5-2 所示。文档处于标准化的最后阶段，本书出版后，你将会看到 RFC 的公布版本。

表 5-2 与"YANG Push and Friends"相关的四个 IETF 规范

IETF 规范文档	网　站
订阅 YANG 事件通知（Subscription to YANG Event Notifications）	https://datatracker.ietf.org/doc/draft-ietf-netconf-subscribed-notifications[10]

（续）

IETF 规范文档	网　　站
订阅 YANG 数据存储（Subscription to YANG Datastores）	https://datatracker.ietf.org/doc/draft-ietf-netconf-yang-push/[11]
通过 Netconf 动态订阅 YANG 事件和数据存储（Dynamic Subscription to YANG Events and Datastores over NETCONF）	https://datatracker.ietf.org/doc/draft-ietf-netconf-netconfevent-notifications/[12]
通过 RESTCONF 动态订阅 YANG 事件和数据存储（Dynamic Subscription to YANG Events and Datastores over RESTCONF）	https://datatracker.ietf.org/doc/draft-ietf-netconf-restconfnotif[13]

还有更多的配套文档，但是在最后定稿之前还需要做一些工作。在这些文档中，你已经在本章中学习了有关基于 UDP 的流式遥测发布渠道 [https://tools.ietf.org/html/draft-ietf-netconf-udp-pub-channel][7]。

表 5-2 中主要的文档是"Subscription to YANG Event Notifications"。本文档提供了最初在"NETCONF Event Notifications"（RFC 5277）中定义的订阅功能超集，并考虑了它的局限性，如"Requirements for Subscription to YANG Datastores"（RFC 7923）中所述。它还指定了与传输无关的功能（请记住，RFC 5277 特定于 NETCONF）、新的数据模型以及用于替换"create-subscription"操作的远程过程调用（RPC）操作，并且它支持通过一个传输会话将不同订阅的通知消息和 RPC 混合在一起。新旧规范之间的相同之处是 <notification> 消息和"NETCONF"事件流的内容。注意，发布者可以同时实现两个规范。在此我们不列规范的细节（为此，最好是最终发布的 RFC），而是列出从"Subscription to YANG Event Notifications"文档中获取的关键功能。

订阅 YANG 事件通知

　　RFC 7923 讨论了 RFC 5277 中的各种限制。解决这些问题是这项工作的主要目的。本文档支持的主要功能包括：

- ❏ 单个传输会话上的多个订阅
- ❏ 支持动态和可配置的订阅
- ❏ 修改正在进行的现有订阅
- ❏ 每个订阅的运行计数器
- ❏ 订阅参数协商（用于作为订阅请求被拒绝的一部分所返回的提示）
- ❏ 订阅状态改变通知（例如，由发布者驱动的）
- ❏ 暂停，参数修改
- ❏ 与传输层的解耦

从同一文档中，你至少还须了解以下概念。

订阅 YANG 事件通知

支持两种订阅：

1. 动态订阅，用户通过 RPC 与发布者发起订阅协商。如果发布者能够满足此请求，则接受该请求，然后开始将通知消息返回给用户。如果发布者无法按要求提供服务，则返回错误响应。该响应"MAY"包含关于订阅参数的提示，如果存在这些提示，则可以使该动态订阅请求被接受。

2. 配置订阅，允许通过配置管理订阅，以便发布者可以将通知消息发送到接收者。对配置订阅的支持是可选的，通过 YANG 功能公告其可用性。

其他与动态订阅不同的特征包括：

❑ 动态订阅的生命周期受建立它的传输会话的约束。对于 NETCONF 之类的面向连接的有状态传输，传输会话的丢失将导致任何关联的动态订阅也立即终止。对于像 HTTP 这样的无连接或无状态传输，可以使用缺少对顺序通知消息和 / 或保持活动的接收确认来触发终止动态订阅。将此与配置订阅的生命周期进行对比。配置订阅的生命周期是由发布者的应用配置中的相关配置来决定的。与配置操作相关联意味着可以将配置订阅配置为在重新启动后持续存在，并且意味着配置订阅即使在其发布者与任何网络完全断开连接的情况下也可以保留。

❑ 请注意，本章前面已经在拨入和拨出模式的上下文中讨论了动态订阅。在 IETF 中即使动态订阅也需要使用 YANG 模型进行配置。这是和 OpenConfig 拨入功能的主要区别，它不需要使用 openconfig-telemetry YANG 模型进行配置。

表 5-2 中的第二个文档"Subscription to YANG Datastores"指定用户程序如何从 YANG 数据存储请求连续的、自定义的更新流（即，提供数据存储订阅更新服务的解决方案）。基本上，此解决方案支持对数据存储节点更新的动态订阅和配置订阅。它通过选择筛选器增强了订阅模型，这些筛选器使用定期的和基于变化事件的更新策略来确定要为其推送更新的目标 YANG 数据存储节点和 / 或数据存储 subtree。它还指定了用于管理数据存储推送通知的编码和 YANG 模型。

第三个文档"Dynamic subscription to YANG Events and Datastores over NETCONF"描述了绑定 NETCONF 到已订阅通知和 YANG Push 的动态订阅能力。同样，第四个文档"Dynamic Subscription to YANG Events and Datastores over RESTCONF"描述了 RESTCONF 绑定（即，如何通过 RESTCONF 建立和维护动态订阅）。

5.6.3　IETF YANG Push 与 OpenConfig：一些历史

如图 5-5 所示，观察行业订阅规范的进展情况很有意思。

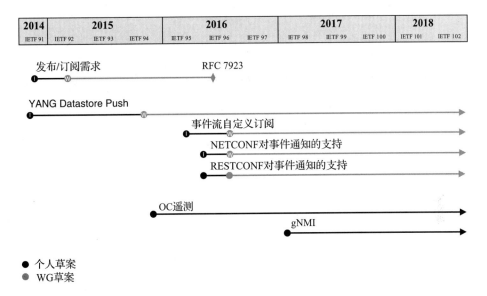

图 5-5　行业订阅规范进展

不考虑 RFC 5277 "NETCONF Event Notifications"（2008 年），这是遥测的早期尝试，仅关注 NETCONF，图中的第一个观察结果是 IETF 开始致力于新的需求集和 2014 年推出的 YANG Datastore Push，但此时此刻 OpenConfig 协会甚至没有提到遥测技术。OpenConfig 遥测于 2015 年底开始启动相关工作，当时 IETF 已最终确定了发布 / 订阅需求，并且 YANG Datastore Push 已成为工作组文档。请注意，OpenConfig 遥测 YANG 模型 [https://github.com/openconfig/public/blob/master/release/models/telemetry/openconfig-telemetry.yang][14] 自成立以来经历了五次修订，整合了许多 IETF 规范最初预期的功能。最终，具有拨入功能的 gNMI 于 2017 年初首次被标准化。

基于运行代码的 OpenConfig 逐步演进（虽然 IETF 规范在撰写本文时尚未定稿，但应该很快就会完成），相对于 IETF "YANG Push and Friends"遥测技术，也许可以通过不同路由器供应商在实施方面的成功来解释 OpenConfig 的成功。IETF 花费四年多来实现需求和 YANG Push 机制的标准化，时间显然太长了，以至于业界开始在遥测领域放弃 IETF。IETF 解决方案从开始就考虑了很多概念：动态配置，包括参数协商、停止时间配置、重传、虚拟路由和转发（VRF）支持、多个接收者、暂停和恢复操作、基于子树 / 子字符串 / 范围的过滤、质量服务、准入控制、变动和定期等。虽然最终 OpenConfig 从 IETF 解决方案中选择了最有用的概念，但这并不重要，IETF 和 OpenConfig 遥测技术具有一些共性，如图 5-6 所示。

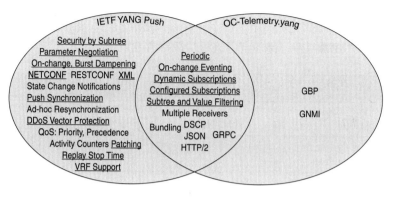

图 5-6　IETF YANG Push 和 OpenConfig 遥测的需求覆盖范围

5.6.4　OpenConfig 流式遥测

如图 5-5 所示，OpenConfig 版本有两种形式，或者主要有两种演进方向：OC 遥测和 gNMI。第一个是 OpenConfig 遥测 YANG 模块，用于发布者进行遥测配置和监控，第二个是带有拨入模式的 gNMI [https://github.com/openconfig/gnmi][15]。如第 4 章所述，gNMI 是用于配置操作和状态检索的协议。

gNMI 遥测利用 SubscribeRequest（请参阅 4.4.5 节，或直接转到 OpenConfig "Subscribing to Telemetry Updates" 文档，网址为：https://github.com/openconfig/reference/blob/master/rpc/gnmi/gnmi-specification.md#35-subscribing-to-telemetry-updates)[16]。请注意，拨入模式不需要 OpenConfig 遥测 YANG 模型：从 "用户" 的角度，收集器只是拨入发布者并指定需要监视的传感器路径。

请注意图 5-3 中两种编码之间的细微差别：JSON（IETF）和 JSON（OpenConfig）。gNMI 支持 JSON 编码，这是在 IETF 的 "JSON Encoding of Data Modeled with YANG"（RFC 7951）中定义的。但是，使用该规范意味着 64 位整数的遥测变量变为字符串。"int64" "uint64" 或 "decimal64" 类型的值表示为 JSON 字符串，其内容是对应的 YANG 类型的词汇表示形式，这在收集器中并不理想。理由是最好使用原生的类型对值进行编码。OpenConfig 采用原生的 protobuf 编码，并根据需要从模式类型进行映射，如图 5-3 中的 "JSON（OpenConfig）" 所示。

专家访谈

与 Alex Clemm 的问答

Alex Clemm 是华为位于加利福尼亚州圣克拉拉的未来网络与创新组的杰出工程师。在他的整个职业生涯中，一直致力于网络软件、分布式系统和管理技术的研究与设计。他在许多产品上提供了领先的技术服务，并在包括从概念设计到客户交付以及最近在高精度网络、未来网络服务以及网络分析、意图和遥测领域都有深入研究。他曾在许多管理和网络软件化会议的组织和技术计划委员会中任职,最近担任 IEEE NetSoft 2017 和 IFIP/IEEE IM 2019 的技术项目主席。他拥有约 50 种出版物和 50 项已授权专利。他还写了几本书(包括 *Network Management Fundamentals*)和 RFC。Alex 拥有斯坦福大学计算机科学硕士学位和德国慕尼黑大学博士学位。

提问:

你能描述下遥测在自动化中的重要性吗?

回答:

遥测为用户和应用程序提供了对网络的可视性。它允许用户分析网络中正在发生的事情、评估网络的运行状况、查看是否有值得关注的异常情况。例如,遥测数据使你可以检测事物何时、以某种方式发展的趋势,表明某种恶化的状况,或某种程度上不同寻常的情况,这也可能指向其他问题,例如网络攻击。通常由经验丰富的最终用户执行实际的分析工作,或更常见的是如今由智能分析程序去执行。但是,这种分析的动力是遥测。因为遥测提供了基础数据。

遥测在多种方面对自动化很重要。首先,当出现问题并且需要对某些参数进行配置或调整时,它允许你根据某些条件自动执行操作。从这个意义上讲,遥测数据实际上为自动操作提供了触发条件。其次,遥测数据可让你评估运行是否达到了预期效果。智能自动化通常涉及控制环路,在该环路中,可能植根于遥测数据观察的某些条件触发了一个动作,然后监视其影响,以寻找可能随后触发进一步动作的条件。只要你具有涉及闭环控制的智能自动化,遥测就成为闭环方程中的重要组成部分。

提问:

遥测和配置之间有什么联系?

回答:

遥测首先要关注的是从网络中发现的运行数据,例如健康信息、利用率数据、接口统计信息和队列状态等。它通常与配置数据无关,因为该数据由用户控制,不需要"发现"。但是,遥测在多个级别上仍然和配置存在联系。

首先,用户可能会希望评估配置操作是否对网络产生了预期效果。遥测是回答这些问题的关键。例如,配置操作可能会影响性能瓶颈的位置;可能会改变接口利用率的平衡;可能会更改某些流的路由方式以及丢弃哪些数据包。所有这些影响都可以通过检查遥测数据来分析。

其次,在某些情况下,还可以将配置数据作为遥测的一部分包括进去。这时配置数据可能会存在意外和动态变化——例如在虚拟化资源和多个协调器的情况下。它还可以帮助整合某些机器学习场景的配置和操作数据,尤其是在涉及特定配置环境下的数据分析时。

最后,应该指出的是,遥测本身需要进行配置,不仅仅是从设备收集遥测数据,还需要由设备生成遥测数据。遥测会对设备造成很大的负担;因此,生成什么遥测数据以及生成多少遥测数据成为重要的配置决策。当遥测本身流式传输到外部客户端时，可能需要轮询内部寄存器和状态。遥测数据也需要进行编码和导出，这可能成为重要因素，因为数据量很容易变得非常大。每分钟大约导出一次选定的接口统计信息是一回事，但是尝试每毫秒进行一次完整的设备状态转储是不可行的。因此，用户和应用程序需要仔细权衡实际需要的遥测数据，并确定获得更细粒度遥测的收益超过生成和收集成本的关键点。此外，数据的相关性可能会有所不同。某些数据可能仅在某些条件下才有意义，例如当需要分析"热点"时。所有这些都需要具有动态配置和重新配置遥测生成的能力。

提问：

你能描述一下你在 IETF 的遥测工作吗？与 OpenConfig 流式遥测相比如何？

回答：

在 IETF 中，我正在研究 YANG Push 互联网草案。这项工作涉及很多人，包括 Eric Voit、Balazs Lengyel、Reshad Rahman、Henk Birkholz、Andy Bierman、Alberto Gonzalez Prieto、Walker Zheng、Tianran Zhou 等。YANG Push 最初只是一个草案，它定义了一种方法，该方法允许 NETCONF 客户端订阅 YANG 数据存储更新而无须轮询，它支持两种订阅模式：定期订阅和变动订阅。在这一点上该工作已扩散为多个草案，以便能够归纳所提供的机制并使它们可重复使用。具体来说，订阅通知机制已与订阅更具体的数据存储更新机制分离。此外，传递更新的机制已与订阅机制本身分离。NETCONF 和 RESTCONF 都可以使用两种机制，其体系结构模型还允许插入其他传输方式。

在进行 YANG Push、NETCONF、RESTCONF 的工作之前，YANG 主要关注与实现相关的应用程序需求。它基本上集中在自动化设备配置和消除基于 CLI 的配置文件。尽管 YANG 确实允许定义非配置数据，但是与业务保障相关的应用显然只是个事后的想法。我们通过 YANG Push 着手改变这一现状，并满足与业务保障相关的应用程序需求。这些应用程序严重依赖遥测数据，而使用普通的 NETCONF 或 RESTCONF 则基本上需要轮询。过去轮询的需求已导致其他技术（尤其是 SNMP）出现许多问题。这包括以下事实：轮询会增加本可避免的很多负载从而影响可伸缩性；轮询间隔的可靠性和精确同步方面的问题影响数据的可比性和实用性。显然下一代管理技术需要更好的能力。鉴于 YANG 的激增，选择一种可以与现有 NETCONF/RESTCONF/YANG 架构集成、建立和扩展的方法也很重要。

YANG Push 实际上早于 OpenConfig 流式遥测。它的标准化花费了很长时间，这证明 IETF 标准化流程并不总是像我们所希望的那样快速。也就是说，在细节上存在各种差异。最明显的是，YANG Push 侧重于使用 IETF 的 NETCONF/RESTCONF/YANG 框架进行操作，为 NETCONF 和 RESTCONF 提供支持，以控制订阅和发布更新，而 OpenConfig 使用非 IETF、Google 拥有的技术（例如 Google Protocol Buffers 和 Google RPC）。此外，由于 YANG Push 并非主要关注数据中心管理，因此功能更丰富并提供很多额外的功能，例如协商订阅参数、订阅的优先级、推送同步和 VRF 支持等功能。

提问：

遥测技术仍然在行业中发展。我们还需要完成什么？

回答：

完成标准化只是遥测的第一阶段即将结束。

在接下来的工作中，也许最重要的事情是让遥测变得"更聪明"、更可行。遥测工作不再是简单地生成大量遥测数据并将其导出进行外部分析，而是可以直接在来源处分析。因此，需要导出、收集和分析的数据量可以大大减少。这样可以降低成本，简化操作，缩短反应时间。

例如，下一步涉及定义智能筛选器的能力。简单的智能筛选器不会只是简单地导出所有数据，而是只允许在其值超过阈值时导出数据。同样，另一个智能筛选器只允许在突破高水位线时（如过去 10 分钟内每个滚动窗口的最大利用率），或数据表示设备内的本地最大值（例如，当前使用最多的接口）时才允许导出数据。按照这个趋势，可以考虑增加聚合原始数据的能力，例如提供参数范围的中值、百分比和分布，或者插入异常检测模块，在遥测数据超出"正常"操作范围时通知客户端。其中许多功能尚未标准化，但会成为竞争优势。重要的是可以扩展遥测框架以适应这种功能。最终，所有这些功能将允许在网络边缘实现更智能的嵌入式自动化、闭环控制和智能化。

小结

本章使用了两个重要的遥测术语：

❑ 遥测（也称为数据模型驱动遥测、模型驱动遥测和流式遥测）。默认情况下，遥测需要处理运行信息。因此，即使业界没有人使用该术语，也可以称为运行遥测。网络和运营工程师只讲遥测。

❑ 商业遥测是指使用遥测来传输对商业发展有用的信息。当商业开发商（资深）副总裁和高级管理人员谈到遥测时，他们实际上指的是商业遥测。

本章了解了遥测概念和不同的遥测机制。由于（模型驱动）遥测技术仍是行业中一个不断发展的领域，图 5-3 通过对几个问题 / 观点的思考，提供了一种快速浏览不同遥测选项的方法。

参考资料

要进一步拓展知识，请参考表 5-3 中的一些参考资料。

表 5-3　遥测相关的关键点

专　　题	内　　容
模型驱动遥测	https://www.cisco.com/c/en/us/solutions/service-provider/cloudscale-networking-solutions/model-driven-telemetry.html 思科网站上与模型驱动遥测相关的初学者、中级和专家级内容

（续）

专　题	内　容
SNMP 的限制	https://blogs.cisco.com/sp/the-limits-of-snmp 谢利·卡多拉（Shelly Cadora）在博客中解释了 SNMP 不适合遥测的原因
gNMI	https://github.com/openconfig/gnmi gRPC 网络管理接口
gNMI 遥测	https://github.com/openconfig/reference/blob/master/rpc/gnmi/gnmi-specification.md#35-subscribing-totelemetry-updates gNMI 遥测规范
RFC7923	http://tools.ietf.org/html/rfc7923 "Requirements for Subscription to YANG Datastores"
四个 IETF 即将发布的 RFC	参见表 5-2

注释

1. https://blogs.cisco.com/sp/the-limits-of-snmp

2. https://bgp.potaroo.net/

3. https://www.yangcatalog.org/yang-search/

4. https://www.yangcatalog.org/yang-search/module_details/?module=ietf-interfaces

5. https://www.yangcatalog.org/yang-search/module_details/?module=openconfig-interfaces

6. https://github.com/cisco-ie/tdm

7. https://tools.ietf.org/html/draft-ietf-netconf-udp-pub-channel

8. https://github.com/YangModels/yang/blob/master/vendor/cisco/xr/651/Cisco-IOS-XR-types.yang

9. https://github.com/YangModels/yang/tree/master/vendor/cisco/xr/651

10. https://datatracker.ietf.org/doc/draft-ietf-netconf-subscribed-notifications/

11. https://datatracker.ietf.org/doc/draft-ietf-netconf-yang-push/

12. https://datatracker.ietf.org/doc/draft-ietf-netconf-netconf-event-notifications/

13. https://datatracker.ietf.org/doc/draft-ietf-netconf-restconf-notif/

14. https://github.com/openconfig/public/blob/master/release/models/telemetry/openconfig-telemetry.yang

15. https://github.com/openconfig/gnmi

16. https://github.com/openconfig/reference/blob/master/rpc/gnmi/gnmi-specification.md#35-subscribing-to-telemetry-updates

第 6 章 | *Chapter 6*

YANG 数据模型在行业中的发展

本章内容

❑ 开发数据模型驱动管理组件的行业"群组"

❑ 构建 YANG 数据模型的行业"群组"

❑ 行业如何协作或整合

❑ 在哪里可以找到 YANG 模型：GitHub 代码库和 YANG Catalog

❑ 互操作性测试

6.1 导言

本章分析了 YANG 在行业中的现状、行业的组织方式以及主要参与者。

数据模型驱动的自动化管理是当前行业的重点，且涉及多个行业"群组"，因此自动化管理在不断发展。这些行业"群组"包括标准制定组织、协会、论坛、开源项目，以及具备自研或专利模型的网络设备供应商。我们以时间为序来介绍行业的发展情况。

6.2 起点：IETF

前面章节已介绍过，Internet 工程任务组（IETF）先后制定了网络配置协议（NETCONF）和 RESTCONF 协议。以 NETMOD IETF 工作组为开端，IETF 开始制定标准模型。图 6-1 展示了 IETF 已发布的详细介绍关键数据模型的 RFC。

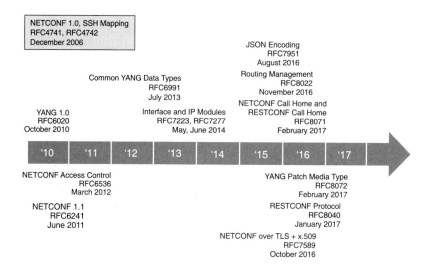

图 6-1　关键数据模型 RFC 时间轴

　　自从 IETF 确立 YANG 模型后，IETF 的所有工作组开始针对各自牵头的技术制定 YANG 模块规范。例如，IETF 网络源数据包路由（SPRING）工作组 [1] 中的分段路由专家，可以描述如何管理分段路由网络。在 YANG Doctors [2]（即 IETF 的 YANG 专家组，负责在 YANG 模块获批前检查其准确性、易用性和一致性）的帮助下，IETF 制定了许多 YANG 模块规范。在本书编写时，已有 85 个以上的 YANG 模块实现了标准化，如图 6-2 所示（来源：http://www.claise.be/IETFYANGOutOfRFC.png）[3]。请注意，最初在 http://www.claise.be[4] 上创建的报告、图形和表格大部分将被移到 yangcatalog.org[5] 网站。

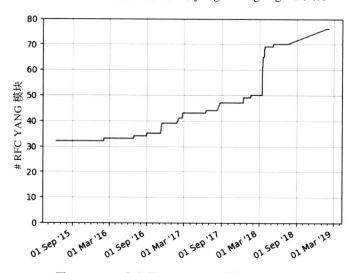

图 6-2　RFC 定义的 IETF YANG 模块和子模块

　　表 6-1（来源：http://www.claise.be/IETFYANGOutOfRFC.html）[6] 列出了 RFC 定义的所

有 YANG 模块。根据 YANG 模块的名称即可猜测出其内容。请注意，有些 YANG 模块有多个版本，说明这些 YANG 模块有过更新（例如，ietf-interfaces @ 2015-05-08.yang 和 ietf-interfaces@2018-02-20.yang）。在这种情况下，后一个版本符合网络管理数据存储架构（NMDA）。

表 6-1　RFC 定义的 IETF YANG 模块和子模块

YANG 模块（和子模块）	RFC	YANG 模块（和子模块）	RFC
iana-crypt-hash@2014-08-06.yang[7]	RFC 7317	ietf-netconf-partial-lock@2009-10-19.yang	RFC 5717
iana-hardware@2018-03-13.yang[8]	RFC 8348	ietf-netconf-time@2016-01-26.yang	RFC 7758
iana-if-type@2014-05-08.yang	RFC 7224	ietf-netconf-with-defaults@2011-06-01.yang	RFC 6243
iana-routing-types@2017-12-04.yang	RFC 8294	ietf-netconf@2011-06-01.yang	RFC 6241
ietf-complex-types@2011-03-15.yang	RFC 6095	ietf-network-state@2018-02-26.yang	RFC 8345
ietf-datastores@2018-02-14.yang	RFC 8342	ietf-network-topology-state@2018-02-26.yang	RFC 8345
ietf-dslite@2019-01-10.yang	RFC 8313	ietf-network-topology@2018-02-26.yang	RFC 8345
ietf-foo@2016-03-20.yang	RFC 8407	ietf-network@2018-02-26.yang	RFC 8345
ietf-hardware-state@2018-03-13.yang	RFC 8348	ietf-origin@2018-02-14.yang	RFC 8342
ietf-hardware@2018-03-13.yang	RFC 8348	ietf-restconf-monitoring@2017-01-26.yang	RFC 8040
ietf-i2rs-rib@2018-09-13.yang	RFC 8431	ietf-restconf@2017-01-26.yang	RFC 8040
ietf-inet-types@2010-09-24.yang	RFC 6021	ietf-routing-types@2017-12-04.yang	RFC 8294
ietf-inet-types@2013-07-15.yang	RFC 6991	ietf-routing@2016-11-04.yang	RFC 8022
ietf-interfaces@2014-05-08.yang	RFC 7223	ietf-routing@2018-03-13.yang	RFC 8349
ietf-interfaces@2018-02-20.yang	RFC 8343	ietf-snmp-common@2014-12-10.yang	RFC 7407
ietf-ip@2014-06-16.yang	RFC 7277	ietf-snmp-community@2014-12-10.yang	RFC 7407
ietf-ip@2018-02-22.yang	RFC 8344	ietf-snmp-engine@2014-12-10.yang	RFC 7407
ietf-ipfix-psamp@2012-09-05.yang	RFC 6728	ietf-snmp-notification@2014-12-10.yang	RFC 7407
ietf-ipv4-unicast-routing@2016-11-04.yang	RFC 8022	ietf-snmp-proxy@2014-12-10.yang	RFC 7407
ietf-ipv4-unicast-routing@2018-03-13.yang	RFC 8349	ietf-snmp-ssh@2014-12-10.yang	RFC 7407
ietf-ipv6-router-advertisements@2016-11-04.yang	RFC 8022	ietf-snmp-target@2014-12-10.yang	RFC 7407
ietf-ipv6-router-advertisements@2018-03-13.yang	RFC 8349	ietf-snmp-tls@2014-12-10.yang	RFC 7407
ietf-ipv6-unicast-routing@2016-11-04.yang	RFC 8022	ietf-snmp-tsm@2014-12-10.yang	RFC 7407
ietf-ipv6-unicast-routing@2018-03-13.yang	RFC 8349	ietf-snmp-usm@2014-12-10.yang	RFC 7407
ietf-key-chain@2017-06-15.yang	RFC 8177	ietf-snmp-vacm@2014-12-10.yang	RFC 7407
ietf-l2vpn-svc@2018-10-09.yang	RFC 8466	ietf-snmp@2014-12-10.yang	RFC 7407
ietf-l3-unicast-topology-state@2018-02-26.yang	RFC 8346	ietf-system@2014-08-06.yang	RFC 7317
ietf-l3-unicast-topology@2018-02-26.yang	RFC 8346	ietf-template@2010-05-18.yang	RFC 6087
ietf-l3vpn-svc@2017-01-27.yang	RFC 8049	ietf-template@2016-03-20.yang	RFC 8407
ietf-l3vpn-svc@2018-01-19.yang	RFC 8299	ietf-voucher@2018-05-09.yang	RFC 8366
ietf-lmap-common@2017-08-08.yang	RFC 8194	ietf-vrrp@2018-03-13.yang	RFC 8347
ietf-lmap-control@2017-08-08.yang	RFC 8194	ietf-x509-cert-to-name@2014-12-10.yang	RFC 7407

（续）

YANG 模块（和子模块）	RFC	YANG 模块（和子模块）	RFC
ietf-lmap-report@2017-08-08.yang	RFC 8194	ietf-yang-library@2016-06-21.yang	RFC 7895
ietf-nat@2019-01-10.yang	RFC 8512	ietf-yang-metadata@2016-08-05.yang	RFC 7952
ietf-netconf-acm@2012-02-22.yang	RFC 6536	ietf-yang-patch@2017-02-22.yang	RFC 8072
ietf-netconf-acm@2018-02-14.yang	RFC 8341	ietf-yang-smiv2@2012-06-22.yang	RFC 6643
ietf-netconf-monitoring@2010-10-04.yang	RFC 6022	ietf-yang-types@2010-09-24.yang	RFC 6021
ietf-netconf-notifications@2012-02-06.yang	RFC 6470	ietf-yang-types@2013-07-15.yang	RFC 6991

为了便于 YANG 模块开发及验证，Jan Medved 开发了 xym [9]（eXtract Yang Module），将所有 YANG 模块都从 IETF 草案中提取出来。这一工具后来由 Einar Nilsen-Nygaard 加以改进。从那时起，YANG 模块需要经过四个验证器的测试（pyang、yanglint、confdc 和 yangdump-pro）。验证器发现的所有错误和警告均需要经过分析，并通过该网站以网页报告的形式提供给作者。

图 6-3 中最上面的一条线（来源：http://claise.be/IETFYANGPageCompilation.png）[10] 显示了 IETF 草案中 YANG 模块在不断增加。其中一些模块现在可能已经在 RFC 中发布，对应的 IETF 草案也就取消了。图 6-3 中间的一条线显示通过验证的 YANG 模块数量在增加，也说明 YANG 模型已在行业内广泛传播，而最下面的一条线说明了验证器提出警告但没有错误的 YANG 模块的数量。xym 和 YANG 验证器将在第 7 章中详细讨论。

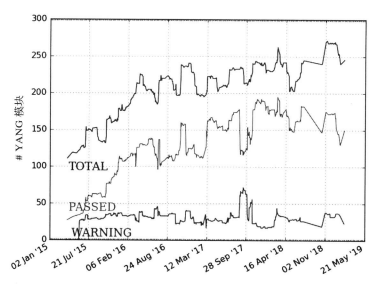

图 6-3　从 IETF 草案提取的 IETF YANG 模块和子模块：验证结果

图中的曲线是由于以下因素的结合：草案发布截止日期、草案有效期、验证器改进（如你所知，YANG 验证器一直在改进），或者草案转变为 RFC 等因素。

针对具体技术开发 YANG 模块最大的问题可能是 YANG 模块间的互联性。确实，要基于这些技术创建服务，YANG 模块必须协同工作。这也是它们相互依赖、修改任一核心模块会产生连锁反应的原因。

在 IETF 早期的一次编程马拉松中，简·梅德韦德（Jan Medved）开发了 symd.py [11] 并生成了各种 YANG 模块依赖关系图，输出了可通过 D3.js [12] 工具实现可视化的数据。图 6-4（来源：http://www.claise.be/ietf-routing.png）[13] 就是一个典型示例。该示例说明了 ietf-routing YANG 模块的重要性，因为被许多其他 YANG 模块所引用。它已经发布在 RFC 8022 中，因此用正方形，IETF 草案中的 YANG 模块则用圆圈表示。艾纳·尼尔森－尼加德（Einar Nilsen-Nygaard）和哈里·阿南塔克里希南（Hari Ananthakrishnan）先后对 symd.py 工具进行了改进。Hari 添加了一个附加选项，可以提示相关联 YANG 模型的作者"导入模型已更新，请更新你的模型。"此功能对于按修订导入的 YANG 特性特别重要，因为导入模块更新时与其关联的 YANG 模块也必须更新。

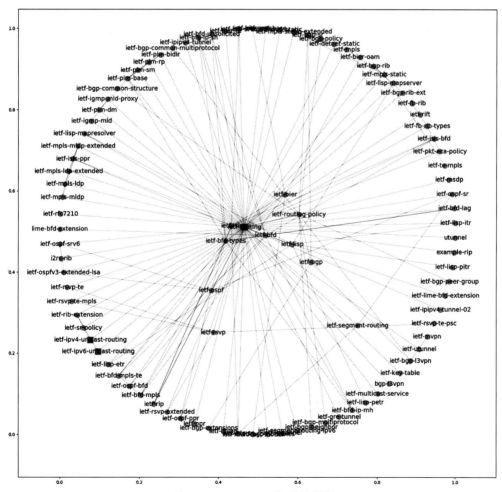

图 6-4　ietf-routing 依赖关系图

在 IETF 97 编程马拉松期间，乔·克拉克（Joe Clarke）基于 symd 的输出结果创建了一个有趣的依赖关系可视化工具[14]。虽然 symd 输出结果是纯文本或静态图片，但乔·克拉克（Joe Clarke）创造的工具具有更多功能：

❑ 在 YANG 模块上移动鼠标，可显示该 YANG 模块出自哪一份 IETF 草案或 RFC。

❑ 移动 YANG 模块（例如，将来自同一文档的 YANG 模块分为一组）。

❑ 发现 IETF 应关注的下一个 YANG 模块（瓶颈模块用黑圈突出显示）。

为完整起见，图 6-5 中显示了同一个 ietf-routing YANG 模块在该工具上的依赖关系（https://www.yangcatalog.org/yang-search/impact_analysis/?modtags=ietf-routing&orgtags=&recursion=0&show_rfcs =1 & show_subm =1 & show_dir=both）。

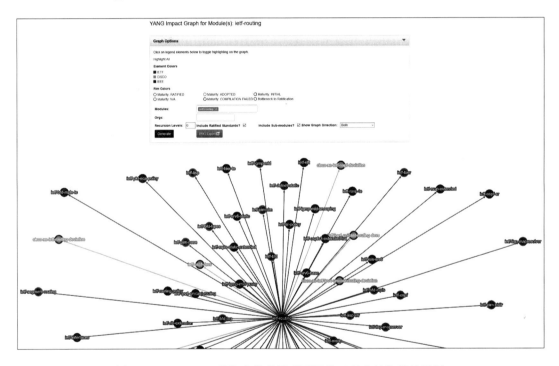

图 6-5　ietf-routing 模块在依赖关系可视化工具中的依赖关系图

几年前，IETF 依赖关系图展示了从 RFC 和草案中提取的 YANG 模块如何彼此依赖，IETF 意识到生成所有 YANG 模块的复杂性。所有模块同时必备并且彼此协同（如图 6-6）。图 6-6 当然不是为了展示所有条目，而是从更高的视野说明所有 YANG 模块的复杂性。

最后，IETF 有一些专注于行业中 YANG 数据模型现状的博客（例如，claise.be 网站上的 "YANG Data Models in the Industry: Current State of Affairs"[15]）。

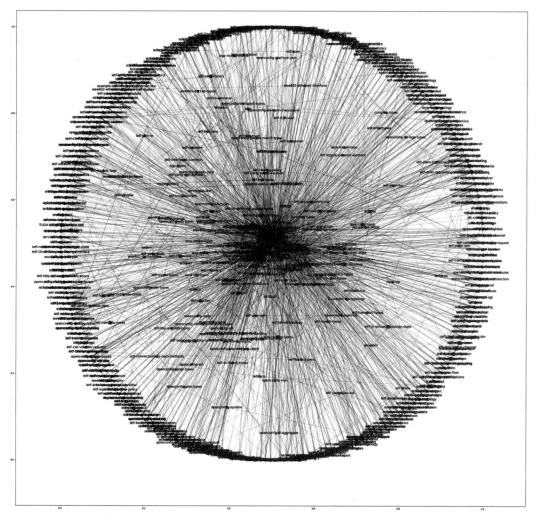

图 6-6　所有 IETF YANG 模块的依赖关系图

6.3　在整个行业中拥抱 YANG

本节按时间顺序罗列了行业拥抱 YANG 的历史，也描述了行业的不同"群组"是如何针对各自的技术开发 YANG 模型的。本节引用了不同的技术和用例，说明 YANG 数据建模语言已开始覆盖行业中的许多不同领域。但是，本节目的仅在指引，不会深入解释所有引用的技术和用例。因为阅读技术和用例本就令人感到枯燥，对不感兴趣的技术和用例而言更是如此。

OpenDaylight [16] 控制器项目是 YANG 的早期采用者之一。这是 Linux 基金会成立的一个开源项目，目的是通过创建供应商均可支持的框架来促进软件定义网络（SDN）的应用和创新。该框架基于模型驱动的服务适配层（MD-SAL）。MD-SAL 是一组基础设施服务，旨在为应用和插件开发人员提供通用支持。MD-SAL 完全基于 YANG 模型，不仅能够实现服务抽象化，使得 SDN 控制器的北向和南向 API 一致，还提供 SDN 控制器自身的各种服务和组件所使用的数据结构。

OpenDaylight MD-SAL 文档（https://wiki.opendaylight.org/view/OpenDaylight_Controller: MD-SAL:Explained）提到：

OpenDaylight MD-SAL 文档

我们以前尝试过对整个可编程系统进行抽象化。在已知技术集的情况下行得通，但如果将未知的技术集适配现有 API 时，会严重影响运行速度或者导致 API 的 fork 需要重新调用。在这两种情况下，进度都会受限于负责维护抽象 API 的单个团队的处理能力，因为该团队需要一个对应技术领域的专家，以确保抽象和交互的一致性，也确保遵从技术要求和 API 样式。

大家也意识到 MD-SAL 不应存在可扩展性问题。因为任何人都应该能够至少对 API 进行原型设计，即使原型代码在更大的系统中是一个孤岛，"SAL"层也应该可以正常运行。

在早期评估中，我们发现 YANG 是网元管理领域的新兴标准。很多用例也证明 YANG 能够作为成熟的基础。在我们看来，重要的特性包括：

- ❏ 分散扩展机制（augment）
- ❏ 数据 vs 文档结构验证（when）
- ❏ 可扩展语言（extension）
- ❏ 预先组合的对象（grouping）
- ❏ 可扩展数据类型层次结构
- ❏ 包含基本交互（RPC 和通知）
- ❏ 现有工具和社区（以 YANG 为中心、NETCONF/NETMOD IETF 工作组等）

作为 YANG 语言的早期采用者，到 2015 年 6 月，OpenDaylight Lithium 已经包含 480 多个 YANG 模块，其数量随着新版本的发布还在不断增加。接下来的两个版本 Beryllium（2016 年 2 月）和 Boron（2016 年 11 月）分别包含 703 个和 857 个 YANG 模块。

第二个例子是宽带论坛（BBF）[17]。BBF 是一个专注制定宽带规范的非营利组织，它采用 YANG 作为接入网络的数据建模语言（不用于其他场景，如家庭网络设备，后者在 TR-069 协议及其后续的用户服务平台 [USP，User Services Platform] 中定义）。在撰写本文时，BBF 已经应用了超过 200 个 YANG（子）模块，涵盖了诸如以太网、光纤、数字用户线路（DSL）、超高比特率 DSL（VDSL）、光纤到分发点（FTTdP）、PPPoE、无源光网络（PON）等技术，以及用于接口、子接口、用户、类型和服务质量（QoS）的众多通用 YANG 模块。

　　BBF 很早就意识到没有必要一切从零开始。在可行的情况下，BBF 会利用和扩展其他 SDO 模块，例如，某些 BBF 模块导入 IETF 提出的接口 YANG 模块。因此，尽管 BBF 中"正在进行"的模块仅对 BBF 成员开放，但 YANG 模块却是个例外，该模块已发布在 GitHub（https://github.com/YangModels/yang[18]，在"草稿"状态中）。这样，IETF 现有的工具链对 BBF 也有好处。

　　MEF 论坛[19] 也开始开发 YANG 模块。MEF 以前称为城域以太网论坛，但现在不只关注电信级以太网。它的使命是开发并在全球推广敏捷、可靠和编排化的网络服务。

　　MEF 的业务包括所有连接服务，但相对于网络设备而言，它但更侧重于产品和服务层。因此，MEF 专注于服务的 YANG 模块。MEF 很早就制定了 MEF 38 "Service Operations、Administration、and Maintenance(OAM) Fault Monitoring" 和 MEF 39 "Service OAM Performance Measurement"(G.8013/Y.173PM)。主要关注以下内容：

- ❑ 电信级以太网服务，即从业务应用到服务编排器（"legato"）的 API，用于"MEF 10.3"中定义的基于 EVC 的服务。[https://www.mef.net/Assets/Technical_Specifications/PDF/ MEF_10.3.pdf] [20] 和 "MEF 26.2"中定义的基于 OVC 的服务 [https://www. mef.net/Assets /Technical_Specifications/PDF/MEF_26.2.pdf] [21]
- ❑ 网络资源开通，即从服务编排器到域控制器（"presto"）的 API。
- ❑ 可增强 IETF L3SM 模型的 IP 服务 YANG 模型。
- ❑ SD-WAN 服务（基于 SD-WAN 服务定义，计划于 2019 年初完成）的 YANG 模型。

> **注释**
>
> 　　对于其他技术（IP 和光）和其他操作（服务保证、性能报告等）的 legato 和 presto API，期望有更多的 YANG 模型。提供商之间 API 的 YANG 模型也被寄予期望。

　　过去一直制定 MIB 模块规范（甚至用于配置）的电气和电子工程师协会（IEEE）[22] 也已经开始为其推出的技术研发 YANG 模型。负责局域网（LAN）和城域网（MAN）的 IEEE 802.1 工作组于 2018 年 6 月发布了其第一个基于 YANG 的标准：用于 802.1Q 桥接（802.1Qcp）的 YANG 模型，即用户 VLAN 桥接器，提供商桥接器和两端口 MAC 中继。在 802.1 中，还有基于端口的网络访问控制 YANG 模型（802.1Xck）正在制定中，即将作为标准发布：

- ❑ 802.1Qcx：CFM（连续故障管理 OAM 协议）。
- ❑ 802.1Qcw：与时间敏感网络 TSN 有关的 YANG 数据模型。
- ❑ 802.1CBcv FRER (可靠性的帧复制和消除)。项目刚刚开始，与 TSN 有关。
- ❑ 802.1AX：链接聚合，关于生成相关 YANG 模型的一些讨论。

　　专注于有线以太网物理层和数据链路层媒体访问控制（MAC）的 802.3 工作组，正在针对以太网接口、链路 OAM、以太网 PON 和以太网供电（802.3cf）开发以太网 YANG 模型。多年来 IEEE 与 IETF 紧密协作，重点关注 IEEE 中 MIB 模型到 YANG 模型的过渡。为此，

IEEE 创建了 YANGsters，也就是 IEEE 802 YANG 编辑协调组。该组负责讨论支持 IEEE 802 协议的 YANG 模型的通用实践。这种通用实践包括但不限于统一资源名称（URN）根，通过样式和布局在 IEEE 802 中实现工具和流程一致性。虽然主要参与者是 IEEE 802 YANG 项目的编辑者，但也欢迎其他对 YANG 感兴趣的专家。

就像 IETF 和 BBF 一样，MEF 论坛和 IEEE 也在 GitHub（https://github.com/YangModels/yang）上发布了 YANG 模块 [18]。行业中大多数 YANG 模块都发布在该 GitHub 代码库，包括在规范中发布的 YANG 模块（已批准的标准）、正在开发中的 YANG 模块（草案）和针对特定供应商的模块。由于这些模块相互依赖，因此在一个位置放置一组工具链是很有意义的。你可以访问 http://www.claise.be/2018/06/ietf-yang-modules-statistiques/[4] 查询 YANG 模块的验证结果以及本行业所有成果的统计数据。

还有其他一些"群组"加入了 YANG 模块社区，包括：

❑ 分布式管理（DMTF）任务组在 Redfish 项目 [23] 中考虑了 YANG。Redfish 是一个使用 JavaScript 对象表示法（JSON）和 OData 的 RESTful 接口，目的是使用一致的 API 寻址数据中心中的所有组件。基本上，Redfish 项目希望使用 IETF 开发的组网 YANG 模型，将其转换为通用模式定义语言（CSDL，OData 中的一种 JSON 编码，这是 OASIS 标准），以便实现 JSON 架构并通过 Redfish 接口提供对交换机的访问权限。

❑ 开源 sysrepo 项目是基于 YANG [24] 的配置和运行数据存储区，用于 Unix/Linux 应用特别是家庭网关。Unix/Linux 应用可使用 sysrepo 而非扁平化配置文件来存储其 YANG 模型化的配置。sysrepo 确保存储在数据存储区中的数据一致性，并强制执行 YANG 模型定义的数据约束。借助 Netopeer 2 NETCONF 服务器，这些应用也可以通过 NETCONF 远程管理。

❑ ITU 电信标准化部门（ITU-T）[25] 开始开发其第一个 YANG 模型，用于以太网环保护。

❑ 开放式 ROADM 多源协议（MSA）[26] 定义了可重构光插分复用器（ROADM）的互操作规范。其中包括 ROADM 开关以及应答器和可插拔光纤。规范包括光学互操作性和 YANG 数据模型。YANG 模块在 GitHub 上的位置为 https://github.com/OpenROADM/OpenROADM_MSA_Public。

❑ FD.io 是一种矢量数据包处理技术。"Honeycomb"代理通过 NETCONF 和 REST-CONF 公开了 VPP 功能所使用的 YANG 模型。支持 NETCONF/YANG 的控制器（例如 OpenDaylight）可以"安装"Honeycomb 管理代理。

❑ xRAN 的成立是为了开发一套适用多厂商、可扩展的"低层分离"（lls）无线接入网（xRAN）架构，并将其标准化。它已经对 xRAN 架构的关键网元之间的接口进行了标准化，特别是远程"无线单元"和集中式"下层分离中央单元"（lls-CU）之间的接口。从管理层面来看，xRAN 规定使用 IETF 的 NETCONF/YANG 标准，通过编程来配置和管理其 lls 无线接入网架构。

❑ 第三代合作伙伴计划（3GPP）发布 3GPP 技术的报告和规范。最近，它也开始定义
YANG 模块：3GPP 设立活跃工作项（work item）来针对网络资源模型（NRM）、网
络切片和 NR RAN（5G 无线接入网）制定 YANG 模型。"3GPP YANG 解决方案样
式指南"（3GPP YANG solution set style guide）正在编写中。

❑ 欧洲电信标准协会（ETSI）网络功能虚拟化（NFV）是 NFV 行业规范组（ISG）的所
在地。该 ISG 发布文档包括规范细则（版本 2 和版本 3）和概念证明（PoC）。ETSI
已发布了信息模型，一组信息模型在 ETSI NFV IFA 011 [27] 中定义了虚拟网络功能
描述符（VNFD），另一组在 ETSI NFV-IFA 014 [28] 中定义了网络服务描述符（NSD）。
这些信息模型也是该 ISG 发布的规范中的一部分。ETSI 中的解决方案工作组负责
为这些信息模型定义数据模型。其中一项任务是为两个信息模型定义一个 YANG 模
型。ETSI 已经发布了该 YANG 模型的草案，2019 年将推出最终标准化版本。

图 6-7 显示了已经使用 YANG 模型的一些开源项目和 SDO，根据基础设施、管理和控
制以及服务（svcs）的层次结构进行映射。

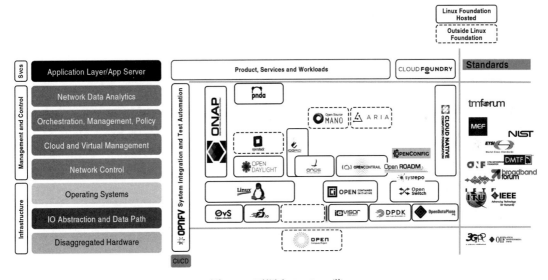

图 6-7　开源和 SDO 一览

6.4　OpenConfig YANG 模型

上一节列出的用例显然缺少一个关键的"群组"：OpenConfig。我们已经在第 2 章已中
对其进行了简单介绍，但考虑到 OpenConfig 的重要性，本章将其单列一节。

OpenConfig 是一个由谷歌发起、由众多网络运营商组成的非正式工作组。通过软件定
义网络（如声明性配置、模型驱动的运管等）使网络基础设施更动态灵活、可编程。

IETF 早就开始定义一些 YANG 模块,但推进速度不够快,在一定程度上也使得 Open-Config 的努力受挫。IETF 严格遵循 YANG 规范,强制要求 YANG 模块新版本的所有更新点必须向后兼容,这让 OpenConfig 更加受挫。OpenConfig 一直为定义各种技术的标准 YANG 模型而努力。由于 OpenConfig 工作组的成员不是设备制造商,因此 OpenConfig 发布的模型包含一些对网络运营商而言真正感兴趣的功能,但建模方式与实际部署略有不同。这是一个很好的开端。OpenConfig 使用自己的 GitHub 代码库。由于该代码库只有少数几个提交者,这保证了 YANG 模块与更新版本的 YANG 模块(称为"捆绑")的兼容性。OpenConfig 允许 YANG 模块的更新点实现非向后兼容。OpenConfig 通过语义版本号(semver.org)来标记这些更新点。

到目前为止,OpenConfig 已经为 YANG 模块编写了大约 60,000 行代码。这与 IETF 的进度相当,尽管 IETF 的参与者更多而且开始的时间更早。示例 6-1 显示了 OpenConfig 代码库的每个目录中有多少行 YANG 文本。每个点代表 100 行。

示例6-1 不同OpenConfig子目录中的YANG代码量

```
Acl                  1.5k ...............
Aft                  1.2k ............
Bfd                   .7k .......
Bgp                  5.1k ...................................................
Catalog              1.0k .........
Interfaces           3.6k ....................................
Isis                 7.2k ........................................................
Lacp                  .5k .....
Lldp                  .9k .........
local-routing         .4k ....
mpls                 5.5k ..........................................................
multicast             .9k .........
network-instance     2.0k ...................
openflow              .4k ....
optical-transport    4.3k ...........................................
ospf                 4.7k ...............................................
platform             2.1k ....................
policy               1.3k .............
policy-forwarding    1.0k ..........
probes                .6k ......
qos                  2.2k .......................
relay-agent           .8k ........
rib                  2.7k ...........................
segment-routing      1.2k ............
stp                  1.0k ..........
system               3.6k ....................................
telemetry             .9k .........
types                1.0k .........
vlan                  .6k ......
wifi                 2.6k ..........................
```

与 YANG 1.0（RFC 6020）或 YANG 1.1（RFC 7950）中指定的 YANG 语言相比，OpenConfig YANG 模块使用的 YANG 语言略有不同。例如，模式语句中使用的正则表达式被称作 perl-regex 而不是 W3C-regex。由于某些原因，即使在已发布的标准 YANG 文件中，许多 XPath 表达式至今仍是错误的。精通 YANG 的工程师肯定可以解决这些问题，他们可以在编译模块之前进行修补，但这会导致 YANG 模型与其他工具和供应商之间的互操作性出现问题。

与 IETF 的 YANG 模块相比，OpenConfig 的 YANG 模型在内容上遵循了不同的约定。它与新的 IETF NMDA 样式也不同。OpenConfig 模型没有为配置数据和状态数据分别制定结构树（如 IETF），而是在一个结构树下建立了配置数据分支和状态数据分支，如示例 6-2 所示。

示例6-2　openconfig-interfaces.yang的Tree表示方式（简略）

```
module: openconfig-interfaces
  +--rw interfaces
    +--rw interface* [name]
      +--rw name              -> ../config/name
      +--rw config
      |  +--rw name?          string
      |  +--rw type           identityref
      |  +--rw mtu?           uint16
      |  +--rw description?   string
      |  +--rw enabled?       boolean
      +--ro state
      |  +--ro name?          string
      |  +--ro type           identityref
      |  +--ro mtu?           uint16
      |  +--ro description?   string
      |  +--ro enabled?       boolean
      |  +--ro ifindex?       uint32
      |  +--ro admin-status   enumeration
      |  +--ro oper-status    enumeration
      |  +--ro last-change?   oc-types:timeticks64
```

这就解决了计算机如何在某接口（或其他模块中的其他对象）的配置和状态数据端之间进行导航的问题。这种方法的缺点是，它不适用于具有预配置或没有配置数据的运行对象，仅适用于配置过的对象。

任何想使用 OpenConfig 模块的人都需要熟悉的一个小怪癖是：每个配置项的名称必须提供两次。假设你要配置一个名为"GigEth3/3"的新接口，你必须在 /interfaces/interface/name 下填写此名称，然后在 /interfaces/interface/config/name 下再次填写。名称必须匹配，否则配置无效。

提醒一下，Google 还开发了 OpenRPC 框架下的 gRPC 网络管理接口（gNMI），作为用于流式遥测和配置管理的统一管理协议，该协议使用了开源 gRPC 框架。

6.5 需要行业协调

YANG 模型的快速增长并非没有遇到挑战。最主要的挑战是所有模型间的协调。尽管每个模型在定义如何配置或监控某个特性方面都做得很好，但是基于服务组合和数据模型驱动的管理需要对配置和监控的所有方面进行建模。因此，所有 YANG 模型不仅要同时发布，还需要彼此互动。这种互动并不局限于 IETF 发布的模型，还包括其他 SDO 发布的模型。几年前关于 YANG 模型的调查中涉及 YANG 模型之间的依赖关系，并得出了图 6-8 所示的图片。此图包含公共 GitHub 代码库中已知的数千个 YANG 模块以及它们之间的关系。

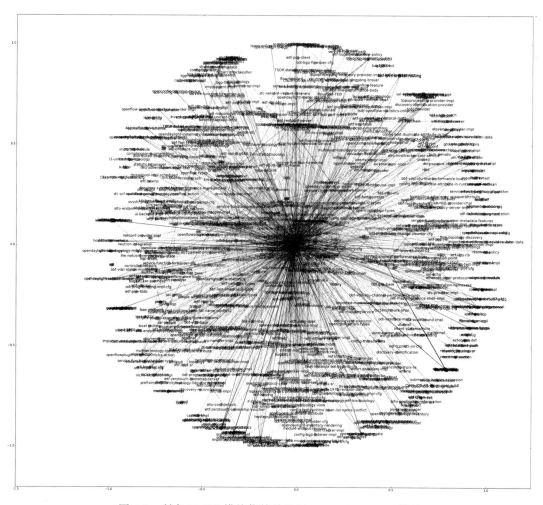

图 6-8　所有 YANG 模块依赖关系图，YANG Catalog 符号

显然，所有这些 YANG 模块的开发都需要行业间的协调，这是 IETF 试图去引领的工作。2014 年，IESG 重新分配了 area director 的工作，将资源集中于 YANG 模型的协调工作上。监督和跨领域（AD 文档所有权）协调成为 Benoit Claise 的首要职责。为此，IETF 成立了 YANG 模型协调组以协助 YANG doctor 和 area director。IETF 的目标不是把世界上所有的 YANG 模块标准化，而是只针对图片中心的数百个 YANG 模块（即，所有其他模型所依赖的核心模型集，例如接口、访问列表、路由等）。

要求整个行业进行协调的第二个原因是版本控制。虽然创建这些初始 YANG 模型时已经格外小心了，但要做到完整、完美是不现实的。这种不完美的情况也将永远存在。这就使得该图的复杂性多了一个维度：YANG 模块版本控制。新的 YANG 模块版本包含两种类型的变更点：针对完整性的向后兼容、非向后兼容。如何记录后者并最大限度地降低客户端和服务器端的自动化成本是当前许多讨论的焦点。

YANG Catalog（https://www.yangcatalog.org）[5] 的创建方便了行业协调和版本控制，目的是成为 YANG 模块信息和相关工具的一站式网站。与普通的 GitHub 代码库相比，YANG Catalog 的优点在于以下几个方面：

❑ 使用多个验证器验证 YANG 模块（包括 IETF 草案）的能力。

❑ 有关实现、成熟度、模型类型等的相关元数据。

❑ 对 YANG 模块之间的依赖关系进行可视化的能力，包括 IETF 对 YANG 模型进行标准化遇到的瓶颈。

❑ 在任何字段、YANG 关键字和元数据的搜索功能：既方便 YANG 模块使用者，也方便 YANG 模块设计者（便于重用）。

❑ 用于查询和发布任何内容的 REST API。

❑ 展示了与数据模型驱动管理之间的联系，并使用了诸如 YANG Explorer 和 YANG Development Kit 之类的开源工具。

YANG Catalog 使用图 6-8 中的图片作为其网站的主要 logo。

6.6　互操作性测试

制定标准是实现强制性的第一步，但是测试不同实现之间的互操作性同样重要。互操作性测试可帮助实施者识别代码中的错误以及 IETF RFC 规范中的歧义。简而言之，这些测试有助于修复实现和澄清规范。另外，请注意，为了使推进协议（基于 RFC 6410 涵盖的条件）发布成为标准，IETF 要求不同实现之间要具备互操作性。

有一种情况并不要求软件具有互操作性，即单个开源实现被所有人使用。这对于无处不在的工具来说可能是正确的，但对于 NETCONF/RESTCONF/gRPC/ 等协议和需要不同供应商各自实现的 YANG 模块来说并非如此。

编程马拉松经常进行工具开发和互操作性测试，而 IETF 编程马拉松[29] 是数据模型驱动管理领域的先行者。在此,不同的行业组织(甚至个人)都在为工具箱开发贡献力量,具体可以查看第七章。

IETF 还组织了一些协议互操作性测试。例如,在 IETF 85 期间,来自 CESNET、Jacobs 大学、Juniper、MG-Soft、SegueSoft、Tail-f 和 YumaWorks 的参与者测试了他们的 NETCONF 客户端、NETCONF 服务器、NETCONF 浏览器和测试套件的互操作性。由于这些互操作性实现的高鲁棒性(请参阅 IETF 85 NETCONF 中的互操作性高级别报告 [30],https://www.ietf.org/proceedings/85/slides/slides-85-netconf-3.pdf),大家认为 NETCONF 已经成熟,与 NETCONF 相关的 RFC 提上发布成标准的日程。例如,NETCONF 配置协议 RFC 4741 已被网络配置协议(NETCONF)RFC 6241 取代。

独立于 IETF 的欧洲高级网络测试中心(EANTC)也针对 NETCONF、RESTCONF 和 YANG 进行了一系列互操作性测试。EANTC 是 1991 年从柏林工业大学分离出来的一个机构。从那时起,该机构就为许多组织测试他们的网络解决方案,并发展成为独立认证机构。

EANTC 最受行业称赞的是每年初春在柏林举行的为期两周的互操作性测试。这是一个中立的地方,来自世界各地的供应商在此相互测试他们对新标准的实现。EANTC 定义了每年要进行的测试用例。当供应商们证明测试用例可以按照 EANTC 测试规范顺利完成时,该组合就会被记录下来。记录下来的互操作组合将在几周后的巴黎 MPLS + SDN + NFV 世界大会上展示,并在提供下载的详细报告中加以描述。

所有的互操作工作都是在严格的保密协议(NDA)下进行的,这意味着任何失败的组合(数量其实很多)都不会被公布。这样做的最大好处是让工程师们大胆尝试一些具有挑战性的有趣组合。这确实是一个学习的好地方。因为除了在客户站点上进行互操作测试外,没有多少其他的机会可以进行互操作测试。在客户站点上工程师们一般不太会尝试具有挑战性的测试。

从 2015 年开始,NETCONF/YANG 互操作性测试已成为 EANTC 互操作计划的一部分。EANTC 也为测试用例提供了各种控制器 / 编排器及设备。2018 年互操作测试包含约 50 个测试用例,其中 3 个专门针对 NETCONF/YANG,包括 L3VPN、L2VPN 和 NFV 设置。其他用例涉及 NETCONF/YANG 接口,不过重点放在其他技术上。官方测试报告参见 http://www.eantc.de/fileadmin/eantc/ downloads/events/2017-2020/MPLS2018/EANTC-MPLSSDNNFV2018-PostReport_online.pdf。 [31]

6.7 为特定功能实现一个以上的 YANG 模型

从第 2 章可以知道,YANG 模块有不同类型:一些源于 SDO;另外一些来自协会、论坛和开源项目;还有一些来自原生 / 专有模型,这些模型直接映射到网络供应商内部数据库或命令行界面(CLI)。如今该行业仍然沿着这三个方向前进,有时还会采用相互竞争的解决方案。

因此,某些设备采用多个 YANG 模型来管理相同的功能,例如,一个用于接口管理的专有（"原生"）YANG 模块，一个用于相同功能的 IETF 标准模块，以及 OpenConfig 接口模块。任何一个都可用于创建接口、更改接口说明或查看丢包数量。这样，网络运营商可以选择他们倾向的管理界面样式，并且适配他们的管理程序。

然而，服务器端要同时支持多个模型就比较复杂了。通常为某个功能支持一个模型或另一个模型很简单，而同时支持两个（或两个以上）就像用魔法召唤神龙一样困难。在逻辑上甚至不可能正确地做到这一点。这与同时服用几种药物有时会出现不良相互作用一样。

作为客户端，最好选择一种样式的模型并坚持使用。至少，不建议在单个事务中使用针对同一基础功能的多个 YANG 模块。我们用一个例子来说明为什么这样建议。

假设用户有一个 NMS 应用程序，该应用程序使用 OpenConfig YANG 模型在设备上创建接口。然后需要更新此应用程序，以便它将接口的 frobozz 标志设置为 true。可惜的是，frobozz 标志是专有的，仅存在于设备的原生 YANG 模型中。因此，用户更新了网络管理系统（NMS）应用程序，因此使用 OpenConfig 接口模块创建接口 " vpn-$ {custno}"后，该用户可以使用原生模块在同一接口上设置 frobozz 标志。但是，在原生 YANG 模型中没有这样的接口，NMS 应用程序也必须在原生 YANG 模块中创建接口。

设备是否可以在同一事务中正确处理创建过两次的同一接口？碰巧的是，frobozz 标志仅对隧道接口有意义，因此它有一个 YANG 的 must 语句来验证接口类型。设备是否可以根据 OpenConfig 接口 YANG 模型中设置的接口类型正确验证此设置？在此设备上创建的隧道接口通常会映射到设备本身的 L2TP YANG 模型。但是，启用 frobozz 模式后，许多参数应该映射到原生的多协议标签交换（MPLS）YANG 模型。

通过 OpenConfig 模型输入接口详细信息时，设备是否可以正确处理 frobozz 模式？也许可以。关键是，当使用多个模型时，模型到模型的映射复杂性开始显现。当你同时从多个角度观察系统时，由供应商建立的虚幻的一致性便利幻觉开始消失。

如果"也许可以"不是你想要的答案，请遵循以下建议：为系统配置选择一种 YANG 模块并坚持使用。如果供应商没有按照你的想法整合不同的 YANG 模块，那么你就没有 YANG 规则或 NETCONF 原则了。这实际上偏离了"互操作性"。

请记住，如果你使用三种不同的 YANG 模型（即，相同信息使用了三种不同编码）收集配置数据，那么你必将花费更长的时间并占用更多的带宽。

更重要的是，一旦你选择了某个的 YANG 模块类型进行配置（例如，OpenConfig 或 IETF），那就坚持使用并进行监控。用于配置和用于监控（例如，遥测）的 YANG 路径能自动映射显然很重要。对同一 YANG 模块类型而言，这是可能的。但是，不同的 YANG 模块类型使用的架构可能有所不同：IETF 模块遵循 NMDA 结构，而 OpenConfig 模块遵循不同的结构。如果服务配置和监控同时使用两种类型的 YANG 模块，则信息映射将需要一些额外的工具和设计，从而增加了服务创建和监控的复杂性。请注意，YANG Catalog 提供了一个新工具，用于在 IETF 非 NMDA、IETF NMDA 和 OpenConfig 之间对于 YANG 模块进行自动映射。对不同模块类型的架构进行映射而言，这个工具是个很好的起点。

专家访谈

与 Carl Moberg 的问答

Carl Moberg 是思科云平台和解决方案部（CPSG）的技术总监，在网络服务编排器（NSO）产品线带领工程产品管理团队。他多年来一直致力于解决网络管理问题，特别是自动化和编排。

他目前的工作重点是构建解决方案，通过更好的抽象概念使网络更具可编程性。这项工作很大程度上是基于 IETF 在 YANG 语言以及 NETCONF 和 RESTCONF 协议方面所做的工作。他是 YANG 语言开发的贡献者，在许多标准组织中编写或贡献了多个 YANG 模块，包括 MEF 中的第一个性能和告警管理模块、用于管理 OpenFlow 交换机的 OF-CONFIG 模块以及 CableLabs 的第一代 YANG 模块。他是 RFC 8199 "YANG 模块分类" 的作者之一，还是 IETF YANG Doctors 的活跃成员，负责审核 YANG 模块。

提问：

你如何看待软件思维方式、实践和经验对网络发展方向的影响？为什么？

回答：

显然，网络转型的好处很大。但从我和很多网络管理团队的合作经验来看，网络转型面临的挑战也很大。

我们都知道，部署、更改或卸载网络服务不能依靠冗长、容易出错的手动流程和自定义编码的方式。但是，当我们关注网络可编程性和网络功能虚拟化等更高级的主题，以及像 Dev-Ops 这样的新操作模型时，很快就会发现它们与我们过去处理网络服务交付的方式有很大不同。

我相信抽象化是解决这些挑战的根本。在网络领域，这意味着要使用软件工具的人提供具有强大和有效的抽象来管理物理和虚拟网络的配置和状态数据。这些抽象旨在使用已知的和易于理解的技术，将网络的概念映射到软件从业者使用的工具中，从而将网络领域与软件开发领域联系起来。

交付网络服务显然不仅需要自动化和编排。为了可靠地提供实际的服务，全栈解决方案至少包括以下其他方面：

❑ 在网络中，跟踪物理资源仍然非常重要。库存系统跟踪可用资源，并将其公开，以允许在物理世界中就放置位置做出适当的决策。例如，我们下一个可用的物理端口是什么？

❑ 许多基本的网络结构都依赖于资源池中的配置资源。这个范围很广泛，包括从选择适当的（且不重叠的）IP 地址或 VLAN 标记，到了解哪些边界网关协议（BGP）社区标签用于哪些目的。在上述情况下，自动化系统需要与逻辑资源管理系统（例如 IP 地址管理 [IPAM]）集成在一起，以请求或释放运行中的服务所使用的资源。

❑ 通过对网络中提供的业务以可靠的方式进行收集、关联和报告来保障服务。正确的方法是允许服务和保证自动化系统，在运行中的服务以及如何衡量这些服务两方面进行协作。

最终目标是将许多信息源整合在一起并丰富所需的数据，以便最终满足配置和状态数据的需求——更重要的也许是随着相邻系统的变化，如何开发和采用易于使用的工具和技术，以便快速、低成本地整合信息和丰富的数据。

这使得两个颠覆性流程的诞生成为可能。首先是在保证网络控制的前提下，允许网络工程师冒险使用软件以更有效地管理其网络。第二个是降低软件从业人员在网络领域的障碍，使其在网络领域中更有用武之地。这两方面也是在应用程序和网络领域中应用 DevOps 文化和流程的核心。

提问：

在你看来，行业组织是如何变化的？你做出了哪些贡献？工作方式如何变化？

回答：

将一种新的建模语言及其特有的工作方式和工具引入到现有行业中并不是一件容易的事。我的看法是，YANG 语言的到来正当其时。主要是因为可编程网络的紧迫性激增，而传统方法（例如，用于 SNMP 中的 MIB 的 ASN.1、用于 CORBA 的 OMG IDL）已不堪重负或无法满足市场的基本预期。当人们对可编程网络理解更深的时候，YANG 就拥有了先发优势。这也顺应了软件定义网络的趋势，促使更多软件工程师涌入网络行业这一潮流。这使得我们可以借用计算机科学中的概念，如模式语言、类型系统和数据库的一些基本概念（例如，锁定、回滚和事务）。

这也促进选择 Linux 成为新网络设备默认的操作系统。此举迅速使路由器和交换机中的用户领域的应用层商品化，并在包括管理平面在内的网络堆栈中更广泛使用商业和开源软件。再加上服务提供商和大型企业越来越要求降低网络管理成本，供应商不得不在网络管理工程团队中增加更多研发人员来开发支持 YANG 和 NETCONF 的产品。实际上，这导致了越来越多的人参与创作及读写 YANG 模块。

这种转变的另一个有趣的影响是，随着 YANG 成为一项需求，我们很自然地看到更多的供应商将 YANG 集成到他们的工具链中。反过来，这也有助于行业获取用于创作和集成 YANG 模块到产品中的开源和商业化的工具。我们看到了围绕该技术的生态系统迅速发展，包括互操作性测试、标准工作和运维人员群组（例如 OpenConfig）。YANG 成为整个行业活动中许多讨论会和研讨会的主题。

因此，我们现在有了一种易于理解且健壮的语言，一整套不断增长的标准模块，以及充满活力的生态系统，包括开源工具和商业化的工具以及运行软件。成本降低了，可管理网络设备的上市时间也大大减少。供应商可以专注于其产品的价值，并提供软件定义的可管理性。

提问：

目前技术堆栈中缺少什么？

回答:

回到第一个问题中三个条目提到的内容,我认为我们仍然需要围绕服务保证来开展一些工作。大部分基本构建模块都已就绪,但是我们需要围绕模型驱动的遥测以及将数据与服务实例相关联两方面形成全集成架构。实际上,这是该行业下一步要做的事情。当拥有这些功能时,我们搭建一套可全面理解和定义明确的设备到服务的软件堆栈。而这个堆栈将基于行业的共同经验,遵循健壮的标准。

堆栈中的下一步是 OSS/BSS 和 ITSM 系统,请注意这一部分。

小结

随着 YANG 事实上成为网络行业中数据模型驱动管理的语言,SDO、协会、论坛和开源项目的格局正在迅速发展。显然,这种发展的势头仍在继续,行业里新的组成部分也将采用 YANG。本章中讨论的一些最新示例是 3GPP 和专注于无线接入网络的 xRAN(请注意,xRAN 合并以创建 O-RAN 联盟 [https://www.o-ran.org/])。本章大致按时间顺序介绍了历史,并解释了不同的"群组"是如何发展的,以及所有这些 YANG 模型是如何形成或分化的(以 OpenConfig 为例)。最后,以 EANTC 为例讲述了互操作性测试。

参考资料

这里没有一一列出所有项目的所有可能的链接,只列出几个项目(可将它们作为主要起点),如表 6-2 所示。

表 6-2　用于进一步阅读的 YANG 相关文档

专　　题	内　　容
yangcatalog.org	https://yangcatalog.org YANG 模块目录,可在关键字和元数据上搜索
OpenConfig	http://www.openconfig.net OpenConfig 参考,包括指向 YANG 模块的 GitHub 链接
YANG GitHub	https://github.com/YangModels/yang 包含行业中的许多 YANG 模块,包括一些本地模块

注释

1. https://datatracker.ietf.org/wg/spring/about/

2. https://datatracker.ietf.org/group/yangdoctors/about/

3. http://www.claise.be/IETFYANGOutOfRFC.png

4. http://www.claise.be/2018/06/ietf-yang-modules-statistiques/

5. https://www.yangcatalog.org

6. http://www.claise.be/IETFYANGOutOfRFC.html

7. https://www.yangcatalog.org/yang-search/module_details/?module=iana-crypt-hash@2014-08-06

8. https://www.yangcatalog.org/yang-search/module_details/?module=iana-hardware@2018-03-13

9. https://github.com/xym-tool/xym

10. http://claise.be/IETFYANGPageCompilation.png

11. https://github.com/xym-tool/symd/tree/7f757df8e901c040a4a74db9a4e7e4656d24ddee

12. https://d3js.org

13. http://www.claise.be/ietf-routing.png

14. https://www.yangcatalog.org/yang-search/impact_analysis/

15. http://www.claise.be/2018/03/yang-data-models-in-the-industry-current-state-of-affairs-march-2018/

16. http://www.opendaylight.org

17. https://www.broadband-forum.org

18. https://github.com/YangModels/yang

19. http://www.mef.net

20. https://www.mef.net/Assets/Technical_Specifications/PDF/MEF_10.3.pdf

21. https://www.mef.net/Assets/Technical_Specifications/PDF/MEF_26.2.pdf

22. https://www.ieee.org

23. http://redfish.dmtf.org

24. http://tools.ietf.org/html/rfc6020

25. https://www.itu.int/en/ITU-T/Pages/default.aspx

26. http://www.openroadm.org/home.html

27. https://www.etsi.org/deliver/etsi_gs/NFV-IFA/001_099/011/02.01.01_60/gs_NFV-IFA011v020101p.pdf

28. https://www.etsi.org/deliver/etsi_gs/NFV-IFA/001_099/014/02.01.01_60/gs_NFV-IFA014v020101p.pdf

29. https://ietf.org/how/runningcode/hackathons/

30. https://www.ietf.org/proceedings/85/slides/slides-85-netconf-3.pdf

31. http://www.eantc.de/fileadmin/eantc/downloads/events/2017-2020/MPLS2018/EANTC-MPLSSDNNFV2018-PostReport_online.pdf

Chapter 7 第 7 章

自动化与数据模型、
相关元数据及工具一样好：
面向网络架构师和运维人员

本章内容

❑ 如何理解 YANG 模块的结构

❑ 使用哪个 YANG 模块来执行配置变更和收集网络数据

❑ YANG 模块有哪些元数据，以及它如何帮助网络管理和自动化决策

❑ 用什么工具测试 YANG 模型的协议，如 NETCONF 和 RESTCONF

❑ 在创建自己的 YANG 模块时，如何向其他人学习

❑ 如何测试自己的 YANG 模块

7.1 导言

　　到目前为止，你已经认真研究了数据模型驱动管理的思想，以及 YANG 模块的结构和语法。本章的重点是如何实际使用这些范例和模块来支持网络管理和自动化。为了做到这一点，需要查看工具和模块元数据，以帮助你了解如何将建模的数据转化为有用的操作。越来越多的商业和开源工具支持基于模型的管理和自动化。本章提到了一些商业工具，但重点是开源工具。本章首先介绍 YANG 模块结构和元数据以及了解 YANG 模块所需的工具，用它们来自动变更网络同步配置并从网络搜集数据。

　　在本章结束后，你将充分理解相关的 YANG 模块，以便在网络中执行管理和自动化任务。你将知道作为模块使用者和模块设计者应该使用哪些元数据和工具使任务更轻松、更少出错。最后，作为网络管理员或运维人员，你将熟悉常用的工具，它们可以帮助你在模型驱动的网络自动化道路上起步。

7.2　了解 YANG 模块的结构

首先要做的是找到你想使用的 YANG 模块。如果你可以访问需要自动化的设备（前提是该设备运行的代码是正确的版本），那么你可以直接从设备中获取它们所支持的 YANG 模块。稍后我们会探讨这种方法。这里我们先讨论如何在没有设备访问权限的情况下获取 YANG 模块。不同的供应商和 SDO 发布 YANG 模块的位置也不相同，但大都集中在 GitHub（https://github.com/YangModels/yang）代码库。一般来说，在这个代码库中，有两个主要目录可以找到 YANG 模块：供应商目录和标准目录。供应商目录包含指向其他 GitHub 代码库或包含实际模块的链接。标准目录也一样，只是它根据 SDO 进行了区分。

拷贝此代码库，然后开始浏览各种可用模块。由于此代码库包含指向其他代码库的链接，你需要确保递归克隆，拉入所有 git 子模块，例如：

```
$ git clone --recurse-submodules https://github.com/YangModels/yang.git
```

随后，选择一个通用的、基于标准的模块进行查看。假设你需要自动从设备收集路由，在 standard/ietf/RFC 子目录下可以找到 ietf-routing@2018-03-13.yang。正如其描述所述，此模块定义了管理路由子系统所需要的基本组件。示例 7-1 显示了此模块的部分文本。

示例7-1　ietf-routing@2018-03-13.yang节选

```
/* Type Definitions */

typedef route-preference {
  type uint32;
  description
    "This type is used for route preferences.";
}
/* Groupings */

grouping address-family {
  description
    "This grouping provides a leaf identifying an address
     family.";
  leaf address-family {
    type identityref {
      base address-family;
    }
    mandatory true;
    description
```

```
      "Address family.";
   }
}

grouping router-id {
  description
    "This grouping provides a router ID.";
  leaf router-id {
    type yang:dotted-quad;
    description
      "A 32-bit number in the form of a dotted quad that is used by
       some routing protocols identifying a router.";
    reference
      "RFC 2328: OSPF Version 2";
  }
}
```

那么，从哪里入手呢？正如在第 3 章中看到的，YANG 模块很快就会变得复杂。阅读 YANG 模块无法让你很好地了解它的结构。如示例 7-1 中所示，YANG 模块的文本包括标识、类型和分组。虽然这对模块作者创建可扩展和可重用的结构很有用，但没办法帮你找到要提取或配置的数据元素的确切路径。

幸运的是，你可以用工具解决这个问题。工具之一就是 pyang——多数时候 pyang 会是你的首选工具。pyang 是一个开源的、基于 Python 的应用程序和一组库。你可以用它将模块转换为不同的格式，使处理 YANG 模块的工作轻松一些。此外，pyang 还提供了验证模块语法和检查两个模块之间向后兼容性的方法。

你可以在 GitHub 中找到 pyang（https://github.com/mbj4668/pyang）。你也可在 PyPI 包索引中找到，意味着可以运行 Python pip 命令来安装：

```
$ pip install pyang
```

pyang 具有 -f 参数，该参数以多种输出格式显示模块。为了更好地了解 ietf-routing 模块的结构，请使用树格式：

```
$ pyang -f tree ietf-routing\@2018-03-13.yang
```

此命令生成的树格式输出如示例 7-2 中所示。

示例7-2 ietf-routing模块的树结构

```
module: ietf-routing
    +--rw routing
    |  +--rw router-id?                yang:dotted-quad
    |  +--ro interfaces
    |  |  +--ro interface*    if:interface-ref
    |  +--rw control-plane-protocols
    |  |  +--rw control-plane-protocol* [type name]
```

```
|   |     +--rw type              identityref
|   |     +--rw name              string
|   |     +--rw description?      string
|   |     +--rw static-routes
|   +--rw ribs
|      +--rw rib* [name]
|         +--rw name                string
|         +--rw address-family     identityref
|         +--ro default-rib?       boolean {multiple-ribs}?
|         +--ro routes
|         |  +--ro route*
|         |     +--ro route-preference?   route-preference
|         |     +--ro next-hop
|         |     |  +--ro (next-hop-options)
|         |     |     +--:(simple-next-hop)
|         |     |     |  +--ro outgoing-interface?   if:interface-ref
|         |     |     +--:(special-next-hop)
|         |     |     |  +--ro special-next-hop?      enumeration
|         |     |     +--:(next-hop-list)
|         |     |        +--ro next-hop-list
|         |     |           +--ro next-hop*
|         |     |              +--ro outgoing-interface?   if:interface-ref
|         |     +--ro source-protocol     identityref
|         |     +--ro active?             empty
|         |     +--ro last-updated?       yang:date-and-time
|         +---x active-route
|         |  +--ro output
|         |     +--ro route
|         |        +--ro next-hop
|         |        |  +--ro (next-hop-options)
|         |        |     +--:(simple-next-hop)
|         |        |     |  +--ro outgoing-interface?   if:interface-ref
|         |        |     +--:(special-next-hop)
|         |        |     |  +--ro special-next-hop?      enumeration
|         |        |     +--:(next-hop-list)
|         |        |        +--ro next-hop-list
|         |        |           +--ro next-hop*
|         |        |              +--ro outgoing-interface?   if:interface-ref
|         |        +--ro source-protocol     identityref
|         |        +--ro active?             empty
|         |        +--ro last-updated?       yang:date-and-time
|         +--rw description?       string
o--ro routing-state
   +--ro router-id?                 yang:dotted-quad
   o--ro interfaces
   |  o--ro interface*   if:interface-state-ref
   o--ro control-plane-protocols
   |  o--ro control-plane-protocol* [type name]
   |     o--ro type     identityref
```

```
|    o--ro name    string
o--ro ribs
  o--ro rib* [name]
    o--ro name              string
    +--ro address-family    identityref
    o--ro default-rib?      boolean {multiple-ribs}?
    o--ro routes
    |  o--ro route*
    |    o--ro route-preference?   route-preference
    |    o--ro next-hop
...
```

这种输出更方便理解模块的结构。可以"概览"模块的内容。它去除了标识和类型定义，并准确显示分组在模块容器中被引用的位置。因此，可以更清楚地了解给定元素的路径。

但是要完全理解这个"树"，需要了解一些新符号。这些符号和树结构本身在 RFC 8340 中有详细说明。我们来详细看看示例 7-2 中的树视图中使用的符号。

首先是"+"。"+"在树中表示当前节点。"o"表示节点已废弃，不再使用。"rw""ro"和"x"表示对节点的访问类型。"rw"表示这是配置数据，是可读写的。"ro"表示状态或操作数据，只能读取。"x"是"可执行文件"的缩写，在 YANG 语言中，表示一个远程过程调用（RPC）或一个动作（如在 active-route 中表示动作）。

"?"在节点名称末尾表示节点是可选的。节点名称旁边的"*"表示该节点是列表或叶列表。叶列表没有任何子节点。列表有子节点，而且通常有键元素。列表的节点名称末尾的"[]"中显示列表的键元素，如果列表包含键元素，则键元素必须出现（例如，rib 列表具有名为 rib * [name] 的键）。

"()"内的节点名称表示一个选择，":(…)"符号表示该选择的特定情况。例如，在刚才提到的树中，next-hop-options 是一个选择，而 simple-next-hop 是情形之一。

我们回到想要枚举设备路由的案例。采用前面的树结构，你知道，对于所有路由信息库（RIB）执行此操作的路径是 routing → ribs → rib → routes。

构造查询和配置请求也需要 pyang 及其树结构输出。稍后本章将再次讨论。

7.3 使用 YANG Catalog 查找合适的模块

如果不知道 ietf-routing 是否是你想要的模块，怎么办？"YangModules"的 GitHub 代码库中已经有许多模块，整个行业中的模块数量更多。即使熟悉要进行自动化的特定平台，找到正确的模块也不是容易的事情。幸运的是，有 YANG Catalog 帮助你。YANG Catalog 是个开源项目，可以实现跨供应商、SDO 和开源项目搜索 YANG 模块。YANG Catalog 是一系列工具集，允许基于关键字搜索模块和节点、可视化模块关系、检查元数据以及确定给定供应商的给定平台支持哪些模块。它不是下载 YANG 模块的代码库。然而，它提供了模块下载的规范化位置链接。YANG Catalog 项目位于 https://yangcatalog.org。

　　YANG Catalog 项目始于互联网工程任务组（IETF）在定期会议之前开始的编程马拉松活动。其使命是帮助行业、网络运营商和设备供应商。对于行业，YANG Catalog 可以记录创建内容以帮助分享最佳实践。对于网络运营商，这有助于找到适合特定任务的 YANG 模块。对于设备供应商，它简化了最终用户对 YANG 模块的使用。

　　YANG Catalog 最开始是由贝诺特·克莱斯（Benoît Claise）、卡尔·莫伯格（Carl Moberg）和乔·克拉克（Joe Clarke）组成的志愿者团体自行开发的，他们热衷于 YANG 并反哺整个社区。后来，YANG Catalog 获得了一些私人资金，但仍然在更广泛的社区环境下继续开发。随着时间的推移，添加了更多的工具（例如正则表达式验证器以及下面讨论的 YANG Suite 工具）。YANG Catalog 仍在发展，随着工具套件的成熟，所展示的接口可能会而变化。

7.3.1　YANG Search

　　YANG Catalog 的 YANG Search 功能允许根据节点名称、模块名称或模块描述中的关键字查找模块和节点。在不清楚应该使用什么模块的情况下，这很有用。即使可以随时访问设备，也很难在这些设备上准确找到需要的 YANG 模块。虽然 Unix regp 命令是搜索文本的好帮手，但在处理 YANG 模块等结构化数据时，它并不总是最有效的工具。此外，YANG Catalog 的搜索功能可以显示元数据，它显示哪些设备（及其代码版本）支持哪些特定的 YANG 模块。元数据由元素组成，为模块及其节点的可用性和适用性提供了更多的上下文，有助于找到正确的解决方案。下面提供有关元数据类型的更多详细信息。

　　如果你正在起草征求建议书、构建组合的 YANG 服务模块，或者寻找配置或收集数据的最佳模型，YANG Search 是一个很好的起点。

　　搜索表单提供了许多选项，默认设置只搜索与给定关键字匹配的模块名称、节点名称和节点描述。当你想在给定设备上输出路由时，如果搜索"路由"，会得到很多结果。那么，如何缩减这些结果以确定最相关的节点和模块呢？

　　搜索返回以下列：

❑ 匹配的节点名称

❑ 包含该节点 YANG 模块的修订版本

❑ 匹配节点的 schema 类型

❑ 节点的 XPath 表示法（查询设备时有用）

❑ 包含匹配节点 YANG 模块的名称

❑ 链接到附加 YANG Catalog 的工具

❑ 包含匹配节点的模块是供应商特定的，还是行业定义的

❑ 生成相关 YANG 模块的组织

❑ YANG 模块的成熟度（稍后会详细介绍）

❑ 该模块被其他模块导入的次数

❑ 模块的编译状态

❑ 匹配的节点描述

当从设计者的角度查看元数据时，你需要了解这些元数据。本章稍候将详细描述一些元数据字段。从用户的角度来看，模块的来源和成熟度表明它的支持程度和稳定性。例如，来自 SDO 并已批准的模块得到了广泛审查，可能获得多个供应商的支持。

默认结果按匹配节点名称排序，但可能会显得不灵活，特别是使用类似"路由"这样的通用术语。但是，YANG Search 的某些功能可以帮助你进一步筛选合适的候选者。例如，如果要从特定供应商的设备中获取路由（无法直接查询有问题的设备），你可以根据该供应商的组织结构进一步筛选结果。如果希望收集多个供应商设备之间的路由，则最好选择基于标准的模块。使用筛选字段，可以将搜索范围收缩到哪些来源是"行业标准"的模块。你还可以取消选中搜索选项"节点描述"，以便仅搜索节点名称和模块名称。即使这样也会产生很多结果。如何才能进一步收敛？

虽然可以浏览每个节点的描述，但首先需要确定最"可信"的模块来源。YANG Catalog 的元数据存储位置开始发挥作用。虽然模块、节点及其描述非常有价值，但该模块还有许多其他属性会影响其可用性。其中一些属性（如修订、引用、组织和作者）可以直接从模块本身的内容中提取。有些属性（如模块的成熟度、其他模块导入的次数、是否过期以及其编译状态）则无法直接确定。幸运的是，YANG Catalog 收集了所有这些可提取和不可提取的元数据值。

搜索结果包括一些元数据字段。具体而言，当将结果缩小到"行业标准"模块后，可以按"成熟度"排序，优先考虑由编写机构批准或完全标准化的模块。IETF 是一个知名的组织，供应商也一起制定互联网标准（包括 YANG 模块），因此，该组织编写的任何模块（特别是关于路由的模块）都已获得批准。现在你看到的是一个更短的清单。如果还要考虑那些被其他模块多次导入的模块，那么还有一个集合，扫描它可以更容易找到有价值的模块。此优先级短列表如图 7-1 所示。

请注意，"routes"容器（见图 7-1 中的底部）在上一节中已经提到，也就是之前接触过的 ietf-routing 模块。该元素的 XPath 表示法也可以在其他工具中使用。在"模块"列下，你可以使用 YANG Catalog 中的其他工具深入了解 ietf-routing 模块。其中包括 Tree View，它提供模块的图形化树视图；Impact Analysis，显示此模块如何受其他模块的影响，以及此模块如何影响其他模块（本章后面讨论）；Module Details，允许你浏览模块的所有元数据。

7.3.2　模块树

图 7-2 所示的树视图可能是 pyang 的"树"输出插件更精美、更详细的版本，但 pyang 中缺少另一个重要功能：每个节点的 XPath。找到感兴趣的节点或模块后，可以使用 XPath

表示法查询该节点上的设备数据，这对于订阅遥测流至关重要。

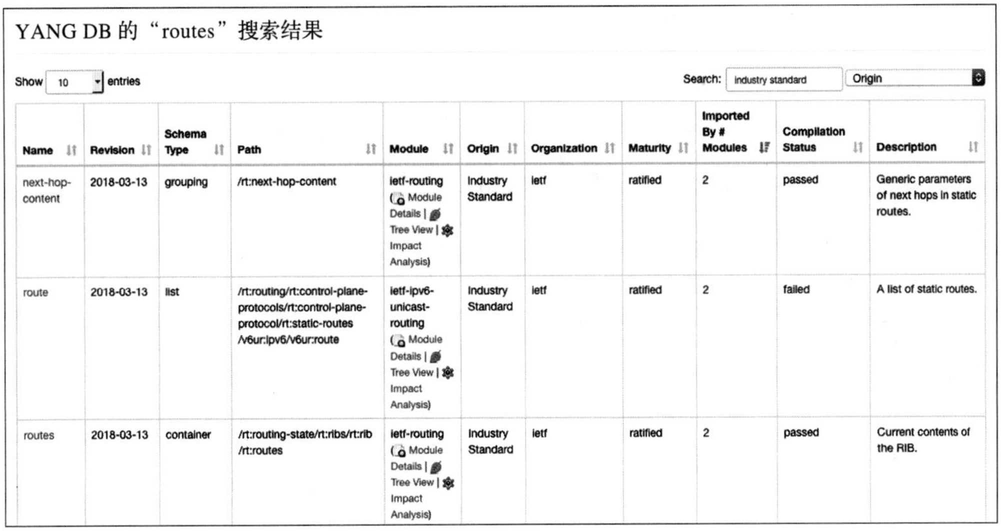
YANG DB 的“routes”搜索结果

Show 10 entries　　Search: industry standard　Origin

Name	Revision	Schema Type	Path	Module	Origin	Organization	Maturity	Imported By # Modules	Compilation Status	Description
next-hop-content	2018-03-13	grouping	/rt:next-hop-content	ietf-routing (Module Details | Tree View | Impact Analysis)	Industry Standard	ietf	ratified	2	passed	Generic parameters of next hops in static routes.
route	2018-03-13	list	/rt:routing/rt:control-plane-protocols/rt:control-plane-protocol/rt:static-routes/v6ur:ipv6/v6ur:route	ietf-ipv6-unicast-routing (Module Details | Tree View | Impact Analysis)	Industry Standard	ietf	ratified	2	failed	A list of static routes.
routes	2018-03-13	container	/rt:routing-state/rt:ribs/rt:rib/rt:routes	ietf-routing (Module Details | Tree View | Impact Analysis)	Industry Standard	ietf	ratified	2	passed	Current contents of the RIB.

图 7-1　筛选和分类后的 YANG Catalog 搜索结果

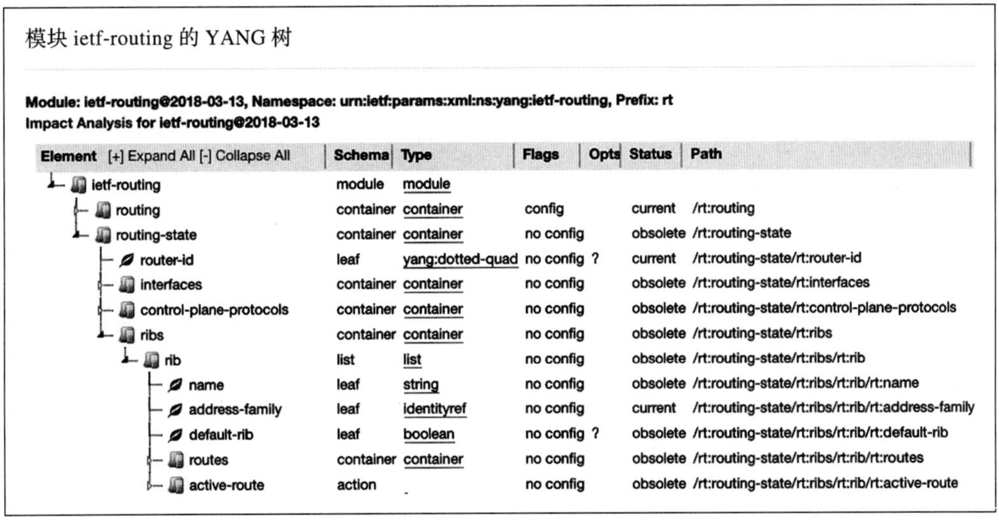
模块 ietf-routing 的 YANG 树

Module: ietf-routing@2018-03-13, Namespace: urn:ietf:params:xml:ns:yang:ietf-routing, Prefix: rt
Impact Analysis for ietf-routing@2018-03-13

Element [+] Expand All [-] Collapse All	Schema	Type	Flags	Opts	Status	Path
ietf-routing	module	module				
routing	container	container	config		current	/rt:routing
routing-state	container	container	no config		obsolete	/rt:routing-state
router-id	leaf	yang:dotted-quad	no config	?	current	/rt:routing-state/rt:router-id
interfaces	container	container	no config		obsolete	/rt:routing-state/rt:interfaces
control-plane-protocols	container	container	no config		obsolete	/rt:routing-state/rt:control-plane-protocols
ribs	container	container	no config		obsolete	/rt:routing-state/rt:ribs
rib	list	list	no config		obsolete	/rt:routing-state/rt:ribs/rt:rib
name	leaf	string	no config		obsolete	/rt:routing-state/rt:ribs/rt:rib/rt:name
address-family	leaf	identityref	no config		current	/rt:routing-state/rt:ribs/rt:rib/rt:address-family
default-rib	leaf	boolean	no config	?	obsolete	/rt:routing-state/rt:ribs/rt:rib/rt:default-rib
routes	container	container	no config		obsolete	/rt:routing-state/rt:ribs/rt:rib/rt:routes
active-route	action	-	no config		obsolete	/rt:routing-state/rt:ribs/rt:rib/rt:active-route

图 7-2　ietf-routing 模块的 YANG Catalog 树输出

7.3.3　模块（元数据）详细信息

搜索结果页面中的“Module Details”显示了给定模块的元数据详细信息，如图 7-3 所示。这些元数据字段本身在 YANG 模块中定义，该模块被创建为 YANG Catalog 的后备存储。

图 7-3　ietf-routing 模块详细信息页面

yang-catalog.yang 模块（https://tools.ietf.org/html/draft-clacla -netmod-model-catalog-03）
定义了完整的元数据集，包含以下数据（请注意，部分字段将在下一节中详细讨论）：

- 模块名称
- 模块修订
- 制作模块的组织（如果是"ietf"，则还要提供开发模块的 IETF 工作组）
- 模块命名空间
- 下载模块的链接
- 生成模块的位置（如果是原生模块）
- 模块成熟度级别
- 进一步描述或定义模块的文档名称
- 模块作者的电子邮件
- 与模块相关文档的链接
- 模块分类（例如网络设备模型或网络服务模型）
- 模块的编译状态
- 模块的编译输出的链接（如果出现故障）
- 模块前缀
- 模块使用的 YANG 版本
- 模块描述
- 模块的联系人
- 模块类型（例如，子模块或主模块）
- 父模块（如果当前模块为子模块）

❑ 树类型（例如，nmda-compatible、openconfig、split tree 等）

❑ 模块的 pyang-f tree 输出的链接

❑ 模块过期时间（如果有过期的话）

❑ 任何适用子模块列表

❑ 模块依赖项列表

❑ 依赖模块列表

❑ 模块的嵌入式语义版本（如果存在）

❑ 模块的派生语义版本

❑ 模块已知实现的列表

在元数据详细信息页面的"Specify Module"框中，有链接指向搜索结果中所示的 Tree View 和 Impact Analysis 工具。YANG Suite 链接是新的，下一节将从浏览模块的角度介绍这个工具。

有一些字段对模块的使用者很有价值。首先，"schema"字段提供一个规范链接，可以从中下载模块。本章稍后将介绍如何直接从设备中提取模块。但如果需要其他途径提取模块，YANG Catalog 将提供很好的资源。模块的依赖性（如果有的话）也可在此处找到。因此，你可以在 YANG Catalog 中获取加载到网络管理系统中所需的所有模块组件。

下一个有价值的元数据是支持它的参考资料。这通常只适用于标准机构创建的模块。该参考资料提供了更详细信息，以帮助说明某些节点、解释设计决策背后的原因等。将此功能与联系人字段结合使用，你既可以得到解释该模块的文档，也可以拥有一个小组，以便获得有关该模块的更多帮助或更多信息。

实现、语义版本和派生语义版本字段提供了重要的细节，说明模块在各个供应商设备中实现的位置以及向后兼容性。如果以前使用的是特定模块，并且在平台中发现了新修订，那么如何知道该修订版是否兼容以前的版本？这就是语义版本和派生语义版本发挥作用的地方。基本上，语义版本字段是由三个数字组成的集：MAJOR.MINOR.PATCH。如果同一模块的不同修订版之间的 MAJOR 编号更改，则这两个修订版之间存在不能后向兼容的更改。这意味着应该检查两个模块修订之间的差异，以确定是否需要对自动化脚本和应用程序进行更改。如果 MINOR 版本更改，则添加了新功能，但更新的版本仍与较早版本后向兼容。同样，如果 PATCH 版本更改，则模块的更新版本与较早版本后向兼容，但较新版本增加了错误修复。有关语义版本结构的更多详细信息请访问 semver.org。关于 YANG Catalog，语义版本字段反映了直接从 YANG 模块获取的版本。并非所有 YANG 模块都提供此功能（在撰写本书时，只有 Openconfig 模块具备此功能）。当添加模块的新版本时，YANG Catalog 会自动计算派生的语义版本。在本示例中，2018-03-13 修订版的 ietf-routing 模块具有 11.0.0 的派生语义版本。这意味着自从 ietf-routing 第一次修订以来，又有两个不能向后兼容的重大变化。

请注意，自动化与数据模型、相关元数据和工具一样好。了解元数据可以更好地使用

模块并将其集成到网络管理和自动化系统中。稍后将从模块作者和开发者的角度重新审视
YANG Catalog。

7.3.4 使用 YANG Suite 从节点迁移到 RPC 和脚本

　　单击"模块详细信息"页面上的 YANG Suite 链接，即可启动托管在 yangcatalog.org 上
的 YANG Suite 工具。虽然可以通过单击"YANG exploration"链接直接从 yangcatalog.org
主页启动此工具，但从模块详细信息中调用此工具会自动将当前模块（及其依赖项）导入
YANG Suite。在此示例中，ietf-routing 已预加载到 YANG Suite 中，所以你可以探索其各个
节点并与其交互。图 7-4 显示了预装 ietf-routing 模块的 YANG Suite 用户界面（UI）。在本
节中，YANG Suite 用于浏览 YANG 模块或 YANG 模块集。

> **注释**
>
> 　　在撰写本书时，YANG Suite 是以行业为中心的 yangcatalog.org 的一部分。但是，
> 它可能会转移到思科专用的 Catalog 实例（https://yangcatalog.cisco.com）。
> 　　在下一节中，YANG Suite 用于直接与设备交互。

图 7-4　加载 ietf-routing 模块的 YANG Suite

　　树形图看起来非常类似于从模块搜索结果直接链接的图。然而，除了能够展开和折叠
节点外，此树还允许你与单个模块节点交互、设置值，然后生成 RPC 和脚本。

　　默认情况下，YANG Suite 的首界面是在 YANG 探索模式下显示选定的模块树（本例
中的 ietf-routing）。在编写本书时，在 yangcatalog.org 上的 YANG Suite 版本中，该模式
允许生成 Python 脚本，这些脚本使用 YANG 开发套件（YDK）[1] 和 ncclient 来执行 get、

get-config 和 edit-config NETCONF 操作。在第 9 章中将更详细地介绍 YDK 以及其他开发工具。现在，单击左侧 YANG Suite 菜单中的 Protocols>NETCONF，然后选择"ietf-routing"YANGSet 并加载"ietf-routing"模块。相同的树层次结构被绘制出来，并且可以从此界面创建原始 NETCONF RPC。图 7-5 显示了 YANG Suite 的 NETCONF 接口。

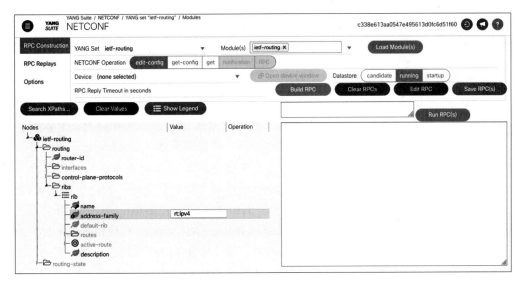

图 7-5　YANG Suite 的 NETCONF 协议截屏（已加载 ietf-routing）

在此视图中，默认操作是 edit-config。请注意，某些 ietf-routing 树已禁用。例如，整个路由状态子树显示为灰色。这是因为所有这些节点都标记为 config false，不适用于 edit-config 和 get-config 操作。

要查看可执行的 get-config 操作，请展开 /ietf-routing/routing subtree，点击 router-id 叶旁边的 Value 单元格，然后输入 192.168.1.1。在 Value 旁边的 Operation 单元格中，从下拉菜单中选择"merge"。你告诉 YANG Suite 的内容是希望合并到的新路由器 ID 192.168.1.1 中。在屏幕左上角，在选定的"RPC Construction"选项卡下方有一个"Option"选项卡。单击此按钮可显示控制 RPC 生成的其他参数。一旦执行了一项任务，就应该更清楚地了解不同选项的作用。现在，将参数保留为默认值。单击返回到 RPC Construction，然后单击 Build RPC 按钮。

按钮下方的文本区域现在包含 XML，与在左侧的树中定义的操作相对应。示例 7-3 中显示了其代码。

示例7-3　更改router-id leaf RPC主体

```
1. <rpc xmlns="urn:ietf:params:xml:ns:netconf:base:1.0" message-id="101">
2.   <edit-config>
3.     <target>
4.       <running/>
```

```
5.    </target>
6.    <config>
7.      <routing xmlns="urn:ietf:params:xml:ns:yang:ietf-routing">
8.        <router-id xmlns:nc="urn:ietf:params:xml:ns:netconf:base:1.0"
nc:operation="merge">192.168.1.1</router-id>
9.      </routing>
10.   </config>
11.  </edit-config>
12. </rpc>
```

每行旁边的数字便于分解 RPC，查看 YANG Suite 中的不同选项对结果的影响。

该 XML 正是从客户端发送到 NETCONF 服务器以执行所需 edit-config 操作的脚本。由于单击了 Add RPC 按钮，因此第 1 行定义了一个 RPC。第 2 行表示这是 edit-config 操作。第 3～5 行指定此操作的目标是候选数据存储。这是因为你将 Datastore 下拉菜单设置为默认值 candidate（候选），也解释了为什么会提示你添加 commit 操作。第 6～10 行定义了操作的内容。在这种情况下，使用 ietf-routing 模块（如第 7 行所示）合并新路由器 ID 192.168.1.1（如第 8 行所示）。如果更改 YANG Suite 中某些选项的值（例如，如果将 merge（合并）更改为 remove（移除）），清除并添加新的 RPC，你会发现 RPC 是如何变化的。

YANG Suite 还可以方便地制作 RPC 和脚本，以便从设备中获取数据。将"NETCONF operation"从 edit-config 更改 get，整个树将变为活动状态。如你所知，NETCONF get 操作允许你从 NETCONF 服务器检索配置和操作数据。要构建 get RPC 需要从模块中选择要在结果输出中看到的元素。例如，如果要从设备检索所有路由状态，请单击 /ietf-routing/routing-state 子树旁边的 Value 框。一个复选框出现在框中。现在单击右侧的"Build RPC"按钮。示例 7-4 显示了所得的原始 RPC。

示例7-4　在routing-state下获取RPC 主体筛选

```
<rpc xmlns="urn:ietf:params:xml:ns:netconf:base:1.0" message-id="101">
  <get>
    <filter>
      <routing-state xmlns="urn:ietf:params:xml:ns:yang:ietf-routing"/>
    </filter>
  </get>
</rpc>
```

虽然这些原始 RPC 说明了 NETCONF 服务器所看到的内容，并有助于明确知晓基于 YANG 管理的某些不同选项，但它们并不是自动化实际配置或监控任务的理想选择。使用 YANG Suite 的脚本生成功能，可以帮助你从学习 YANG 模块过渡到自动操作。如前所述，yangcatalog.org 上默认 YANG Suite 视图允许创建 YDK 脚本。此视图允许你创建使用 Python ncclient 程序包的脚本。第 9 章将更多介绍 ncclient。返回"Options"选项卡，从 Display RPC 的下拉列表中选择"Python ncclient script"，返回"RPC Construction"选项卡，然后再次单击"Build RPC"按钮 RPC 文本区域显示的 Python 代码，如示例 7-5 所示。

示例7-5　YANG Suite生成的Python脚本

```python
#! /usr/bin/env python
import lxml.etree as et
from argparse import ArgumentParser
from ncclient import manager
from ncclient.operations import RPCError

payload = [
'''
<get xmlns="urn:ietf:params:xml:ns:netconf:base:1.0">
  <filter>
    <routing-state xmlns="urn:ietf:params:xml:ns:yang:ietf-routing"/>
  </filter>
</get>
''',
]

if __name__ == '__main__':

    parser = ArgumentParser(description='Usage:')

    # script arguments
    parser.add_argument('-a', '--host', type=str, required=True,
                        help="Device IP address or Hostname")
    parser.add_argument('-u', '--username', type=str, required=True,
                        help="Device Username (netconf agent username)")
    parser.add_argument('-p', '--password', type=str, required=True,
                        help="Device Password (netconf agent password)")
    parser.add_argument('--port', type=int, default=830,
                        help="Netconf agent port")
    args = parser.parse_args()

    # connect to netconf agent
    with manager.connect(host=args.host,
                 port=args.port,
                 username=args.username,
                 password=args.password,
                 timeout=90,
                 hostkey_verify=False,
                 device_params={'name': 'csr'}) as m:

    # execute netconf operation
    for rpc in payload:
        try:
            response = m.dispatch(et.fromstring(rpc))
            data = response.data_ele
        except RPCError as e:
            data = e._raw
```

```
# beautify output
print(et.tostring(data, encoding='unicode', pretty_print=True))
```

请注意，开销变量设置为与 get 操作中原始 RPC 的值相同。此脚本需要指定一些命令行参数，并执行请求的 NETCONF 操作。例如，如果将脚本另存为 get-routing.py，并且你有一个 IP 地址为 10.1.1.1、用户账户名为"admin"且密码为"admin"的设备，则可以通过以下方式运行脚本：

```
$ ./get-routing.py -a 10.1.1.1 -u admin -p admin
```

> **注释**
>
> 　　这些脚本演示如何在网元这个层级上使用这些模块。它们是基于 YANG 模块进行代码的示例，提供了一套良好的教学、测试和故障排除工具。包括 YANG Suite 在内的 YANG Catalog 工具链提供了有关 YANG 模块 API 优秀文档，是 YANG 模块的乐园。因此你可以更多地关注 YANG API，少关注 YANG 语言。但是，要实现强大的网络自动化，仅有几个脚本是远远不够的。

YANG Suite 提供了交互性，它为了解特定的 YANG 模块提供了一个很好的方法。通过生成 RPC 和脚本，你可以查看各种配置和监控操作上线的效果，并开始思考潜在的用例。当从探索 YANG 模块过渡到使用 YANG 与设备交互时，你会使用到更多 YANG Suite 的内容。

7.4　与设备交互

到目前为止，你专注于探索和剖析 YANG 模块的工具。但是，这些模块存在的原因是为了能够以明确定义的、机器可用的方式来管理设备。此外，还需要进一步抽象以便能够全面管理网络并启用端到端自动化。

本节重点介绍一些使用模型驱动协议（如 NETCONF 和 RESTCONF）与设备交互的工具，以及使用来自设备的遥测流的工具。这些工具很好地介绍了协议如何工作以及 YANG 模型数据如何转化为设备操作。这是对模型驱动工具很好的补充。其中一些工具基于命令行，另一些工具提供图形用户界面（GUI）。使用的工具取决于使用案例。命令行工具运行脚本效果良好，而 GUI 工具提供了一种人性化的、易用的视角，对于学习 YANG、NETCONF、RESTCONF 和遥测概念特别有用。这里介绍一些基本功能，第 10 章将介绍更深入、更真实的设备交互示例。

7.4.1　NETCONF 工具

下面介绍的工具可以让你通过 NETCONF 与设备交互。包括获取配置、操作数据和修改配置等典型操作以及一些"元"操作，例如确定网络元支持的模块，以及直接从网络元素自身获取这些模块的本地副本。

YANG Suite

本章开头只是把 YANG Suite 视为 YANG Catalog 中提供的工具，能够探索 YANG 模块并生成示例 RPC 和脚本。除了提供设备交互的图形界面外，它还有许多功能，方便轻松浏览设备和创建 YANG 模块的有用子集以完成特定任务。YANG Suite 也可作为 Python 软件包安装在 Linux、MacOS 和 Windows 上，使用基于 Web 的界面与设备直接交互。

> **注释**
>
> 在撰写本书时，YANG Suite 的发布计划仍在商量之中，预计 YANG Suite 在 2019 年发布可下载产品。有些界面和指令可能会被更改，但 YANG Suite 背后的潜在功能和意图将保持不变。

使用随附的 README 说明安装 YANG Suite。YANG Suite 默认情况下在 8480 端口上运行 Web 服务器。通过浏览器连接到 http://localhost:8480，使用安装过程中创建的用户名和密码登录，然后开始在本地使用 YANG Suite 功能。

使用 YANG Catalog 上的 YANG Suite，你需要的模块将被自动添加到 YANG Suite 中，并从其他 YANG Catalog 工具中添加所有依赖项。由于现在是在本地运行，你需要查找模块并添加它们的依赖项。幸运的是 YANG Suite 具备使用 NETCONF 协议直接从设备检索模块的功能。

YANG Suite 使用"设备配置文件"来了解设备的基本通信和凭证。你必须为要使用的每个设备设置配置文件。目前，YANG Suite 支持 NETCONF 作为基于 YANG 的传输方式，RESTCONF 支持正在开发。为测试设备 192.168.10.48 创建配置文件时，"新设备配置文件"的截图如图 7-6 所示。

拥有设备配置文件后，需要创建 YANG Suite 代码库。设置一个新的空代码库，然后系统提示两种添加模块的方式。一种是手动从文件系统加载；另

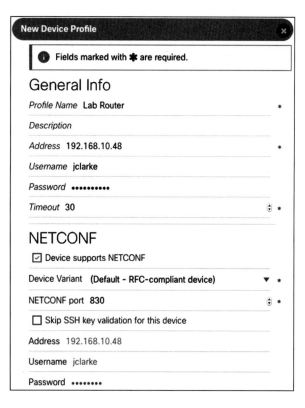

图 7-6　YANG Suite 设备配置文件设置

一种是使用一个设备配置文件下载。选择刚刚创建的设备配置文件，获取 schema 列表。要执行此步骤，设备必须支持 ietf-netconf-monitoring 模块。

> **注释**
>
> 设备配置文件中显示的设备超时值（Timeout）可能需要从其默认值 30 秒开始增加，以便能够成功下载整个 schema。

YANG Suite 检索列表后，选择要导入代码库的模块。虽然你可能只想添加确定要使用的模块，但请注意，这样做需要自己解决该模块的所有依赖项。从设备中导入所有模块则相反。稍后使用 YANG 模块集合减少这些内容。

创建代码库之后，你将开始定义 YANG 模块集（或多个 YANG 集 [YANG set]）。YANG 模块集（或仅 YANG 集）对给定代码库的模块进行分组，用于浏览或与特定任务的设备交互。使用代码库中的所有模块创建 YANG 集合有助于将模块列表聚焦在一个集合里，以减小树的大小和复杂性，并减少用户界面的加载时间。YANG Suite 还有一个很好的功能是，YANG 集接口可以帮助你在添加其他模块时识别适合的模块。例如，当查看 ietf-routing 时，你可能会决定创建仅包含该模块的 YANG 集合。但是，该模块具有依赖项。还有一些模块可以增强 ietf-routing 和引入派生身份（例如 ietf-ipv4-unicast-routing）。由于你将设备中所有模块添加到代码库，YANG Suite 了解这些相互关系。在将模块添加到 set 集合中时，YANG Suite 会建议添加其他模块，这些模块是必需的，因为它们是依赖项，或者因为添加了更多的上下文而值得拥有。

图 7-7 显示了一个 YANG 集合，定义了 ietf-routing 模块、其依赖项以及 ietf-ipv4-unicast-routing 模块，所有这些都已添加。如果代码库中的其他模块将添加更多定义并充实树的上下文，则这些模块将显示在中心选择字段中。

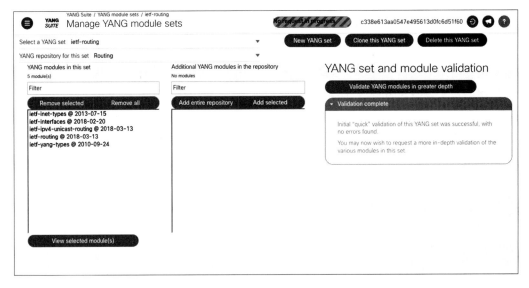

图 7-7　YANG Suite 中的 YANG Set 集合

　　现在转到 Operations>NETCONF 界面。这将与 YANG Catalog 版本看起来相似。但是，现在有了本地实例，你可以在设备上测试生成的 RPC。首先要做的是选择你之前创建的 YANG 集，这允许你选择用于绘制树的模块。在路由示例中，选择 ietf-routing，然后单击"Load module(s)"（加载模块）按钮。请注意，即使你没有选择 ietf-interface 模块，它的子树也会被显示。这是因为 YANG Suite 会根据 YANG 集中的模块自动解析依赖项和附加项。这也意味着 ietf-routing subtree 包含 ietf-ipv4-unicast-routing 附加项。

　　在顶部选择"Get-config NETCONF"操作，展开 ietf-routing subtree，然后单击在 routing 旁边的 Value 列以"检查"该列是否包含在内。单击右侧的 Add RPC 按钮。使用 YANG Catalog 版本，你可以简单地查看 RPC。对于本地实例，从设备下拉列表中选择设备配置文件，选择适当的数据存储。然后单击 Run RPC 按钮，在弹出窗口框中显示已执行 RPC 的结果。

　　YANG Suite 通过提供要配置节点的可视树来帮助简化 edit-config 操作。此树（tree）界面还显示哪些叶是关键，因此你可以确定是否已输入正确的元素。例如，如果要在默认路由实例中创建新的 IPv4 静态路由，该实例指向前缀 10.20.30.0/24 至 192.168.20.1，请首先填写旁边有锁定图标的所有叶旁边的值（这些是必填键）。最后，分别填写 v4ur：target-prefix 和 v4ur：Next-hop-address 的相应值。添加 RPC 并运行。如果设备支持候选数据存储，请执行 edit-config，YANG Suite 在更改配置后提示是否要添加 commit。

　　YANG Suite 中的 RPC 文本区域是可累加的，这意味着你可以继续添加操作以便在单个 NETCONF 事务中执行。你还可以对单个设备或多个设备重复使用多次 RPC 集。你可以在 YANG Suite 中创建保存的任务。一旦 RPC 文本区域包含要保存的特定内容，请单击"Save as Task"按钮，并为你的任务设置名称和说明。然后，任务在窗口右侧的任务下拉列表中列出。与 YANG 代码库和集一样，任务对于当前用户而言是持久化的。

　　如果设备支持 NETCONF 通知（在 RFC 5277 中定义），则点击设备下拉列表旁边的通知，此时会显示一个窗口，列出设备上的可用流。订阅其中一个或多个，YANG Suite 会在新的弹出窗口中实时显示收到的通知。

　　除了上述设备交互任务外，YANG Suite 的本地实例还可以执行 YANG Catalog 版本可以执行的所有操作。凭借其多用户能力成为很好的网络加速工具，可以让工程师浏览一致的 YANG 模块，以及测试设备的交互性。

Netconf-console

　　Netconf-console 是一种基于 Python 的命令行程序，采用 NETCONF 协议与设备交互。与 pyang 一样，它在 PyPI Python 包索引中可用，因此可用 pip 程序安装。有了 Netconf-console，你不仅能变更配置和收集操作数据，还可以发现设备能力并直接从设备检索 YANG 模块。因此，如果确定了要使用的模块，你可以通过查询来确认该设备是否直接支持 YANG 模块，或者可以获取该设备支持的模块并进行浏览，以了解它们的管理功能。

要开始使用 netconf-console，请使用 pip 安装

```
$ pip install netconf-console
```

此命令还在其他 Python 库之间安装 netconf-console 可执行文件。默认情况下，netconf-console 在端口 2022 上与本地主机建立 NETCONF 会话。但是，它支持多个命令行选项与远程设备交互。运行带 --help 参数的 netconf-console 命令以获取其命令行选项。

下一步是了解你的设备支持什么。如果一个 IP 地址为 192.168.10.48 的设备在标准端口 830 上配置了 NETCONF，你可以使用 netconf-console 的 --hello 参数请求它的能力（即，NETCONF 功能和 YANG 模块），如下图所示。节选的输出如示例 7-6。

```
$ netconf-console --host 192.168.10.48 --port 830 -u username \ -p password --hello
```

示例7-6　netconf-console的<hello>输出

```
<nc:hello xmlns:nc="urn:ietf:params:xml:ns:netconf:base:1.0">
  <nc:capabilities>
    <nc:capability>urn:ietf:params:netconf:capability:rollback-on-error:1.0
    </nc:capability>
    <nc:capability>urn:ietf:params:xml:ns:netconf:base:1.0?module=ietf-netconf&amp;
revision=2011-06-01</nc:capability>
    <nc:capability>urn:ietf:params:xml:ns:yang:ietf-routing?module=ietf-routing&amp;
revision=2015-05-25&amp;features=router-id,multiple-ribs&amp;deviations=cisco-xe-
ietf-routing-deviation</nc:capability>
    <nc:capability>urn:ietf:params:xml:ns:yang:ietf-interfaces?module=ietf-
interfaces&amp;revision=2014-05-08&amp;features=pre-provisioning,if-mib,
arbitrary-names</nc:capability>
    <nc:capability>urn:ietf:params:xml:ns:yang:ietf-ipv4-unicast-routing?module=
ietf-ipv4-unicast-routing&amp;revision=2015-05-25&amp;deviations=cisco-xe-ietf-
ipv4-unicast-routing-deviation</nc:capability>
    <nc:capability>http://cisco.com/ns/cisco-xe-ietf-ipv4-unicast-routing-deviation?
module=cisco-xe-ietf-ipv4-unicast-routing-deviation&amp;revision=2015-09-11
</nc:capability>
    ...
  </nc:capabilities>
</nc:hello>
```

到目前为止，你已经探索了 ietf-routing YANG 模块的 2018-03-13 修订版。2018-03-13 修订版是撰写本书时最新批准的标准版本。192.168.10.48 设备支持 ietf-routing 模块，但版本较早。使用 netconf-console 工具将此模块直接从设备上拉出，就像使用 YANG Suite 一样。使用 --schema ietf-routing，而不使用 --hello 参数来获取 ietf-routing@2015-05-25（即设备支持的模块的确切修订版）的完整内容如下所示。节选的输出如示例 7-7。

```
$ netconf-console --host 192.168.10.48 --port 830 -u username \
                  -p password --schema ietf-routing
```

示例7-7　从设备中提取的ietf-routing Schema节选

```
<data xmlns="urn:ietf:params:xml:ns:yang:ietf-netconf-monitoring"
xmlns:nc="urn:ietf:params:xml:ns:netconf:base:1.0">   module ietf-routing {

    namespace "urn:ietf:params:xml:ns:yang:ietf-routing";

    prefix "rt";

    import ietf-yang-types {
      prefix "yang";
    }

    import ietf-interfaces {
      prefix "if";
    }
…
```

虽然这提供了整个 ietf-routing@2015-05-25 模块，但与其他 NETCONF 数据一样，返回的是 XML 格式。要将此模块与 pyang 等工具一起使用必须提取和解码 <data> 元素的内容。你可以用多种方式来解码，但简单可靠的方法是安装来自 http://www.xmltwig.org/xmltwig/ 的 XML-Twig 程序。其中程序 xml_grep 允许指定一个 XPath 并提取该节点的数据。使用 xml_grep 和 netconf-console 可以将设备的 ietf-routing YANG 模块解压成一个文件，与其他 YANG 浏览和网络自动化的工具一起使用，如示例 7-8 所示。

示例7-8　使用xml_regp将ietf-routing解压缩到本地文件中

```
$ netconf-console --host 192.168.10.48 --port 830 -u username \
                -p password --get-schema ietf-routing \
      | xml_grep 'data' --text_only \
      > ietf-routing@2015-05-25.yang
```

使用 pyang 可以获得此模块的树结构，如示例 7-9 所示。

示例7-9　提取的ietf-routing模块树结构

```
module: ietf-routing
  +--ro routing-state
  |  +--ro routing-instance* [name]
  |     +--ro name                 string
  |     +--ro type?                identityref
  |     +--ro router-id?           yang:dotted-quad
  |     +--ro interfaces
  |     |  +--ro interface*   if:interface-state-ref
  |     +--ro routing-protocols
  |     |  +--ro routing-protocol* [type name]
  |     |     +--ro type     identityref
  |     |     +--ro name     string
```

```
      |      +--ro ribs
      |         +--ro rib* [name]
      |            +--ro name                string
      |            +--ro address-family      identityref
      |            +--ro default-rib?        boolean {multiple-ribs}?
      |            +--ro routes
      |               +--ro route* [destination-prefix]
      |                  +--ro route-preference?    route-preference
      |                  +--ro destination-prefix   string
      |                  +--ro metric?              uint32
      |                  +--ro next-hop
      |                  |  +--ro (next-hop-options)
      |                  |     +--:(simple-next-hop)
      |                  |     |  +--ro outgoing-interface?   string
      |                  |     |  +--ro next-hop-address?     string
      |                  |     +--:(special-next-hop)
      |                  |        +--ro special-next-hop?     enumeration
      |                  +--ro source-protocol      identityref
      |                  +--ro active?              empty
      |                  +--ro last-updated?        yang:date-and-time
      |                  +--ro update-source?       string
   +--rw routing
      +--rw routing-instance* [name]
         +--rw name                string
         +--rw type?               identityref
         +--rw enabled?            boolean
         +--rw router-id?          yang:dotted-quad
         +--rw description?        string
         +--rw interfaces
         |  +--rw interface*   if:interface-ref
         +--rw routing-protocols
         |  +--rw routing-protocol* [type name]
         |     +--rw type          identityref
         |     +--rw name          string
         |     +--rw description?  string
         |     +--rw static-routes
         +--rw ribs
            +--rw rib* [name]
               +--rw name                string
               +--rw address-family?     identityref
               +--rw description?        string

  augment /if:interfaces-state/if:interface:
    +--ro routing-instance?    string

  rpcs:
    +---x fib-route
       +---w input
       |  +---w routing-instance-name    string
```

```
|  +---w destination-address
|     +---w address-family     identityref
+--ro output
   +--ro route
      +--ro address-family     identityref
      +--ro next-hop
      |  +--ro (next-hop-options)
      |     +--:(simple-next-hop)
      |     |  +--ro outgoing-interface?   string
      |     |  +--ro next-hop-address?     string
      |     +--:(special-next-hop)
      |        +--ro special-next-hop?     enumeration
      +--ro source-protocol     identityref
      +--ro active?             empty
      +--ro last-updated?       yang:date-and-time
```

此设备支持的 ietf-routing 模块与最新标准有很多差异。例如，routing-state 没过时，并且 fib-route 节点是 RPC 而不是一个动作。

返回到能力列表，请注意，此设备中 ietf-routing 模块的实现存在一些偏差。在"cisco-xe-ietf-routing-deviation"模块中进行了描述。与 ietf-routing 模块一样，使用 netconf-console 可以下载这个偏差模块，如示例 7-10 所示。

示例7-10　使用xml_grep将cisco-xe-ietf-routing-deviation模块解压缩到本地文件中

```
$ netconf-console --host 192.168.10.48 --port 830 -u username \ -p password
--get-schema \
        cisco-xe-ietf-routing-deviation | xml_grep 'data' \
        --text_only > cisco-xe-ietf-routing-deviation.yang
```

示例 7-11 显示了从该模块提取的偏差部分。

示例7-11　ietf-routing模块的偏差部分

```
deviation /rt:routing/rt:routing-instance/rt:type {
  deviate not-supported;
  description  "Not supported in IOS-XE 3.17 release.";
}

deviation /rt:routing/rt:routing-instance/rt:enabled {
  deviate not-supported;
  description  "Not supported in IOS-XE 3.17 release.";
}

deviation "/rt:routing/rt:routing-instance/rt:routing-protocols" +
          "/rt:routing-protocol/rt:description" {
  deviate not-supported;
  description  "Not supported in IOS-XE 3.17 release.";
}
```

```
deviation "/rt:routing-state/rt:routing-instance/rt:ribs/rt:rib/rt:routes/rt:route/
rt:last-updated" {
    description
        "Modifies the usage of yang:date-and-time in itef-routing
         temporarily to string so that Router's time notation is
         passed as it is without conversion to yang:date-and-time format.";

    deviate replace {
        type string;
    }

    }
```

四个偏差表示此特定设备不支持 /rt:routing/rt:routing-instance/rt:type, /rt:routing/rt:routing-instance/rt:enabled, 或 /rt:routing/rt:routing-instance/rt:routing-protocols/rt:routing-protocol/rt:description 节点。/rt:routing-state/rt:routing-instance/rt:ribs/rt:rib/rt:routes/rt:route /rt:last-updated 节点返回一个字符串且不是 yang:date-and-time。这是构建自动化解决方案的重要信息：你必须设计网络提供的功能。

pyang 使人们很容易在树结构中看到这些偏差部分。在同一目录中，使用下载的 ietf-routing.yang 和 cisco-xe-ietf-routing.yang 模块，运行以下命令以获取示例 7-12 中所示的树。请注意，此树忽略不支持的节点，并调整在 last-updated 叶上的类型。该树添加了注释，以便于发现差异。

```
$ pyang -f tree \
    --deviation-module=cisco-xe-ietf-routing-deviation.yang \
    ietf-routing.yang
```

示例7-12　考虑偏差的组合式ietf-routing树

```
module: ietf-routing
  +--ro routing-state
  |  +--ro routing-instance* [name]
  |     +--ro name                 string
  |     +--ro type?                identityref
  |     +--ro router-id?           yang:dotted-quad
  |     +--ro interfaces
  |     |  +--ro interface*    if:interface-state-ref
  |     +--ro routing-protocols
  |     |  +--ro routing-protocol* [type name]
  |     |     +--ro type    identityref
  |     |     +--ro name    string
  |     +--ro ribs
  |        +--ro rib* [name]
  |           +--ro name               string
  |           +--ro address-family     identityref
  |           +--ro default-rib?       boolean {multiple-ribs}?
```

```
|                  +--ro routes
|                    +--ro route* [destination-prefix]
|                      +--ro route-preference?      route-preference
|                      +--ro destination-prefix     string
|                      +--ro metric?                uint32
|                      +--ro next-hop
|                      |  +--ro (next-hop-options)
|                      |     +--:(simple-next-hop)
|                      |     |  +--ro outgoing-interface?   string
|                      |     |  +--ro next-hop-address?     string
|                      |     +--:(special-next-hop)
|                      |        +--ro special-next-hop?     enumeration
|                  +--ro source-protocol      identityref
|                  +--ro active?              empty
|                  +--ro last-updated?        string ← Note: type UPDATED
|                  +--ro update-source?       string
+--rw routing
   +--rw routing-instance* [name]
      +--rw name                  string
      +--rw router-id?            yang:dotted-quad

            → Note: MISSING type and enabled nodes here

      +--rw description?          string
      +--rw interfaces
      |  +--rw interface*   if:interface-ref
      +--rw routing-protocols
      |  +--rw routing-protocol* [type name]
      |     +--rw type              identityref
      |     +--rw name              string

                → Note: MISSING description node here

      |     +--rw static-routes
      +--rw ribs
         +--rw rib* [name]
            +--rw name              string
            +--rw address-family?   identityref
            +--rw description?      string


augment /if:interfaces-state/if:interface:
   +--ro routing-instance?    string


rpcs:
   +---x fib-route
      +---w input
      |  +---w routing-instance-name    string
      |  +---w destination-address
      |     +---w address-family    identityref
```

```
+--ro output
   +--ro route
      +--ro address-family    identityref
      +--ro next-hop
      |  +--ro (next-hop-options)
      |     +--:(simple-next-hop)
      |     |  +--ro outgoing-interface?   string
      |     |  +--ro next-hop-address?     string
      |     +--:(special-next-hop)
      |        +--ro special-next-hop?    enumeration
      +--ro source-protocol    identityref
      +--ro active?            empty
      +--ro last-updated?      yang:date-and-time
```

现在你知道设备支持什么并且已经下载了模块，你可以执行 <get-config> 收集配置的路由数据。netconf-console 的 --get-config 参数带有两个可选参数：--db 用于指定数据存储，-x 用于指定 XPath 筛选器。如果两者均未指定，则从"running"数据存储返回完整配置。为了只关注路由配置，请提供 XPath 筛选器以限制输出。当查看 YANG Catalog 工具中的 ietf-routing 模块时，所有 XPath 都以 /rt:routing 开始。在树中看到，路由是一个顶层节点，旁边有"rw"符号（回想一下，这表示它是一个配置为 true 的节点）。你可以将此 /rt:routing XPath 筛选器与 netconf-console 一起使用，但先要告诉它前缀 rt 的完整命名空间是什么。要执行此操作，请用"prefix=namespace"指定 --ns 参数（在本例中为"rt=urn:ietf:params:xml:ns:yang:ietf-routing"）。完整命令在示例 7-13 中可以找到，示例 7-14 显示命令执行结果。

示例7-13　获取/rt:routing Path上筛选的配置

```
$ netconf-console --host 192.168.10.48 --port 830 -u username \
   -p password \
   --ns rt= urn:ietf:params:xml:ns:yang:ietf-routing \
   --get-config -x /rt:routing
```

示例7-14　筛选仅显示/rt:routing Path的配置

```
<data xmlns="urn:ietf:params:xml:ns:netconf:base:1.0"
xmlns:nc="urn:ietf:params:xml:ns:netconf:base:1.0">
  <routing xmlns="urn:ietf:params:xml:ns:yang:ietf-routing">
    <routing-instance>
     <name>VRF4</name>
     <interfaces/>
     <routing-protocols>
       <routing-protocol>
         <type>static</type>
         <name>1</name>
       </routing-protocol>
     </routing-protocols>
    </routing-instance>
```

```xml
    <routing-instance>
      <name>default</name>
      <description>default-vrf [read-only]</description>
      <interfaces/>
      <routing-protocols>
        <routing-protocol>
          <type xmlns:ospf="urn:ietf:params:xml:ns:yang:ietf-ospf">ospf:ospfv2</type>
          <name>1</name>
          <ospf xmlns="urn:ietf:params:xml:ns:yang:ietf-ospf">
            <instance>
              <af xmlns:rt="urn:ietf:params:xml:ns:yang:ietf-routing">rt:ipv4</af>
              <nsr>
                <enable>false</enable>
              </nsr>
              <auto-cost>
                <enable>false</enable>
              </auto-cost>
              <redistribution xmlns="urn:ietf:params:xml:ns:yang:cisco-ospf">
                <rip/>
              </redistribution>
            </instance>
          </ospf>
        </routing-protocol>
        <routing-protocol>
          <type>static</type>
          <name>1</name>
          <static-routes>
            <ipv4 xmlns="urn:ietf:params:xml:ns:yang:ietf-ipv4-unicast-routing">
              <route>
                <destination-prefix>10.10.10.10/32</destination-prefix>
                <next-hop>
                  <next-hop-address>192.168.20.236</next-hop-address>
                </next-hop>
              </route>
            </ipv4>
            <ipv6 xmlns="urn:ietf:params:xml:ns:yang:ietf-ipv6-unicast-routing">
              <route>
                <destination-prefix>::/0</destination-prefix>
                <next-hop>
                  <next-hop-address>2001:db8::7:1</next-hop-address>
                </next-hop>
              </route>
            </ipv6>
          </static-routes>
        </routing-protocol>
      </routing-protocols>
    </routing-instance>
  </routing>
</data>
```

请注意，此命令执行结果中引用了除 ietf-routing 的"urn:ietf:params:xml:ns:yang:ietf-routing"以外的多个命名空间。这些是在其他模块中定义的，增强了 ietf-routing 配置结构。使用刚才描述的从功能输出中获取模块名称相同的方法将其向下拉。

如示例 7-15 所示，下拉 ietf-ipv4-unicast-routing 模块，并将其用于构建使用 <edit-config> 添加静态 IPv4 路由所需的配置。

示例7-15　使用xml_grep将ietf-ipv4-unicast-routing模块提取到本地文件中

```
e$ netconf-consol --host 192.168.10.48 --port 830 -u username \ -p password
--get-schema \
        ietf-ipv4-unicast-routing \
        | xml_grep 'data' --text_only \
        > ietf-ipv4-unicast-routing@2015-05-25.yang
```

示例 7-16 还显示了该设备的 ietf-ipv4-unicast-routing 模块具有的偏差，因此也请下拉该模块。

示例7-16　使用xml_grep将cisco-xe-ietf-ipv4-unicast-routing-deviation模块提取到本地文件中

```
$ netconf-console --host 192.168.10.48 --port 830 -u username \ -p password
--get-schema \
        cisco-xe-ietf-ipv4-unicast-routing-deviation \
        | xml_grep 'data' --text_only \
        > cisco-xe-ietf-ipv4-unicast-routing-deviation.yang
```

使用示例 7-17 中所示的命令将到目前为止下载的所有模块传递给 pyang，以获得示例 7-18 中所示的组合树。

示例7-17　显示包含所有相关路由模块的组合树

```
$ pyang -f tree \
  --deviation-module=cisco-xe-ietf-routing-deviation.yang \
  --deviation-module=cisco-xe-ietf-ipv4-unicast-routing-deviation.yang \
  ietf-routing@2015-05-25.yang \
  ietf-ipv4-unicast-routing@2015.05-25.yang
```

示例7-18　添加了所有偏差和增强的组合路由树

```
module: ietf-routing
  +--ro routing-state
  |  +--ro routing-instance* [name]
  |     +--ro name                  string
  |     +--ro type?                 identityref
  |     +--ro router-id?            yang:dotted-quad
  |     +--ro interfaces
  |     |  +--ro interface*    if:interface-state-ref
  |     +--ro routing-protocols
```

```
|     |   +--ro routing-protocol* [type name]
|     |      +--ro type    identityref
|     |      +--ro name    string
|   +--ro ribs
|      +--ro rib* [name]
|         +--ro name               string
|         +--ro address-family     identityref
|         +--ro default-rib?       boolean {multiple-ribs}?
|         +--ro routes
|            +--ro route* [destination-prefix]
|               +--ro route-preference?    route-preference
|               +--ro destination-prefix   string
|               +--ro metric?              uint32
|               +--ro next-hop
|               |  +--ro (next-hop-options)
|               |     +--:(simple-next-hop)
|               |     |  +--ro outgoing-interface?   string
|               |     |  +--ro next-hop-address?     string
|               |     +--:(special-next-hop)
|               |        +--ro special-next-hop?     enumeration
|               +--ro source-protocol       identityref
|               +--ro active?               empty
|               +--ro last-updated?         string
|               +--ro update-source?        string
+--rw routing
   +--rw routing-instance* [name]
      +--rw name                 string
      +--rw router-id?           yang:dotted-quad
      +--rw description?         string
      +--rw interfaces
      |  +--rw interface*    if:interface-ref
      +--rw routing-protocols
      |  +--rw routing-protocol* [type name]
      |     +--rw type                identityref
      |     +--rw name                string
      |     +--rw static-routes
      |        +--rw v4ur:ipv4
      |           +--rw v4ur:route* [destination-prefix]
      |              +--rw v4ur:destination-prefix    inet:ipv4-prefix
      |              +--rw v4ur:next-hop
      |                 +--rw (v4ur:next-hop-options)
      |                    +--:(v4ur:simple-next-hop)
      |                    |  +--rw v4ur:outgoing-interface?   string
      |                    +--:(v4ur:special-next-hop)
      |                    |  +--rw v4ur:special-next-hop?     enumeration
      |                    +--:(v4ur:next-hop-address)
      |                       +--rw v4ur:next-hop-address?    inet:ipv4-address
      +--rw ribs
```

```
+--rw rib* [name]
   +--rw name              string
   +--rw address-family?   identityref
   +--rw description?      string

augment /if:interfaces-state/if:interface:
  +--ro routing-instance?    string

...
```

示例 7-18 中以粗体显示了想使用的部分树。ietf-ipv4-unicast-routing 模块扩展了基本 ietf-routing 模块，用来添加 IPv4 单播特定路由元素。它提供的增强功能之一是支持 IPv4 静态路由。此类路由具有一个 IPv4 目标前缀和一个 IPv4 下一跳地址选择。查看设备的 <get-config> 输出，会发现它已经有许多与示例 7-18 所示的 schema 相对应的 IPv4 静态路由。

要给下一跳为 192.168.20.1 的前缀 172.16.1.0/24 增加新静态路由，创建一个名为 new-route.xml 的文件，内容如示例 7-19。（提示：也可以使用 YANG Suite 创建此 RPC，如前所述），内容类似于 <get-config> 的操作结果。

示例7-19 添加静态路由<edit-config>的配置结构主体

```
<routing xmlns="urn:ietf:params:xml:ns:yang:ietf-routing">
    <routing-instance>
      <name>default</name>
      <routing-protocols>
        <routing-protocol>
          <type>static</type>
          <name>1</name>
          <static-routes>
            <ipv4 xmlns="urn:ietf:params:xml:ns:yang:ietf-ipv4-unicast-routing"
xmlns:nc="urn:ietf:params:xml:ns:netconf:base:1.0" nc:operation="merge">
              <route>
                <destination-prefix>172.16.1.0/24</destination-prefix>
              <next-hop>
                <next-hop-address>192.168.20.1</next-hop-address>
              </next-hop>
              </route>
            </ipv4>
          </static-routes>
        </routing-protocol>
      </routing-protocols>
    </routing-instance>
</routing>
```

此处添加 nc:operation="merge" 指示设备将此配置合并到当前配置中。如果要使用操作（例如 replace），则静态路由会被此新的 <edit-config> 内容覆盖。

使用以下命令对设备执行 <edit-config> 操作

```
$ netconf-console --host 192.168.10.48 --port 830 -u username \
                  -p password --edit-config new-route.xml
```

> **注释**
>
> 　　类似 --get-config，netconf-console 接受可选的 --db 参数，以指定一个除 "running" 之外的数据存储。此示例将此路由直接插入到默认运行的数据存储中。

如果设备接受 <edit-config> 操作，则 netconf-console 会显示 <ok> 结果。如果出现任何错误，将显示由此产生的错误标签和详细信息。

除显示配置数据外，netconf-console 还可以执行 <get> 操作以显示操作数据。此设备支持的 ietf-routing 模块也支持 routing-state subtree，其中有节点在树中标记为 "ro"（表示 config false 或运行状态节点）。使用与 --ns 参数相同的 --get 参数和 /rt:routing-state 的 XPath 筛选器，可以显示此设备上的路由操作状态，如下所示。此命令的输出如示例 7-20 所示。

```
$ netconf-console --host 192.168.10.48 --port 830 -u username -p password \
        --ns rt=urn:ietf:params:xml:ns:yang:ietf-routing \
        --get -x /rt:routing-state
```

示例7-20　筛选为仅显示routing-state路径的设备的运行状态

```xml
<routing-state xmlns="urn:ietf:params:xml:ns:yang:ietf-routing">
  <routing-instance>
    <name>default</name>
    <ribs>
      <rib>
        <name>ipv4-default</name>
        <address-family>ipv4</address-family>
        <default-rib>false</default-rib>
        <routes>
          <route>
            <destination-prefix>0.0.0.0</destination-prefix>
            <route-preference>1</route-preference>
            <metric>1</metric>
            <next-hop>
              <outgoing-interface/>
              <next-hop-address>192.168.10.1</next-hop-address>
            </next-hop>
            <source-protocol>static</source-protocol>
            <active/>
          </route>
          <route>
            <destination-prefix>172.16.1.0</destination-prefix>
            <route-preference>0</route-preference>
            <metric>0</metric>
            <next-hop>
```

```
                    <outgoing-interface/>
                    <next-hop-address>192.168.20.1</next-hop-address>
                  </next-hop>
                  <source-protocol>direct</source-protocol>
                  <active/>
                </route>
              </routes>
          </rib>
          <rib>
            <name>ipv6-default</name>
            <address-family>ipv6</address-family>
            <default-rib>false</default-rib>
            <routes>
              <route>
                <destination-prefix>::</destination-prefix>
                <route-preference>1</route-preference>
                <metric>1</metric>
                <next-hop>
                  <outgoing-interface/>
                  <next-hop-address>2001:db8::7:1</next-hop-address>
                </next-hop>
                <source-protocol>static</source-protocol>
                <active/>
              </route>
            </routes>
          </rib>
        </ribs>
      </routing-instance>
    </routing-state>
```

此结果显示设备上活动路由状态的内容，还表明使用 <edit-config> 配置的 172.16.1.0/24 路由已正确安装到路由信息库（RIB）中。

回顾 netconf-console 的使用说明，可以看到它还提供了许多其他操作，例如将运行数据存储保存到启动数据存储、验证要部署的配置、执行自定义 RPC 以及针对多步骤事务锁定设备。它还具有交互模式（使用 -i 参数），可置于 netconf> 提示符下允许执行相同的命令集，但更多是在 Unix-like 的 shell 环境中执行相同的命令集。

Ansible

在 IT 行业的众多领域中，Ansible [2] 是一个流行的自动化框架。它最初是一种实现自动化部署新计算机服务的方法，后来又增加了插件以自动化部署和配置网络设备、应用和服务。

Ansible 的核心是使用"playbooks""roles"和"tasks"等概念将原子操作组合在一起，以构建复杂的自动化系统。Ansible 不要求在远程网元上安装代理或客户端软件即可与远程网元交互。相反，它使用 SecureShell（SSH）（对于 Windows，使用 Windows 远程管理 [WinRM]）来执行自动化。根据要自动化的元素类型，Ansible 可能会临时将 Python 或

PowerShell 代码复制过来，也可能在本地执行 Python 代码。这使得 Ansible 入门相对容易。

当为网络空间编写第一个 Ansible 模块时，它们基本上提供了在 Ansible playbook 中的网络设备上执行命令行界面（CLI）命令的方法。这些模块发展到可以包括一些设备的更多可编程接口。从 Ansible 2.2 开始，接口包括引入了 netconf_config 模块的 NETCONF。

模块 netconf_config 提供了一种在给定 XML 负载的情况下执行 edit-config 的 RPC 方法。它支持指定要修改的数据存储的选项以及保存到启动配置的选项（如果存在）。

Ansible 可以完成 edit-config 操作任务，通过 netconf-console 执行来增加新静态路由，如示例 7-21 所示。

示例7-21　使用netconf_config添加新静态路由的Ansible任务

```
- name: Configure static route to service network
  netconf_config:
    host: "{{ item }}"
    datastore: running
    xml: |
      <config>
        <routing xmlns="urn:ietf:params:xml:ns:yang:ietf-routing">
          <routing-instance>
            <name>default</name>
            <routing-protocols>
              <routing-protocol>
                <type>static</type>
                <name>1</name>
                <static-routes>
                  <ipv4 xmlns="urn:ietf:params:xml:ns:yang:ietf-ipv4-unicast-routing"
xmlns:nc="urn:ietf:params:xml:ns:netconf:base:1.0" nc:operation="merge">
                    <route>
                      <destination-prefix>{{ service_network }}</destination-prefix>
                      <next-hop>
                      <next-hop-address>{{ service_gateway }}</next-hop-address>
                      </next-hop>
                    </route>
                  </ipv4>
                </static-routes>
              </routing-protocol>
            </routing-protocols>
          </routing-instance>
        </routing>
      </config>
  with_items: "{{ groups['devices'] }}"
```

自 Ansible 2.2 以来，Ansible 不断增强对 NETCONF 支持。Ansible 2.3 及更高版本提供了使用 netconf 连接插件创建持久 NETCONF 会话的方法。Ansible 2.6 引入了 netconf_rpc 插件，该插件提供了执行 edit-config 以外的 RPC 的方法。2.6 版本还引入了 netconf_get 插

件，专门用于检索操作数据。netconf_rpc 和 netconf_get 插件都有一个"display"参数，使设备返回的 XML 数据呈现为 XML 或 JSON。你可以轻松地从设备中提取相关详细信息，然后推送正确的配置更改。

Ansible 中的 NETCONF 提供了可以显著改进 CLI 的能力，可自动执行配置更改和操作数据检索。但是，仍然需要弄清楚模块的 XML 结构，并且需要逐台设备地工作（work device-by-device）。第 11 章讨论了 Ansible 与思科网络服务编排器（NSO）的集成，它提供了网络和服务抽象层，使 Ansible 的自动化更强大。

7.4.2　RESTCONF 工具

除了使用 NETCONF 协议与设备交互的基于 YANG 的工具外，还有许多工具可用于研究设备的 RESTCONF 接口。因为 RESTCONF 使用超文本传输协议（HTTP）、表示状态传输（REST）（类似流），所以许多用于与 REST API 交互的工具将与支持 RESTCONF 的设备一起使用。

cURL

一个工具是前面几章已经提到过的 cURL[3] 程序。cURL 是 HTTP 和文件传输协议（FTP）均可以使用的文件传输工具。虽然它不是专门为与 REST 应用编程接口（API）交互而构建的，但其使用相当普遍（至少在 Unix-like 的平台上），对于测试 REST 功能非常有用。现在你想从支持 RESTCONF 的设备上获得功能，就像 netconf-console 一样。请记住，与 NETCONF 不同，RESTCONF 没有用于进行功能交换的会话。也就是说，没有 <hello> 消息。为了使 RESTCONF 客户端确定 RESTCONF 服务器支持哪些模块，服务器必须支持 ietf-yang-library（RFC7895）。使用以下 cURL 命令可以获取此模块的实例数据，示例输出如 7-22 所示：

```
$ curl -H 'Accept: application/yang-data+json' -u 'user:password'
https://192.168.10.48/restconf/data/ietf-yang-library:modules-state
```

示例7-22　摘录使用cURL获取的ietf-yang-library 输出

```
{
  "ietf-yang-library:modules-state": {
    "module-set-id": "5d8861a42ef514753381d55ca1a32aae",
    "module": [
      {
        "name": "ATM-FORUM-TC-MIB",
        "revision": "",
        "schema": "https://192.168.10.48:443/restconf/tailf/modules/ATM-FORUM-TC-MIB",
        "namespace": "urn:ietf:params:xml:ns:yang:smiv2:ATM-FORUM-TC-MIB",
        "conformance-type": "import"
      },
      {
        "name": "ATM-MIB",
```

```
      "revision": "1998-10-19",
      "schema": "https://192.168.10.48:443/restconf/tail/modules/ATM-MIB/1998-10-19",
      "namespace": "urn:ietf:params:xml:ns:yang:smiv2:ATM-MIB",
      "conformance-type": "implement"
    },
    {
…
```

默认情况下，cURL 会对目标 URL 执行 HTTP GET 操作，因此无须指定其他操作即可获取 ietf-yang-library 的模块状态容器。-H 参数告诉 cURL 添加自定义报头。在这种情况下，将"Accept"报头设置为"application/yang-data+json"，以便 RESTCONF 服务器返回 JSON 结果。参数 -u 将用户名和密码传递给设备。最后，URL 指向模块 ietf-yang-library 定义的 modules-state 容器。

你还可以使用 cURL 通过 RESTCONF 测试配置更改。例如，如果要修补 Gigabit-Ethernet2 的新接口说明，你需要创建一个名为 intf.json 的文件，其结构如示例 7-23 所示。

示例7-23　使用RESTCONF和cURL设置接口描述的载荷

```
{
  "ietf-interfaces:interfaces": {
    "interface": [
      {
        "name": "GigabitEthernet2",
        "description": "Set by cURL"
      }
    ]
  }
}
```

然后使用 cURL 命令行的 -d@intf.json 表示法引用此文件，如下所示：

```
$ curl -X PATCH -H 'Content-type: application/yang-data+json' -H 'Accept:
application/yang-data+json' -u 'user:password'
https://192.168.10.48/restconf/data/ietf-interfaces:interfaces -d @intf.json
```

参数 -X 将 HTTP 的动作从 GET 更改为 PATCH，带 @ 的参数 -d 告诉 cURL 从名为 intf.json 的文件加载 PATCH 正文的内容。还添加了 Content-type 报头，告知服务器 PATCH 所提供的内容是 JSON 编码的 YANG 数据。

虽然 cURL 是测试 RESTCONF 非常方便的工具，但从设计上来说它不是 RESTCONF（甚至 REST）工具。在示例 7-24 输出中 JSON 格式正确。但是，cURL 只是返回服务器如何显示数据。对内容类型 cURL 没有固有的理解。事实上，许多人使用 cURL 作为命令行方式来下载二进制文件，因为它保留了源数据。因此在使用某些 RESTCONF 服务器时，可能需要对 cURL 输出进行后期处理，以便以易于阅读的方式查看数据。

HTTPie

一个 cURL 程序的命令行替代方案是 HTTPie [4]。与 cURL 一样，HTTPie 与 HTTP 服务器交互，但提供专门针对 RESTful 服务和 API 的丰富功能。例如，它可以理解 JSON 输出，以正确的方式对其进行格式化，并对输出进行颜色编码以便于阅读。与诸如 RESTCONF 之类的服务进行交互时，命令行语法也更加简单。

再次考虑 ietf-routing 模块，示例 7-24 显示使用 cURL 和 HTTPie 命令来提取配置的静态路由列表。

示例7-24 使用RESTCONF获取静态路由的命令

```
$ curl -H 'Accept: application/yang-data+json' -u 'user:password'
https://192.168.10.48/restconf/data/ietf-routing:routing/routing-
instance=default/routing-protocols/routing-protocol=static,1

$ http -a 'user:password' https://192.168.10.48/restconf/data/ietf-
routing:routing/routing-instance=default/routing-protocols/routing-protocol=static,1
'Accept: application/yang-data+json'
```

HTTPie 命令虽然类似于 cURL 命令，但更类似于在线构造 HTTP 请求，从而更直观。此外，默认情况下，不论服务器用哪种格式打印，输出都默认启用了颜色编码和"精美打印"（pretty-prints）JSON，并有易于阅读的缩进。

HTTPie 遵循相同的类 HTTP 请求结构来执行其他操作，例如 PATCH。要在新的接口说明中使用 HTTPie 执行 patch 操作，请使用以下命令：

```
$ http -a 'user:password' PATCH \ https://192.168.10.48/restconf/data/
ietf-interfaces:interfaces \
'Content-type: application/yang-data+json' \ 'Accept: application/yang-data+json' \
< intf.json
```

虽然命令行工具（如 cURL 和 HTTPie）对于测试 RESTCONF 概念、可视化检查数据以及使用 shell 脚本手工推送简单的配置片段非常有用，但是如何从返回的 JSON 结构中提取数据呢？许多文本处理工具，如 ed、awk 和 grep，使用正则表达式从很大的 JSON blob 中获取单块数据，但这也可能很复杂并容易出错。jq[5] 提供一个天然理解 JSON 结构的解决方案。cURL 和 HTTPie 的输出可以通过流水线传输到 jq，以确定 JSON 结构中的特定元素、执行转换、构造自定义对象等。

例如，为了仅提取 static-route 配置输出中的 IPv4 默认路由的下一跳地址，将数据通过管道传输到 jq 并指定所需元素的路径。命令输出只是下一跳地址，在本例中为 192.168.10.1，如示例 7-25 所示。

示例7-25 使用jq筛选RESTCONF JSON结果

```
$ http -a 'user:password' https://192.168.10.48/restconf/data/ietf-
routing:routing/routing-instance=default/routing-protocols/routing-protocol=static,1
```

```
'Accept: application/yang-data+json' | jq '."ietf-routing:routing-protocol"."static-
routes"."ietf-ipv4-unicast-routing:ipv4"."route"[]
 | select(."destination-prefix" == "0.0.0.0/0")."next-hop"."next-hop-address"'
```

命令 jq 将 JSON 结构下移到 static-routes 列表中，并选择目标前缀值为 0.0.0.0/0 的 static-route 对象。然后，它只需要提取下一跳地址元素值。有关 jq 的更多示例和教程，请参阅 https://stedolan.github.io/jq/tutorial/。

Postman

命令行工具不是与 RESTCONF 服务器交互和测试的唯一方法。Postman[6]（见图 7-8）是用于 REST 服务和 API 的流行 GUI 工具。Postman 最初是 Google Chrome 的扩展程序，现在是一个独立于 MacOS、Windows 和 Linux 的应用程序。

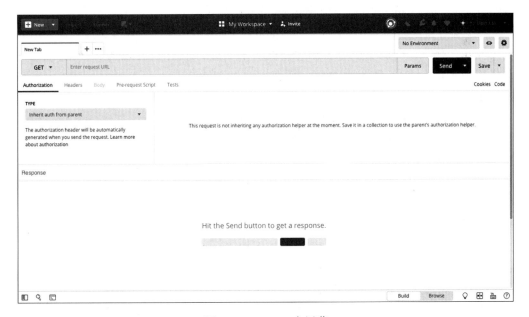

图 7-8　Postman 主屏幕

在一定的覆盖范围内，Postman 与 RESTCONF 服务器的互操作方式与之前讨论的命令行工具相同。但是，它还提供了许多不错的功能，不仅可以测试 RESTCONF 操作，而且还可以从简单的测试转向更正式的基于应用的自动化测试。

> **注释**
>
> 　　由于 RESTCONF 依赖安全的超文本传输协议（HTTPS），因此网元需要安全套接字层（SSL）/ 传输层安全（TLS）证书。除非使用受信任的证书颁发机构（CA）对这些证书进行签名，否则默认情况下这些证书将是自签名且不受信任的。为了让 Postman 接受它们，需要转到 Preferences 并禁用 "SSL 证书验证"。

首先，它包括一个集合（collections）系统，可以将多个请求（例如，用于演示应用程序的 API）分组并捆绑在一起，以便于与其他用户共享。当使用它来浏览 RESTCONF 的不同方面时将请求保存到集合中。即使不打算共享这些设备，也可以在稍后查看或测试新设备。

要创建集合，请单击"Collections"选项卡，然后单击"New collection"小组件。填写姓名和可选说明，然后移至"Authorization"选项卡。

使用集合的另一个优点是可以指定要在整个集合中使用的通用属性。由于将有多个请求，每个请求都需要对设备进行身份验证，因此可以在此针对整个集合创建身份验证模板。但是，由于你可能不想在此处存储用户名和密码，尤其是如果想共享此集合，你需要考虑使用一个变量。Postman 变量的形式为 {{var_name}}，即变量名称包含在双花括号中。将 Type 设置为 BasicAuth（基本身份验证），并分别为 Username（用户名）和 Password（密码）填写 {{restconf_username}} 和 {{restconf_password}}。

在最终确定新集合之前，请转到"Variables"选项卡。在这里可以添加其他常用的集合范围变量。例如，记住 RESTCONF 的 JSON 和 XML 编码的 MIME 类型可能很难。因此，分别为 content_json 和 content_xml 添加指向 application/yang-data+json 和 application/yang-data+xml 的变量可能有用。

创建新集合后，可以将请求添加到集合中。在添加到集合之前，创建一个 environment（环境）用于扩展 Postman 会话的某些变量（例如 {{restconf_username}}）则非常有用。也就是说，环境是你独有的，除非选择共享集合，否则不会共享。通过单击 Postman 窗口右上角的 gear 小部件（即"Manage Environments"按钮）来创建新环境。为"restconf_username"和"restconf_password"添加变量定义，分别指向 RESTCONF 服务器的用户名和密码。还添加"ip_addr"和"port"的定义，分别指向 RESTCONF 服务器的 IP 地址（或主机名）和端口。最后，添加一个变量，例如"restconf_accept"，它指向前面定义的 MIME 类型变量之一，使你可以在 JSON 和 XML 编码之间切换。

向此集合添加新请求，获取设备上配置的静态路由列表。如果这是你对集合的第一个请求，请单击"Add requests"链接。否则，复制现有的请求。默认情况下，Postman 使用的 HTTP 操作是 GET，这就是你想要的。

URL 请 填 写 **https://{{ip_addr}}:{{port}}/restconf/data/ietf-routing:routing/routinginstance=default/routing-protocols/routing-protocol=static,1**。请注意以前在 Postman 环境中定义的 {{ip_addr}} 和 {{port}} 变量的用法。

接下来，转到"Headers"选项卡，为"Accept"添加一个新报文头，其值为 {{restconf_convt}}。一旦开始键入括号以引用变量，Postman 就会尝试自动完成变量名称，如果你完全忘记了变量的名称，这个就太好用了。

最后，在集合中提供此请求的名称，例如"Get Static Routes"。

在执行请求之前，必须选择要使用的环境，以便正确地取消列出的所有变量的引用。右上角的下拉菜单列出了 Postman 中的所有配置环境。选择之前为 RESTCONF 创建的环境，然后单击 Send 按钮执行请求。由于需要测试不同的设备、使用不同的凭据等，因此可以更改环境变量，而无须更改基础请求参数，如图 7-9 所示。

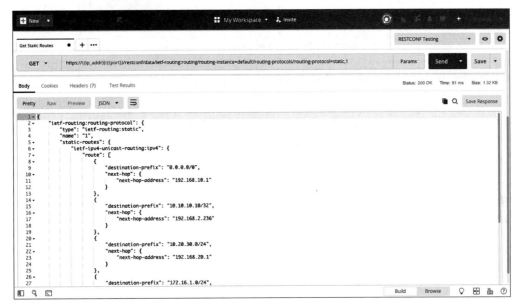

图 7-9   Postman 通过 RESTCONF 申请静态路由

当你从简单地使用 RESTCONF 测试网元转到开发脚本和应用程序时，Postman 可以提供另一个功能，也就是代码自动生成。在 Send 按钮下方是一个 Code 链接。此链接将打开一个新窗口，该窗口显示当前嵌入到多种不同编程语言的请求。如图 7-10 所示。例如，如果测试请求需要从 Postman 转到一个 Python 脚本，请从下拉菜单中选择所需的 Python 库生成启动脚本。虽然还有很多工作要做（例如，你必须自己处理 Postman 变量扩展、添加错误检查等），但这种方法比从空白页面开始开发新脚本更容易。

第 8 章详细介绍了非常有用的代码库，可以基于 YANG 协议对网元进行编程。

7.4.3   遥测工具

到目前为止，NETCONF 和 RESTCONF 工具可以很好地推送配置和查询设备的操作数据，但是又如何使用来自设备的模型驱动的流式遥测技术呢？模型驱动的遥测提供了巨大的价值，因为它允许设备将数据推送到管理服务器，以保障网络和服务功能。虽然可以继续轮询此类操作数据，但遥测生产者只有在数据发生变化时才会发布数据。这不仅减少了网络流量，而且使网络管理员能够实时了解网络的运行状态，从而确保始终能够正确更改网络。因此，能够使用和可视化遥测数据是非常有用的。模型驱动的遥测工具还处于初级阶段，部分原因是定义和标准化数据流和编码的工作仍在进行中。尽管如此，一些用于遥测消费的开源工具已经开始出现。

图 7-10 Postman 的 Python 代码生成

Pipeline

思科向开源社区提供了一个名为" Pipeline[7]"（或" Big Muddy Pipeline"）的工具。当前，Pipeline 致力于使用来自 Cisco IOS-XR 和 NX-OS 设备的模型驱动的遥测流。Pipeline 接收这些流，然后将其发送到其他工具，例如，像 InfluxDB[8] 或 Prometheus[9] 这样的时间序列数据库和 PNDA[10] 等数据分析工具。这意味着 Pipeline 充当代理，允许配置一组遥测输出，然后在 Pipeline 之上插入其他使用者。

假设在路由器上确定了一组要监控的关键下一跳接口，则可以使用 Pipeline、InfluxDB 和 Grafana 构建用于路由器接口统计信息（包括传输和接收的字节和数据包、错误信息等）的图形化遥测解决方案。首先，克隆 Pipeline 的 GitHub 代码库，例如：

```
$ git clone https://github.com/cisco/bigmuddy-network-telemetry-pipeline.git
```

Pipeline 将其使用和输出接收器配置存储在 pipeline.conf 文件中。默认情况下，Pipeline 通过 TCP 发送到端口 5432 的流式遥测。这在示例 7-26 所示的基本" testbed"配置部分中定义。

示例7-26 用于处理遥测流的pipeline.conf内容

```
[testbed]
stage = xport_input
type = tcp
encap = st
listen = :5432
```

从 https://portal.influxdata.com/downloads 下载并安装 FluxDB。预构建的软件包使上手更容易。此外，https://github.com/influxdata/influxdb 上的文档提供了创建测试数据库和生成查询示例的快速方法。

创建一个名为 "mdtdb" 的 InfluxDB，以保存 Pipeline 发送的模型驱动的遥测流，如下所示：

```
$ curl -XPOST "http://localhost:8086/query" --data-urlencode "q=CREATE DATABASE mdtdb"
```

现在，InfluxDB 正在运行，你需要配置 Pipeline 将其从路由器接收的数据发送到 "Influx" 实例。你可以编辑 pipeline.conf 并添加示例 7-27 中所示的部分。

示例7-27　将数据推送至InfluxDB的pipeline.conf内容

```
[influxdb]
stage = xport_output
type = metrics
file = metrics.json
output = influx
influx = http://localhost:8086
database = mdtdb
```

Pipeline 获取从 xport_input（输入流）接收的数据，并将其推送到在 TCP8086 上侦听的 InfluxDB 中。Pipeline 中的 metrics.json 文件指定了数据的结构，以便正确插入到 InfluxDB 之类的外部用户中。

参考 http://docs.grafana.org/installation/ 上的文档将 Grafana 安装到所需的平台上。安装 Grafana 后，为 InfluxDB 添加新的数据源。接下来，创建一个新的 Grafana 仪表盘，其中包含接口吞吐量之类的图表。图 7-11 显示了一组查询发送字节的示例。

图 7-11　Grafana 查询以提取存储在 InfluxDB 中的遥测数据

图 7-12 中显示了遥测 "pipeline" 结果的示例图。

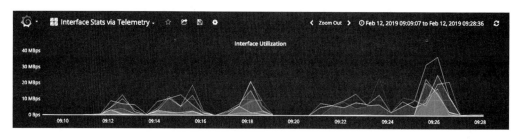

图 7-12　遥测数据流的 Grafana 图

高级 NETCONF 资源管理器

了解流式遥测另一个有用的开源工具是 Advanced NETCONF Explorer (ANX) [11]。与 YANG Suite 一样，ANX 连接到网络设备，调出设备所支持的 YANG 模块，允许配置遥测订阅并接收产生的流，如图 7-13 所示。ANX 采用 Docker 和 Docker-compose 进行容器化。有关启动的说明请参阅其 GitHub 项目页面。安装并运行后，ANX 将显示一个基于 Web 的界面，允许输入设备 IP 或设备名及其凭据。然后，它从设备中收集所有模块信息，并构建该设备专用的 YANG 树。

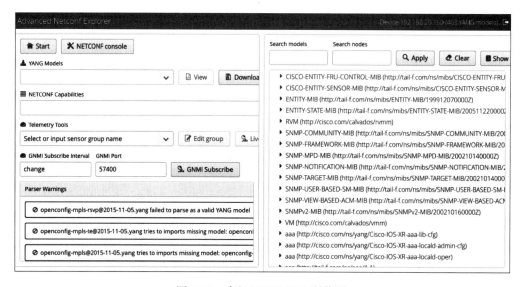

图 7-13　高级 NETCONF 浏览器

从右侧，你可以浏览并搜索给定设备的模块树。单击树中的节点时，左侧窗格会提供有关节点及包含该节点的模块的各种参数。其中一个参数是遥测路径。此路径用于订阅来自设备的遥测流。

考虑到路由配置和状态，你需要在 ANX 中创建一个遥测源以实时显示路由变化。在

ANX 的遥测工具字段中为遥测传感器组命名，然后单击"Edit group"按钮。将一些路由节点遥测路径添加到组里面。如果设备支持 openconfig-network-instance 模块，此模块提供一组操作数据节点，可以深入了解设备的路由状态。图 7-14 显示了添加传感器路径后的传感器组的编辑器窗口。

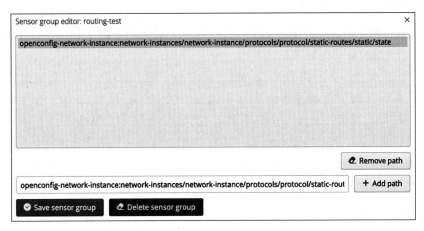

图 7-14　ANX 遥测组配置

回到 ANX 主屏，单击"Live data"按钮开始接收遥测组的遥测流。根据设备支持的流类型，ANX 可能会定期接收数据推送，或者仅在发生某些更改（例如，添加新路由）时接收数据的推送。图 7-15 显示 ANX 在对网元进行编程后接收和显示遥测的更新。

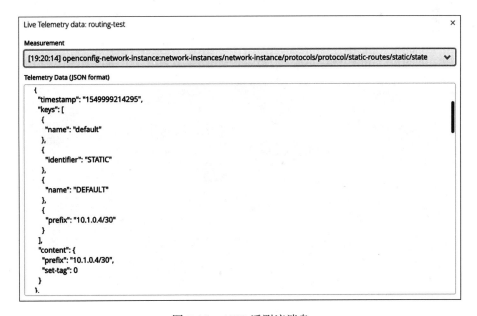

图 7-15　ANX 遥测流消息

Pipeline 和 ANX 为开始接收、处理和理解流模型驱动遥测技术的价值提供了很好的方法。随着遥测标准的成熟和越来越多的平台开始输出遥测流，预计遥测工具也将继续发展和改进。

7.4.4 商业产品

以上网元交互工具只是其中一部分。这些是免费提供的开源工具。还有其他商业工具可以集成到端到端的自动化架构中。

思科提供了一种称为网络服务编排器（NSO）[12] 的工具。NSO 可以通过构建模板来自动配置设备级和网络级的服务。这些模板呈现为 YANG 模型。NSO 充当 NETCONF，这样，一旦定义了服务（根据 YANG 模式），就可以通过单个 Web 界面或 NETCONF 或 RESTCONF 以编程方式对服务进行配置。然后，NSO 直接与构成服务的网元进行交互。这意味着它可以锁定配置、在遇到错误时撤销配置或者在整个网络中维护服务的配置。虽然它使用 NETCONF 与底层网元进行通信（前提是底层网元支持 NETCONF），也可以采用传统协议（例如 CLI over SSH）。因此，NSO 通过网络提供服务级抽象，以简化服务交付。

思科在其 DevNet 网站上免费提供以非生产性为目的的试用版 NS [13]。该试用版适用于 Linux 和 MacOS。与正版 NSO 相比，试用版中网元驱动程序（NED）的数量和功能受到限制。另外，NSO 评估不支持流式遥测。图 7-16 显示了 NSO 根据其清单中的网元配置所发现的服务拓扑。

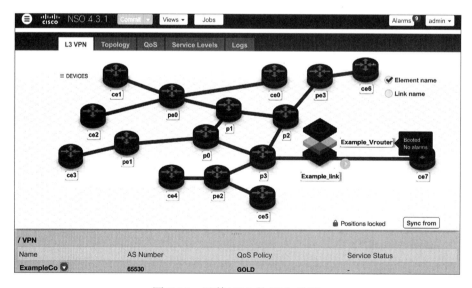

图 7-16　思科 NSO 的 Web 界面

Itential 的 Itential Automation Platform [14] 是在 NSO 基于 YANG 模型功能的基础上开发的。Itential Automation Platform 提供了许多用于服务、策略和配置管理的功能，Itential

Automation Platform 在 NSO 公开的 YANG 模型之上提供了另一层服务组合。这样可以用图形方式绘制服务组件、交互关系以及整个用户工作流程，然后使用 NSO 来开通服务。一旦设计了服务和工作流，它们将被组合在一起成为服务目录的一部分，从而使 IT 管理员更容易选择所需的服务和工作流类型（例如配置或修改），然后跨网络执行任务。正如 NSO 提供编程 NETCONF 和 RESTCONF 接口一样，Itential Automation Platform 为其底层业务逻辑组件提供 REST API，用于北向应用程序集成。图 7-17 显示了 Itential Automation Platform 工作流设计中心的画布。

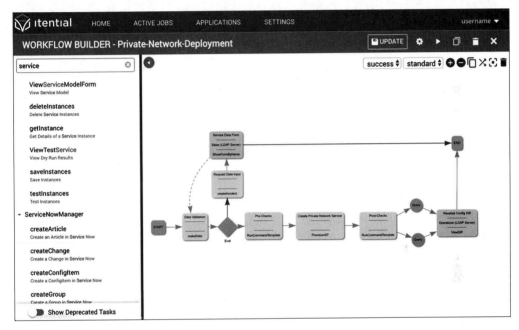

图 7-17　Itential Automation Platform 工作流构建器

专家访谈

与 Einar Nilsen-Nygaard 的问答

Einar Nilsen-Nygaard 是思科企业网络集团的首席工程师，是整个思科的核心操作系统模型驱动可编程性和管理的软件架构师。在担任该职务期间，他与跨操作系统和扩展平台的工程师团队合作，为思科提供设备层的数据模型和 API。他之前的工作涉及网元和网络管理软件、策略驱动的边缘访问、深度数据包检测和基于流的数据平面编程。Einar 通过维护 https://github.com/YangModels/yang 上的多供应商、多 SDO 代码库，让大家共同提高 YANG 在整个行业的知名度；与思科平台团队合作公开发布其模型以及开发工具，例如 ncc

（基于 ncclient 库）、xym 和到 pyang 的扩展。他向 IETF 工作组提供有关模型开发的反馈和指导，并与软件开发人员和网络工程师广泛合作，使他们了解基于模型的接口可为其日常操作和软件带来的好处。

提问：

作为 YANG 工具开发者和数据模型贡献者和倡导者，你在工具演进方面有何见解？你从中学到了什么？我们在 YANG 工具方面的发展方向如何？

回答：

我看到最多的是，目前我们的行业依然习惯采用以 CLI 为主的设备交互方式。最困难的事情之一是使人们远离这个焦点，并首先考虑数据模型而不是其他问题，这样设备级的自动化就会成为一项主要任务而不是锦上添花。过去，整个行业在网络管理领域中一直在努力获取简单网络管理协议（SNMP）管理信息库（MIB），以监控或管理网元和功能。但是，比起 SNMP，供应商将更容易支持基于 YANG 的模型。最终用户也会看到基于 YANG 的接口比基于 SNMP 的接口更易于使用。

就是说，对于 YANG 来说，当前的工具成熟度在整个行业中并不是特别好，非专家或非开发人员难以使用。如果你回过头来阅读 RFC3535（其中列出了 NETCONF 和 YANG 的目标），能看到很多内容，其中我们谈到了如何为终端用户提供更简单的服务，更容易开发、更易读。其中一些目标经受了时间的考验，但必须质疑一些事情，比如用户易用性。这仍然是 YANG 模型的目标吗？我们除了尝试使这些界面适合用户之外，还专注于使它们适合机器使用。因此，如果主要用户是一台机器，那么对可读性及类似性质的要求实际上并不适用。

与此相反，我们为什么花这么多时间来开发如 YANG Suite、Advanced NETCONF Explorer 和带有 "-f tree" 参数的 pyang 工具？因为我们的用户与需要使用这些 YANG 模型的软件之间仍然存在差距，这种差距需要由人类来弥补。因此，仍然有必要以人类能够理解的方式呈现 YANG 模型。这导致了工具的崛起，工具让用户能够直观地掌握模型，并可视化模型中的结构和层次。这就是为什么很多人在工具上投入大量精力。如果没有这些努力，我们将很难使用设备商发布的模型。

提问：

为什么你认为 YANG 和基于 YANG 的协议比 SNMP 更容易采用？

回答：

我认为，我们围绕 YANG 模型开发的工具可以更轻松直观地显示 YANG 模型的含义。我们从用户习惯的自然角度来看待事物，并基于此确定我们对事物的命名方式和对事物的索引方式。例如，将 IF-MIB 与 ietf-interfaces YANG 模块进行比较。在语义方面，这两者拥有完全相同的信息。但是，当查看 IF-MIB 时，你会看到这个名为 "ifIndex" 的东西实际上是由底层平台产生的随机数字。当返回一组数据（例如，来自 SNMP GET-BULK 请求）时，你和计算机都无法在不对数据进行处理的情况下立即了解与特定接口相关的数据。使用 SNMP，你可以在对象标识符中恢复这些长的数字字符串（今天我们可以通过查看数据包来解码这些字符串），这给管理员和使用数据的工具增加了负担。考虑到技术和其他制约因素，这在开发时是有意义的。但今天，我们正在寻求将网络工程师（这些工程师已习惯用"Ethernet1/0"等这样的逻辑名称来构建）的传统思维，转变为更加以自动化为中心的思维。这是在 YANG 模型中常见的命名方法。虽然将数据编码为整数比字符串更有效，但增加了执行映射的复杂性。随着网络速度和订阅源的增加，权衡下来我们倾向于更自然的命名，以便开发人员更容易构建软件和用户使用的数据。有时，不值得用软件层面的性能优势弥补人类层面理解上的不足。

提问：

你认为在工具方面最大的差距是什么，有哪些方法有助于推动采用更多的数据模型？

回答：

很遗憾，这是一个非常容易回答的问题（轻轻一笑）。就问题而言这很容易回答，但解决方案要困难得多。现在，我们有一个熟悉 CLI 和 SNMP 的软件开发人员和网络工程师社区。此社区需要有一种方法从现在的状态发展到可以使用一些基于 YANG 的较新界面方－无论是使用 NETCONF、RESTCONF 还是基于模型的遥测，你都可以使用它。我们不断从许多内部和外部来源获得的问题是："好的，我今天正在轮询这个 SNMP MIB。我想明天用遥测的方法。我使用什么遥测路径来获取相同的数据？"然后，当我们试图弄清楚到底是如何做到这一点的时候，会有一种令人不安的沉默？如何推动大家前进？ CLI 输出与 SNMP MIB 到 YANG 模型路径并不总是直接相关联。因此，一些供应商已经着手创建自己的模块，特别是围绕运维数据，这反映了数据在平台中的存储方式。这些模型有时称为"本地模型"（native model）。它们并不总是与 SNMP MIB 或 CLI 命令输出字段一一对应，更多地对齐数据的自然结构，这种结构是熟悉平台的工程师所期望，且性能优于使用 SNMP 或执行 CLI 命令收集数据。其性能也可能优于基于标准的 YANG 模型，因为不需要内部映射。然而，更快更易于使用并不能弥补这样一个事实，即不能从正在使用的模型映射到新的模型。

没有神奇的答案。一些供应商正在通过其平台上的 CLI 外挂软件来解决此问题，以便提供已知的映射。另一些人希望开发外部工具，试图记录甚至公开获取这些知识。这是我们今天在工具采用方面面临的最大挑战。

提问：

今天，我们听到很多关于软件定义的、基于意图的、控制器驱动的（等等）网络技术。共同的主题似乎是在网络设备之上的一个抽象层。这种抽象层可以使用前端的编程指令，然后使用任何可用的设备级接口。如果网络和自动化网络的应用之间存在抽象概念，这些模型驱动的范式有多重要？

回答：

这个问题被问了很多，遗憾的是没有一个好的答案。作为一个行业，我们提供的设备被许多具有不同专业知识水平的人员使用，包括对于设备层，控制器层，以及"我只需要一个预封装的应用，可以使用它为我做一些事情"等层次，大家参与的能力和意愿也各有不同。显然，绝大多数用户都在"预先打包的应用"阵营中。但是他们使用的软件将如何开发？谁来维护我所说的与设备交互的"传统"方式？谁将投资开发这些预先打包的应用所需的基础设施？作为开发预打包应用和设备层接口的供应商，使用这些传统接口的软件其维护成本是巨大的。我们引入的基于模型的接口让设备自我描述性变得更强，并且可以告诉软件开发者："这是我提供的数据。这就是我提供的格式。这是我实际上没有做的事情。以下是你可以针对我调用的 RPC 去执行有用的操作。"这对于开发控制器的供应商（或者控制器上的预封装应用）价值巨大。

还有大量终端用户推出自己的运维支持系统（OSS）或控制器层。对于正在构建自己控制器层的用户，他们将处理旧接口视为一种税，即供应商税。他们希望供应商提供一个结构良好、易于集成到他们系统中的管理平面。无论你将这个抽象推送到何处以便处理传统接口（无论是控制器、进行协商的微服务还是其他），该税项都将始终存在。我们看到，特别是对大型网络客户而言，当我们没有提供模型界面的功能时，他们会退缩。他们的观点是如果你提供的功能没有基于模型的界面，那么就不存在该功能——没有模型，就没有功能。客户正在推动基于模型的接口和一流的接口。如果不能实现自动化，即使是最酷的供应商也会被忽视。

小结

本章探讨了一些以 YANG 为中心的工具，用于浏览模块和理解模块、与设备交互以发现它的能力、测试简单的自动化以及测试和验证新的 YANG 模块。与工具和模块同样重要的是与每个模块关联的元数据，它对于理解如何使用以及在何处使用模块、模块的发展以及设备如何支持模块至关重要。

YANG 模块工具和使用模块元数据的能力并不随着本章的内容而结束。如前所述，还有其他商业工具可以支持网络设备和服务自动化。此外，还有有助于模块编写和测试的工具，并且有丰富的 API 和软件开发套件（SDK）使你能够创建自己的应用程序，这些程序可以利用基于模型的管理，还可以将模块元数据作为应用程序流的一部分。第 8 章将讨论适用于模块作者的工具，第 9 章将讨论适用于应用程序开发人员的编程方面的技术。

注释

1. http://ydk.io

2. https://www.ansible.com/

3. https://curl.haxx.se/

4. https://httpie.org/

5. https://stedolan.github.io/jq/

6. https://www.getpostman.com/

7. https://github.com/cisco/bigmuddy-network-telemetry-pipeline

8. https://portal.influxdata.com/

9. https://prometheus.io/

10. http://pnda.io/

11. https://github.com/cisco-ie/anx

12. https://www.cisco.com/c/en/us/solutions/service-provider/solutions-cloud-providers/network-services-orchestrator-solutions.html

13. https://developer.cisco.com

14. https://www.itential.com/oss/

Chapter 8 第 8 章

自动化与数据模型、相关元数据及
工具一样好：面向模块作者

本章内容

❑ 编写 YANG 模块时如何向他人学习

❑ 如何测试 YANG 模块

❑ 如何测试模块的实例数据

❑ 如何共享模块的元数据

8.1 导言

本章从 YANG 模块作者的角度来探讨相关的工具。除了工具，还提供一些技巧和具体的元数据，让编写过程更加容易。在本章结束时，你将获得一些快速编写 YANG 模块的方法，以及一些帮助测试模块结构和校验实例数据有效性的工具。你也将了解其他的外部模块如何影响你的模块，以及你的模块如何影响社区。最后，你将学习如何向社区回馈模块的元数据。

8.2 设计模块

到目前为止，你所看到和使用的工具是面向使用 YANG 模块进行网络管理及自动化的网络运维人员。本部分将重点转移到对业界和网络设备商有用的工具。对于正在自研服务级别模块（service-level module）的网络运维人员，这些工具也很有价值。本章以工具为中心，而第 11 章则深入探讨模块设计的艺术。

8.2.1　向他人学习

拿一张白纸（或文本编辑器）从零开始创建 YANG 模块是一件很困难的事。不过，即使你倾向于立即动手开始编写，也不妨花点时间去了解一下业界已有成果。否则，你可能会犯一些原本可避免的错误或者重复制造一些业界已经测试并且审核过的 YANG 结构。

如果你是模块设计人员，YANG Catalog 搜索工具会对你有所帮助。在第 7 章中，你已经使用 YANG Catalog 查找过可用于配置和监控网络设备路由属性的模块。同样，在设计模块时该搜索工具也可用于定位要使用的 YANG 结构。

例如，如果在设计 YANG 服务模块时需要使用路由标识才能创建 L3VPN，你将如何定义这个路由标识呢？你可以参阅 RFC 4364 构建一个正则表达式，匹配正确的路由标识值。其实，业界已完成了这些工作，所以没有必要去重复。要确定 YANG 中是否已存在类似路由标识的规范定义，请使用匹配"route-distinguisher"的模式搜索 YANG Catalog，并使用高级搜索选项来筛选"typedef"节点。

初始的搜索结果集可能相当大。如何找到模块要使用的、准确的、可信赖的节点呢？通过对来源（Origin）、成熟度（Maturity）和引用的模块（Imported By # Modules）等列进行排序和筛选，可以查询到最可能使用的节点。例如，在搜索字段中输入行业 (Industry)，然后从下拉菜单中选择 Origin。这样会大大减少结果的数量。深入探究模块的详细信息页面，可显示模块的实现，并进一步指示可使用的模块。如图 8-1 和示例 8-1 所示，IETF 已批准 ietf-routing-types 模块的 route-distinguisher 节点定义，并且此模块已经被 46 个其他 YANG 模块引用。考虑到 IETF 规范的这些属性，route-distinguisher 的定义是很值得信赖的。要进一步验证这一点，请单击"route-distinguisher"链接，并确认定义与你的预期是否一致。

> **注释**
>
> 　　IETF、IEEE、MEF 和 BBF 等标准组织以及 OpenConfig 等小组都分别提供了一些经过评审和测试的模块。这些模块通常可用于后续的工作和扩展。换句话说，IETF 和 OpenConfig 等组织定义的模块之间存在差异，因此选择基本模块时，这些模块不仅要符合项目的目标，而且受网元和服务支持，并遵守你的组织制定的现有管理标准。

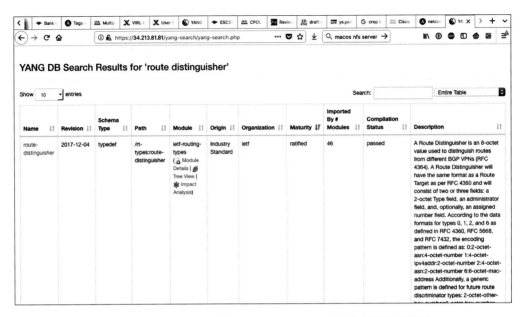

图 8-1　YANG Catalog 对 "route-distinguisher" 类型的搜索结果

示例8-1　route-distinguisher的定义

```
// From : ietf-routing-types@2017-12-04

typedef route-distinguisher {
.    type string {
.        pattern '(0:(6553[0-5]|655[0-2][0-9]|65[0-4][0-9]{2}|6[0-4][0-9]{3}|[1-5]
[0-9]{4}|[1-9][0-9]{0,3}|0):(429496729[0-5]|42949672[0-8][0-9]|4294967[01][0-9]
{2}|429496[0-6][0-9]{3}|42949[0-5][0-9]{4}|4294[0-8][0-9]{5}|429[0-3][0-9]{6}|
42[0-8][0-9]{7}|4[01][0-9]{8}|[1-3][0-9]{9}|[1-9][0-9]{0,8}|0))|(1:(((([0-9]|[1-9]
[0-9]|1[0-9]{2}|2[0-4][0-9]|25[0-5])\.){3}([0-9]|[1-9][0-9]|1[0-9]{2}|2[0-4]
[0-9]|25[0-5])):(6553[0-5]|655[0-2][0-9]|65[0-4][0-9]{2}|6[0-4][0-9]{3}|[1-5][0-9]
{4}|[1-9][0-9]{0,3}|0))|(2:(429496729[0-5]|42949672[0-8][0-9]|4294967[01][0-9]
{2}|429496[0-6][0-9]{3}|42949[0-5][0-9]{4}|4294[0-8][0-9]{5}|429[0-3][0-9]{6}|42[0-8]
[0-9]{7}|4[01][0-9]{8}|[1-3][0-9]{9}|[1-9][0-9]{0,8}|0):(6553[0-5]|655[0-2][0-9]|
65[0-4][0-9]{2}|6[0-4][0-9]{3}|[1-5][0-9]{4}|[1-9][0-9]{0,3}|0))|(6:([a-fA-F0-9]{2})
{6})|(((([3-57-9a-fA-F]|[1-9a-fA-F][0-9a-fA-F]{1,3}):[0-9a-fA-F]{1,12})';

.    }
.    description "A Route Distinguisher is an 8-octet value used to
                distinguish routes from different BGP VPNs (RFC 4364).
                A Route Distinguisher will have the same format as a
                Route Target as per RFC 4360 and will consist of
                two or three fields: a 2-octet Type field, an administrator
                field, and, optionally, an assigned number field.

                According to the data formats for types 0, 1, 2, and 6 as
                defined in RFC 4360, RFC 5668, and RFC 7432, the encoding
```

```
          pattern is defined as:

          0:2-octet-asn:4-octet-number
          1:4-octet-ipv4addr:2-octet-number
          2:4-octet-asn:2-octet-number
          6:6-octet-mac-address

          Additionally, a generic pattern is defined for future
          route discriminator types:

          2-octet-other-hex-number:6-octet-hex-number

          Some valid examples are 0:100:100, 1:1.1.1.1:100,
          2:1234567890:203, and 6:26:00:08:92:78:00.";
.    reference "RFC 4360: BGP Extended Communities Attribute.
          RFC 4364: BGP/MPLS IP Virtual Private Networks (VPNs).
          RFC 5668: 4-Octet AS Specific BGP Extended Community.
          RFC 7432: BGP MPLS-Based Ethernet VPN.";
}
```

对于其他可重用的节点类型（例如 grouping、feature 和 identity 等），也可以采用相同的搜索方法。

> **注释**
>
> 第 2 章中的 bookzone 模块也适用于针对模块作者的章节。

8.2.2　编译和验证模块

编写模块时，你需要持续进行测试确保模块是可编译的（也就是说，它的语法是正确的），并且生成的数据模型也是一致、符合逻辑的。对于正则表达式等复杂结构，需要确保它们不仅与所需的数据匹配，而且当遇到 YANG 的具体语法规则时也是有效的。非常幸运的是，有一些工具可以帮助你实现上面所述的目标。

在检查模块语法时，pyang 提供了 --strict 参数，以及针对特定组织的附加验证语法（例如，--ietf 根据 IETF 定义的规则进行验证）。然而，pyang 也并不是唯一的验证工具。在 yangvalator.org 网站上，你可以上传模块，使用 YANG 验证工具套件进行检查。目前，该网站使用的工具包括 pyang[1]、confdc[2]、yanglint[3] 等。它也使用 xym[4] 工具，目的是从其他文件（例如，IETF 互联网草案）中提取 YANG 模块。通过使用该网站不需要安装和维护就可以方便地使用这些工具进行编译检查。如果你的模块通过了所有工具的验证，你可以自信地认为你的模块在预定的配置管理解决方案下可以正常工作。如果你正在验证一组模块（例如，作为服务捆绑包的一部分），考虑到该站点的易用性，可以接受包含所有模块的 ZIP 文件。你还可以上传包含 YANG 模块的文档，该站点将尝试取出其中包含的所有

YANG 模块，然后验证它们。该站点还提供 API，代码也是开源的。

YANG 使用的正则表达式必须遵守万维网联盟（W3C）XSD-schema 语法指南 [5]，这样才能使用上述列出的编译器进行验证。虽然有许多工具可用于测试其他格式的正则表达式（POSIX、Perl-compliant 等），但是 W3C 合规性测试仍然富有挑战性。幸运的是，在 YANG Catalog 主页上链接了一个验证器 YANGRE [6]。此工具不仅可以验证正则表达式 W3C 语法是否有效，还可以创建一个小型 YANG schema 进行验证，并测试提供的任何字符串确保可以匹配。除了验证正则表达式外，YANGRE 还可以帮助你确定 schema 是否正确引用正则表达式。例如，'\d'（代表数字匹配）不能放在 YANG 模块中的双引号内。它必须不带引号或在一对单引号内。如果书写在一对双引号内，YANGRE 会报错。

8.2.3 测试模块

在验证模块语法正确后，可以使用 ConfD 来测试模块的功能。ConfD 是一个基于 YANG 的引擎，使网络设施（设备或服务器）支持 NETCONF 和 RESTCONF 功能。它提供免费的基本发行版本和企业发行版本。ConfD 提供了基于任何有效的 YANG 模块自动渲染成 NETCONF 接口的能力。思科在 DevNet 站点 https://developer.cisco.com/site/conf/ 提供了用于 Linux 和 MacOS（Darwin）的 ConfD 基本版本。基本版本只支持将模块自动渲染成 NETCONF 接口。这种方式让你在测试模块时，不仅可以测试语法（如 YANG Validator 网站），还可以测试模型的基本功能。例如，你可以使用 ConfD 实例化模块，然后向 ConfD 发送 edit-config 和 get-config 操作，以确保数据类型、范围与你期望的取值一致。此外，你还可以创建一个代码钩子（例如，使用 Python），用来调用操作并且处理各种数据元素的更改。ConfD 也提供命令行界面（CLI）工具，它模拟了思科 IOS 的语法。这是用户了解如何使用你的模块的另一种途径。ConfD 发行版包括一些用例，位于 examples.confd 目录。下面将探讨示例中涉及的一些工具和操作。

第 2 章引入和开发的 bookzone 模块可以在 GitHub 上找到，网址 https://github.com/janlindblad/bookzone。此开源库是将模块加载到 ConfD 中所需的引导代码。这是一个非常棒的 ConfD 入门方法，尤其是当你已经准备扩展 bookzone 模块，这将获得更多的 YANG 练习机会。使用上述 DevNet 网站上的指导说明安装 ConfD，然后从 GitHub 克隆 bookzone 开源库。

在 bookzone 开源库里有 Makefile 文件，其中包括准备模块和启动 ConfD 守护进程所需要的对象，以及相关的钩子（hook）和应用。这些对象包装了 ConfD 的许多工具。

> **注释**
>
> 在使用 ConfD 工具之前，请确保将 confdrc 或 confdrc.tcsh 文件 source 到你当前的命令 shell 中。confdrc 文件用于替代 Bourne shell（如 bash），而 confdrc.tcsh 文件用于替代 C shell（如 tcsh）。

在将模块加载到 ConfD 之前，必须首先把文本形式的 .yang 文件编译成二进制的 .fxs 文件。这可以使用 ConfD 发行版中的 confdc（或 ConfD 编译器）工具来实现。编译模块最简单的方法是用下面的命令：

```
$ confdc -c -o module.fxs module.yang
```

此命令编译该模块并生成一个 .fxs 文件。该 bookzone Makefile 使用了额外的选项 --fail-on-on-warnings 和 -a，以支持更复杂的编译，并且将注释合入由创建 ConfD 的公司 Tail-f 所定义的格式。

除了准备模块之外，你可能还想用操作数据来预装载 ConfD。要做到这一点，请创建一个 XML 文件，该文件需要遵循该模块定义的 Schema。用于 bookzone 模块预装载操作数据的 XML 代码请参见示例 8-2。

示例8-2　bookzone的操作数据

```
<!-- Load using: confd_load -lCO operational-data.xml -->
<books xmlns="http://example.com/ns/bookzone">
  <book>
    <title>I Am Malala: The Girl Who Stood Up for Education and Was Shot by the
    Taliban</title>
    <popularity>89</popularity>
    <format>
      <isbn>9780297870913</isbn>
      <number-of-copies>
        <in-stock>12</in-stock>
        <reserved>2</reserved>
        <available>10</available>
      </number-of-copies>
    </format>
  </book>
…
</books>
```

bookzone git 代码库包含 ConfD 的配置文件（confd.conf）。你可以将其用作开发其他模块的模型。该文件是 XML 格式的，一般来说，测试模块几乎不需要做什么。你可能需要调整 NETCONF-over-SSH 的端口号。代码库中端口号默认设置为 2022，标准端口号为 830。示例 8-3 中的代码块展示了修改端口号配置。

示例8-3　confd.conf NETCONF端口配置

```
<netconf>
  <enabled>true</enabled>
  <transport>
    <ssh>
      <enabled>true</enabled>
      <ip>0.0.0.0</ip>
```

```
    <port>2022</port>  <!-- Change this to 830 -->
    </ssh>
```

一旦你对配置文件满意，就可以从模块 .fxs 文件和 confd.conf 文件所在的目录中启动 ConfD 守护进程。启动 ConfD 守护进程使用以下命令：

```
$ confd -c confd.conf --addloadpath ${CONFD_DIR}/etc/confd
```

${CONFD_DIR} 变量是在将 condrc 文件 source 到当前环境时设置的。通过指定额外模块的加载路径，ConfD 守护进程可以找到包含在 ConfD 发行版中的基础模块（比如，ietf-yang-types）。

ConfD 守护进程从后台启动，并立即返回到命令提示符。如果你创建了其他操作数据，并预装载到 ConfD 守护进程，请使用以下命令加载该数据：

```
$ confd_load -lCO operational-data.xml
```

此时，守护进程将接受 NETCONF 的操作。ConfD 发行版还包括 confd_cli 可执行文件，用于创建类似于 Cisco IOS-XR 的命令行环境，用于与 ConfD 守护进程交互。在该 CLI 环境中，你可以查看配置和操作数据，并对 ConfD 配置数据的存储进行更改。示例 8-4 显示了一个 CLI 会话：当书的价格更新时，提交新的配置，然后将显示运行的配置。

示例8-4　confd CLI会话示例

```
$ confd_cli
confd#
confd# config terminal
Entering configuration mode terminal
confd(config)# books book "The Art of War"
confd(config-book-The Art of War)# format 160459893X
jamconfdahal(config-format-160459893X)# price ?
Possible completions:
  <decimal number>[12.75]
confd(config-format-160459893X)# price 13.75
confd(config-format-160459893X)# commit
Commit complete.
confd(config-format-160459893X)# end
confd# show running-config
authors author "Douglas Adams"
 account-id 1010
!
authors author "Malala Yousafzai"
 account-id 1011
!
authors author "Michael Ende"
 account-id 1001
!
```

```
authors author "Per Espen Stoknes"
 account-id 1111
!
authors author "Sun Tzu"
 account-id 1100
!
books book "I Am Malala: The Girl Who Stood Up for Education and Was Shot
by the Taliban"
 author "Malala Yousafzai"
 format 9780297870913
  format-id hardcover
 !
!
books book "The Art of War"
 author    "Sun Tzu"
 language english
 format 160459893X
  format-id paperback
  price     13.75
…
```

虽然 CLI 非常友好，对于那些在网络领域有经验的人来说可能很舒服，但你应该使用更易于自动化的方法来测试你的模块。ConfD 的 NETCONF 接口支持本章中提到的所有工具。例如，你可以使用 netconf-console 连接到 ConfD 守护进程获取配置，如示例 8-5 所示。

示例8-5　ConfD的<get-config>操作

```
$ netconf-console --get-config
<?xml version="1.0" encoding="UTF-8"?>
<rpc-reply xmlns="urn:ietf:params:xml:ns:netconf:base:1.0" message-id="1">
  <data>
    <authors xmlns="http://example.com/ns/bookzone">
      <author>
        <name>Douglas Adams</name>
        <account-id>1010</account-id>
      </author>
      <author>
        <name>Malala Yousafzai</name>
        <account-id>1011</account-id>
      </author>
      <author>
        <name>Michael Ende</name>
        <account-id>1001</account-id>
      </author>
      <author>
        <name>Per Espen Stoknes</name>
        <account-id>1111</account-id>
```

```
    </author>
    <author>
      <name>Sun Tzu</name>
      <account-id>1100</account-id>
    </author>
  </authors>
  <books xmlns="http://example.com/ns/bookzone">
    <book>
      <title>I Am Malala: The Girl Who Stood Up for Education and Was Shot
      by the Taliban</title>
      <author>Malala Yousafzai</author>
      <format>
        <isbn>9780297870913</isbn>
        <format-id>hardcover</format-id>
      </format>
    </book>
    <book>
      <title>The Art of War</title>
      <author>Sun Tzu</author>
      <language>english</language>
      <format>
        <isbn>160459893X</isbn>
        <format-id>paperback</format-id>
        <price>13.75</price>
    ...
```

> **注释**
>
> 　　默认情况下，netconf-console 的 NETCONF 操作使用本地主机地址和端口 2022。如果你将 ConfD 的 NETCONF 端口更改为 830，请在使用 netconf-console 命令行时携带参数 --port 830。

> **注释**
>
> 　　通过 ntconfconsole 获得的配置包括 *The Art of War* 的价格变化。confd_cli 工具仅是同一 NETCONF 接口的前端。

　　netconf-console 还可以用于增加和修改 ConfD 内的配置。因此，你可以将数据集传递给 netconf-console，测试数据是否符合你定义的模型（或者，模型根据给定的数据类型和范围需求进行修改）。如果你配置了在模型定义之外的某些内容（比如非法值），则 ConfD 会做出错误响应，这将在 netconf-console 中被捕获。示例 8-6 显示了在更新书籍时指定非法 ISBN 值时发生的情况。

示例8-6　使用ConfD和netconf-console测试错误

```
$ cat book-change.xml
<edit-config xmlns:nc='urn:ietf:params:xml:ns:netconf:base:1.0'>
  <target>
   <running/>
  </target>
  <test-option>test-then-set</test-option>
  <error-option>rollback-on-error</error-option>
  <config>
    <books xmlns="http://example.com/ns/bookzone"
          xmlns:nc="urn:ietf:params:xml:ns:netconf:base:1.0">
    <book>
     <title>The Neverending Story</title>
     <format>
      <isbn nc:operation="merge">978014038633</isbn>
     </format>
    </book>
   </books>
  </config>
 </edit-config>

$ netconf-console --rpc=book-change.xml
<?xml version="1.0" encoding="UTF-8"?>
<rpc-reply xmlns="urn:ietf:params:xml:ns:netconf:base:1.0" message-id="1">

  <rpc-error>
    <error-type>application</error-type>
    <error-tag>invalid-value</error-tag>
    <error-severity>error</error-severity>
    <error-path xmlns:bz="http://example.com/ns/bookzone"
    xmlns:nc="urn:ietf:params:xml:ns:netconf:base:1.0">
    /nc:rpc/nc:edit-config/nc:config/bz:books/bz:book[bz:title='The Neverending
    Story']/bz:format/bz:isbn
    </error-path>
    <error-message xml:lang="en">"978014038633" is not a valid value.</error-message>
    <error-info>
      <bad-element>isbn</bad-element>
    </error-info>
  </rpc-error>
</rpc-reply>
```

遇到异常错误时，ConfD 支持回滚同一会话中所有其他配置的能力。

Bookzone Makefile 文件包含许多目标，这些目标有助于准备 bookzone 模块、启动 ConfD 守护进程以及对守护进程执行一些基于 NETCONF 的基本测试。要快速准备模块并启动和运行 ConfD 守护进程，需要从 git 开源库 bookzone 目录中运行 make all 命令。一旦守护进程开始运行，make nc 命令提供其他 make 目标的列表，用于运行模块的一些测试，如示例 8-7 所示。

示例8-7　制定bookzone的测试目标

```
$ make nc
Once ConfD is running,
you can use these make targets to make NETCONF requests:
make nc-hello              # YANG 1.0/1.1 capability and module discovery
make nc-get-config         # Get-config of all configuration data
make nc-get-auths-books    # Get-config with XPath and subtree filter
make nc-many-changes       # Edit-config with many changes (run once)
make nc-rollback-latest    # Rollback latest transaction
make nc-get-author         # Get the author of a single book
make nc-get-stock          # Get the stock qty of certain books

$ make nc-get-auths-books
# Get list of authors and books using XPath filter
netconf-console --get-config --xpath "/authors|books"
<?xml version="1.0" encoding="UTF-8"?>
<rpc-reply xmlns="urn:ietf:params:xml:ns:netconf:base:1.0" message-id="1">
  <data>
    <authors xmlns="http://example.com/ns/bookzone">
      <author>
        <name>Douglas Adams</name>
        <account-id>1010</account-id>
      </author>
      <author>
        <name>Malala Yousafzai</name>
        <account-id>1011</account-id>
      </author>
 …
```

对于将要使用 ConfD 测试的未来创建的任何模块，此 Makefile 可作为一个很好的参考。

yanglint 工具也可以用来验证模块结构以及实例数据的有效性。它是 YANG Validator 网站使用的验证器之一。如果向 yanglint 提供模块以及实例数据的样本，可以验证实例数据是否符合模块的结构。当使用模块或包含了模块示例用法的文档开发自动化代码时，最好检查代码生成的实例数据，以确保不会引入错误、阻止关键的限时配置变更，或者将错误传播到其他消费者。下面的片段显示了 yanglint 验证示例 8-6 的 bookzone 实例数据。

```
$ yanglint -f xml bookzone-example.yang bz.xml
err : Invalid value "978014038633" in "isbn" element. (/bookzone-example:books/
book[title='The Neverending Story']/format[isbn='978014038633']/isbn)
```

8.2.4　共享模块的元数据

如果正在构建的模块并非完全私有或专有，请考虑上传你的模块（及其元数据）对社区进行回馈，以供其他人学习。正是由于模块作者们（主要是厂商）做出的贡献，YANG

Catalog 才能够提供元数据库。该库的发展壮大使得模块的开发更容易、更一致。YANG Catalog 不限于厂商，任何编写通用 YANG 模块的作者都应做出贡献。

请访问 https://yangCatalog.org/Contribute.php#model_creator 获取将模块元数据上传到 YANG Catalog 的详细说明。第一步是将模块上传到一个公共的 GitHub 开源库。截止到本书撰写时，GitHub 是 YANG Catalog 可读取模块的唯一网站。YANG Catalog 需要访问模块，以便获得可提取的元数据。但是，YANG Catalog 不提供模块下载服务。它只提供一个 GitHub 的位置链接。

> **注释**
>
> 　将来 YANG Catalog 可能会支持用于访问模块的附加源代码库。

下一步是请求一个 YANG Catalog 账户。此账户允许你为组织添加和修改模块。管理员创建账户时，会请求你要访问的命名空间详细信息。账户建立后，通过创建 HTTP PUT 请求将元数据上传到 https://yangcatalog.org/api/module。PUT 请求的报文主体定义在 https://raw. githubusercontent.com/xorrkaz/netmod-yangcatalog/master/module-meadata.yang 中。示例 8-8 显示此模块的树形结构。

示例8-8　模块元数据树

```
module: module-metadata
   +--rw modules
      +--rw module* [name revision organization]
         +--rw name                  yang:yang-identifier
         +--rw revision              union
         +--rw generated-from?       enumeration
         +--rw maturity-level?       enumeration
         +--rw document-name?        string
         +--rw author-email?         yc:email-address
         +--rw reference?            inet:uri
         +--rw module-classification enumeration
         +--rw organization          string
         +--rw ietf
         |  +--rw ietf-wg?    string
         +--rw source-file
            +--rw owner        string
            +--rw repository   string
            +--rw path         path
            +--rw branch?      string
```

例如，为了提供 bookzone 模块的元数据（已经在 GitHub 中），示例 8-9 显示元数据推送到 YANG Catalog 的 PUT 请求报文。

示例8-9 bookzone的YANG Catalog元数据请求

```
{
  "modules": {
    "module": [{
      "name": "bookzone-example",
      "revision": "2018-01-05",
      "organization": "Book Zone",
      "author-email": "jlindbla@cisco.com",
      "module-classification": "not-applicable",
      "source-file": {
        "owner": "janlindblad",
        "repository": "bookzone",
        "path:": "bookzone-example.yang"
      }
    }]
  }
}
```

提交元数据后，YANG Catalog 生成任务 ID。你可以轮询此 ID 以获取任务的状态。完成后，你的模块现在可以在 YANG Catalog 中搜索到。感谢你的回馈！

8.3 理解模块的影响

YANG Catalog 提供的另一个工具叫"Impact Analysis"。该工具为你提供了一个彩色编码图，显示一个或多个模块之间的依赖关系。也就是说，Impact Analysis 显示了哪些模块依赖某个模块，以及某个模块依赖哪些模块。图 8-2 提供一个影响分析图，显示了 ietf-routing 模块的依赖关系。

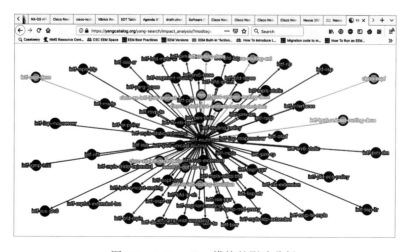

图 8-2 ietf-routing 模块的影响分析

该图使用颜色来描述模块节点的组织。每个节点周围的环描述其成熟度。除成熟度外，环还可以表示瓶颈模块（或阻塞模块），该瓶颈模块是一个未批准的模块，阻塞了多个模块的进展。换句话说，如果你正在为一个标准组织开发一个模块，而该模块依赖其他模块的进展才能获得批准，此影响分析工具可以让你快速了解你的工作重点，以便你的模块开发能够继续进行。

专家访谈

与 William Lupton 的问答

William Lupton 自 2003 年起一直参与宽带论坛（BBF）的工作，该论坛有一系列成员公司的代表。他是 TR-069 系列 CPE 管理标准的主要贡献者，特别是在（基于 XML 架构的）数据建模语言、数据模型和相关工具等领域做出了贡献。自 2014 年 BBF 首次为它的一些项目采用 NETCONF 和 YANG 以来，William 曾担任 BBF YANG 的专家，并担任 BBF 通用 YANG 工作区的联合创始主席，管理 BBF YANG 模块的发布、定期更新 IETF 的 BBF YANG 的状况和计划，并为 pyang 工具的若干修复和增强功能做出了贡献。自 2015 年以来 William 一直是 BBF 的软件架构师。

提问：

BBF 发布了多少个 YANG 模块？

回答：

截至 2018 年 12 月，BBF 已发布 196 份 YANG 文件，其中 45 份是模块，151 份是子模块。所有模块都可以从 GitHub 的 https://github.com/BroadbandForum/yang、https://github.com/YangModels/yang 和 YANG Catalog 上获取到。

提问：

为什么有这么多的子模块？

回答：

子模块的数量可能会让人感到惊讶。一些 BBF YANG 模块对相当复杂的底层标准进行了建模，因此我们决定定义与底层标准结构相对应的子模块。例如，bbf-fast 模块建模了 ITU-T G.fast 协议。它有 13 个子模块对应于高级功能，还有 22 个子模块与 ITU-T 的底层标准（G.9700、G.9701 等）紧密对应。该模块及其中的子模块总共有 10040 行代码（包括注释）。

提问：

你开发 YANG 模块的过程是怎样的呢？

回答：

所有的 BBF YANG 模块都与 BBF 标准相关联。例如，bbf-fase 模块（刚才提到的）是

TR-355（YANG 模块用于 FTTdp 管理）的一部分。开发新 YANG 模块的第一步是提出并批准一个新项目（可能是一个全新的项目，也可能是现有项目的延伸）。YANG 模块随后将在该项目中进行开发。每个 YANG 项目都有自己的 git 仓库（一个 BBF Bitbucket 仓库）。通过 pull 请求对 YANG 项目做出贡献。项目成员之间讨论 pull 请求（使用 Bitbucket 的审核和评论功能），然后合并 pull 请求。项目完成后需要通过 BBF 的标准投票流程。最后，BBF 标准发布（以 PDF 格式的文件）在 BBF 网站上，YANG 则被发布和进一步分发。下一个问题会讨论如何发布 BBF YANG。

提问：

关于你如何发布 BBF YANG 能提供更多的细节吗？

回答：

我已经提到过 BBF YANG 模块和子模块发布到 GitHub 和 YANG Catalog。实际上发布有三个步骤：

步骤一：BBF YANG 在 BBF Bitbucket 仓库中打上标签，并推送到 https://github.com/BroadbandForum/yang。

步骤二：创建一个从 https://github.com/BroadbandForum/yang 向 https://github.com/YangModels/yang 的 pull 请求。

步骤三：更新后的元数据文件放在 https://github.com/BroadbandForum/yang 站点，将其上传至 YANG Catalog（通过 REST API）。

提问：

哪些指南适用于 BBF YANG 模块？

回答：

我们要求所有 BBF YANG 模块遵守一组 BBF 定义的指南，该指南扩展了 IETF 的 RFC 8407"包含 YANG 数据模型文档的作者和审阅者指南"（Guidelines for Authors and Reviewers of Documents Containing YANG Data Models）。例如，在 YANG 术语、YANG 验证、模块命名约定等方面都遵循 IETF 标准。

提问：

如何测试你开发的模块？

回答：

我们要求在创建 pull 请求之前，所有的 YANG 都要完全通过 pyang 和 yanglint 工具（使用 pyang"bbf"插件提供的一些标准的、BBF 特定的"lint"选项）检查。我们计划在不久后通过添加自动测试来执行，如果 YANG 包含错误，将阻止代码合入请求。

小结

本章探讨了一些以 YANG 为中心的工具，帮助模块作者编写和测试模块。除了使用 ConfD 验证模块结构之外，你还了解了在创建示例和产品自动化时如何测试实例数据。最后，你的模块元数据和模块本身一样有价值。本章展示了如何将元数据上传到 YANG Catalog，以便 YANG 社区更广泛地受益。

注释

1. https://github.com/mbj4668/pyang
2. http://www.tail-f.com/confd-basic/
3. https://github.com/CESNET/libyang
4. https://github.com/xym-tool/xym
5. https://www.w3.org/TR/2004/REC-xmlschema-2-20041028/#regexs
6. https://yangcatalog.org/yangre/

Chapter 9 第 9 章

自动化与数据模型、相关元数据及工具一样好：面向应用开发人员

本章内容

❏ 如何以编程方式访问 YANG 模块元数据
❏ 如何创建 YANG 模块数据的自定义视图
❏ 现有哪些软件库支持使用 NETCONF 或者 RESTCONF 与设备程序化通信
❏ 如何使用面向对象的编程结构来处理 YANG 数据

9.1 导言

本章从应用开发人员的角度探讨与 YANG 模块、元数据和设备的交互。本章将说明如何集成基于 YANG 的数据和相关协议，这些协议将在网络配置、监视应用和工作流当中使用 YANG 数据。在本章的最后，你将了解有哪些应用程序接口（API）、软件库和软件开发工具包（SDK）可用于处理 YANG 模块及其元数据、如何与设备交互，以及如何使用基于 YANG 模型的原生语言绑定。本章还介绍了一些示例，你可以参考这些示例开始以编程的方式使用 YANG 模型和实例数据编写自己的脚本和应用。

第 7 章和第 8 章专注于特定受众的工具，以便更加容易使用 YANG 模块和协议。虽然其中一些工具可以被集成到脚本，或用作驱动自动化应用的前提，但它们都不是软件库或 API。为了构建更强大的应用以实现配置和服务部署的自动化、操作数据的收集和关联、遥测数据发布的动态订阅和数据流的消费等，开发人员需要 API 和 SDK。

9.2　与 YANG 模块合作

诸如 yanglint、pyang 和 YANG Catalog 等工具，为 YANG 模块结构可视化和描述 YANG 模块元数据提供了很棒的途径。虽然预置的接口便于人们直接调用，但你也可能需要为客户定制 YANG 模块模式数据的视图，或者将 YANG 模块元数据打包到网络管理工具中。你可以使用这些工具提供的 API 来达成定制化和集成化的目标。

9.2.1　集成 YANG Catalog 元数据

如果你正在构建一个基于 YANG 模型的应用以实现网络设备配置或服务部署的自动化，对你的应用所依赖的 YANG 模块有一个整体了解将很有帮助。请记住，自动化与数据模型及其相关的元数据一样好。第 7 章讨论了网络运维人员在公开了元数据字段的 YANG Catalog 中可能使用的工具。此外，YANG Catalog 有一套完整的 API，可以搜索并访问与前端工具相同的元数据。

如何在自动化应用中使用 YANG Catalog 元数据？你的网络可能有来自不同厂商的设备，或者来自同一厂商的设备运行着不同版本的代码。这意味着这些设备可能支持一个 YANG 模块的不同版本。如果你的应用程序遇到无法识别的模块修订版本，它会调用 YANG Catalog API 来下载该模块的元数据，并检查"derived-semantic-version"，以确认已知修订版本和新修订版本的主版本号是否变更。如果是，则表示模块内存在非向后兼容的更改。从那里审查模块树的差异找出与应用程序相关的变更。进一步的审查可以加入应用程序的逻辑中，否则会触发进一步的工程师人工审核。

YANG Catalog 为希望丰富其模块和实现元数据的开发人员提供了一个网页[1]。该页面介绍了一些公开的 REST API。这些用于向 YANG Catalog 发布元数据的 API 已作为模块设计工具的一部分在第 8 章进行了介绍。在元数据检索方面，YANG Catalog 提供两个主要的访问点，用于接受超文本传输协议（HTTP）GET 查询。第一个访问点是 /api/search/modules，如果某个模块的名称、版本和组织是已知的，那么以这三者为条件，通过本访问点，可获取该模块的所有元数据。该 API 访问点使用逗号来分隔多个检索关键字。示例 9-1 显示了一个 ietf-routing 查询，修订版本是 2018-03-13，模块来源组织是互联网工程任务组（IETF）。

示例9-1　从YANG Catalog REST API检索元数据

```
$ http https://yangcatalog.org/api/search/modules/ietf-routing,2018-03-13,ietf
{
    "module": [
        {
            "name": "ietf-routing",
            "namespace": "urn:ietf:params:xml:ns:yang:ietf-routing",
            "organization": "ietf",
            "prefix": "rt",
```

```
              "reference": "https://tools.ietf.org/html/rfc8349",
              "revision": "2018-03-13",
              "schema": "https://raw.githubusercontent.com/YangModels/yang/master/
        standard/ietf/RFC/ietf-routing@2018-03-13.yang",
              "tree-type": "nmda-compatible",
              "yang-tree": "https://yangcatalog.org/api/services/tree/ietf-
        routing@2018-03-13.yang",
              "yang-version": "1.1"
        …
```

另一个元数据检索访问点是 /api/search/{key}/{value}，它可以帮助你在 YANG Catalog 当中检索包含某个指定元数据字段值的所有模块。例如，你可以使用 /api/search/tree-type/ nmda-compatible 检索到所有使用 Network Management Datastore Architecture (NMDA) 结构 树类型的模块。有了这两个 API 访问点，每一个匹配的模块以及其各自所有的元数据字段 都可以检索得到。存在一个变体：/api/search-filter，使用 POST 方法，接受元数据值对应的 参数以及要返回的字段。使用相同的 NMDA 为例，示例 9-2 中的请求只返回 NMDA 兼容 的模块名称。

示例9-2　从YANG Catalog检索某元数据字段

```
$ http POST https://yangcatalog.org/api/search-filter/name input:='{"tree-type":
"nmda-compatible"}'
{
    "output": {
        "name": [
            "ietf-msdp",
…
```

调用 YANG Catalog API 的其他示例可以在贡献者（contributor）网页上的 Postman collections [2] 处获得。由于 YANG Catalog 提供的 API 都是 RESTful，因此采用 HTTP 方 法的软件库和函数都可以访问它们（例如，libcurl、python request 模块等）。通过 Postman collection，你可以使用 Postman 的代码生成功能创建初始脚本，以便与 YANG Catalog 进行 交互。

示例 9-3 显示了一段 Python 代码，从 IETF 路由模块某个修订版本的 YANG Catalog 中 检索派生语义版本元数据。这将与相同模块的已知语义版本号进行比较。如果版本号不同， 则从 Catalog 中检索 YANG 树，并将树内容存储起来用于后续比较。

示例9-3　用于搜索YANG Catalog元数据的Python脚本

```
import requests

url = "https://yangcatalog.org/api/search-filter/derived-semantic-version"

KNOWN_SEMVER_MAJORS = [1, 2, 3]
```

```
payload = """
{
  "input": {
    "name": "ietf-routing",
    "revision": "2018-03-13"
  }
}
"""

headers = {
    'Content-Type': "application/json"
}

response = requests.request("POST", url, data=payload, headers=headers)

j = response.json()
semver_major = j['output']['derived-semantic-version'][0].split(".")[0]

if semver_major not in KNOWN_SEMVER_MAJORS:
    response = requests.request("GET", "https://yangcatalog.org/api/services/tree/
ietf-routing@2018-03-13.yang")
    fd = open("/models/trees/ietf-routing@2018-03-13_tree.txt", "w")
    fd.write(response.text)
    fd.close()
```

除了获取一个模块或一组模块的所有元数据外，通过向访问点 /api/index/search 发送
POST 请求，还可以搜索 YANG Catalog 的某些特定关键字。和 Web 前端类似，搜索 API
允许指定关键字、搜索字段和其他选项，并筛选结果以便仅返回某些特定字段。示例 9-4
的 Python 代码显示了在 YANG Catalog 中搜索 "route-distinguisher" 类型，并且检索结果
集仅显示模块名称、节点名称和节点路径等字段。

示例9-4　使用API搜索YANG Catalog

```
import requests

url = "https://yangcatalog.org/api/index/search"

payload = """
{
  "search": "route-distinguisher",
  "type": "keyword",
  "case-sensitive": false,
  "include-mibs": false,
  "latest-revisions": true,
  "search-fields": ["module", "argument", "description"],
  "yang-versions": ["1.0", "1.1"],
  "schema-types": ["typedef"],
```

```
    "filter": {
        "node": ["name", "path"],
        "module": ["name"]
    }
}
"""

headers = {
    'Content-Type': "application/json",
}

response = requests.request("POST", url, data=payload, headers=headers)

print(response.text)
```

此示例显示载荷中当前支持的所有字段。唯一的必填字段是"search"。如果省略其他字段，代码中显示的值（筛选器除外）将作为默认值。如果没有默认筛选器，则忽略筛选器，返回所有模块和节点元数据。

字段 search-fields、yang-versions、schema-types、node、module filters 等支持选项列表。字段 yang-versions 和 search-fields 将显示所有支持的值。字段 schema-types 支持 typedef、grouping、feature、identity、extension、rpc、action、container、list、leaf-list 等值。字段 filters 用于控制结果集。允许的节点筛选值包括 name、path、description、type 等。模块筛选（The module filter）支持为某个模块而返回的所有元数据字段。此外，除了关键词搜索外，type 字段接受 regex 值，以执行正则表达式搜索。

9.2.2 嵌入 pyang

除了将 pyang 作为命令执行之外，还可以将 pyang 的后端嵌入到其他 Python 应用程序中，以提供 YANG 解析器和实现对 YANG 模块的结构和模式的轻松访问。为什么要这样做而不是从 shell 或命令脚本调用 pyang？在某些情况下，调用命令行确实可能更容易，比如在 pyang 中添加一个格式化插件来控制其输出，然后从另一个脚本调用它。但是，当在实际工作中使用大型模块库时，如果你需要在该模块集中通过命令行多次调用 pyang，而每次执行都需要对 pyang 内部上下文进行实例化，这将大大增加应用执行时间。

将 pyang 后端库嵌入到应用程序中意味着只需要构建一次内部上下文，然后在 Python 代码中直接使用它（或操作它）。这包括访问格式化插件和验证模块的正确性。

首先，请创建一个或多个 pyang.FileRepository 对象来存放 YANG 模块，然后实例化一个 pyang.Context 对象。一旦该 pyang.Context 对象被实例化后，调用 add_module() 来解析并将模块对象添加到上下文中，或者调用 search_module() 方法从代码库中按名称（及可选版本）查找一个模块。一旦所有模块都添加完成，上下文对象将提供进入 pyang 程序内部的入口。示例 9-5 显示了一段 Python 代码，创建一个 pyang 上下文对象，搜索"ietf-routing"

模块。如果能找到，就会使用 pprint() 方法将该模块的结构精美地打印出来。

示例9-5　创建pyang 上下文

```python
#!/usr/local/bin/python2

from pyang import Context, FileRepository
import sys
import optparse

YANG_ROOT = '/models/src/git/yang/'

optparser = optparse.OptionParser()
(o, args) = optparser.parse_args()

repo = FileRepository(YANG_ROOT)
ctx = Context(repo)
ctx.opts = o

mod_obj = ctx.search_module(None, 'ietf-routing')
if mod_obj:
    mod_obj.pprint()
```

search_module() 返回的 mod_obj 对象类型为 Statement，在 pyang statement.py 模块中定义。pyang 发行版根目录下 __init__.py 文件包含了 Context 类的定义，它显示了更多可用于上下文的方法。

将 pyang 嵌入到应用程序中而不是从外部调用 pyang 可以获得性能提升，示例 9-6 和 9-7 可以帮助你了解这个概念。示例 9-6 是一个 shell 脚本，使用第 7 章中讨论的 GitHub 仓库的 YangModels，调用 pyang 来打印三个 YANG 模块的名称和版本。在某个既定平台上，该脚本运行时间大约是 9 秒。大部分时间都花在每次启动时重新创建 pyang 的内部构件上。

示例9-6　调用pyang的shell脚本

```sh
#!/bin/sh

YANG_REPO="/models/src/git/yang"
RFC_ROOT="${YANG_REPO}/standard/ietf/RFC"

modules="ietf-i2rs-rib@2018-09-13.yang ietf-l3vpn-svc.yang ietf-ipv6-unicast-routing.yang"

for m in ${modules}; do
  pyang -p ${YANG_REPO} -f name –name-print-revision "${RFC_ROOT}/${m}"
done
```

示例 9-7 提供了相同的功能，只是将 pyang 嵌入到 Python 脚本中，然后使用 pyang 上下文调用名称插件一次性同时处理所有三个模块。因为上下文只需要建立一次，而不需要为每个模块单独建立，所以运行该脚本只需要 3 秒。虽然 3 秒与 9 秒的时间看起来相差并不长，但请注意，如果存在大量的 pyang 调用，节省下来的时间将会非常可观。这是将 pyang 嵌入到应用程序而非在外部执行 pyang 的一个令人信服的原因。

示例9-7　Python脚本嵌入pyang打印模块名称

```
#!/usr/local/bin/python2

from pyang import Context, FileRepository
from pyang.plugins.name import emit_name
import sys
import optparse

YANG_ROOT = '/models/src/git/yang'
RFC_ROOT = YANG_ROOT + '/standard/ietf/RFC'

optparser = optparse.OptionParser()
(o, args) = optparser.parse_args()
repo = FileRepository(YANG_ROOT)
ctx = Context(repo)
ctx.opts = o

ctx.opts.print_revision = True

mods = ['ietf-i2rs-rib@2018-09-13.yang', 'ietf-l3vpn-svc.yang',
        'ietf-ipv6-unicast-routing.yang']
mod_objs = []

for m in mods:
    with open(RFC_ROOT + '/' + m, 'r') as fd:
        mod = ctx.add_module(m, fd.read())
        mod_objs.append(mod)

emit_name(ctx, mod_objs, sys.stdout)
```

9.2.3　pyang 插件

当使用 -f tree 参数运行 pyang 以便看到 YANG 模块的模式树结构时，树格式是以插件的形式实现的。pyang 允许创建插件来扩展功能、显示输出（格式插件）以及改变模块解析行为（后端插件）。典型的情况下，如果你正在开发自己的 YANG 模块，你可能需要定义新的扩展插件。此时创建定制的 pyang 后端插件来验证这些扩展的正确性（例如在 CI 流水线的测试阶段）是非常有用的。同样，格式化插件也是相当强大的，例如 YANG Catalog 套件创建的格式化插件可以生成搜索 Catalog 使用的索引数据 [3]，以及 https://yangcatalog.org/yang-search/yang_tree/ietf-routing 中的 YANG 模块树接口 [4]。

除了树形格式显示插件外，pyang 还捆绑了许多其他插件，其中一个是 yang-data，用于指导 pyang 如何解析使用 RFC 8040 yang-data 扩展定义的元素。pyang 的所有插件都可以在安装位置的 plugins 子目录找到。例如，在 Linux 系统中，插件目录路径通常为 /usr/lib/python2.7/sitepackages/pyang/plugins。

　　这两种类型的 pyang 插件都声明了 pyang_plugin_init() 函数和插件本身的类定义。格式插件必须将插件提供的格式以及如何显示格式化输出进行注册。后端插件根据它们所控制的 YANG 解析行为而有所不同。例如，它们可能会注册额外的语句和语法规则（如，解析 yang-data 的 restconf.py 插件）。

　　示例 9-8 显示了 pyang 插件 name.py 的结构。该插件提供了一个"name"的格式，可以显示一个模块的名称和它所属的所有主模块（如果是子模块）。该插件还使用一个可选的参数来显示除了名称之外的版本号。此插件输出的示例显示在示例 9-8 后面的代码片段中。

示例9-8　pyang的name.py插件

```
1    """Name output plugin
2
3    """
4
5    import optparse
6
7    from pyang import plugin
8
9    def pyang_plugin_init():
10       plugin.register_plugin(NamePlugin())
11
12   class NamePlugin(plugin.PyangPlugin):
13       def add_output_format(self, fmts):
14           self.multiple_modules = True
15           fmts['name'] = self
16
17       def add_opts(self, optparser):
18           optlist = [
19               optparse.make_option("--name-print-revision",
20                                    dest="print_revision",
21                                    action="store_true",
22                                    help="Print the name and revision in" +
                                         "name@revision format"),
23               ]
24           g = optparser.add_option_group("Name output specific options")
25           g.add_options(optlist)
26
27       def setup_fmt(self, ctx):
28           ctx.implicit_errors = False
29
30       def emit(self, ctx, modules, fd):
31           emit_name(ctx, modules, fd)
32
```

```
33    def emit_name(ctx, modules, fd):
34        for module in modules:
35            bstr = ""
36            rstr = ""
37            if ctx.opts.print_revision:
38                rs = module.i_latest_revision
39                if rs is None:
40                    r = module.search_one('revision')
41                    if r is not None:
42                        rs = r.arg
43                if rs is not None:
44                    rstr = '@%s' % rs
45            b = module.search_one('belongs-to')
46            if b is not None:
47                bstr = " (belongs-to %s)" % b.arg
48            fd.write("%s%s%s\n" % (module.arg, rstr, bstr))
```

通过以下命令在 YANG 模块调用该插件。请注意，在这种情况下，因为指定了 --name-print-revision 参数，所以模块的名称和版本号都会被打印出来。

```
$ pyang -f name --name-print-revision ietf-routing.yang
ietf-routing@2018-03-13
```

在示例 9-8 所示代码中，第 9 行和第 10 行初始化插件，在 pyang 框架中注册了它的类。因为这是一个格式化插件，所以在第 13 行定义了 add_output_format() 方法。这个插件提供了一个输出，称为 "name"。

通过 add_opts() 方法添加可选参数（如本插件中的 --name-print-revision 参数）。任何可选参数的值后续可以在插件中通过 ctx.opts 对象（如第 37 行所示）获取。如果插件不需要任何可选参数，请忽略对此方法的声明。

显示格式化结果的关键方法是 emit()，在第 30 行。name 插件是通过静态的 emit_name() 函数来完成的。pyang 调用 emit() 方法时将携带一个 context 对象、调用 pyang 的模块集合以及一个输出文件描述符等参数。context 对象提供了对 pyang 内部结构以及可选参数值的访问。如第 48 行所示，将格式化输出写入输出文件描述符。调用 print() 是不可取的，因为输出可能被绑定到一个文件中（即 pyang 指定了 –output option 的情况）。

示例 9-9 显示了 restconf.py 后端插件的省略内容。该插件没有提供任何新的输出格式，但它确实为 pyang 提供了必要的知识来支持 RFC 8040 定义的 yang-data 数据结构。

示例9-9　pyang的restconf.py插件

```
1    restconf_module_name = 'ietf-restconf'
2
3    class RESTCONFPlugin(plugin.PyangPlugin):
4        def __init__(self):
5            plugin.PyangPlugin.__init__(self, 'restconf')
```

```
6
7    def pyang_plugin_init():
8        plugin.register_plugin(RESTCONFPlugin())
9
10       grammar.register_extension_module(restconf_module_name)
11
12       yd = (restconf_module_name, 'yang-data')
13       statements.add_data_keyword(yd)
14       statements.add_keyword_with_children(yd)
15       statements.add_keywords_with_no_explicit_config(yd)
16
17       for (stmt, occurance, (arg, rules), add_to_stmts) in restconf_stmts:
18           grammar.add_stmt((restconf_module_name, stmt), (arg, rules))
19           grammar.add_to_stmts_rules(add_to_stmts,
20                                      [((restconf_module_name, stmt), occurance)])
21
22       statements.add_validation_fun('expand_2',
23                                     [yd],
24                                     v_yang_data)
25
26       error.add_error_code('RESTCONF_YANG_DATA_CHILD', 1,
27                            "the 'yang-data' extension must have exactly one " +
28                            "child that is a container")
29
30   restconf_stmts = [
31       ('yang-data', '*',
32        ('identifier', grammar.data_def_stmts),
33        ['module', 'submodule']),
34
35   ]
36
37   def v_yang_data(ctx, stmt):
38       if (len(stmt.i_children) != 1 or
39           stmt.i_children[0].keyword != 'container'):
40           err_add(ctx.errors, stmt.pos, 'RESTCONF_YANG_DATA_CHILD', ())
```

从第 12 行到第 15 行，添加一个新的 YANG 语句，是针对 ietf-restconf:yang-data 扩展。这允许 pyang 识别 yang-data 作为 yang 模块中的一个关键字，并对该关键字的子项做进一步的验证。也就是说，在 RFC 8040 中 yang-data 有一个规则，即 yang-data 扩展必须有一个（只有一个）是 container 的子项。第 22 行到 28 行和 v_yang_data() 函数将该知识添加到 pyang 中。因此，当 pyang 看到一个包含 yang-data 的模块，它会使用适当的语法进行检查，以便确保该模块是有效的。

9.2.4　利用 libyang 解析 YANG

如果你在开发 Python，那么在应用中嵌入 pyang 效果非常好。但如果你需要其他编程语言支持对 YANG 的解析怎么办？你可以派生 pyang 并将其作为一个外部程序执行，但正如你所看到的，这可能会影响性能。它还需要你对它返回的文本输出进行解析。这可能需要使用正规表达式或其他"骇客"屏幕擦除方法，会使你的代码变得额外复杂。libyang[5]是一个提供 YANG 解析和验证功能的 C 库，应用于若干开源项目，如 FreeRangeRouting[6]、Netopeer2[7] 和 sysrepo 也应用于第 8 章讨论的 yanglint 验证器中。libyang 能很快适应新的 YANG 特性和扩展，目前包括对 YANG 1.0 和 1.1、JSON 和 XML 编码数据、实例数据中的默认值 (RFC 6243) 以及 YANG 元数据 (RFC 7952) 的支持。由于 C 语言的可嵌入性，libyang 还支持 JavaScript 的"简化封装器和接口生成器"（Simplified Wrapper and Interface Generator，SWIG) 绑定，这使得 libyang 可以在 Node.js 应用程序中使用。

和 pyang 一样，libyang 支持以各种格式打印模块数据，包括基于 RFC 8340 的树结构。示例 9-10 显示一个简单的解析 ietf-routing 模块，并打印其树状输出的 libyang 应用程序。

示例9-10　打印ietf-routing树结构的libyang程序

```c
#include <stdio.h>
#include <libyang/libyang.h>
#include <glib.h>

#define YANG_ROOT "/models/src/git/yang"
#define RFC_ROOT YANG_ROOT "/standard/ietf/RFC"

int
main(int argc, char **argv) {
  struct ly_ctx *ctx = NULL;
  char *routing_mod = NULL;
  const struct lys_module *mod;

  ctx = ly_ctx_new(NULL);
  ly_ctx_set_searchdir(ctx, YANG_ROOT);

  routing_mod = g_strdup_printf("%s/ietf-routing@2018-03-13.yang", RFC_ROOT);

  mod = lys_parse_path(ctx, routing_mod, LYS_IN_YANG);

  lys_print_file(stdout, mod, LYS_OUT_TREE, NULL);

  g_free(routing_mod);
  ly_ctx_destroy(ctx, NULL);

}
```

一个 libyang 应用程序需要包含 libyang/libyang.h，使用 -lyang 进行链接编译，才能正常构建并运行。全套文档是与 libyang 软件包一起编译的，可以在 https://netopeer.liberouter.org/doc/libyang/master/ 找到。在该网站文档是定期编译的。拉德克·克雷伊奇 (Radek Krejčí)， libyang（和 Netopeer 项目）的主要作者，在本文末尾接受了采访，就如何使开发者能够驾驭模型驱动的管理和自动化分享了自己的观点。

9.3　与网络互动

第 7 章探讨了使用 NETCONF 和 RESTCONF 协议与基于 YANG 的服务器进行交互的工具。作为应用开发者，你希望为基于 YANG 的协议嵌入客户端，以便在应用程序中执行相同的交互。此外，你可能还希望将服务器能力嵌入到应用程序中。也就是说，你可能需要把应用程序作为 NETCONF 服务器的用例（例如，如果你正在创建基于 NETCONF 的设备）。本节将探讨一些软件库，有了这些软件库，你能通过基于 YANG 的协议同时满足应用程序开发在客户端和服务器两方面的要求。

9.3.1　使用 ncclient 的 NETCONF

Python ncclient 包是构建 NETCONF 客户端最受欢迎的软件库之一。ncclient 是为第 7 章所述的 NETCONF-console(或 ncc) 程序提供 NETCONF 支持的底层库，它还为 YANG Suite 生成的脚本提供 NETCONF 支持，这也在第 7 章讨论过。

ncclient 在 PyPi 储存库中，使用以下命令进行安装：

```
$ pip install ncclient
```

ncclient 的一个主要目标是通过提供一个直接的"Pythonic"接口来简化客户端程序和 NETCONF 服务器之间的操作。ncclient 支持标准 <get>、<get-config> 和 <edit-config> 操作，也支持通知和一种处理定制化 RPC 的可扩展机制。虽然 NETCONF 在不同厂商平台上应该是标准的，但有时会存在细微的差异，在构建 ncclient 时也需要了解这些差别。当然，由于它是开源的，你可以添加所需要的其他厂商的处理程序或能力。示例 9-11 中显示了一个 ncclient 执行 <get-config> 操作的示例脚本。

示例9-11　ncclient执行<get-config>

```
import lxml.etree as ET
from argparse import ArgumentParser
from ncclient import manager
from ncclient.operations import RPCError


if __name__ == '__main__':

    parser = ArgumentParser(description='Usage:')

    # script arguments
    parser.add_argument('-a', '--host', type=str, required=True,
                        help="Device IP address or Hostname")
```

```
parser.add_argument('-u', '--username', type=str, required=True,
                    help="Device Username (netconf agent username)")
parser.add_argument('-p', '--password', type=str, required=True,
                    help="Device Password (netconf agent password)")
parser.add_argument('--port', type=int, default=830,
                    help="Netconf agent port")
args = parser.parse_args()

# connect to netconf agent
with manager.connect(host=args.host,
                    port=args.port,
                    username=args.username,
                    password=args.password,
                    timeout=90,
                    hostkey_verify=False,
                    device_params={'name': 'csr'}) as m:

    # execute netconf operation
    try:
        response = m.get_config(source='running').xml
        data = ET.fromstring(response)
    except RPCError as e:
        data = e._raw

    # beautify output
    print(ET.tostring(data, pretty_print=True))
```

一般来说，所有的 ncclient 代码都被封装在一个 manager 对象中，它负责处理到设备的底层 SSH 连接，并提供了一个发送 RPC 和接收响应的通道。示例 9-11 脚本包含整个运行的配置，并打印 XML 文本结果。它还演示了如何指定一个设备配置文件（在本例中为"csr"）以正确处理与特定厂商平台的差异。你可能会发现，当与不同厂商进行交互时，必须为特定厂商的操作系统定制设备参数，以获得所期望的行为。

无须检索整个运行中的配置，只要使用子树或基于 XPath 的筛选器来获取其中部分内容即可。例如，如果你只需要请求 OpenConfig /network-instances 路径，请将 get_config() 调用改为如下代码段所示：

```
response = m.get_config(source='running', filter=('xpath', '/network-instances')).xml
```

在 ncclient manager 对象中，你可以在执行标准请求时将定制 RPC 消息发送到设备。示例 9-12 演示了调用名为"default"的 RPC，该 RPC 消息将接口重置为默认配置。

示例9-12　使用ncclient调用定制RPC消息

```
import lxml.etree as ET
from argparse import ArgumentParser
from ncclient import manager
```

```
from ncclient.xml_ import qualify
from ncclient.operations import RPCError

if __name__ == '__main__':

    parser = ArgumentParser(description='Usage:')

    # script arguments
    parser.add_argument('-a', '--host', type=str, required=True,
                        help="Device IP address or Hostname")
    parser.add_argument('-u', '--username', type=str, required=True,
                        help="Device Username (netconf agent username)")
    parser.add_argument('-p', '--password', type=str, required=True,
                        help="Device Password (netconf agent password)")
    parser.add_argument('--port', type=int, default=830,
                        help="Netconf agent port")
    args = parser.parse_args()

    # connect to netconf agent
    with manager.connect(host=args.host,
                         port=args.port,
                         username=args.username,
                         password=args.password,
                         timeout=90,
                         hostkey_verify=False,
                         device_params={'name': 'csr'}) as m:
        # execute netconf operation
        try:
            default_rpc = ET.Element(qualify('default', 'http://cisco.com/ns/yang/
Cisco-IOS-XE-rpc'))
            ET.SubElement(default_rpc, qualify('interface', 'http://cisco.com/ns/
yang/Cisco-IOS-XE-rpc')).text = 'GigabitEthernet3'
            response = m.dispatch(default_rpc)
            print('RPC invoked successfully!')
        except RPCError as e:
            data = e._raw
```

　　如何支持使用 ncclient 进行遥测？尽管它支持 NETCONF 通知，但它尚未支持遥测，如 IETF YANG Push。但是 ncclient 代码有派生指令可支持这一特性。艾纳·尼尔森－尼加德（Einar Nilsen-Nygaard）在第 7 章中分享了他对工具的想法，创建了一个支持 YANG Push 的派生指令。此 ncclient 派生指令 [9] 支持现有 ncclient 所支持的所有其他操作，并为流遥测的处理添加了额外的能力。由于 YANG Push IETF 仍在开发中（在本书编写时），所以艾纳的修改还没有合入上游版本。艾纳还跟踪其分支的上游 ncclient 的发行，所以他的发行版可以作为 ncclient 的替换版。在这期间，当 YANG Push 被批准后，上游发行版也会有同样的支持。示例 9-13 展示了从一个设备订阅流遥测内存统计数据，并打印出它收到的结果。该流每隔一秒钟刷新一次。示例 9-14 所示为结果的样例。

```python
import lxml.etree as ET
from argparse import ArgumentParser
from ncclient import manager
from ncclient.operations import RPCError
import time

def yp_cb(notif):
    data = ET.fromstring(notif.xml)
    print(ET.tostring(data, pretty_print=True))


def err_cb(e):
    print(e)


if __name__ == '__main__':

    parser = ArgumentParser(description='Usage:')

    # script arguments
    parser.add_argument('-a', '--host', type=str, required=True,
                        help="Device IP address or Hostname")
    parser.add_argument('-u', '--username', type=str, required=True,
                        help="Device Username (netconf agent username)")
    parser.add_argument('-p', '--password', type=str, required=True,
                        help="Device Password (netconf agent password)")
    parser.add_argument('--port', type=int, default=830,
                        help="Netconf agent port")
    args = parser.parse_args()

    # connect to netconf agent
    with manager.connect(host=args.host,
                        port=args.port,
                        username=args.username,
                        password=args.password,
                        timeout=90,
                        hostkey_verify=False,
                        device_params={'name': 'csr'}) as m:

        # execute netconf operation
        try:
            response = m.establish_subscription(yp_cb, err_cb, '/memory-statistics',
                1000).xml
            data = ET.fromstring(response)
        except RPCError as e:
            data = e._raw

        # beautify output
        print(ET.tostring(data, pretty_print=True))
```

```
while True:
    time.sleep(1)
```

示例9-14　内存统计信息订阅结果

```
<notification xmlns="urn:ietf:params:xml:ns:netconf:notification:1.0">
  <eventTime>2018-12-20T14:09:12.74Z</eventTime>
  <push-update xmlns="urn:ietf:params:xml:ns:yang:ietf-yang-push">
    <subscription-id>2147483653</subscription-id>
    <datastore-contents-xml>
      <memory-statistics xmlns="http://cisco.com/ns/yang/Cisco-IOS-XE-memory-oper">
        <memory-statistic>
          <name>Processor</name>
          <total-memory>2450272320</total-memory>
          <used-memory>337016136</used-memory>
          <free-memory>2113256184</free-memory>
          <lowest-usage>2111832096</lowest-usage>
          <highest-usage>1474310140</highest-usage>
        </memory-statistic>
        <memory-statistic>
          <name>lsmpi_io</name>
          <total-memory>3149400</total-memory>
          <used-memory>3148576</used-memory>
          <free-memory>824</free-memory>
          <lowest-usage>824</lowest-usage>
          <highest-usage>412</highest-usage>
        </memory-statistic>
      </memory-statistics>
    </datastore-contents-xml>
  </push-update>
</notification>
```

9.3.2　使用 libnetconf2 的 NETCONF 客户端和服务器

libnetconf2[10] 是 ncclient 的 C 库替代品，为应用提供嵌入式 NETCONF 功能。除了语言之外，ncclient 和 libnetconf2 之间的另一个主要区别是 libnetconf2 具备同时支持 NETCONF 客户端和服务器能力。这意味着你可以像使用 ncclient 一样使用 libnetconf2 连接到运行 NETCONF 服务器并能够执行 <edit-config>、<get-config> 和 <get> RPC 的设备。你也可以使用 libnetconf2 来开发嵌入式 NETCONF 服务器。示例 9-15 是一个简短的 libnetconf2 程序，它通过 <get> RPC 从设备打印 OpenConfig / network-instances 路径的 XML 内容。

示例9-15　使用libnetconf2执行<get> RPC消息

```
#include <nc_client.h>
#include <libyang/libyang.h>
```

```
#include <stdio.h>

int
main(int argc, char **argv) {
  struct nc_session *session;
  uint64_t msgid;
  struct nc_rpc *rpc;
  struct nc_reply *reply;
  struct nc_reply_data *data_rpl;

  nc_client_ssh_set_username("netop");
  session = nc_connect_ssh("192.168.10.48", 830, NULL);
  rpc = nc_rpc_get("/network-instances", 0, NC_PARAMTYPE_CONST);

  nc_send_rpc(session, rpc, 1000, &msgid);
  nc_recv_reply(session, rpc, msgid, 20000, LYD_OPT_DESTRUCT | LYD_OPT_NOSIBLINGS,
&reply);

  data_rpl = (struct nc_reply_data *)reply;

  lyd_print_file(stdout, data_rpl->data, LYD_XML, LYP_WITHSIBLINGS);

  return 0;
}
```

实际上，前面讨论的 Netopeer2 套件使用 libnetconf2 提供的 NETCONF 服务器功能。Netopeer2 套件既可用作构建 NETCONF 工具的框架，又可用作本地 Linux 设备的管理系统。通过 libnetconf2，Netopeer2 使用 libyang 进行 YANG 的加载、解析和验证。其数据的存储则依赖于 YANG 原生数据存储组件 sysrepo 来实现。

除了基于 SSH 的基本 NETCONF，libnetconf2 还支持基于 DNS SEC SSH 密钥指纹的 TLS 的 NETCONF。它还支持最新的 NETCONF Call Home 规范，以及 NETCONF 事件通知。客户端 API 的设计非常简单，可以执行基本的 RPC，并且还提供了可扩展的框架来支持其他 RPC。由于它是 C 语言库，因此可以与诸如 SWIG[11] 或各种外部函数接口（FFI）之类的框架组合起来以提供其他语言的绑定。当前正在准备将原生 Python 绑定作为 libnetconf2 发行版的一部分。

9.3.3 与 RESTCONF 服务器交互

RESTCONF 一个引人注目的属性是它的行为与基于 HTTP 的 RESTful API 相似，因此可用于与这些 API 交互，这些基于 HTTP 服务的软件库也适用于 RESTCONF。几乎所有现代语言都具有与基于 HTTP 的服务进行交互的机制，并且这些相同的机制也可以用于 REST API 和 RESTCONF。表 9-1 中显示了其中的一些框架和库。

表 9-1　各种语言的 REST 软件包

语言	框架 / 库	URL
Python	requests	http://docs.python-requests.org/en/master/
C/C++	cURL	https://curl.haxx.se/
Ruby	Rest-client	https://github.com/rest-client/rest-client
Perl	REST::Client	https://metacpan.org/pod/REST::Client
Golang	Sling	https://github.com/dghubble/sling

9.4　YANG 语言的原生化

从本质上看，YANG 是一种 API，代表双方之间的契约，比如 NETCONF 客户端和 NETCONF 服务器之间的契约。YANG 模块规定了服务器支持的内容、客户端查询的内容或设置的配置。图 9-1 显示了基于 YANG 的分层协议以及 API 接口层在该方案中的位置。

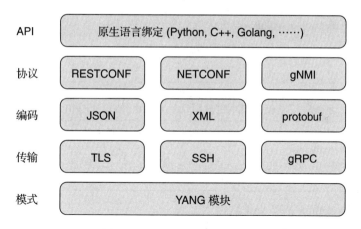

图 9-1　基于 YANG 的协议栈

到目前为止，已介绍的工具和软件库都工作在客户端和服务器之间的协议层和编码层，即它们看的是传输它们的原始载荷和协议语义。但是，你可能希望编写基于 API 层的应用程序，以使消息编码和协议语义从应用中抽象出来。换句话说，你想使用某种比正在使用的编程语言更原生的方式与 NETCONF 服务器进行交互。例如，你可能想使用面向对象的结构来编辑或更改配置数据，或从设备收集操作数据。本节介绍如何使基于 YANG 的协议成为你的应用程序中的一等公民。

9.4.1　YDK

YDK 或 YANG 开发套件 [12] 使你的应用程序能够以更加原生的应用方式与 YANG 数据模型交互。YDK 是一个开源项目，你可以使用 YANG 模块并将其转换为原生语言软件包，这样你就可以将其加载到程序和应用中，和使用任何其他的软件库或模块一样。

目前，YDK 支持生成 Python、C++ 和 Golang 的代码。YDK 的工作原理是将 YANG 模块进行解析，转换为各语言的代码。这些代码会在应用中成为可加载的模块或软件库（例如，对于 Python，导入结果模块；对于 C++，代码会被编译成可链接的库，以此类推）。因此，在你准备创建一个 XML 编码的 blob 以便在设备上执行 <edit-config> 操作之前，你首先需要加载，比如加载一个 Python 模块，该模块具有针对你想要修改配置的、面向对象的表示。示例 9-16 显示使用 openconfig-interfaces.yang 模块创建一个新接口所需的 XML。示例 9-17 显示相同的对象，但使用 YDK 生成的 openconfig_interfaces 模块。

示例9-16　XML使用OpenConfig创建新接口

```
<interfaces xmlns="http://openconfig.net/yang/interfaces">
  <interface>
    <name>Loopback0</name>
    <config>
      <name>Loopback0</name>
      <type xmlns:ianaift="urn:ietf:params:xml:ns:yang:iana-if-
type">ianaift:softwareLoopback</type>
    </config>
  </interface>
</interfaces>
```

示例9-17　使用YDK生成新OpenConfig接口的Python代码

```
intf = ydk.models.openconfig.openconfig_interfaces.Interfaces.Interface()
intf.name = 'Loopback0'
intf.config.name = intf.name
intf.config.type = ydk.models.ietf.iana_if_type.SoftwareLoopback()
```

对的，短就是 Python 的编程风格！

如示例 9-17 所示，实例化一个表示要操作的实体类的对象后，就可以对该对象设置属性。当准备好与设备进行交互时，YDK 提供一个抽象层，用于传输对象和接收结果。该抽象层非常灵活，可以抽象出多种协议和编码方式，包括 NETCONF、gRPC 网络管理接口（gNMI）和 RESTCONF 等协议，以及 XML、JavaScript 对象表示法（JSON）和 protobuf 等编码方式。来自设备的回复也由该抽象层处理，并从原始编码转换回对象实例。来自设备的应答也由该抽象层处理，并从原始码流中被转换回对象实例。因此，在 <get>、<get-config> 或遥测消息发布的情况下，设备响应应用程序的数据请求，YDK 遵循 YANG 建模的 API 将该数据作为对象呈现。示例 9-18 显示了完整的为接口配置 IP 地址的 YDK 脚本，然后从该接口读取和打印统计信息。

示例9-18　配置设备并从设备收集数据的YDK

```
1    #!/usr/bin/env python
```

```
2
3       from ydk.services import CRUDService
4       from ydk.providers import NetconfServiceProvider
5
6       from ydk.models.openconfig.openconfig_interfaces import Interfaces
7       from ydk.errors import YError
8
9
10      def print_stats(**kwargs):
11          if_filter = Interfaces()
12          interfaces = kwargs['service'].read(kwargs['provider'], if_filter)
13          for interface in interfaces.interface:
14              if interface.name == kwargs['intf']:
15                  if interface.state.counters is not None:
16                      print('Stats for interface {}:'.format(kwargs['intf']))
17                      print('      in_unicast_pkts : {}'.format(
18                          interface.state.counters.in_unicast_pkts))
19                      print('      in_octets : {}'.format(
20                          interface.state.counters.in_octets))
21                      print('      out_unicast_pkts : {}'.format(
22                          interface.state.counters.out_unicast_pkts))
23                      print('      out_octets : {}'.format(
24                          interface.state.counters.out_octets))
25                      print('      in_multicast_pkts : {}'.format(
26                          interface.state.counters.in_multicast_pkts))
27                      print('      in_broadcast_pkts : {}'.format(
28                          interface.state.counters.in_broadcast_pkts))
29                      print('      out_multicast_pkts : {}'.format(
30                          interface.state.counters.out_multicast_pkts))
31                      print('      out_broadcast_pkts : {}'.format(
32                          interface.state.counters.out_broadcast_pkts))
33                      print('      out_discards : {}'.format(
34                          interface.state.counters.out_discards))
35                      print('      in_discards : {}'.format(
36                          interface.state.counters.in_discards))
37                      print('      in_unknown_protos : {}'.format(
38                          interface.state.counters.in_unknown_protos))
39                      print('      in_errors : {}'.format(
40                          interface.state.counters.in_errors))
41                      print('      out_errors : {}'.format(
42                          interface.state.counters.out_errors))
43
44
45      def add_ip_to_intf(**kwargs):
46
47          interface = Interfaces.Interface()
48          interface.name = kwargs['intf']
49          subinterface = Interfaces.Interface.Subinterfaces.Subinterface()
50          subinterface.index = 0
```

```
51         addr = \
              Interfaces.Interface.Subinterfaces.Subinterface.Ipv4.Addresses.Address()
52         addr.ip = kwargs['ip']
53         addr.config.ip = kwargs['ip']
54         addr.config.prefix_length = kwargs['prefixlen']
55         subinterface.ipv4.addresses.address.append(addr)
56         interface.subinterfaces.subinterface.append(subinterface)
57
58         try:
59             kwargs['service'].update(kwargs['provider'], interface)
60         except YError as ye:
61             print('An error occurred adding the IP to the interface: {}'.
format(ye))
62
63
64     if __name__ == '__main__':
65
66         provider = NetconfServiceProvider(
67             address='192.168.10.48', port=830, protocol='ssh',
                username='netops', password='netops')
68         cruds = CRUDService()
69         add_ip_to_intf(ip='192.168.20.48', prefixlen=24,
70                        intf='GigabitEthernet2', service=cruds, provider=provider)
71         print_stats(intf='GigabitEthernet2', service=cruds, provider=provider)
```

此示例演示了使用面向对象的 YANG 编程方法以及 YDK 提供的抽象层，请参见第 12 行和第 59 行。在这里，CRUDService（创建、读取、更新、删除）通过 Netconf-ServiceProvider 向设备发送必要的 RPC 详细信息。作为建立初始会话过程的一部分，YDK 会学习了解网元的能力并确定如何执行 CRUD 操作。也就是说，如果设备支持可写的运行配置，YDK 在第 59 行使用正确的 "running" 目标构建 <edit-config> RPC 消息。

第 47 至 56 行显示 openconfig-interafce.yang 和 openconfig-if-ip.yang 模块如何转换为 API。这些属性中设置的值在发送到网元前由 YDK 进行检查，因为 YDK 了解模型的结构和约束。YDK 通过 Python 异常来上报引起任何错误的非法值。下面的代码片段展示了：如果不小心在第 54 行的 prefix_length 中使用字符串而不是整数，将会引起 YModelError：

```
ydk.errors.YModelError: Invalid value ass for 'prefix_length'. Got type: 'str'.
Expected types: 'int'
```

YDK 包括许多预构建的代码或模型的捆绑包，已经从 YANG 转换为 Python、C++ 或 Golang 的软件库。其中包括 IETF、OpenConfig 以及 Cisco IOS XE 和 IOS XR 等捆绑包。你可以选择只安装需要的捆绑包，但至少需要 IETF 捆绑包。

然而，这些捆绑包也许还不能完全满足正在构建的应用需求。如果使用某个特定厂商平台的原生模块，或者已经创建了自己的服务模型，想把它们编译成原生语言包，YDK 提供了 ydk-gen[13]（或 YDK Generator）工具，它支持将任何模块或模块集合转换为包含在

YDK 发行版中相同的原生语言捆绑包。ydk-gen 是一个 Python 应用，既提供独立程序，也可以提供 Docker 容器。虽然 ydk-gen 使用频率不高，但确实很方便。API 捆绑包是通过创建 JSON 文件来正式定义的，该 JSON 文件指定捆绑包的名称（这是要加载的模型包或命名空间）、元数据和转换成的模块。模块来自本地的文件系统或特定的 git 储存库。示例 9-19 显示了一个捆绑包定义文件样例，该文件对一个本地 YANG 模块进行了转换。IETF 捆绑包的定义可以在以下位置找到 https://github.com/CiscoDevNet/ydk-gen/blob/master/profiles/bundles/ietf_0_1_1.json。

示例9-19 YDK-Gen捆绑包定义文件示例

```
{
    "name":"yangcatalog",
    "version": "0.1.0",
    "ydk_version": "0.8.0",
    "author": "YangCatalog.org",
    "copyright": "YangCatalog.org",
    "description": "YANG Catalog API model",
    "models": {
        "file": [
            "/models/yc.o/yangcatalog.yang"
        ]
    }
}
```

一旦捆绑包定义被创建后，generate.py 命令可以将它们转换为目标语言的捆绑包。以示例 9-18 中所示的 yangcatalog.json 文件来说，生成并安装 Python 捆绑包使用的命令如下：

```
$ generate.py --python --bundle /bundles/yangcatalog.json
$ pip install gen-api/python/yangcatalog-bundle/dist/ydk*.tar.gz
```

现在可以在应用程序中开始使用 YANG 模型的 API。为了更加熟悉地使用 API 进行开发，了解一些好的示例会有所帮助。YDK 发布版提供了跨不同模型绑定包的多个示例。如何使用各种数据类型和抽象服务的典型示例都可以找到。如果需要更多帮助，可以来 YDK 社区 [14]，在这里其他网络开发者也可以帮助你解决困难。

9.4.2 pyangbind

pyangbind[15] 是另一个直接从 YANG 模块生成原生语言绑定的框架。pyangbind 是一个 pyang 的显示插件，它接受 YANG 模块或一组 YANG 模块，并输出一个 Python 库文件，该文件代表这些 YANG 模块的定义。在功能上，pyangbind 和 pyang 的 "tree" 显示插件非常类似。不同点在于，它通过 YANG 模块生成的不是 ASCII 树结构，而是 Python 代码。

YDK 包括对 Python、C ++ 和 Golang 语言的支持，以及与设备进行交互的抽象层，而 pyangbind 仅为 YANG 模块生成 Python 绑定包，并且不包括编码 / 解码和传输抽象层。虽然不需要与 XML 或 JSON 编码数据进行交互，但仍需要一个包（例如 ncclient）来提供设备交互部分。这意味着 pyangbind 是一个在应用程序中与面向对象的 YANG 相配合的轻量级框架。如果你仅在编写 Python 应用，那么 pyangbind 可能是你面向对象的 YANG API 解决方案的合适之选。

应用程序使用 pyangbind 之前，必须首先在要转换为 python 的等价 YANG 模块或者其他模块上运行该应用程序，然后进行比较。这与使用任何其他 pyang 显示插件的方式类似，只不过 pyangbind 默认情况下不会安装到 pyang 插件子目录中。以下代码段显示了如何使用 pyangbind 执行 openconfig-interfaces.yang 和 openconfig-if-ip.yang 等模块：

```
$ pyang --plugindir /local/lib/pyangbind -f pyangbind -o oc_if.py
/modules/oc/openconfig-interfaces.yang /modules/oc/openconfig-if-ip.yang
```

这将创建一个 oc_if.py 文件，其中包含 openconfig-interfaces.yang 和 openconfig-if-ip.yang 的绑定定义。然后，该模块可用于为各种 NETCONF 或 RESTCONF 操作构建载荷。ncclient 或 requests 模块可以使用这些载荷将数据直接发送到设备。示例 9-20 展示了如何使用 pyangbind 构建 RPC 载荷，然后使用 ncclient 给接口添加 IP 地址。

示例9-20　使用pyangbind和ncclient构建和执行RPC

```
1    #!/usr/bin/env python
2
3    from oc_if import openconfig_interfaces
4    from pyangbind.lib.serialise import pybindIETFXMLEncoder
5    from ncclient import manager
6
7    def send_to_device(**kwargs):
8        rpc_body = '<config>' +
                    pybindIETFXMLEncoder.serialise(kwargs['py_obj']) + '</config>'
9        with manager.connect_ssh(host=kwargs['dev'], port=830,
             username=kwargs['user'],
             password=kwargs['password'], hostkey_verify=False) as m:

10           try:
11               m.edit_config(target='running', config=rpc_body)
12               print('Successfully configured IP on {}'.format(kwargs['dev']))
13           except Exception as e:
14               print('Failed to configure interface: {}'.format(e))
15
16   if __name__ == '__main__':
17
18       ocif = openconfig_interfaces()
19       intfs = ocif.interfaces
20
21       intfs.interface.add('GigabitEthernet2')
22       intf = intfs.interface['GigabitEthernet2']
```

```
23        intf.subinterfaces.subinterface.add(0)
24        sintf = intf.subinterfaces.subinterface[0]
25        sintf.ipv4.addresses.address.add('192.168.20.48')
26        ip = sintf.ipv4.addresses.address['192.168.20.48']
27        ip.config.ip = '192.168.20.48'
28        ip.config.prefix_length = 24
29
30        send_to_device(dev='192.168.10.48', user='netops',
                         password='netops', py_obj=intfs)
```

第 18 至 28 行创建一个代表了要配置 IPv4 地址的目标接口的对象。pyangbind 包括将这些对象转换为 XML 或 JSON 编码数据的序列化方法。第 8 行使用 IETF 规则将接口对象转换为 XML，将其写入 <config> 元素，与 ncclient 一起使用。

除序列化外，pyangbind 还支持从设备中获取 JSON 或 XML 数据，并将其反序列化为 Python 对象。示例 9-21 使用请求将接口统计数据作为 JSON 对象来收集，然后将该对象传递给 pyangbind 的 JSON 解析器，最后打印各种字段。所有操作都无须直接与任何 JSON 数据进行交互。

示例9-21　用pyangbind反序列化JSON数据

```
1    import requests
2    from pyangbind.lib import pybindJSON
3    import oc_if
4
5
6    def print_stats(response):
7        py_obj = pybindJSON.load_ietf(
8            response.text, oc_if, 'openconfig_interfaces')
9        for index, intf in py_obj.interfaces.interface.iteritems():
10           if intf.name == 'GigabitEthernet2':
11               print('Bytes out : {}'.format(intf.state.counters.out_octets))
12               print('Bytes in  : {}'.format(intf.state.counters.in_octets))
13
14
15   if __name__ == '__main__':
16
17       url = 'https://192.168.10.48/restconf/data/openconfig-
interfaces:interfaces'
18
19       headers = {
20           'Accept': 'application/yang-data+json',
21           'Authorization': 'Basic bmV0b3BzOm5ldG9wcw=='
22       }
23
24       response = requests.request('GET', url, headers=headers, verify=False)
25
26       print_stats(response)
```

第 7 行将原始响应文本作为 JSON 进行加载，然后将其转换为 openconfig_interfaces 类的实例。该对象可以被打印、操作和发送回设备，所有这些操作都不需要处理原始编码数据。

专家访谈

与 Radek Krejčí 的问答

Radek Krejčí 是捷克国家科学、研究和教育等电子基础设施运营商 CESNET 的研究员，是网络配置工具和网络安全监控工具的资深开发人员和架构师。他是 Netopeer 项目开源 NETCONF 协议的作者，该协议最初是他的学士论文，后来演变为提供通用 YANG 和 NETCONF 的库、基于 YANG 的经过验证的数据存储，以及完整的 NETCONF 服务器和客户端应用。

提问：

在你看来，从 YANG 库和 SDK 角度充分实现 YANG 承诺的抽象数据模型驱动管理的价值最需要的是什么？

回答：

对于任何一个库或 SDK 来说，它的成功是由一套优秀的 API 和文档组成的。它必须为开发人员提供一个简单直接的方法准确地实现他们需要的功能。由于 YANG 的复杂性，它有非常多的用例，所以这是一个相当具有挑战性的任务。API 必须隐藏 YANG 的复杂性，同时也能支持那些并不常见的案例。

提问：

对于想要将 YANG 建模的数据集成到运营支撑系统（OSS）的开发人员，你有哪些建议？

回答：

建议不要重新发明轮子，尽量使用 libyang 和 libnetconf2 等软件库和框架。YANG 对模块作者很友好，但对工具开发者没那么友好。当决定用 YANG 来描述数据时，你已经做了最重要的一步，但仅是第一步。现在你来决定将面对多大的工作量。

小结

YANG 的出现已有一段时间，在当前网络领域也是大势所趋。因此，基于 YANG 的工具的可用性不断增长。正如 Radek 所说，正确的工具和软件库帮助你快速开发，使你专注于 YANG 为应用带来的价值，而不必花时间重新发明已经创建的函数和抽象。本章探讨了当前一些流行的 API、库和语言绑定工具，这些工具有助于简化应用开发过程。当你把这些应用放在一起时，记得不要只考虑所使用的模型及其实例数据，也要考虑围绕着所使用模块的元数据，这样就可以预先验证实例数据，确认网元是否支持该模块，并检查在不同版本之间可能引入的、潜在的、非向后兼容的变化。第 10 章把业务用例、YANG 模型和由网络服务编排器（NSO）生成的抽象结合起来，以构建一个工作流来展示使用 YANG 模型数据带给应用程序的威力和价值。

注释

1. https://yangcatalog.org/contribute.html

2. https://yangcatalog.org/downloadables/yangcatalog.postman_collection.json

3. https://github.com/YangCatalog/search/blob/master/scripts/pyang_plugin/yang_catalog_index.py

4. https://github.com/YangCatalog/search/blob/master/scripts/pyang_plugin/json_tree.py

5. https://github.com/CESNET/libyang

6. https://frrouting.org/

7. https://github.com/CESNET/Netopeer2

8. https://github.com/sysrepo/sysrepo

9. https://github.com/einarnn/ncclient

10. https://github.com/CESNET/libnetconf2

11. http://www.swig.org/

12. http://ydk.io

13. https://github.com/CiscoDevNet/ydk-gen

14. https://community.cisco.com/t5/yang-development-kit-ydk/bd-p/5475j-disc-dev-net-ydk

15. https://github.com/robshakir/pyangbind

Chapter 10 第 10 章

使用 NETCONF 和 YANG

本章内容

❏ 本章的商业案例背景

❏ 如何开始：自上而下的服务模型方法

❏ 使用设备模板自下而上进行构建

❏ 如何将服务级 YANG 模型连接到设备级 YANG 模型

❏ 在多个不同的设备上设置 NETCONF

❏ 发现你的设备能做什么

❏ 尝试创建、更新和回滚服务

❏ 检查编排器是否与设备同步

❏ 查看 NETCONF 全网事务的运行情况

10.1 导言

　　本章的目的是展示一个完整的故事，从业务需求开始，采用所有的措施验证它在网络中是否正常工作。本章使用网络服务编排器（NSO）产品作为编排器，创建了一个某种程度上具有实际价值的软件定义广域网（Software Defined Wide Area Network，SDWAN）服务。第一步是设计 YANG 服务模型，映射到设备模型，编写一些代码辅助映射；然后，增加一些设备，启用 NETCONF 管理这些设备的系统配置；最后，通过创建、修改和回滚某些服务来试用该服务模型。本章还将从编排器的角度探讨服务的部署，以及在编排器和设备之间交互的 NETCONF 消息。该项目是一个动手实践的项目，可以从 GitHub 下载项目的源代码，然后根据你的意愿构建、运行和使用。至于如何获取必要的免费工具，请查阅 https://

github.com/janindblad/bookZone 页面上的项目 README 文件。

10.2　故事情节

BookZone 是一家虚构的专营书店，采用基于 NETCONF/YANG 的解决方案来管理每个零售店（请参阅第 3 章）。BookZone 集中管理系统通过此接口向各个零售店数据库中添加和删除书的作者和标题，并监视库存数量。

BookZone 自然有许多出版社作为供应商。一些最好的厂商通过 BookZone 出售了足够数量的书籍以至于出版商可以直接与零售店建立联系，直接进行补货，不需要总部的参与。该服务称为"BookZone 零售店连接"（BookZone Store Connect）。

现在每个零售店都提供 NETCONF / YANG 接口，是时候使用网络服务编排器（NSO）管理零售店直连服务了。为了了解如何在 BookZone 企业网络中实现该服务，请看图 10-1 所示的网络图。

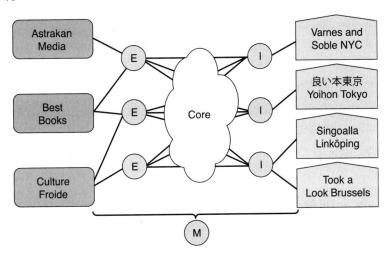

图 10-1　零售店连接服务的组网图

标记"E"的设备符号是外部路由器，标记"I"的设备符号是内部路由器。标记"M"的系统是监控系统。它可由众多个节点和测量设备组成，但从编排系统的角度来看，这是一个具有单一应用编程接口（API）的设备。通常被称为"单系统视图"。

本章使用的设备命名约定如下：设备名称的首字母表示它是外部设备还是内部设备，第二个字母表示设备的品牌，其中"c"表示 Cisco IOS XE 设备，"j"表示 Juniper JunOS 设备，末尾还有一个数字用来区分具有相同角色和品牌的多个设备。图 10-1 中的七个设备分别称为 ej0、ej1、ec0、ij0、ic0、ic1 和 m0。本章开发的 YANG 模块还涉及名称以"ei"开头的设备。"i"是指 IETF，表示使用标准 IETF 接口的 YANG 模块的任何品牌设备。

每当有新的出版商符合条件并注册了 BookZone 零售店直连服务，BookZone 的网络工作人员必须执行以下任务：

❏ 为该出版商分配虚拟局域网标识（VLAN ID）。

❏ 在相关的 E 路由器上打开防火墙，允许来自出版商每个站点的指定 IP 地址集合的外部连接。

❏ 配置 E 型路由器，使得出版商的业务流量运行在被分配的 VLAN 上。

❏ 配置 I 路由器，终止在分配的 VLAN 上运行的出版商的业务通信。

❏ 配置监控系统，持续监控此连接的连通性和质量。

仅新的出版商加入，核心网络是不需要任何配置更改的，零售店的配置也没有任何变化。

网络部门确定了以下服务规则：

❏ 每个出版商的业务必须在单独的 VLAN 上运行。

❏ 每个出版商可能有一个或多个站点。

❏ 每个出版商站点必须连接到一个 E 路由器。

❏ 每个出版商站点都仅有一个允许的 IPv4 地址范围。

❏ 每个零售店都连接到一个 I 路由器。

❏ 每个零售店都有一个 IPv4 管理地址。

❏ 监控系统必须监控所有从出版商站点到零售店创建的连接。

在此背景下，以下各节更详细地介绍了 BookZone 网络团队提出的自动化解决方案。他们决定在 NSO 平台上实施该案例。请注意，也可以使用几个其他的控制器 / 编排器作为替代，例如 OpenDaylight 和 CloudOpera，它们对 YANG 和 NETCONF 也有影响。

10.3　自上而下的服务模型

通常，一个"服务"是自上而下或自下而上开发的，哪种方法比较好存在争论。在很大程度上，哪一种方法更好取决于负责建模的工程师。网络工程师通常采用自下而上的方法，因为他们从已知的概念起步，并能从中抽象化。软件工程师则可能从外部的接口（即服务 YANG 模型）起步，然后深入挖掘以梳理出如何把它映射到底层基础设备。

我们先看自上至下的方法，首先要设计 YANG 服务接口，这是实现零售店直连服务自动化的第一步。一个服务 YANG 模型并不对设备的接口进行描述；相反，它描述了运维人员希望如何在更高层级与服务进行交互。

如示例 10-1 所示，服务模型需要包含足够的信息用于配置底层需要的所有细节，以使服务能配置到它所涉及的所有类型的设备上。但这并不意味着所有的底层信息都必须出现在服务模型中。实际上远非如此。许多底层配置选项可能是为特定类型服务的给定值而进行硬编码；许多配置设置可能是根据服务代码计算的或是从其他系统中获取的，因此运维人员并不需要给出一个合适的值。

示例10-1　零售店直连服务YANG模块、导入、描述和修订

```
module storeconnect {
  yang-version 1.1;
  namespace "http://example.com/storeconnect";
  prefix storeconnect;

  import ietf-inet-types {
    prefix inet;
  }
  import tailf-common {
    prefix tailf;
  }
  import tailf-ncs {
    prefix ncs;
  }
  import junos-conf-root {
    prefix jc;
  }
  import junos-conf-interfaces {
    prefix jc-interfaces;
  }
  import Cisco-IOS-XE-native {
    prefix ios;
  }
  import ietf-interfaces {
    prefix if;
  }

  description
    "Bla bla...";

  revision 2018-02-01 {
    description
      "Initial revision.";
  }
```

示例 10-1 显示了一些 YANG 的标准样例，为服务提供了名称、说明和修订日期。它还导入了许多你将会引用的 YANG 模块。

接下来示例 10-2 声明了零售店列表。每个零售店都有一个网络地址，并连接到一台 I 路由器，该路由器必须是 NSO 管理的设备，配置零售店所连接的某个特定接口。接口名称保留为自由格式的字符串。该模型的选择稍后讨论。

最后给每个零售店配置 leaf-list 标签，如示例 10-2 所示。每家零售店上的这些标签旨在反映零售店的一般属性，例如其位置、所使用的语言、零售店的规模以及特色主题（例如主打幻想和科幻文学）。这有助于出版商知道应该直连哪些零售店。

示例10-2　零售店直连服务YANG模块：零售店列表

```
container stores {
  list store {
    key name;
    leaf name {
      type string;
    }
    container network {
      leaf address {
        type inet:ipv4-address;
      }
      leaf i-router {
        type leafref {
          path "/ncs:devices/ncs:device/ncs:name";
        }
      }
      leaf interface {
        type string;
      }
    }
    leaf-list tags {
      type string;
    }
  }
}
```

后继部分声明了出版商列表，如示例 10-3 所示。请注意，这只是出版商列表的初始内容。很快会有更多的元素被添加到该列表中。每个出版商都有一个简单的字符串名称。以 tailf: 和 ncs: 开头的声明是扩展关键字（也就是说，它们是用 YANG 中的扩展关键字声明的）。含义（meaning）对于任何声明它们的人都是专用的，但是由于"extension"关键字的语法是标准化的，因此任何符合 YANG 的解析器都可以读取此模块并正确理解这些扩展符。许多其他语言使用带有特定字符序列的注释来执行类似的操作。

示例10-3　零售店连接服务YANG模块：出版商列表，核心部分代码

```
container publishers {
  list publisher {
    description "Storeconnect service for BookZone publishers";

    key name;
    leaf name {
      tailf:info "Name of publisher connecting";
      tailf:cli-allow-range;
      type string;
```

```
    }

    uses ncs:service-data;
    ncs:servicepoint storeconnect-servicepoint;
```

ncs:servicepoint 这一扩展（extension）关键词告诉编排器此列表是一个服务。这意味着对这部分配置进行更改时，将调用以名称 storeconnect-servicepoint 注册的服务代码。通常这个服务点（The service point）会定义在一个列表中，以便运维人员可以配置该服务的许多实例。示例 10-3 对此进行了说明。

示例 10-4 显示一个容器网络（container network），包含出版商的站点列表。每个站点（site）都有一个名称（name）和 IPv4 地址（address）范围。

示例10-4　零售店连接服务YANG模块：出版商列表，网络部分

```
container network {
  list site {
    key name;
    leaf name {
      type string;
    }
    leaf address {
      type inet:ipv4-address;
    }
    leaf mask-len {
      type uint32 {
        range "0..32";
      }
      default 32;
    }
  }
```

每个出版商都有若干个不同的站点。每个站点都有一个名称和一个允许与 BookZone 连接的 IPv4 地址范围。无论恰好哪种类型的设备位于此站点连接的位置，地址和掩码都是用点阵四边形（dotted quad）和整数表示。有些设备在管理界面中使用其他格式，很快就会看到。

每个站点都连接到某个 E 路由器的某个接口。这被建模为一个 leafref，指向 NSO 管理的任何设备。但在这个场景，如果你只想让运维人员选择具有 E 路由器角色的设备。你可以通过一个 must 语句来实现，该语句只允许选择名称以 ej、ec 或 ei 开头的设备。

模型依赖于命名约定，这样做既有优点又有缺点。命名约定从架构角度看是一种比较脆弱的方式。另一方面，如果这种简单的声明可以防止错误，并且运维人员也更加轻松，那为什么不用呢？更改 YANG 就像更改其他任何代码一样容易。你需要自己决定在不同的情况下这是好事还是坏事。

然后是接口引用（interface reference）。在示例 10-2 中所示的零售店模型中，接口引用被建模为简单字符串。优点是使用了超级简单的 YANG，并且服务级 YANG 和设备级

YANG 之间完全解耦。缺点是运维人员在确定有效值时根本得不到帮助。有了 leafref，每个人都会看到 YANG 列表和 leaf 的值。好的客户端应用程序会在下拉菜单中显示出选项，或选项通过 tab 键自动补全。

由于该服务支持几种不同类型的设备，而且并非所有设备类型都支持 IETF 接口的 YANG 模块，因此该服务列出了许多允许的不同选项。这是做到具体化并帮助运维人员了解可选方案所需要付出的代价。每个接口引用都有一个 when 语句，仅在正确的设备类型上使用。接下来，leafref 路径沿 e-router leaf 到达指向的设备，然后进入该设备的配置树，最后进入正确类型的接口列表（取决于设备类型）。

语句 require-instance false 很重要，值得探讨一番。它允许中断 leafref 的引用，以便在不关闭依赖的服务的情况下删除设备。如果你认为不应允许运维人员删除设备（如果服务依赖于设备），则只需删除 require-instance false 语句即可。

示例 10-5 显示面向外部和内部路由器的设备和接口选择配置。

示例10-5　零售店直连服务YANG模块：出版商列表，接口部分

```
leaf e-router {
  must "starts-with(current(), 'ej') or "+
       "starts-with(current(), 'ec') or "+
       "starts-with(current(), 'ei')";
  type leafref {
    path "/ncs:devices/ncs:device/ncs:name";
  }
}
        choice interface-type {
          leaf junos-interface {
            when "starts-with(../e-router, 'ej')";
            type leafref {
              path "/ncs:devices/ncs:device[ncs:name=current()/../e-router]/"+
                   "ncs:config/jc:configuration/jc-interfaces:interfaces/"+
                   "jc-interfaces:interface/jc-interfaces:name";
              // The path above expressed using deref():
              // path "deref(../e-router)/../ncs:config/jc:configuration/"+
              //      "jc-interfaces:interfaces/jc-interfaces:interface/"+
              //      "jc-interfaces:name";
              require-instance false;
            }
          }
          leaf ios-ge-interface {
            when "starts-with(../e-router, 'ec')";
            type leafref {
              path "/ncs:devices/ncs:device[ncs:name=current()/../e-router]/"+
                   "ncs:config/ios:native/ios:interface/ios:GigabitEthernet/"+
                   "ios:name";
              // The path above expressed using deref():
```

```
            //  path "deref(../e-router)/../ncs:config/"+
            //       "ios:native/ios:interface/ios:GigabitEthernet/ios:name";
            require-instance false;
          }
        }
        leaf ietf-interface {
          when "starts-with(../e-router, 'ei')";
          type leafref {
            path "/ncs:devices/ncs:device[ncs:name=current()/../e-router]/"+
                "ncs:config/if:interfaces/if:interface/if:name";
            // The path above expressed using deref():
            // path "deref(../e-router)/../ncs:config/"+
            //       "if:interfaces/if:interface/if:name";
            require-instance false;
          }
        }
      }
    }
    leaf allocated-vlan {
      config false;
      type uint32 {
        range "1..4094";
      }
    }
  }
```

　　示例 10-5 中的最后一个 leaf allocated-vlan 是一个 config false 操作状态的元素。不要求运维人员为出版商输入 VLAN ID，而是通过服务代码分配一个空闲的 VLAN。如果仅出于调试目的，运维人员可能仍想知道 VLAN 的分配结果。结果会通过此 leaf 由服务代码返回给运维人员。

　　出版商列表的最后一部分是关于哪些出版商连接到哪些零售店的信息。当然，如果使用一个简单的策略，可以让所有出版商都连接到所有的零售店。BookZone 的策略是基于都列出标签关键字的零售店和出版商双方。如果具有任何共同的标签关键字，则它们建立连接。一个标签关键字可以是一个特色主题，例如科学，漫画或烹饪，或者也可以是某种语言的主流书籍，例如英语，法语或普通话。

　　为了便于理解该模型，并使运维人员能填写当前使用的值，标签（tag）被建模为任何零售店使用的任何标签值的 leafref，并且配置 require-instance 为 false。这意味着诸如 cd-rom 之类的某个标签可以被最后一个零售店删除，即使有些出版商仍想与销售过时产品（例如 cd-rom）的商店连接，也不会导致配置无效。leaf 属性 number-of-stores 是系统填写的，是统计带有某个标签零售店个数的只读计数器，它可以作为出版商的参考。

　　示例 10-6 显示配置零售店和出版商之间映射的 YANG 模型。

示例10-6　零售商直连服务YANG模块：出版商列表，目标零售店部分

```
container target-stores {
  list tag {
    key tag;

    leaf tag {
      type leafref {
        path "/stores/store/tags";
        require-instance false;
      }
    }
    leaf number-of-stores {
      config false;
      type uint32;
    }
  }
}
```

10.4 自下而上的设备模板

最后，服务需要将配置更改发送到设备。NSO 通常使用设备模板来描述此部分。设备模板将 XML 格式的数据推送到设备，并将硬编码的值和表达式混合写在大括号中，如示例10-7 所示。 表达式可以使用 XPath 指针直接从 YANG 服务和服务代码中提取输入数据。表达式 {/name} 直接从 YANG 服务中获取 leaf name 的值。表达式还可以引用变量，该变量使用服务代码进行计算和发布，例如 {$VLAN_ID}。

示例10-7　零售店直连服务模板：思科IOS-XE部分

```
<config-template xmlns="http://tail-f.com/ns/config/1.0">
  <devices xmlns="http://tail-f.com/ns/ncs">
    <device>
      <name>{$DEVICE}</name>
      <config>

        <!-- CISCO XE1671 -->
        <native xmlns="http://cisco.com/ns/yang/Cisco-IOS-XE-native">
          <vrf>
            <definition tags="merge">
              <name>{/name}</name>
              <rd>300:{$VLAN_ID}</rd>
...
          <interface tags="nocreate">
```

```
<GigabitEthernet>
  <name>{$INTERFACE}</name>
  <description tags="merge">connection to {/name}</description>
  <ip tags="merge">
    <address>
      <primary>
        <address>{$ADDRESS}</address>
        <mask>{$MASK}</mask>
```

同一个设备模板文件中，更下面是与 JunOS 设备的映射，如示例 10-8 所示。编排器自动为指定设备选择正确的命名空间。

示例10-8 零售店连接服务模板：Juniper JunOS部分

```
<!-- Juniper Junos18 -->
<configuration xmlns="http://yang.juniper.net/junos/conf/root">
  <interfaces xmlns="http://yang.juniper.net/junos/conf/interfaces">
    <interface tags="nocreate">
      <name>{$INTERFACE}</name>
      <unit tags="merge">
        <name>{$VLAN_ID}</name>
        <description>connection to {/name}</description>
        <vlan-id>{$VLAN_ID}</vlan-id>
        <family>
          <inet>
            <address>
              <name>{$ADDRESS}/{$MASK_LEN}</name>
…
    <routing-instances
        xmlns="http://yang.juniper.net/junos/conf/routing-instances">
      <instance>
        <name>{/name}</name>
        <instance-type>vrf</instance-type>
        <interface>
          <name>{$INTERFACE}.{$VLAN_ID}</name>
        </interface>
        <route-distinguisher>
          <rd-type>300:{$VLAN_ID}</rd-type>
        </route-distinguisher>
        <vrf-import>{/name}-IMP</vrf-import>
        <vrf-export>{/name}-EXP</vrf-export>
```

该服务还需要为监控系统准备一个设备模板，但示例没有显示。该服务能够以同样方式很好地配置其他服务而非设备，或者是低级服务和设备的混合配置。有些"设备"本身可能就是较低级别的 NSO 系统。

10.5 连接点的服务逻辑

一个简单的服务可能根本不需要任何服务逻辑代码，只需要依靠设备模板当中的控制逻辑。然而，大多数服务需要某种更复杂的计算、分配或通信。这需要一些代码来计算合理的取值，以便在服务模板中使用。

该服务是用 Python 实现的。如果这不是你的强项，没有关系，请继续读下去。每一步都会解释代码的要点。

第一部分，如示例 10-9 所示，注册该类以负责之前 YANG 模型已经声明的 storeconnect-servicepoint。这就是当某个服务移除时，系统是如何知道要调用哪个代码的方法。

> **注释**
>
> NSO 产品在被思科收购之前称为 NCS。思科已经有几个产品称为 NCS，因此决定重命名 NSO。编程 API 仍然反映旧名称。

示例10-9　零售店连接服务代码：服务注册部分

```python
# -*- mode: python; python-indent: 4 -*-
import ncs
from ncs.application import Service
# ------------------------------------------
# COMPONENT THREAD THAT WILL BE STARTED BY NCS.
# ------------------------------------------
class Main(ncs.application.Application):
    def setup(self):
        self.log.info('Main RUNNING')
        self.register_service('storeconnect-servicepoint', ServiceCallbacks)
    def teardown(self):
        self.log.info('Main FINISHED')
```

接下来要做的是实现该服务 create()。创建或修改服务时都会调用此方法。它应该从 YANG 服务以及可能的其他输入（例如拓扑或服务器负载情况）获取输入参数，然后配置设备或低层的服务。设备和低层服务的接口始终由它们的 YANG 模型提供。服务仍不知道实际使用哪个协议传输此信息，以及配置的设备是本地还是远程实体。服务数据和由服务数据导致的设备变更都在同一事务中，因此它们要么一起成功，要么一起失败。这意味着在服务中不需要错误检测或恢复代码。

如示例 10-10 所示，顶层 create()，分配 VLAN ID，并更新 YANG 模型的操作数据元素 allocated_vlan，以便将分配结果反馈给运维人员。然后，它调用一个方法来配置 E 路由器、I 路由器以及监控系统。

示例10-10　零售店直连服务代码：create()回调函数

```
# -----------------------
# SERVICE CALLBACK EXAMPLE
# -----------------------
class ServiceCallbacks(Service):

    # The create() callback is invoked inside NCS FASTMAP and
    # must always exist.
    @Service.create
    def cb_create(self, tctx, root, publisher, proplist):
        self.log.info('Service create(publisher=', publisher._path, ')')

        vlan_id = self.allocate_vlan(publisher)
        publisher.network.allocated_vlan = vlan_id
        mon  = self.config_e_routers(publisher, vlan_id)
        mon += self.config_i_routers(publisher, vlan_id, root)
        self.config_monitoring(publisher, mon)

        self.log.info('Service creation done')
```

VLAN ID 的分配应该使用资源管理组件来完成，但为了简化这里仅根据出版商名称的哈希（hash）值来计算。该代码如示例 10-11 所示。

示例10-11　零售商直连服务代码：allocate_vlan()方法

```
def allocate_vlan(self, publisher):
    # Let's make this as simple as possible for now:
    # Just return a hash on the name (1000..2999)
    return 1000 + hash(publisher.name) % 2000
```

为配置 E 路由器在出版商网络中遍历所有配置的站点。对于每个站点，获取已配置接口的名称，然后检查是否已指定了路由器设备、接口和地址。如果不是，则跳过此站点。也可以报错，或者在 YANG 中将这些值设为必选值或给定默认值。

下一步，创建一批模板变量（template variables），并为已命名的变量赋以适当的值。在接近函数尾部的位置，将带有这批变量的 e-router-template 应用起来。这一切都是为了更新正在进行的事务，该事务稍后会被推送到网络设备。最后创建了该连接路径的名称（name），地址（address）和 vlan_id 也被保存为监控系统的输入，如示例 10-12 所示。

示例10-12　零售店连接服务代码：config_e_routers()方法

```
def config_e_routers(self, publisher, vlan_id):
    mon = []
    for site in publisher.network.site:
        site_interface = self.get_interface(site)
        if bool(site_interface) and bool(site.e_router) and bool(site.address):
            # e-router, address and interface are not mandatory in YANG
```

```
        # (they could have been => we would not have needed this)
        # Unless all three are set, we will simply skip this site
        vars = ncs.template.Variables()
        vars.add('DEVICE', site.e_router)
        vars.add('INTERFACE', site_interface)
        vars.add('ADDRESS', site.address)
        vars.add('MASK_LEN', site.mask_len)
        vars.add('MASK', self.ip_size_to_mask[site.mask_len])
        vars.add('VLAN_ID', vlan_id)
        template = ncs.template.Template(publisher)
        template.apply('e-router-template', vars)
        mon += [("%s-%s-int"%(publisher.name, site.name),
                 site.address, vlan_id)]
    return mon
```

由于将 E 路由器接口建模为多种可能选择情况中的一个，因此获取接口名称实际上需要几行代码。由于它被建模为一种 choice，一种选择只有一个值。示例 10-13 示出了查找由运维人员配置值的代码。

示例10-13　零售商直连服务代码：get_interface()方法

```
def get_interface(self,site):
    if bool(site.junos_interface):
        return site.junos_interface
    if bool(site.ios_ge_interface):
        return "GigabitEthernet"+site.ios_ge_interface
    return site.ietf_interface
```

示例 10-14 所示 config_i_routers() 方法与示例 10-12 所示 config_e_routers() 方法有很多相似之处。只不过在 10-14，代码需要首先弄清楚哪些出版商站点到零售店之间应该有一个连接，这通过遍历所有的零售店并检查出版商与该零售店是否有共同感兴趣的标签来完成。如果有则连接。每一个零售店被连接，则被记录为被监控的连接。最后是一个循环，用来统计携带每个出版商兴趣标签的零售店数量，然后更新操作数据以反映这一点。其目的是检测任何拼写错误，或者查看这些数字是如何变化的，以便出版商随着时间推移改变兴趣标签。

示例10-14　零售店直连服务代码：config_i_routers()方法

```
def config_i_routers(self, publisher, vlan_id, root):
    mon = []
    for store in root.storeconnect__stores.store:
        connect = False # Assume no connection to this store
        for tag in [x.tag for x in publisher.target_store.tags]:
            if tag in store.tags:
                # This publisher targets a tag that is
                # carried by this store. Let's connect!
                connect = True
```

```
                break
        if connect:
            self.log.info('connecting store ', store.name, ' to publisher '
                        publisher.name)
            vars = ncs.template.Variables()
            vars.add('DEVICE', store.network.i_router)
            vars.add('INTERFACE', store.network.interface)
            vars.add('ADDRESS', store.network.address)
            vars.add('VLAN_ID', vlan_id)
            template = ncs.template.Template(publisher)
            template.apply('i-router-template', vars)
            mon += [("%s-%s-ext"%(publisher.name, store.name),
                    store.network.address, vlan_id)]
    for tag in [x.tag for x in publisher.target_store.tags]:
        publisher.target_store.tags[tag].number_of_stores_with_tag = len(
            [store for store in root.stores.store if tag in store.tags])
    return mon
```

最后，监控系统需要了解 E 和 I 路由器配置的所有连接，以便它们的连通性、服务质量以及声明的安全策略能被正常监控。示例 10-15 显示应用该模板的代码，该模板只针对由该服务实例管理的每个设备执行一次，这样所有配置内容也能被同时监控。

示例10-15　零售商连接服务代码：config_Monitor()方法

```
def config_monitoring(self, publisher, mon):
    self.log.info('setup monitoring for ', publisher.name, ': ', len(mon), ' legs')
    vars = ncs.template.Variables()
    template = ncs.template.Template(publisher)
    vars.add('DEVICE', 'm0')
    for (mon_name, address, vlan_id) in mon:
        vars.add('MON_NAME', mon_name)
        vars.add('ADDRESS', address)
        vars.add('VLAN_ID', vlan_id)
        template.apply('monitoring-template', vars)
```

10.6　在设备上设置 NETCONF

当支持 NETCONF 的设备上电时，通常 NETCONF 子系统尚未准备好。首先需要配置它。如何做到这一点显然因每个厂商和设备系列而异，并且可能会随时间变化。本节简要地遍历几个不同的系统，给出一个大致的概念。谷歌搜索通常是获得此类信息非常好的来源。

在一台 JunOS 设备上，安装必要的软件并创建一个具有足够权限的用户后，你需要一个创建加密密钥对（crypto key pair）。在 Linux 环境中，如示例 10-16 所示完成设置密钥对。

示例10-16　创建用于设置SSH通信的RSA加密密钥对

```
$ ssh-keygen -t rsa -b 2048 -f mykey
Generating public/private rsa key pair.
Enter passphrase (empty for no passphrase):
Enter same passphrase again:

Your identification has been saved in mykey.
Your public key has been saved in mykey.pub.
The key fingerprint is:
SHA256:zQuqZpBsFydGdRoVBrUhKRrHBEGQ7Nmg7oINJII3eUw jlindbla@JLINDBLA-M-WOJ2
The key's randomart image is:
+---[RSA 2048]----+
|o++=..==B.       |
|.o. E .* o       |
|+ +0 . .         |
|=+=.* . o        |
|=o = + S o       |
|..= . . . .      |
|o+ o . .         |
|o.. o.           |
|. . o.           |
+----[SHA256]-----+
$ ls mykey*
mykey           mykey.pub
$
```

创建密钥后，登录设备，在设备上安装私钥，启用 NETCONF，如示例 10-17 所示。

示例10-17　在JunOS上安装加密密钥对并启用NETCONF

```
edit system login user username authentication
set load-key-file sftp://…/mykey
commit
edit system services
set netconf ssh
commit
```

思科 IOS-XE 设备上的过程与 JunOS 类似。首先需要生成加密密钥对；打开 SSH；启动 NETCONF-YANG 子系统，如示例 10-18 所示。

示例10-18　在IOS-XE上安装加密密钥对并启用NETCONF

```
crypto key generate rsa modulus 2048
ip ssh version 2
netconf ssh
netconf-yang
```

当然也可以将系统配置为使用 ssh-keygen 生成的密钥，将其粘贴在下面这行代码之后：

```
ip ssh pubkey-chain, username username, key-string …
```

一旦设备配置完毕，很容易进行快速检查，以验证 NETCONF 子系统是否正常运行。IANA 指定的 NETCONF 标准端口是 830。有些实现还允许在端口 22 连接到 NETCONF 子系统。下面是 IANA 为 SSH 分配的端口，使用 SSH 客户端进行连接，如下面的片段所示：

```
ssh username@device -p 830 -s netconf
```

设备应以 hello 消息进行响应，消息类似于示例 10-19 所示。

示例10-19　指示NETCONF子系统可以运行的hello消息

```
<?xml version="1.0" encoding="UTF-8"?>
<hello xmlns="urn:ietf:params:xml:ns:netconf:base:1.0">
<capabilities>
<capability>urn:ietf:params:netconf:base:1.0</capability>
<capability>urn:ietf:params:netconf:base:1.1</capability>
…
</capabilities>
<session-id>13</session-id></hello>]]>]]>
```

如果你看到上述消息，请关闭 SSH 连接（Ctrl+D），然后通过 NETCONF 开始控制你的设备吧！

10.7　发现设备上的内容

一旦与 NETCONF 服务器建立工作连接，你就可以理清楚该系统能做什么了。NETCONF 服务器使用三个主要机制来声明它们实现了哪些 YANG 模型，这就是 NETCONF 服务器运行的通信方式。

hello 消息列出了所有设备 NETCONF 功能及其支持的所有 YANG1.0 模块，附带每个模块的版本和功能。示例 10-20 列出由设备声明的一些模块简短示例。这些模块清单通常长达数百行。

示例10-20　列出一些YANG1.0模块的hello消息

```
<capability>http://yang.juniper.net/junos/conf/fabric?module=junos-conf-fabric&
revision=2018-01-01</capability>
<capability>http://yang.juniper.net/junos/conf/firewall?module=junos-conf-firewall&
revision=2018-01-01</capability>
<capability>http://yang.juniper.net/junos/conf/forwarding-options?module=junos-conf-
forwarding-options&revision=2018-01-01</capability>
<capability>http://yang.juniper.net/junos/conf/interfaces?module=junos-conf-interfaces&
revision=2018-01-01</capability>
<capability>http://yang.juniper.net/junos/conf/logical-systems?module=junos-conf-
logical-systems&revision=2018-01-01</capability>
```

如果 hello 消息中列出的模块之一是 ietf-netconf-monitoring 模块，如以下片段所示，则可能会检索到有关服务器的一些附加信息：

```
<capability>urn:ietf:params:xml:ns:yang:ietf-netconf-monitoring?module=ietf-netconf-
monitoring&revision=2010-10-04</capability>
```

如果它能支持的话，此模块可以告诉你服务器能力、数据存储、模式（也就是模块）、会话、统计信息和可用流等信息。如以下代码片段所示来检索此信息；只需为 --host，--port，--user 等添加参数：

```
$ netconf-console --get --xpath /netconf-state
```

例如 10-21 显示可能的检索信息。

示例10-21　NETCONF服务器信息回复（节选）

```
<rpc-reply xmlns="urn:ietf:params:xml:ns:netconf:base:1.0" message-id="1">
  <data>
    <netconf-state xmlns="urn:ietf:params:xml:ns:yang:ietf-netconf-monitoring">
      <capabilities>
        <capability>urn:ietf:params:netconf:base:1.0</capability>
        <capability>urn:ietf:params:netconf:base:1.1</capability>
…
      </capabilities>
      <datastores>
        <datastore>
          <name>running</name>
          <transaction-id xmlns="http://tail-f.com/yang/netconf-monitoring">
1541-58483-523787</transaction-id>
        </datastore>
      </datastores>
      <schemas>
        <schema>
          <identifier>audiozone-example</identifier>
          <version>2018-01-09</version>
          <format>yang</format>
          <namespace>http://example.com/ns/audiozone</namespace>
          <location>NETCONF</location>
        </schema>
        <schema>
          <identifier>bookzone-example</identifier>
          <version>2018-01-05</version>
          <format>yang</format>
          <namespace>http://example.com/ns/bookzone</namespace>
          <location>NETCONF</location>
        </schema>
…
      </schemas>
      <sessions>
        <session>
```

```
            <session-id>15</session-id>
            <transport>netconf-ssh</transport>
            <username>admin</username>
            <source-host>127.0.0.1</source-host>
            <login-time>2018-11-01T08:59:15+01:00</login-time>
            <in-rpcs>1</in-rpcs>
            <in-bad-rpcs>0</in-bad-rpcs>
            <out-rpc-errors>0</out-rpc-errors>
            <out-notifications>0</out-notifications>
          </session>
        </sessions>
        <statistics>
          <netconf-start-time>2018-11-01T08:48:41+01:00</netconf-start-time>
          <in-bad-hellos>0</in-bad-hellos>
          <in-sessions>3</in-sessions>
          <dropped-sessions>0</dropped-sessions>
          <in-rpcs>4</in-rpcs>
          <in-bad-rpcs>0</in-bad-rpcs>
          <out-rpc-errors>0</out-rpc-errors>
          <out-notifications>0</out-notifications>
        </statistics>
        <streams xmlns="http://tail-f.com/yang/netconf-monitoring">
          <stream>
            <name>NETCONF</name>
            <description>default NETCONF event stream</description>
            <replay-support>false</replay-support>
          </stream>
          <stream>
            <name>Trader</name>
            <description>BookZone trading and delivery events</description>
            <replay-support>true</replay-support>
          </stream>
        </streams>
      </netconf-state>
    </data>
  </rpc-reply>
```

　　模块列表另一个有趣的特性是通过 RPC 为该模块下载实际的 YANG 源代码，正如第 7 章讨论的一样。这是一项可选功能，因此你的设备可能支持也可能不支持此操作。即使支持，也可能不适用于每个 YANG 文件。

　　从设备下载 YANG 是 NETCONF 客户端准确了解接口功能的好方法。YANG 文件通常从公开的 Git 站点上下载，但直接从设备下载则无须继续查找，一定会找到适合此设备的 YANG 版本。

　　因为 hello 消息在许多设备上变得很长，所以 YANG 1.1 (RFC 7950) 规定了不同的 hello 消息行为。在 hello 消息中，没有将所有的 YANG 1.1 模块与 YANG 1.0 模块一起作为能力列出，只列出一个单独的能力来代替所有的 YANG 1.1 模块。

```
<capability>urn:ietf:params:netconf:capability:yang-library:1.0?revision=2016-06-21&
module-set-id=2c6ee52de6f4e3db52497342fb3cc282</capability>
```

当 hello 消息中出现该模块时，系统可能具有一些 YANG 1.1 模块。请注意刚才提到的
代码片段中的 module-set-id 属性。通过跟踪 hello 消息中的 module-set-id，NETCONF 客户
端可以判断是否需要读取 yang-module-library。如果 module-set-id 不变，则模块的集合也
不变。使用以下命令查询 ietf-yang-library 模块列表（添加 --user 等）：

```
$ netconf-console --get --xpath /modules-state
```

应答消息类似于示例 10-22。在以下应答中 conformance-type 是 implement 或 import，
其中 implement 表示该模块实际上已经在服务器上实现了，而 import 则表示模块没有实现。
该模块仍包含在系统中，因为某些分组或类型是从该模块导入的，如果没有该模块就无法
编译 YANG 模块。

示例10-22　服务器从ietf-yang库获取支持的模块列表

```
<rpc-reply xmlns="urn:ietf:params:xml:ns:netconf:base:1.0" message-id="1">
  <data>
    <modules-state xmlns="urn:ietf:params:xml:ns:yang:ietf-yang-library">
      <module-set-id>7aec0b1b1d4e5783ff4d305475e6e92c</module-set-id>
      <module>
        <name>audiozone-example</name>
        <revision>2018-01-09</revision>
        <namespace>http://example.com/ns/audiozone</namespace>
        <conformance-type>implement</conformance-type>
      </module>
      <module>
        <name>bookzone-example</name>
        <revision>2018-01-05</revision>
        <namespace>http://example.com/ns/bookzone</namespace>
        <conformance-type>implement</conformance-type>
      </module>
      <module>
        <name>iana-crypt-hash</name>
        <revision>2014-08-06</revision>
        <namespace>urn:ietf:params:xml:ns:yang:iana-crypt-hash</namespace>
        <feature>crypt-hash-md5</feature>
        <feature>crypt-hash-sha-256</feature>
        <feature>crypt-hash-sha-512</feature>
        <conformance-type>import</conformance-type>
      </module>
```

NETCONF 管理器经常需要知道的另一个重要问题是，自上一次连接管理设备以来是
否有其他人更改了配置。当然，一个判断方法是获取一个完整的配置与之前保存的结果进
行比较。某些设备支持更精简的机制，例如事务 ID 或上次更改的时间戳。只需读取事务

ID 或时间戳并将其与最新的已知值进行比较，管理器就可以快速发现是否发生了任何带外
（OOB）更改。

解决这个问题有几种专有机制。示例 10-23 展示了更常见的一种作为参考。管理员对
transaction-id leaf 发送 get 请求，并携带 ietf-netconf-monitor 模块的 datastore 列表作为参
数，查看 running 的 datastore。

示例10-23　管理人员检查设备上的最新transaction-id

```
<rpc xmlns="urn:ietf:params:xml:ns:netconf:base:1.0"
     message-id="3">
  <get xmlns:nc="urn:ietf:params:xml:ns:netconf:base:1.0">
    <filter>
      <netconf-state xmlns="urn:ietf:params:xml:ns:yang:ietf-netconf-monitoring">
        <datastores>
          <datastore>
            <name>running</name>
            <transaction-id xmlns="http://tail-f.com/yang/netconf-monitoring"/>
          </datastore>
        </datastores>
      </netconf-state>
    </filter>
  </get>
</rpc>
```

支持此 augmented leaf 的设备可能给出的应答如示例 10-24 所示。

示例10-24　设备返回最新的transaction-id

```
<rpc-reply xmlns="urn:ietf:params:xml:ns:netconf:base:1.0"
           message-id="3">
  <data>
    <netconf-state xmlns="urn:ietf:params:xml:ns:yang:ietf-netconf-monitoring">
      <datastores>
        <datastore>
          <name xmlns:nc="urn:ietf:params:xml:ns:netconf:base:1.0">running</name>
          <transaction-id xmlns="http://tail-f.com/yang/netconf-monitoring">
1540-997164-482246</transaction-id>
        </datastore>
      </datastores>
    </netconf-state>
  </data>
</rpc-reply>
```

这样，你可以开始自动化旅程啦！为了激发想象力，下一节将介绍小型自动化解决方
案的概貌，以及它在网络上的行为。

10.8 管理服务

如何建立基于 YANG 服务配置的编排环境超出了本书的范围，但了解如何使用服务以及这些服务在 NETCONF 层级的概貌是本书的核心任务。

假设已经建立了本章开头所述的网络设置，并将该网络已经运行起来。也就是说，三个 E 路由器（ej0、ej1 和 ec0）、三个 I 路由器（ic0、ic1 和 ij0）、一个监视系统（m0）、一个核心网络（在此忽略）、三个出版商、四个零售店和一个基于 NSO 系统进行了全局编排。NSO 平台顶层正在运行本章前面显示的零售店直连服务应用。该应用包含服务相关的 YANG 模块、模板和代码。现在是时候真实地使用该服务了。

旅程开始时请注意，NSO 编排器已经安装并配置了运维人员登录名和设备中的 YANG 模块，并且已经加载零售店直连的服务代码。提到的所有设备均已添加到设备列表中并进行了同步。这意味着 NSO 在内存中具有每个被管理设备的配置完整副本。NSO 仅管理设备列表中配置的设备。

当你登录到 NSO 命令行界面（CLI）时，开始并没有配置零售店或出版商。一种快速修复方法是从其他人已经准备的文件加载一些配置数据。为了查看加载文件的更改内容，可以运行 show c 命令（show configuration 的缩写）来查询未提交的配置变更。示例 10-25 显示 NSO 编排器 CLI 加载的初始数据。

示例10-25　加载零售店的配置数据

```
admin connected from 127.0.0.1 using console on JLINDBLA-M-WOJ2
admin@ncs# show running-config stores
% No entries found.
admin@ncs# show running-config publishers
% No entries found.
admin@ncs# con
Entering configuration mode terminal
admin@ncs(config)# load merge store
Possible completions:
  <filename>  storedstate  stores-init.xml
admin@ncs(config)# load merge stores-init.xml
Loading.
1.38 KiB parsed in 0.01 sec (77.27 KiB/sec)
admin@ncs(config)# show c
stores store Singoalla
 network address 10.0.0.3
 network i-router ij0
 network interface ge-0/0/1
 tags [ english french nobel small sweden ]
!
stores store Took-Look
 network address 10.0.0.4
 network i-router ij0
```

```
  network interface ge-0/0/0
  tags [ belgium english large ]
 !
stores store Varnes-Soble
  network address 10.0.0.1
  network i-router ic0
  network interface GigabitEthernet0/0/2
  tags [ crime english large science usa ]
 !
stores store Yoihon
  network address 10.0.0.2
  network i-router ic1
  network interface GigabitEthernet0/1/1
  tags [ english japan japanese manga nobel science ]
 !
```

接下来需要将一些初始的出版商配置加载到同一事务中。如同建模的那样，每个出版商都是一个独立的服务实例。你将在一个事务中创建三个新的服务实例。为了节省版面，我们只看其中一个，另外两个与之相似。示例 10-26 展示 CLI 与中心编排器的交互。

示例10-26　加载出版商的配置数据

```
admin@ncs(config)# load merge publishers-init.xml
Loading.
2.02 KiB parsed in 0.04 sec (44.81 KiB/sec)
admin@ncs(config)# show full-configuration publishers publisher
Possible completions:
  Astrakan-Media   Name of publisher connecting
  Best-Books       Name of publisher connecting
  Culture-Froide   Name of publisher connecting
  <cr>
Possible match completions:
  network  target-store
admin@ncs(config)# show full-configuration publishers publisher Astrakan-Media
publishers publisher Astrakan-Media
  network site 1
   address         172.20.1.1
   mask-len        24
   e-router        ej0
   junos-interface ge-0/0/1
  !
  target-store tags belgium
  !
  target-store tags english
  !
  target-store tags french
  !
 !
```

当前事务中加载所有这些更改后，现在提交这些更改。提交之前检查如果这些更改被提交，系统会做什么。显示这些信息的命令是 commit dry-run。加号表示增加，减号表示删除。请注意，这些变更会发送到许多不同品牌、不同 YANG 模型和不同角色的不同设备。

完整的输出大约有 350 行，示例 10-27 仅显示了一个采样，可以大致了解执行情况。此全网（network-wide）范围内的事务影响了七个设备。

示例10-27　commit dry-run检查设备的服务足迹（节选）

```
admin@ncs(config)# commit dry-run
cli {
    local-node {
        data  devices {
                device ec0 {
                    config {
                        ios:native {
                            vrf {
        +                       definition Culture-Froide {
        +                           rd 300:2620;

…
        +                           route-target {
        +                               export 300:2620;
        +                               import 300:2620;
        +                           }

…
                device ej0 {
                    config {
                        jc:configuration {
                            routing-instances {
        +                       instance Astrakan-Media {
        +                           instance-type vrf;
        +                           interface ge-0/0/1.2246;
        +                           route-distinguisher {
        +                               rd-type 300:2246;
        +                           }
        +                           vrf-import [ Astrakan-Media-IMP ];
        +                           vrf-export [ Astrakan-Media-EXP ];

…
                device ij0 {
                    config {
                        jc:configuration {
                            routing-instances {
        +                       instance Astrakan-Media {
        +                           instance-type vrf;
        +                           interface ge-0/0/0.2246;
        +                           interface ge-0/0/1.2246;
        +                           route-distinguisher {
        +                               rd-type 300:2246;
```

```
    …
                            device m0 {
                                config {
                                    netrounds-ncc:accounts {
    +                               account bookzone {
    +                                   monitors {
    +                                       monitor Astrakan-Media {
    +                                           description "connectivity with standard qos";
    +                                           template connectivity-std-qos;
    …
    +                                   twamp-reflectors {
    +                                       twamp-reflector Astrakan-Media-1-int {
    +                                           address 172.20.1.1;
    +                                           port 6789;
    +                                       }
    +                                       twamp-reflector Astrakan-Media-Singoalla-ext {
    +                                           address 10.0.0.3;
    +                                           port 6789;
    +                                       }
```

看起来不错，所以提交吧。提交时，被管理的设备第一次接收到该变更的信息。

```
admin@ncs(config)# commit
Commit complete.
admin@ncs(config)#
```

在提交过程中计算出服务级的配置变更，将设备级的变更也包含在内；然后对结果进行验证，写入数据库，最后以全网事务的方式传递给所有参与的设备。

下一节检查全网事务涉及的客户端（编排器）和服务器（所有设备）之间的 NETCONF 消息。如果任何设备配置更改出现问题，整个事务就会被中止。这时没有任何设备激活任何部分的更改，所以应该是零服务中断。

编排器可能中止事务的另一个原因是，发现自上次同步以来设备配置发生了更改，通常是因为 OOB 更改（例如，通过设备控制台上运维人员的手动干预或通过其他自动化系统操作导致）。在自动化过程中可能需要处理来自多个管理者的许多策略。一般来说，参与的管理人员越来越少（彼此之间互不感知），自动化更容易——就像你自己的工作情况一样。

既然提交了一个变更，现在从操作的视角观察正在运行的服务可能会很有趣。如示例 10-28 所示，请注意某个服务实例触及哪些设备。另请注意该服务的操作数据（比如，分配的 vlan 和该出版商的目标零售店标签列表）以及每个 tag 连接的零售店数量。

示例10-28　显示具有运行状态的服务实例

```
admin@ncs(config)# do show publishers
publishers publisher Astrakan-Media
 modified devices [ ej0 ic0 ic1 ij0 m0 ]
 directly-modified devices [ ej0 ic0 ic1 ij0 m0 ]
```

```
device-list [ ej0 ic0 ic1 ij0 m0 ]
network allocated-vlan 2246
                NUMBER
                OF
                STORES
                WITH
TAG         TAG
----------------
belgium     1
english     4
french      1
…
```

稍后，回过头来观察该服务实例发生了哪些设备级变更也可能会很有趣。命令 publishers publisher Astrakan-Media get-modifications 显示这些变更，输出和示例 10-27 所示 dry-run 输出类似，在此不做重复。

现在，服务已经在七台设备上运行起来。接下来做什么？让我们看看如果出版商想修改服务会发生什么。假设一个出版商想删除通用的商店标签 English。只需一个简单的 no 命令，就可以将标签删除。

编排器知道上次在设备上（以及任何下层服务）创建了哪些服务。现在当 create() 方法再次运行时，编排器注意到该方法不能再创建它在上一次运行时创建的一些连接对象。编排器更新该事务以准确消除该差异。运行 commit dry-run 命令的结果如示例 10-29 所示。此变更影响三个设备：ic0、ic1 和 m0。

示例10-29　显示删除某个零售店标签会发生什么

```
admin@ncs(config)# no publishers publisher Astrakan-Media target-store tags english
admin@ncs(config)# commit dry-run
cli {
    local-node {
        data  devices {
                device ic0 {
                    config {
                        ios:native {
                            vrf {
                  -                 definition Astrakan-Media {
                  -                     rd 300:2246;
        …
                  -                     route-target {
                  -                         export 300:2246;
                  -                         import 300:2246;
        …
                device ic1 {
                    config {
                        ios:native {
```

```
                              vrf {
       -                          definition Astrakan-Media {
       -                              rd 300:2246;
…
       -                              route-target {
       -                                  export 300:2246;
       -                                  import 300:2246;
       -                              }
…
              device m0 {
                  config {
                      netrounds-ncc:accounts {
                          account bookzone {
                              twamp-reflectors {
       -                          twamp-reflector Astrakan-Media-Varnes-Soble-ext {
       -                              address 10.0.0.1;
       -                              port 6789;
       -                          }
       -                          twamp-reflector Astrakan-Media-Yoihon-ext {
       -                              address 10.0.0.2;
       -                              port 6789;
       -                          }
                              }
                          }
                      }
                  }
              }
          publishers {
              publisher Astrakan-Media {
                  target-store {
       -              tags english {
       -              }
                  }
              }
          }
       }
}
```

　　这与出版商的期望相符，因此可以提交。现在观察示例 10-30 服务的运行状态。该服务实例触及的五个设备现在减少到三个。ic0 和 ic1 的配置都已消失，所以它们不会出现在该服务实例设备列表中。m0 设备还有一些配置，所以仍在列表中。

示例10-30　显示删除某零售店标签后具有运行状态的服务实例

```
admin@ncs(config)# commit
Commit complete.
admin@ncs(config)# do show publishers publisher Astrakan-Media
```

```
publishers publisher Astrakan-Media
 modified devices [ ej0 ij0 m0 ]
 directly-modified devices [ ej0 ij0 m0 ]
 device-list [ ej0 ij0 m0 ]
 network allocated-vlan 2246
          NUMBER
          OF
          STORES
          WITH
TAG       TAG
----------------
belgium   1
french    1
```

很棒！非常富有成效。但是，在该变更之后，一个并非完全不可能的事件是来自某人的电话，此人竟然认为最新变更不是个好主意（有时会有不同表达方式）。为了还原服务，必须撤销最新的事务，所有事务必须回退到某个时间点，或者某些事务集合必须回退。命令 rollback 可以做到这点。命令 rollback configuration 创建一个撤销前一事务的新事务。命令 commit dry-run 显示所有细节，为了节省时间我们略过这点。回滚事务没有特别之处。这只是另一个事务，恰好使配置与之前的配置相同（或类似，如在回滚精心挑选的事务时）。命令 rollback 的结果如示例 10-31 所示。

示例10-31　回滚一个配置更改

```
admin@ncs(config)# rollback configuration
admin@ncs(config)# show c
publishers publisher Astrakan-Media
 target-store tags english
 !
!
admin@ncs(config)# comm
Commit complete.
```

10.9 管理器与设备的同步

从运维人员视角观察过服务级管理流程后，现在下沉到底层基础设施，从协议角度观察相同的流程。在此，假设所有管理的设备都通过 NETCONF 进行通信。现实中通常有不同的协议，甚至在支持 NETCONF 的设备之间能力也各不相同。

当运维人员完成编排器（NSO）对被管理的设备配置后，将与设备进行连接，确定设备类型，并进行同步。编排器首先向设备列表中的每个设备发送 hello 消息，如示例 10-32 所示。

示例10-32　管理器发送Hello消息

```
<hello xmlns="urn:ietf:params:xml:ns:netconf:base:1.0">
  <capabilities>
    <capability>urn:ietf:params:netconf:base:1.0</capability>
    <capability>urn:ietf:params:netconf:base:1.1</capability>
  </capabilities>
</hello>
```

每个设备响应 hello 消息；设备 m0 的响应如示例 10-33 所示。

示例10-33　管理器接收到的Hello消息（节选）

```
<hello xmlns="urn:ietf:params:xml:ns:netconf:base:1.0">
  <capabilities>
    <capability>urn:ietf:params:netconf:base:1.0</capability>
    <capability>urn:ietf:params:netconf:base:1.1</capability>
    <capability>urn:ietf:params:netconf:capability:candidate:1.0</capability>
    <capability>urn:ietf:params:netconf:capability:confirmed-commit:1.0</capability>
    <capability>urn:ietf:params:netconf:capability:confirmed-commit:1.1</capability>
    <capability>urn:ietf:params:netconf:capability:validate:1.0</capability>
    <capability>urn:ietf:params:netconf:capability:validate:1.1</capability>
    <capability>urn:ietf:params:netconf:capability:rollback-on-error:1.0</capability>
…
    <capability>urn:ietf:params:xml:ns:yang:ietf-yang-library?module=ietf-yang-library&
revision=2016-06-21</capability>
```

ej0、ej1、ec0、ic0、ic1 以及 ij0 的应答同此相差无几，此处省略。管理器会记录每个设备的能力。在此所有设备都支持 NETCONF 基本协议、候选数据存储、配置有效验证（与激活分离）和错误回滚 rollback-on-error（即事务）。这很好，因为所有这些能力都是设备参与全网事务所必需的。所有设备都支持 confirmed-commit，这是在全网范围内可以使用的最强有力的事务。

如果一个或几个设备缺少其中的一个或几个能力，在事务 PREPARE 阶段结束时，管理器仍然可以尽力地处理那些不支持的设备。虽然这并不是一个完整的全网事务，但比纯尽力而为脚本化的解决方案还是要可靠很多。

通过观察设备 hello 响应，编排器知道一些设备声明支持 ietf-yang-library 模块。对于这些设备，编排器通过 ietf-yang-library 中的 modules-state 列表 get 操作可以读取设备的模块列表。示例 10-34 展示对 m0 设备的请求消息。

示例10-34　管理器读取ietf-yang-library modules-state

```
<rpc xmlns="urn:ietf:params:xml:ns:netconf:base:1.0"
     message-id="1">
  <get>
    <filter>
      <modules-state xmlns="urn:ietf:params:xml:ns:yang:ietf-yang-library"/>
```

```
    </filter>
  </get>
</rpc>
```

类似的请求会发送到支持 ietf-yang-library 的其他设备。示例 10-35 展示设备 m0 的响应。

示例10-35　通过设备应答展示modules-state响应列表支持的模块（节选）

```
<rpc-reply xmlns="urn:ietf:params:xml:ns:netconf:base:1.0"
          message-id="1">
  <data>
    <modules-state xmlns="urn:ietf:params:xml:ns:yang:ietf-yang-library">
      <module-set-id>61e5be5ab84c9d7b2db0bef3aca036b7</module-set-id>
      <module>
        <name>iana-crypt-hash</name>
        <revision>2014-08-06</revision>
```

所有支持 ietf-yang-library 的其他设备也提供了类似的响应（此处省略）。

接下来，管理器将每个设备的配置数据同步到自己的数据库。示例 10-36 是发送到设备 m0 的请求。有人通过对管理器进行配置，使管理器只关心 m0 的单个命名空间。当该管理器发出 get-config 命令时仅检索一个 YANG 命名空间，以节省时间和内存。

示例10-36　管理器从一个设备同步配置

```
<rpc xmlns="urn:ietf:params:xml:ns:netconf:base:1.0"
     message-id="2">
  <get-config>
    <source>
      <running/>
    </source>
    <filter>
      <accounts xmlns="http://com/netrounds/ncc"/>
    </filter>
  </get-config>
</rpc>
```

为了同步其他的设备配置，将管理器配置为能够处理更多的 YANG 命名空间。示例 10-37 是对 ec0 的请求。

示例10-37　管理器从另一个设备同步配置

```
<rpc xmlns="urn:ietf:params:xml:ns:netconf:base:1.0"
     message-id="2">
  <get-config>
    <source>
      <running/>
    </source>
```

```
<filter>
  <mdt-subscriptions xmlns="http://cisco.com/ns/yang/Cisco-IOS-XE-mdt-cfg"/>
  <mpls-ldp xmlns="http://cisco.com/ns/yang/Cisco-IOS-XE-mpls-ldp"/>
  <native xmlns="http://cisco.com/ns/yang/Cisco-IOS-XE-native"/>
  <netconf-yang xmlns="http://cisco.com/yang/cisco-self-mgmt"/>
  <pseudowire-config xmlns="urn:cisco:params:xml:ns:yang:pw"/>
  <mpls-static xmlns="urn:ietf:params:xml:ns:yang:common-mpls-static"/>
  <classifiers xmlns="urn:ietf:params:xml:ns:yang:ietf-diffserv-classifier"/>
  <policies xmlns="urn:ietf:params:xml:ns:yang:ietf-diffserv-policy"/>
  <filters xmlns="urn:ietf:params:xml:ns:yang:ietf-event-notifications"/>
  <subscription-config xmlns="urn:ietf:params:xml:ns:yang:ietf-event-
notifications"/>
  <interfaces xmlns="urn:ietf:params:xml:ns:yang:ietf-interfaces"/>
  <key-chains xmlns="urn:ietf:params:xml:ns:yang:ietf-key-chain"/>
  <routing xmlns="urn:ietf:params:xml:ns:yang:ietf-routing"/>
  <nvo-instances xmlns="urn:ietf:params:xml:ns:yang:nvo"/>
</filter>
  </get-config>
</rpc>
```

类似的请求将发送到所有其他设备（此处省略），每个设备都会响应它的配置（此处也省略）。

在支持此功能的设备上，管理器读取并存储该设备当前事务 ID，后续可以快速检查设备配置是否更改。对 transaction-id 的请求消息如示例 10-38 所示。

示例10-38　管理器从设备请求transaction-id

```
<rpc xmlns="urn:ietf:params:xml:ns:netconf:base:1.0"
     message-id="3">
  <get xmlns:nc="urn:ietf:params:xml:ns:netconf:base:1.0">
    <filter>
      <netconf-state xmlns="urn:ietf:params:xml:ns:yang:ietf-netconf-monitoring">
        <datastores>
          <datastore>
            <name>running</name>
            <transaction-id xmlns="http://tail-f.com/yang/netconf-monitoring"/>
          </datastore>
        </datastores>
      </netconf-state>
    </filter>
  </get>
</rpc>
```

被请求的设备会做出响应。之前请求已发送到设备 m0，设备 m0 响应如示例 10-39 所示（其他设备响应已省略）。

示例10-39　设备响应transaction-id

```
<rpc-reply xmlns="urn:ietf:params:xml:ns:netconf:base:1.0"
          message-id="3">
  <data>
    <netconf-state xmlns="urn:ietf:params:xml:ns:yang:ietf-netconf-monitoring">
      <datastores>
        <datastore>
          <name xmlns:nc="urn:ietf:params:xml:ns:netconf:base:1.0">running</name>
          <transaction-id xmlns="http://tail-f.com/yang/netconf-monitoring">
1540-997218-679912</transaction-id>
        </datastore>
      </datastores>
    </netconf-state>
  </data>
</rpc-reply>
```

此时，管理器已经检索到了所需要设备的基本信息，由于没有待处理的工作，所以关闭与每个设备的连接。简单地关闭连接就可以，但仍发送一个礼貌性的 close-session 消息，如示例 10-40 所示，让大家明白断开连接是有意而为的。

示例10-40　管理器关闭与所有设备的连接

```
<rpc xmlns="urn:ietf:params:xml:ns:netconf:base:1.0"
    message-id="4">
  <close-session/>
</rpc>
```

10.10　全网范围事务

当运维人员提交本章前面讨论过的某个事务时，我们观察一下事务中发生的 NETCONF 交互过程。

首先，管理器与所有相关设备建立连接，发送 hello 消息。将 hello 响应与管理器已知的每个设备情况进行比较。如果没有任何变化，管理器将继续发送为每个设备计算的配置变更，发送分为几步。

示例 10-41 显示发送给设备 m0 的消息。这些请求是连续快速发送的，中间没有等待响应。这些消息要求设备清除候选数据存储并锁定以防他人使用，并获得最新的 transaction-id。类似的消息也会同时发送给所有参与该事务的其他设备。

示例10-41　管理器为设备配置更改进行准备

```
<rpc xmlns="urn:ietf:params:xml:ns:netconf:base:1.0"
    message-id="1">
  <discard-changes/>
```

```
</rpc>
…
<rpc xmlns="urn:ietf:params:xml:ns:netconf:base:1.0"
     message-id="2">
  <lock>
    <target>
      <candidate/>
    </target>
  </lock>
</rpc>
…
<rpc xmlns="urn:ietf:params:xml:ns:netconf:base:1.0"
     message-id="3">
  <get xmlns:nc="urn:ietf:params:xml:ns:netconf:base:1.0">
    <filter>
      <netconf-state xmlns="urn:ietf:params:xml:ns:yang:ietf-netconf-monitoring">
        <datastores>
          <datastore>
            <name>running</name>
            <transaction-id xmlns="http://tail-f.com/yang/netconf-monitoring"/>
          </datastore>
        </datastores>
      </netconf-state>
    </filter>
  </get>
</rpc>
```

m0 设备响应如示例 10-42 所示。

示例10-42　设备响应ok和最新的transaction-id

```
<rpc-reply xmlns="urn:ietf:params:xml:ns:netconf:base:1.0"
           message-id="1">
  <ok/>
</rpc-reply>
…
<rpc-reply xmlns="urn:ietf:params:xml:ns:netconf:base:1.0"
           message-id="2">
  <ok/>
</rpc-reply>
…
<rpc-reply xmlns="urn:ietf:params:xml:ns:netconf:base:1.0"
           message-id="3">
  <data>
    <netconf-state xmlns="urn:ietf:params:xml:ns:yang:ietf-netconf-monitoring">
      <datastores>
        <datastore>
          <name xmlns:nc="urn:ietf:params:xml:ns:netconf:base:1.0">running</name>
          <transaction-id xmlns="http://tail-f.com/yang/netconf-monitoring">
```

```
1540-997218-679912</transaction-id>
        </datastore>
      </datastores>
    </netconf-state>
  </data>
</rpc-reply>
```

所有其他设备都会发生类似的交互（此处省略）。

由于所有设备都已主动响应，现在该由管理器向每个设备发送 edit-config 消息，包含各自实际的配置变更。消息 edit-config（如示例 10-43 所示）被发送到 m0 设备。

示例10-43　管理器向一个设备发送edit-config消息（节选）

```
<rpc xmlns="urn:ietf:params:xml:ns:netconf:base:1.0"
    message-id="4">
  <edit-config xmlns:nc="urn:ietf:params:xml:ns:netconf:base:1.0">
    <target>
      <candidate/>
    </target>
    <test-option>test-then-set</test-option>
    <error-option>rollback-on-error</error-option>
    <config>
      <accounts xmlns="http://com/netrounds/ncc">
        <account>
          <name>bookzone</name>
          <twamp-reflectors>
            <twamp-reflector>
              <name>Astrakan-Media-1-int</name>
              <port>6789</port>
              <address>172.20.1.1</address>
            </twamp-reflector>
```

同时，向设备 ec0 发送 edit-config 消息，如示例 10-44 所示。

示例10-44　管理器向另一个设备发送edit-config（节选）

```
<rpc xmlns="urn:ietf:params:xml:ns:netconf:base:1.0"
    message-id="5">
  <edit-config xmlns:nc="urn:ietf:params:xml:ns:netconf:base:1.0">
    <target>
      <candidate/>
    </target>
    <test-option>test-then-set</test-option>
    <error-option>rollback-on-error</error-option>
    <config>
      <native xmlns="http://cisco.com/ns/yang/Cisco-IOS-XE-native">
        <vrf>
          <definition>
            <name>Culture-Froide</name>
```

```
    <address-family>
      <ipv4/>
    </address-family>
    <route-target>
      <import>
        <asn-ip>300:2620</asn-ip>
      </import>
      <export>
        <asn-ip>300:2620</asn-ip>
      </export>
    </route-target>
    <rd>300:2620</rd>
```

同时，向设备 ij0 发送另一个 edit-config 消息，如示例 10-45 所示。

示例10-45　管理器向另一个设备发送edit-config（节选）

```
<rpc xmlns="urn:ietf:params:xml:ns:netconf:base:1.0"
     message-id="4">
  <edit-config xmlns:nc="urn:ietf:params:xml:ns:netconf:base:1.0">
    <target>
      <candidate/>
    </target>
    <test-option>test-then-set</test-option>
    <error-option>rollback-on-error</error-option>
    <config>
      <configuration xmlns="http://yang.juniper.net/junos/conf/root">
        <routing-instances xmlns="http://yang.juniper.net/junos/conf/routing-instances">
          <instance>
            <name>Astrakan-Media</name>
            <vrf-export>Astrakan-Media-EXP</vrf-export>
            <interface>
              <name>ge-0/0/0.2246</name>
            </interface>
            <interface>
              <name>ge-0/0/1.2246</name>
            </interface>
            <vrf-table-label/>
            <vrf-import>Astrakan-Media-IMP</vrf-import>
            <instance-type>vrf</instance-type>
            <route-distinguisher>
              <rd-type>300:2246</rd-type>
```

参与此事务的所有其他设备也会发生类似的交互（此处省略）。

管理器还立即向所涉及的每个设备发送验证请求。示例 10-46 展示了发送到 m0 的消息。

示例10-46　管理器请求验证设备的候选数据存储

```
<rpc xmlns="urn:ietf:params:xml:ns:netconf:base:1.0"
     message-id="5">
  <validate>
    <source>
      <candidate/>
    </source>
  </validate>
</rpc>
```

参与此事务的所有其他设备也会发生类似的交互（此处省略）。

在这种情况下，请注意设备 m0 可以向 edit-config 和 validate 请求响应 ok，如示例 10-47 所示。

示例10-47　管理器收到设备对候选数据存储edit-config和validate请求的正确响应

```
<rpc-reply xmlns="urn:ietf:params:xml:ns:netconf:base:1.0"
           message-id="4">
  <ok/>
</rpc-reply>
…
<rpc-reply xmlns="urn:ietf:params:xml:ns:netconf:base:1.0"
           message-id="5">
  <ok/>
</rpc-reply>
```

现在，你已经完成了事务的 PREPARE 阶段。如果所有设备都响应 ok 消息到达该状态，则管理器将进入 COMMIT 阶段。

如果发生任何异常情况，例如与设备的连接丢失或否定的验证响应，则管理器将继续进行 ABORT 阶段。在 NETCONF 中，启动 ABORT 非常简单，只需断开连接即可。需要明确的是，中断连接是一个事务中止命令。任何在事务运行中断开与管理器连接的设备总是会中止事务。

由于事务仅针对候选数据存储，因此不会造成损害。在运行数据存储的指导下，设备操作将继续保持不变，设备上没有任何配置必须撤销回退。

假设所有设备对 edit-config 和 validate 请求响应良好，则管理器决定跨过事务的不可返回点。该点之后，事务被认为是"已发生"（永久有效）。如果管理器希望撤销该操作，则必须创建一个新事务来回退。管理器通过将事务写入存储（比如磁盘）进行提交，并告诉所有设备事务继续执行。

管理器通过向每个设备发送 commit 消息告知继续执行。在这种情况下，管理器设置事务 confirmed 标志，指示将使用三阶段事务（PREPARE、COMMIT、CONFIRM），如示例 10-48 所示。

示例10-48　管理器向设备发送一条确认的commit消息

```
<rpc xmlns="urn:ietf:params:xml:ns:netconf:base:1.0"
     message-id="6">
  <commit>
    <confirmed/>
  </commit>
</rpc>
```

现在，参与事务的所有设备都在忙于将变更从候选数据存储区同步到运行数据存储区，实现新配置。完成后，每个设备都会返回一条 ok 消息。示例 10-49 显示设备 m0 的消息。

示例10-49　设备发送一条确认的commit ok 消息

```
<rpc-reply xmlns="urn:ietf:params:xml:ns:netconf:base:1.0"
           message-id="6">
  <ok/>
</rpc-reply>
```

当然，commit 操作也可能会失败。设备承诺的配置正常，对配置校验也做出正确响应，然而在实际 commit 消息到达时仍然可能会失败。这很不友好，无论如何承诺，事情总是存在出错的可能。

处理过度承诺设备的最佳方法是，不管失败发生在事务不可返回点后 2 毫秒、2 分钟或 2 个月后，都能同样对待。期望有一个监督恢复机制处理因连接、电源、软件错误、攻击或其他方面而出现故障的设备。一个恢复的选项可能是从管理器启动回滚事务。

当所有设备都已提交变更并返回 ok 时，COMMIT 阶段就结束了。如果这是一个基本的两阶段事务，可能已关闭连接，释放锁定等。在这种情况下，如前所述，如果管理器要求进行具有 CONFIRM 阶段的三阶段事务，现在则是 CONFIRM 阶段的开始。

在 CONFIRM 阶段，管理器将确定：已经运行的新配置是否符合期望？是否满足服务级别协议（SLA）？连接是否就绪？资源利用率是否还在安全区间？

默认情况下，管理器最多只有 2 分钟的时间决定如何继续。如果需要，管理器也可指定较短或较长的时间范围，延长运行的计时器。如果管理器未在超时期限内向设备发送确认 commit 消息，则设备会回滚配置更改。类似的，如果与管理器的连接丢失，设备也会回滚，除非管理器要求设备在 CONFIRM 阶段允许断开连接。

此方案可防止意外切断管理网络，然后让处在此窘境的人员向另一端的人打电话，请求给出具体的恢复指令。

当管理器经过测量评估，对变更是否符合期望给出最终判定后，会通过删除与设备的连接（或发送中止消息给设备）进行配置回滚，或发送 commit 消息给设备让设备保持变更等方式将判决结果传达给所有参与的设备。示例 10-50 显示了管理器为保持新配置而向 m0 设备发送 commit、transaction-id 以及 unlock 等消息。

示例10-50　管理器发送确认commit、读取transaction-id、并将unlock发送到设备

```
<rpc xmlns="urn:ietf:params:xml:ns:netconf:base:1.0"
    message-id="7">
  <commit/>
</rpc>

…

<rpc xmlns="urn:ietf:params:xml:ns:netconf:base:1.0"
    message-id="8">
  <get xmlns:nc="urn:ietf:params:xml:ns:netconf:base:1.0">
    <filter>
      <netconf-state xmlns="urn:ietf:params:xml:ns:yang:ietf-netconf-monitoring">
        <datastores>
          <datastore>
            <name>running</name>
            <transaction-id xmlns="http://tail-f.com/yang/netconf-monitoring"/>
          </datastore>
        </datastores>
      </netconf-state>
    </filter>
  </get>
</rpc>

…

<rpc xmlns="urn:ietf:params:xml:ns:netconf:base:1.0"
    message-id="9">
  <unlock>
    <target>
      <candidate/>
    </target>
  </unlock>
</rpc>
```

参与此事务的所有其他设备也会发生类似的交互（此处省略）。示例 10-51 显示了来自 m0 设备的应答。

示例10-51　设备对commit、transaction-id、unlock的响应

```
<rpc-reply xmlns="urn:ietf:params:xml:ns:netconf:base:1.0"
        message-id="7">
  <ok/>
</rpc-reply>

…

<rpc-reply xmlns="urn:ietf:params:xml:ns:netconf:base:1.0"
        message-id="8">
  <data>
    <netconf-state xmlns="urn:ietf:params:xml:ns:yang:ietf-netconf-monitoring">
      <datastores>
        <datastore>
          <name xmlns:nc="urn:ietf:params:xml:ns:netconf:base:1.0">running</name>
```

```
            <transaction-id xmlns="http://tail-f.com/yang/netconf-monitoring">
1541-83740-854414</transaction-id>
          </datastore>
        </datastores>
      </netconf-state>
    </data>
  </rpc-reply>
…
<rpc-reply xmlns="urn:ietf:params:xml:ns:netconf:base:1.0"
            message-id="9">
  <ok/>
  </rpc-reply>
```

当所有设备都已响应时，则事务完成。除非某个设备有更多的事务等待处理，否则连接可能会关闭。示例 10-52 显示发送到 m0 设备的消息。

示例10-52　管理器向设备发送再见消息。设备关闭连接

```
<rpc xmlns="urn:ietf:params:xml:ns:netconf:base:1.0"
      message-id="10">
  <close-session/>
</rpc>
```

专家访谈

与 Kristian Larsson 的问答

Kristian Larsson 很小就对计算机网络产生了兴趣，十几岁时购买了他的第一台 Cisco 路由器。毫不奇怪，他的职业生涯很快就被新兴的 ISP 和移动运营商（近十年来首屈一指的 Tele2 运营商）所吸引，首先运维大型 IP 网络，然后进行设计和自动化。德国电信启动一个名为 TeraStream 的全新网络项目，该项目由颠覆性创新行业的领导者阿克塞尔·克劳伯格（Axel Clauberg）领导，由互联网传奇人物彼得·勒伯格（Peter Löthberg）设计，对于 Kristian 来说加入这个项目是很自然的。Kristian 拥有深厚的网络设计和编程技能，他设计的 DevOps 配置文件非常适合此全新的网络。

提问：

在 TeraStream 背后，有什么新的洞察和见解？

回答：

我认为这是对互联网核心原则的重新聚焦：使 Internet 运行良好。保持网络设计的简单性。这会使网络具有可靠性、可扩展性，并能够实现自动化运行。由于设计简单，它比目前安装使用的网络性价比更高。在这个基础架构之上可以运行所有服务，从家庭互联网到企业服务、从固话到移动通信。在一个连接的世界，社会在该网络之上运行。它必须正常工作。如果用软件来运行该网络，那么软件也必须正常运行。

传统意义上的自动化主要是为了节省成本。我们采取的是一个完全不同的方式，聚焦在可靠性上。

提问：

德国电信（DT）是一家拥有大量网络的大型运营商。为什么 DT 提出了从零开始的想法？世界上有很多大型和小型的运营商都还没有这样做。

回答：

问得很好。DT 的某些人意识到为了保持竞争力需要一个全新的开始。从零开始构建一个简单的解决方案要容易得多。任何已存在的组织都会受到孤岛的影响，导致零敲碎打的修补。如果去一个已存在的组织，问他们，能做到比现在聪明多少，他们不会给出相同的答案。这将永远不会产生全局最优解。

TeraStream 是一个很好的例子，说明作为整体比所有部分的总和重要。当简化网络中的某些区域使其自动化时，它又可以释放出全新的可能。通过整体了解网络和管理软件，可提供非常高效的解决方案。

提问：

你是如何进入这个领域的？

回答：

我的职业生涯从运营网络开始，后来过渡到更多的网络设计和架构工作，这时我才意识到自动化是关键。如果没有自动化，你就无法运营一个成千上万路由器组成的网络。我一直都在写脚本，用 bash、Perl 或类似的语言做了很多年，脚本也写到了一定的规模。我没有正式的编程背景，是出于工作需要而学习的。某次，我自己写了一个配置模板语言。回想起来，语言虽然不是最好的，但肯定是很有教育意义的，而且它确实解决了一些特定领域的问题，而这些问题使用其他语言将需要更多的模板。

有了 TeraStream 项目，我的重点完全转向了编写软件，不仅仅是一些有用的自动化脚本，而是一个能够处理创建和运行光网络和 IP 网络所有方面的软件系统。

提问：

你说网络必须正常工作。那你是怎样使它保持工作呢？

回答：

（大笑）对！我想这首先是一种工作方式。通过持续集成和部署（CI/CD），我们非常认真地对待质量保证（QA）。如果你进入开发环境（我们使用 GitLab）并打开 merge 请求，代码将始终在虚拟网络中进行自动测试，然后再允许你将其 merge。

每个 merge 请求都需要有测试覆盖范围来证明代码是否能按预期工作。同样，文档也是最新的，我们鼓励进行自我审核。良好的代码和测试非常重要，特别是 CI 测试，部署之前代码会在这里进行测试。运维关键网络基础设施不同于每天部署 Web 应用，失败可能是灾难性的，回滚可能意味着翻车。

随着开发环境的发展，CI/CD 基础设施的规模大部分也翻了一番。不论对于测试环境还是开发环境，我们发布的虚拟路由器是相同的。当你开发一个新功能时，将启动一个虚拟网络并使用这些路由器。你可以选择一个或多个路由器厂商来工作。同样，为了测试，使用软件配置虚拟网络，然后观察该网络，确保符合期望。当有人问："你是否使用代码进行配置？"，答案是"是的，我们每天都使用代码来配置数十个虚拟网络，而且每天都在使用。我们对这种工作方式非常满意。"可重复性是测试和开发的关键。能够轻松、快速地建立一个干净的虚拟网络对于取得良好的效果至关重要。

提问：

你的网络为什么选择 NETCONF 和 YANG ？

回答：

自互联网诞生以来，运营 IP 网络几乎一直使用命令行界面（CLI）。我认为任何试图解析或生成 CLI 配置的人都清楚，CLI 主要是一个人机接口，需要更好的方式与网络设备进行编程性对接。NETCONF/YANG 正在向 IETF 迁移，我们认为这是一个很好的选择。它是一个专门编写的协议栈，非常适合于此任务。目前还没有其他协议具有 NETCONF 所具有的三阶段提交功能，也没有任何建模语言能够像 YANG 一样自然地表达网络配置和运行状态。

特别是 YANG，在务实和优雅上达到了完美的平衡。YANG 模块、背后的元数据模型以及声明性配置也被应用到 IP 网络之外的领域。

当对这些协议进行标准化时，你就可以解决掉许多问题。讽刺的是，即使在今天我们仍然通过 CLI 连接许多路由器。多年来，我一直与厂商合作，帮助他们改进使用 NETCONF/YANG。悲观地说这需要很长的时间。在许多情况下，CLI 的假设和行为已经渗透到设计中，以致设备无法正确处理事务。支持事务不是简单地附加在旧的解决方案之上就可获得满意的结果。正确的实现需要以事务为核心。

我们花费了很多时间在开发、测试以及与旧接口（例如 CLI）之间的集成上。只要设备能够支持 NETCONF / YANG，集成就不需要了。你将无须花时间在集成上。这可是消耗时间的主力。

我们正朝着 NETCONF/YANG 的方向努力。如果你将 NETCONF/YANG 与其他协议放在一起，毫无疑问 NETCONF/YANG 是唯一有胜算的。这对我们真的很有好处。

提问：

你对 NETCONF/YANG 的期望实现了吗？

回答：

是的，已经实现。不管与 CLI 相比，还是与很多 RESTful API 相比，你会发现通常是 NETCONF/YANG 提供更好的体验。

提问：

在自动化方面你已经走了很远。你下一步的计划是什么？

回答：

到目前为止，我们的重点几乎完全是我认为的最低服务层，通常称为面向资源的服务（RFS），直接与设备对接。我们在四个不同的厂商平台上保持了功能对等，因此需要相当多的工作。RFS 层公开了设备和厂商的中间接口，在该接口上可以构建其他服务。

当再提升一到两个层次时真正酷的事物开始出现。你能快速离开传统网络配置的领域；想象一下预测容量规划，网络将告诉你要订购什么硬件，甚至为你进行硬件规划而不是你为网络规划，或者在所有网络层上进行根因分析。

一个新的、有趣的发展是在网络上应用形式化验证 (Formal Verification)。有一些激动人心的新系统可以推理和证明网络的正确性。有的关注转发平面，比如数据包的发送方式。其他系统则关注策略层，就是路由策略的工作原理。这是对我们现有 CI 测试的一个很好的补充。

提问：

有什么建议给予和你有同样理想的伙伴们？

回答：

首先，应该把合适的人聚集在一起。由于在网络和软件开发方面都有经验的人很难找到，替代方案可以考虑结对合作：把网络人员放在程序员旁边，让他们一起工作。另一个重要因素是提供一个真实、便宜、又简单的开发环境。我认为虚拟路由器在此起着至关重要的作用。

提问：

你对那些想卖设备的厂商有什么建议吗？

回答：

NETCONF，谢谢！（笑）嗯，差不多就是这样。我们有大量的硬件要求，但是从网络管理的角度来看，这些全都是关于 NETCONF / YANG 的合理要求，以及与物理和虚拟路由器都以相同的软件交付，可以轻松进行测试！

小结

本章首先介绍了虚构企业 BookZone 的业务自动化理念，然后讨论了 BookZone 员工如何创建高层次的服务 YANG 模块，重点对该服务的用户接口进行描述。接下来，我们研究了如何使用模板和代码在编排器中实现此服务。

紧接着是将实际设备或模拟设备添加到编排器中，使用 NETCONF 进行配置，并检查它们的功能是否符合预期。随着服务和设备到位，我们创建了一些服务实例并观察 NETCONF 消息在网络上的运行方式。最后，对服务进行修改，然后将修改以事务方式进行回滚，并在线观察。

最后，我们采访了著名的 TeraStream 项目自动化工程师 Kristian Larsson，探讨的内容是如何致力于实现完全的自动化。

第 11 章 · *Chapter 11*

YANG 模型设计

本章内容

❏ 如何以正确的思维方式进行 YANG 建模

❏ 针对 YANG 建模任务具体的建议

❏ 在 YANG 建模中应避免的常见缺陷描述

❏ 关于 YANG 向后兼容的讨论

11.1　导言

　　RFC 8407，"YANG 数据模型文档的作者和审阅者指南"（Guidelines for Authors and Reviewers of Documents Containing YANG Data Models），包含大量高层次的、非常具体的建议。该文档用于指导审查 IETF YANG 模型和探讨建模风格。虽然有些建议可能专用于 IETF，而不太适用于你的情况，而且文档只是建议而非严格的规则，但阅读后你还是会受益良多。本章秉承同样的精神提供了额外的内容，包括不具约束力的建议、对 YANG 中各种规则的少量解释、可避免的常见建模错误清单，以及围绕向后兼容的讨论。

11.2　建模策略

　　在进入建模细节之前让我们先看一下全景，以便进入正确的思维模式。

11.2.1　入门

　　假设某人让你写一个 YANG 模型，你正在迟疑如何入手。

YANG 模型是服务器与客户端之间的契约，它确定这两者之间的接口和行为。在大多数情况下，由服务器侧团队编写 YANG 模型（例如，厂商和许多标准组织 SDO）。偶尔，它更像是客户端侧的努力（例如，OpenConfig 和一些强大的买家）。理想情况下，在签订 YANG 契约时双方都应该在场（稍微延展一下，也许 IETF 可以被认为是这样，双方都有一些代表）。

不管你站在哪一边，考虑从客户端侧的用例着手是很有道理的。客户端希望观察、配置和了解什么？抽象到什么程度是合适的？哪些实现细节不重要？下一步开始对配置和状态信息建模，然后增加通知和操作。

另一种常见的方法是从底层开始建模。从现有的、已知的信息建立你的 YANG 模型。许多厂商以这种方式构建 YANG 模型，与现有的命令行界面（CLI）的结构相似。这让当前的用户和实现者能够驾轻就熟，这是非常重要和高效的。不过，从长期的基础设施管理演进角度来看，这可能不是最具战略性的方式，它倾向于巩固陈旧的习惯，并且促进了以 CLI 为中心的观点。

也许最好的方法是从寻找已有的模型开始。无论你要做什么，其他人对类似的事物可能已经进行过建模。如果你可以从其他模块导入结构，或将模型扩展到标准模块的上下文中，这可能是一种快速（甚至可能是最好的）的推进方式。如果你在谈论一个众所周知的模块，客户端软件很可能早已使用此模块。谈到快速推进，如果导入不可行，那么购买它的灵感和模式是在短时间内提高成熟度的好方法。

当你已经准备好某个版本的 YANG 模块后，请试用一下！获取工具来编译和验证它。在模块上运行 pyang -f lint 是一个好的开始，但这还不够。继续使用它！做自己的客户。你将很快地了解到哪些部分可以正常工作，以及用户喜欢哪些，不喜欢哪些。这也是构建测试用例、将示例文档化、向相关方进行演示的好办法。请记住古老的启动规则（startup rule）：演示或死亡！有大量免费工具可满足你演示所需要的一切。

请收集用户和执行者的反馈，针对不完美的地方寻找其他替代的建模方法。阅读相关的 YANG 主题。如果你正对模型的某些部分存在纠结，甚至可以尝试与某位 IETF YANG Doctors（IETF 的顶尖 YANG 专家）联系或者参与厂商举办的各种论坛。

在宣布胜利和发布 YANG 模型的第一个版本之前，尤其是在 SDO 中工作时，邀请一位 YANG 专家审查你的模块或模块集合。

11.2.2 你就是四星级将军

从山上的指挥所望去，你可看到数千个独立单位，它们都成群地排列在一起，排列在队列中。所有人都准备按照你的命令去做，尽力去做，直到他们最后的信号电子或彩色光子消失为止。所有人都在专心等待你的命令。

你如何使他们征服世界，又不会导致他们彼此之间相互绊倒？

无论你是管理网络、公司、生产工厂，还是军队，"控制"的意义都一样。你需要控制命令和授权的顺序，不断接收传感器的流输入，以及异常或危险情况下的警报。

你要保证的第一件事就是服从。无论何时下达命令，都应准确处理。如果命令有问题（例如，接收单位无法理解命令或命令不适合接收单位的角色），你希望立即了解，以便发布修正后的命令。

为了保持清晰，要么完全接受命令并执行，如果拒绝，则彻底不接受。在接收单位确认命令之前，该单位不对行为做出改变。如果你询问某单位命令是什么，它将原样上报原始命令，既不添加，也不删除任何东西，使用的词语也完全相同。在任何情况下，这种对命令的详述都不会与其他类型的信息混杂在一起，比如状态报告或一系列自主决定。命令必须与运维操作信息分开。

如果一个单位在执行命令时发现了问题，你希望尽快知道。在决定采取进一步的行动之前，你希望只要它不破坏或改变最初的命令，该单位应尽可能地继续执行命令。如果情况确实很糟糕，该单位最好完全关闭，并寻求帮助。

显然，接收单位必须有一定的自主性——某些单位自主性多一点，其他单位自主性少一点。这取决于角色、单位能力和任务的敏感性。即使是最高级的自治单位也不允许更改收到的命令，或者假装收到了自治决定的命令。

有些受控制的单位是监督员，他们向其控制的单位发布命令。每个单位通常应该由一个确定的主管来管理。如果每个主管所管理的范围被明确地划分且互不重叠，则允许同时存在多个主管。

如果一个命令包含多个指令，则由单位来决定如何完成命令中规定的目标。如果你想控制一个单元执行某些指令的准确顺序，则在每个独立的指令得到确认后再发送下一条命令。

11.3　YANG 建模技巧

我们一起探讨一下在你（和所有其他建模者）努力完成构建模块的时候，会遇到的一些情况。

11.3.1　命名模块

如果两个 YANG 模块有相同的名称，那么它们不能在同一 RESTCONF 服务器中共存，因为模块名称会被用作模块标识符。

为了避免不必要的麻烦，简单方法是确保模块名称是全局唯一的。一种很好的方法是用你的组织名称作为模块名称的前缀。示例 11-1 提供了一些与接口有关的实际模块名称。

示例11-1　一些良好命名的YANG模块

```
ietf-interfaces.yang
openconfig-interfaces.yang
xran-interfaces.yang
junos-conf-interfaces.yang
```

```
Cisco-IOS-XE-interfaces.yang
Cisco-IOS-XR-ifmgr-cfg.yang
```

不仅模块名称必须唯一，根据规范，模块命名空间的字符串也必须全局唯一。在不集中注册的前提下要提供唯一的命名空间名称，官方建议选择以组织 URL 开头的命名空间，然后追加反映组织内部结构的字符，或任何其他组织内部无歧义的机制，典型的是后面加上模块名称。示例 11-2 给出了一些实际的命名空间。SDO 通常是向互联网号码分配管理局（The Internet Assigned Numbers Authority，IANA）注册命名空间。这类命名空间名字是不一样的，通常以 urn: 开头。

示例11-2　良好的YANG命名空间示例，厂商私有命名空间（未向IANA注册）和IANA注册的命名空间

```
// Private namespaces
namespace "http://openconfig.net/yang/interfaces";
namespace "http://yang.juniper.net/junos/conf/interfaces";
namespace "http://cisco.com/ns/yang/Cisco-IOS-XE-native";
namespace "http://cisco.com/ns/yang/Cisco-IOS-XR-ifmgr-cfg";

// IANA-registered namespaces
namespace "urn:ietf:params:xml:ns:yang:ietf-yang-library";
namespace "urn:mef:yang:mef-topology";
namespace "urn:xran:interfaces:1.0";
```

使用基于 urn: 的命名空间不是个好主意，除非你已经向 IANA 注册这些命名空间。否则，正如互联网先驱沃伦·库马利（Warren Kumari）所说："这是一个真正的坏主意（和糟糕的形式）。"

最后，由于命名空间名称冗长且复杂，因此需要选择较短的前缀字符串。技术上，根据规范，它们不需要是唯一的。但实践中，如果它们是唯一的，用户可以更好地理解模块引用（使用前缀）。如果你有一个很好的模块名称，选择相同的字符串作为前缀实际上可能是一个较容易保持互操作的好方法。

11.3.2　发布模块

当一个 YANG 模块传递到用户手中，它就会被认为已发布。再去改变模块的内容用户可能会不高兴。YANG 模块一经发布，就应该开始考虑向后兼容规则。

YANG1.0、RFC 6020 的第 10 节和 YANG1.1、RFC 7950 的第 11 节等对 YANG 模块的向后兼容性进行了定义。本章后面还将继续讨论该主题。总的来说，规则规定：如果客户端对使用新版本 YANG 模块的服务器当前执行的任何合法操作，对旧版本的 YANG 模块仍然可以执行，则 YANG 模块是向后兼容的。

发布一个非向后兼容模块的正确方法是为模块提供新的命名空间和文件名。为了使大家做事情都容易些，新的前缀可能是正常的。这让每个人都清楚地看到，这是一个新的、并非完全向后兼容的模块。

理论上，模块作者可以让自己的工作更加轻松，只需不断给模块加上新的名称和前缀。然而，这对该模型的使用者是不利的，因为需要处理大量的不同版本。为了在 YANG 接口市场上更具有吸引力，明智的做法是不要频繁发布不兼容的版本。

有时，YANG 模块已经发布，但在相对较短的时间（几周或几个月）内，尝试使用该模块的大社区发现了一些深层次的缺陷。缺陷修复后（通常采用非向后兼容的方式）会想到模块名称、命名空间和前缀是否必须更改。正式来讲，答案是必须更改，但如果有缺陷的模块被认为是"不可实施的"（也就是说，该模块目前根本无法使用），此时更改名称、命名空间和前缀，对用户社区的损害可能会更大。

无论支持或反对在名称、命名空间、前缀等维度中进行导航变更，在不添加变更声明的情况下发布更新后的 YANG 模块都是不合理的。YANG 规范写得非常清楚：发生任何变更都必须添加修订声明。

11.3.3　选择 YANG 标识符

计算机科学界经常争论命名的重要性。"一个名字仅仅是一个名字"，这是一种看待名字的方式。只要在正确的时间被引用并且拼写正确，计算机不会关心这个名字是什么。另一个不同的观点是，名称是最重要的东西，因为它们传达了被操纵的事物的语义。结构和逻辑只是围绕它们的实现细节。

尽管如此，在 YANG 模块等接口上达成共识时，大家都认可好的名称是非常重要的。避免人为错误的一个重要原则是最小意外原则（The principle of least surprise）。一致性、良好的秩序和清晰度是降低意外发生最基本的方法。

为此，YANG 社区颁布了一系列关于 YANG 模块标识符定义方式的规则。尽管很多规则都很武断，但这不是重点。一个好的接口应该坚持遵守这些规则，除非有 (足够) 充分的理由不遵守。

所有的 YANG 标识符都应小写。这样，运维人员和程序员就不需使用 Shift 键。可能偶尔会遇到一些缩写，在人们的脑海中根深蒂固地认为大写是唯一的选择，但这与 YANG 所有小写的期望相冲突，所以通常还是推荐使用小写。

由多个单词组成的标识符应使用短划线（连字符）来连接。程序员习惯使用下划线字符，但网络运维人员习惯连字符。此外，在大多数地区短划线字符不需要使用 Shift 键。

使用缩略语通常要小心。作为模块设计人员，你显然对这些缩写了然于胸，但是许多模块用户不了解。如果使用缩写，这些缩写应该在所有使用模块的地方都保持一致。

请不要在子项的命名中重复父项的命名。例如，interfaces 列表中的 key leaf 应该是 name，不要命名它为 interfaces-name。

11.3.4　接受空配置

既然你正在为每个用户都想使用的新功能进行建模，因此很难想象该功能会被包含在一个对你的模块不感兴趣的系统中，至少现在不会。

明智的做法是保留一个空配置，这是有意义的，并且是允许的。除非配置了自治系统（AS）编号，边界网关协议（BGP）才能正常工作。因此请确保仅在使用 BGP 时才需要 AS 编号。

常见方法是将整个模块的内容放置到一个 presence 容器中，如示例 11-3 所示。这允许用户启用和禁用整个功能，并且仅在使用该功能时才需要所有必需的元素。

示例11-3　必需的leaf放置在presence容器内，以允许空配置

```
container bgp {
  presence "Enable BGP";
  leaf as-number {
    type uint32;
    mandatory true;
  }
```

同样的考虑适用于整个系统。你的 YANG 模型很可能用于最初未考虑的场景（例如，在一个远离你自己系统的控制器环境中，或者仅用于虚拟机启动时的首发配置中）。

11.3.5　使用 leafref

每当 leafref 被用来代指某物，而不仅仅是普通字符串或整数时，YANG 模型的可读性和价值都会显著增加。leafref 解释了一个值不仅必须符合基本类型，而且在列表中代指一个特定的实例。这在如何显示此信息或如何输入到系统上会产生巨大的不同。

聪明的用户即使没有 leafref 模型也能推断出这种关系，但如果要自动化，就必须把类似的语义提供给那些缺乏人类智慧的可怜机器。为机器的权利而战，必须让你的设计清晰起来！

如示例 11-4 所示，leafref 作为配置的一部分，要求代指的实例必须存在，并且目标是一个可配置的元素。如果删除了目标元素而未更改 leafref，则会导致事务失败。有时这不是你想要的，例如，你希望某些配置代指某个硬件，理论上可以随时将硬件删除。在这种情况下，将语句 require-instance false 添加到 leafref（需要 YANG 1.1）定义中，明确地表明 leafref 的目标可能存在或可能不存在。

示例11-4　一个config true的leafref通过require-instance false语句配置为config false的数据

```
list sensor {
  config false;
  key  position;
  leaf position {
    type string;
  }
  …
}
…
```

```
list threshold {
  key position;
  leaf position {
  type leafref {
    path /sensor/position;
    require-instance false;
  }
}
leaf max-temp {
  …
```

11.3.6　注意 XPath 特性

XPath 表达式在 YANG 中是必不可少的：在 leafref 路径中是限制的形式；在 when 和 must 表达式中是完整的形式。请记住，YANG 必须明确使用 XPath 1.0。你从 XPath 2 或 XPath 3 中搜索到的任何实用功能都不受欢迎，这是因为许多更高版本 XPath 标准定义的功能需要更多内存消耗，因此不适用于经常使用 YANG 的嵌入式环境。

另外，请勿使用任何 XPath 轴（带有双冒号（::））。其中有几个在 YANG 中未定义（例如，preceding-sibling::）。其余的只是不能很好地互操作，实现效率不高（例如 ancestor::）。如果你希望 YANG 模块能够成功，请远离 XPath 轴。

偶然编写一个看似简单却需要实现海量数据处理的 XPath 表达式很容易。让具有计算机科学背景的专家考虑实现如何评估你的约束。终端模块使用者不能容忍模块中含有阻碍高效实现的约束。一个特殊的例子是使用 XPath 双斜杠（//）搜索运算符。千万别用它。

11.3.7　枚举和其他

在许多情况下，你需要枚举一些不同的选项。YANG 中有很多方法可以做到这一点。

假设有一个含有某些特性的固定集合，这些特性可以打开或关闭。类型 bits 可能是一个将特性捆绑在一起的紧凑的方法。如果你想扩展此 bits 集合，可以通过向后兼容的方式发布新版本的模块。但是，你不能删除已发布的任何 bit 定义，至少不能以向后兼容的方式删除。

枚举是为用户提供多种可选方案的最常用方法。在广泛的使用案例中，枚举是合理的。如果你想扩展枚举值的集合，请通过发布模块的新版本来扩展。这是向后兼容的。与 bits 一样，你不能删除已发布的枚举值，或者删除其中任何一个至少会破坏向后兼容性。

如果 bits 值或枚举值在所有实现中都没有意义，请使用 if-feature，标记为某些系统上不可用。如果你预感某些值未来将不再有意义，也可以利用这个机制。在此情况下，请使用语句 if-feature legacy-feature 建模。新的系统可以选择不支持此 legacy-feature，从而使这些枚举值或 bits 变成无关紧要的。不过，YANG 文本中仍然必须提到这些 legacy-feature 的值。基本上都得这么做。

如果你需要对系统中有效的取值提供最大的灵活性，请使用 identity 类型。YANG 中的 identity 与枚举（enumeration）非常相似，但它允许在任何 YANG 模块中定义可能的值，而不仅仅在定义类型的模块中。这样，随着时间的推移，可以通过添加属于同一类别的更多 identity 来添加新值。它们被添加到同一模块、新的标准模块或专有模块中，也可以被移除。只需确保你的系统不支持定义某些 identity 的 YANG 模块，它们将不再作为该系统的选项。通过使用 identity，你可以创建一组非常灵活的值，由系统支持的 YANG 模块控制。

此外，identity 不一定只是简单的可能值列表。它还可以表示类属 (kind-of) 关系，如 X 是一种 Y。这使得 identity 成为模型集合的理想选择，在模型集合中存在大量且不断增长的不同种类的类型和子类型。可以想到的有大量的网络接口类型，当然传感器类型或传统的面向对象（如车辆类型和几何形状）也是很好的例子。比如千兆以太网（GigabitEthernet）接口是一种以太网接口，也是一种接口。通用路由封装隧道（GRE-tunnel）接口是一种隧道（Tunnel）接口，也是一种接口。因此，GRE-tunnel 是一种接口，但不是一种以太网接口。

当你正在使用具有子分类的 identity 进行建模时，很容易创建硬件相关的 YANG 模型，例如传感器、温度传感器或用于火灾报警的超温传感器。

为了可以使用 identity 值的未来可扩展性和子分类特性，请记住，在 YANG 中比较 identity 值时，需要使用 XPath 函数 derived-from() 和 derived-from-or-self()，如示例 11-5 所示。如果直接使用 XPath 平等测试，你将会错失未来可扩展性。

示例11-5　正确比较identitiy值的方法

```
leaf sensor-type {
  type identity {
    base sensors:sensor-idty;
  }
}
container temp-thresholds {
// DON'T write   when "../sensor-type = 'sensors:temperature';
// since this will not allow for future sub-types of temperature sensors
  when "derived-from-or-self(../sensor-type, 'sensors:temperature');
    …
}
```

11.3.8　选择主键

当建模列表时，通常最重要的建模设计问题是选择什么作为列表主键。主键应该是一个信息片段，能唯一确定人们正在谈论的列表条目。有时选择什么做主键是显而易见的，有时则不是。有时显而易见的选择并不是好选择。

对于 YANG 模型，通常是选择所谓的自然主键。也就是说，对于用户来说，这些主键都具有直观的意义，比如，接口列表的主键？接口名称；企业客户列表的主键？企业名称；传感器列表的主键？传感器路径。

替代自然主键的是所谓的合成主键。也就是说，除了唯一确定列表条目之外，没有什么内在意义的键。这可以是接口号（hello SNMP）、客户号或传感器通用唯一标识符（UUID），基本上是一个非常大的随机数。

自然主键的优点是它们不会将很多毫无意义的数据引入系统，也不会间接地要求运维人员或程序员查找和交叉引用。这潜在地减少了运维人员和程序员的错误数量。合成主键的优点是可以轻松地重命名对象，而且不会影响数据结构。YANG 允许模型作者使用任何一种方法，但倾向于自然主键。

有时，明显的主键不是好的选择。访问控制列表（ACL）自几十年前从大多数厂商的命令行接口中发明以来，就一直被规则编号所控制。当 ACL 在 IETF 中建模时，选择规则编号作为 ACL 的主键非常自然。

然而，规则编号有一个问题。它们本身不仅对操作者来说毫无含义（一个叫作"110"的 ACL 丝毫没有透露它的作用）。如果同样的 ACL 叫作" Block Netflix"，你立即会有一个基本的理解。更糟糕的是，规则编号具有双重目的。它们不仅用于识别，也用于按升序对列表条目进行排序。

最初，用户可以创建名为"100"的 ACL，然后创建名为"110"的另一个 ACL。随着时间的推移和新规则的插入，现实中非常可能在这两个之间必须插入超过 9 个 ACL。然后呢？厂商提出了解决此问题的各种方案（例如，使用" renumber"命令）。某些运维人员调用" renumber"之后，不知道规则编号变更的管理器无法正常工作。IETF 最终选择的方法是为所有 ACL 添加一个 name leaf，并使列表 ordered-by user（按用户排序）。

> **注释**
>
> 　如果你已经习惯使用全是 Juniper 设备的网络，你将对这一点会心一笑，确实如此。

这意味着每个 ACL 都可以指定一个有意义的名称，并且规则集合不按名称排序。相反，ACL 被插在另一个被命名的 ACL 规则"之后"或"之前"，或者"第一个"或"最后一个"。从工业自动化的角度来看，这看似微不足道的主键转移实际上是一个巨大飞跃。

另一种可能是列表中没有主键。这只允许用于可操作的（config false）列表，否则无法表示正在讨论的是哪个列表条目。如果你想编辑其中的一个，那将是一个大问题。在某些情况下允许使用无主键列表，但并不意味着这在所有这些情况下都是好主意。

例如，如果定义了一个返回 50 个温度读数列表的通知或操作，则无键列表是好的。读数本身不一定是唯一的，因此不能作为主键。你也可以引入一个合成主键（例如，1、2、3……）来枚举读数，但这没有价值，此时使用无主键列表很有意义。

例如，如果你有一个包含 50000 个日志消息的操作列表，则没有主键的列表就不太好。使用时间戳作为主键可能是有道理的。无主键列表的问题是，除了阅读所有的列表之外，不可能以任何其他方式阅读列表。当没有主键的时候，你就没有办法表达想从哪里开始或停止阅读，所以要么是全部，要么是全不。从管理角度来看，很长的操作列表是一个可怕的（不，恐怖的）想法。想象一下一个运维人员需要等待 Web 界面加载 50 000 条日志消息，而在设备上加载这些并不必要，只是为了显示第一个页面。

11.3.9 空类型和布尔类型

YANG 的空类型（empty）在用于标记某个条件（例如启用了某物）方面与布尔类型（boolean）非常相似。一个空类型的 leaf 可以存在或不存在，除此外不能有任何真正的值。boolean 类型的 leaf 可以赋值 true 或 false，也可以不存在。

空类型（empty）不能用作 YANG1.0 中的列表主键。它在 YANG1.1 中允许使用，但仍然相当尴尬，因为缺少的值表示空字符串。如果你询问非程序员，这可能不是最明显的输入值。Type empty 也不能有默认值。另一种说法也许更好，一种 Type empty 的 leaf 总是默认不存在。

有疑问时使用 boolean 类型 leaf 可能更安全，因为它对将来如何使用 boolean 类型 leaf 限制更少。另一方面，如果你使用 boolean 类型 leaf，请务必描述 leaf 不存在的含义（比如，提供一个默认值）。

11.3.10 重用分组

为了使 YANG 的代码片段可以在多个模块中重用，它需要成为一个类型定义 typedef 或进入一个分组。将一个 YANG 的代码片段放入一个子模块中以被多个模块包含是 YANG 中不起作用的策略。子模块必须声明其属于哪个主模块，因此它（有意地）仅属于一个主模块。

为了在多个模块的多个位置上可以重用，分组通常必须在任何 leafref、when 或 must 表达式中使用相对路径。如果一个分组中不包含任何 config false 语句，那么它也许可以在 config true 和 false 的上下文中重用。

分组的可重用性使得将几乎所有的事物建模为分组是很有吸引力的。一些建模者实际上已经在这样做了。这种方法的缺点是模型本身经常会变得更难阅读，因为大部分模块包含 uses 声明。使用诸如 pyang -f tree 的工具无疑将有助于了解这种情况的概貌。

11.3.11 偏离标准 YANG 模块

比宣称已经实现标准 YANG 模块但没有正确实现更糟的只有一件事情：那就是对任何此类偏离或遗漏的实现保持沉默。因此，YANG 规定了偏离（deviate）声明，允许实现者声明其实现与标准有何不同。但是，此关键字的存在并不意味着客户端将能够处理声明的偏离。简而言之，偏离（声明）是不遵循标准的一种极差的替代方案。

偏离在某种程度上类似于挂在咖啡机或会议室投影机上的"out of order"标志。预示着一种不理想的状况，但至少会让用户意识到不必浪费时间来找出问题，而且也不必发送关于此问题的报告。

偏离有不同的等级。轻度偏离是指设备声明可以有限支持的情况。如果在不偏离模型中看来符合偏离模型的配置仍然有效，则可以很好地解决问题。在这种情况下，你虽然不能宣称符合标准，但是已经相当接近标准了。

设备声明不支持某个特性的一个更好的方法是，确保该特性存在于 YANG 文件中，而设备不会声明它——或者该特性附带一个 YANG 特性声明，而设备不会发布。

从可编程性的角度来看，暗偏离（dark deviation）是毒丸——这当然是指未声明但已发布的 YANG 模型中的任何偏离。暗偏离是指允许或者要求的配置是符合标准的设备所不能理解的（例如，新枚举值、已更改的结构或已更改的类型）。

YANG 默认值（default）偏离是两者之间的"灰色地带"。有时它们几乎完全没有问题，但有时非常具有破坏性。

对于任何认为自己是标准定义组织成员的建模者，一个特别关注的问题是：SDO 模型偏离（例如，偏离其他 SDO 的工作）没有意义。就像在标准中永久建立一个"out of order"标志。此外，它还剥夺了任何 YANG 模块实现者的最后手段。实现者不能偏离 SDO 的偏差，因为偏差是无法偏离的。

11.3.12　瞬态配置和其他依赖项

YANG 的基石之一是仅通过查看配置和与该配置有关的 YANG 模型，就可以判断该配置是否有效。具体来说，该配置是否有效与当前设备状态或月相（the phase of the moon）无关。这使管理人员可以预测设备的行为，执行全网事务等操作。

因此，对配置的限制（通常采用 must 语句的形式）是不能使用 config false 数据。如果使用，那么配置的有效性将取决于操作状态，这是自动化方案不可接受的。

在 YANG 模型中，这是一条严格的规则，但是某些 YANG 编译器实现不够聪明，无法理解模块中某些复杂的 must 表达式实际引用的内容，导致某些违反此规则的行为得以通过。警惕此类行为，并确保 YANG 模块不依赖运行状态。即使碰巧使用的编译器接受这类行为，YANG 仍然被破坏了。这类行为会阻碍实现互操作，从架构的角度来看也不是一个好主意。

SNMP 中有一种依赖于操作状态的特定变量称为"瞬态配置"（transient configuration）。在 SNMP 中，可以为含有可读、可写属性（例如，最大传输单元 MTU）的只读对象（例如，环回接口）建模。这种情况可作为含有 config true leaf 的 config false 列表，大致转化为 YANG 模型。在 YANG 中，这是特别禁止的，所有编译器都可能将其标记为错误。在 3.7 节中对如何正确混合使用 config true 和 config false 数据进行了更深入的讨论。

11.3.13　增强 YANG 模型

YANG 建模语言的真正优点之一是：它允许一个模块以向后兼容的方式增加（即扩展）任何其他模块。这使 SDO 能够定义许多厂商约定和使用的基本通用结构，并且能够使厂商在相同的上下文环境下添加专有的扩展。

增强一个模型时，需要记住，使用增强模型的任何用户可能都没有意识到增强，并且必须有权可以完全忽略增强部分。这意味着，即使在模型增强的情况下，任何没有增强的有效配置都必须保持有效。因此，通常不可能在强制元素中进行增强，或添加新的约束（如 must 或 when 表达式）来限制原模块中的数据。

11.3.14　anyxml 和 anydata 类型

YANG 的 anyxml 和 anydata 类型主要用于对 NETCONF、RESTCONF 等基础 RPC 操作建模。例如，从 edit-config 输入或从 get 操作输出进行建模时，除了将数据编码表示为可扩展标记语言（XML）或 JavaScript 对象表示法（JSON）之外，没有其他方法来描述这些有效数据。

这些类型可以在 YANG 模型的任何地方使用。不过，请注意，由于从 YANG 的角度来看，这些数据实际是不透明的，因此使用任何类型都需要客户端的硬编码能力。这就减少了来自 YANG 模型驱动的价值。此外，除非对允许的数据进行精确描述，否则互操作性将会受到影响。

11.4　常见的 YANG 错误

如果你希望注册成为 IETF YANG Doctor，你可以体验到参与所有开发新标准所带来的温暖感觉。同时，你不仅可以从自身的错误中学习 YANG，而且还可以从他人的错误中学习 YANG。以下是有关 IETF 标准、其他 SDO 和整个行业的评论中发现的一些最常见最具代表性的问题讨论。

11.4.1　不明确的 optional leaf

YANG 中最常见的问题之一是当 optional leaf 不存在时，作者没有描述它的含义。请记住，在 YANG 中，没有 mandatory true 声明或没有任何 default 声明的 leaf 可能根本不存在。事实上，如果一个 optional leaf 没有默认值，"无值"（no value）通常是它的初始状态。

布尔类型 leaf enable 的属性要么是 true，要么是 false（表示它所关联的对象是否在用），含义很清晰，但是如果该 leaf enable 根本不存在，是什么含义？这就像泥浆一样很难解释清楚。或者，如果未设置 leaf 的值，值范围中不包含数值零或其他明显值，leaf 会怎么样？这在示例 11-6 中说明。

示例11-6　leaf属性值不存在时，含义不明确

```
leaf enable {
    type boolean;
}
…
leaf mtu {
    type uint32 {
        range "68..65535";
    }
}
```

解决此歧义的最佳方法通常是添加默认值 default 语句（例如，default true 或 default 1500）。设置之后，leaf 总会有一个值，模糊便消除了。如果没有合理的默认值，另一个选项是设置 mandatory true（即强制运维人员 / 程序员填写值）。这种方法消除了歧义，但也给运维人员或程序员带来一个额外的必须要完成的强制性任务。最后一个方法是写在 leaf 声明语句中，解释此 leaf 没有值时如何配置。如果不对这种情况进行定义会造成未来的互操作性问题。

11.4.2　缺失范围

刚开始建模时，不深入细节描述每个 leaf 的确切类型、范围和限制可以理解。然而一个常见问题是：模块已经发布，但这些细节尚未制定完成。这在示例 11-7 中说明。

示例11-7　未制定完成的leaf，缺少范围或其他的格式声明

```
leaf prefix-length {
  type uint8;
}
…
leaf mtu {
  type uint32;
}
…
leaf isbn {
  type string;
}
```

互操作性的关键在于共同理解。因此，说明什么是有效值非常关键。

11.4.3　过度使用字符串

在 YANG 模块中，理论上任何类型都可以替换为 string 类型，同时保持数据不变。* 考虑所有类型都可以在设备 CLI 或 Web 界面中通过文本展示，这一点便显而易见。一个懒惰的建模者可以将任何 leaf 都建模为字符串。幸运的是，这种情况并没有发生，因为很多信息是随着类型一起传递的。

> *** 注释**
> 然而，这种变化是非向后兼容的，因为导线表示法可能会发生改变。YANG 驱动的数据库等可能会受到的影响。

字符串适用于各种类型的命名建模，不限制值的大小。当引用另一个 YANG 对象时，leafref 通常是正确的类型，而不是字符串 string。

建模者过度使用普通字符串的最常见情况是，将来自其他建模语言或 API 的模型翻译

成 YANG。在任何此类翻译工作中都要对类型信息保持警惕，以免原始模型中缺失的细节也影响到新的 YANG 模块。

11.4.4 错误的字符串模式

使用 YANG 模式 pattern 声明，可以强制字符串 leaf 符合正则表达式。这对快速、轻松地描述有效值非常有用。然而，有几个错误经常发生，值得注意。

第一个问题是正则表达式有几种不同的风格。这几种风格都很相似，容易让人感到困惑。两种主要的风格是所谓的 perl-regex（a.k.a. python-regex）和 W3C-regex。前者主要用于编写脚本，后者则来自 Web 和 XML 领域。YANG RFC 特别指出，YANG 字符串模式声明必须使用 W3C-regex 风格。

这两种风格非常相似，使得我们不能确定作者心中的表达式是哪种风格。然而，在实际操作中，有几个特征可以帮助揭示 YANG 中许多无效的 perl-regex 表达式。W3C-regex 总是在两端锚定，这意味着 regex 必须匹配整个值，从第一个字符到最后一个字符。既然匹配整个值是模式作者最常见的意图，所以 perl-regex 通常在头部和尾部都有锚定符号。这意味着，如果你在 YANG 中看到一个以小括号 (^) 开头和 / 或以美元符号 ($) 结尾的模式声明，那么 perl-regex 很可能入侵了你的 YANG 模块。还有许多其他的细微差别，仅仅删除锚点有时不足以将表达式翻译成 W3C-regex 语法。

有时与从其他来源导入的正则表达式一起出现的另一个问题是表达式可能很长。无法阅读的模式并不是好模式，不适合包含在 YANG 模式声明中。毕竟这是一个契约，为了实现良好的互操作性，各方都必须理解。

在这种情况下，最好在 description 声明中描述这个约束，然后由实施者根据自己的意愿强制执行有效性验证。大量正则表达式需要占用大量的 CPU 或内存来验证，因此 YANG 模型可能对资源受限的设备类型并不是那么适用。

示例 11-8 是 YANG 模式 pattern 声明的真实示例，该语句不可读、太长，无法进行有效验证，并且还使用了无效的（在 YANG 上下文中）perl-regex 语法。

示例11-8 pattern声明中无效、不可读和效率低下的正则表达式

```
pattern "^(([0-9]|[1-9][0-9]|1[0-9]{2}|2[0-4][0-9]|25[0-5])\.){3}([0-9]|[1-9][0-9]|1[
0-9]{2}|2[0-4][0-9]|25[0-5])$|^(([a-zA-Z]|[a-zA-Z][a-zA-Z0-9\-]*[a-zA-Z0-9])\.)*([A-Z
a-z]|[A-Za-z][A-Za-z0-9\-]*[A-Za-z0-9])$|^(?:(?:(?:(?:(?:(?:(?:[0-9a-fA-F]{1,4})):){6
})(?:(?:(?:(?:(?:[0-9a-fA-F]{1,4})):(?:(?:[0-9a-fA-F]{1,4})))|(?:(?:(?:(?:(?:25[0-5]|
(?:[1-9]|1[0-9]|2[0-4])?[0-9]))\.){3}(?:(?:25[0-5]|(?:[1-9]|1[0-9]|2[0-4])?[0-9])))))
)))|(?:(?:::(?:(?:(?:[0-9a-fA-F]{1,4})):){5})(?:(?:(?:(?:(?:[0-9a-fA-F]{1,4})):(?:(?:[
0-9a-fA-F]{1,4})))|(?:(?:(?:(?:(?:25[0-5]|(?:[1-9]|1[0-9]|2[0-4])?[0-9]))\.){3}(?:(?:
25[0-5]|(?:[1-9]|1[0-9]|2[0-4])?[0-9]))))))))|(?:(?:(?:(?:[0-9a-fA-F]{1,4}))?::(?:
(?:(?:[0-9a-fA-F]{1,4})):){4})(?:(?:(?:(?:(?:[0-9a-fA-F]{1,4})):(?:(?:[0-9a-fA-F]{1,4
})))|(?:(?:(?:(?:(?:25[0-5]|(?:[1-9]|1[0-9]|2[0-4])?[0-9]))\.){3}(?:(?:25[0-5]|(?:[1-
9]|1[0-9]|2[0-4])?[0-9]))))))))|(?:(?:(?:(?:(?:[0-9a-fA-F]{1,4})):){0,1}(?:(?:[0-9a
```

```
-fA-F]{1,4})))?::(?:(?:(?:[0-9a-fA-F]{1,4})):){3})(?:(?:(?:(?:(?:[0-9a-fA-F]{1,4})):(
?:(?:[0-9a-fA-F]{1,4})))|(?:(?:(?:(?:(?:25[0-5]|(?:[1-9]|1[0-9]|2[0-4])?[0-9]))\.){3}
(?:(?:25[0-5]|(?:[1-9]|1[0-9]|2[0-4])?[0-9])))))))))|(?:(?:(?:(?:(?:(?:[0-9a-fA-F]{1,4}
)):):){0,2}(?:(?:[0-9a-fA-F]{1,4})))?::(?:(?:(?:[0-9a-fA-F]{1,4})):){2})(?:(?:(?:(?:(?:
[0-9a-fA-F]{1,4})):(?:(?:[0-9a-fA-F]{1,4})))|(?:(?:(?:(?:(?:25[0-5]|(?:[1-9]|1[0-9]|2
[0-4])?[0-9]))\.){3}(?:(?:25[0-5]|(?:[1-9]|1[0-9]|2[0-4])?[0-9])))))))))|(?:(?:(?:(?:(?
:(?:[0-9a-fA-F]{1,4})):){0,3}(?:(?:[0-9a-fA-F]{1,4})))?::(?:(?:(?:[0-9a-fA-F]{1,4})):)(?
:(?:(?:(?:(?:[0-9a-fA-F]{1,4})):(?:(?:[0-9a-fA-F]{1,4})))|(?:(?:(?:(?:(?:25[0-5]|(?:[
1-9]|1[0-9]|2[0-4])?[0-9]))\.){3}(?:(?:25[0-5]|(?:[1-9]|1[0-9]|2[0-4])?[0-9])))))))))|(
?:(?:(?:(?:(?:(?:[0-9a-fA-F]{1,4})):){0,4}(?:(?:[0-9a-fA-F]{1,4})))?::)(?:(?:(?:(?:(?:(?
:[0-9a-fA-F]{1,4})):(?:(?:[0-9a-fA-F]{1,4})))|(?:(?:(?:(?:(?:25[0-5]|(?:[1-9]|1[0-9]|
2[0-4])?[0-9]))\.){3}(?:(?:25[0-5]|(?:[1-9]|1[0-9]|2[0-4])?[0-9])))))))))|(?:(?:(?:(?:(
?:(?:[0-9a-fA-F]{1,4})):){0,5}(?:(?:[0-9a-fA-F]{1,4})))?::)(?:(?:[0-9a-fA-F]{1,4})))|
(?:(?:(?:(?:(?:(?:[0-9a-fA-F]{1,4})):){0,6}(?:(?:[0-9a-fA-F]{1,4})))?::))))$";
```

　　YANG pattern 特性中 invert-match 子声明鲜为人知且未得到充分利用，如示例 11-9 所示。它可以使建模者以非常精确和紧凑的方式轻松排除非法值。不使用 invert-match 描述如下规则将使模式变得冗长复杂。

示例11-9　充分使用修饰符invert-match排除无效模式

```
leaf hostname {
  type string {
    pattern '[a-zA-Z0-9]+[a-zA-Z0-9-]*';
    pattern '.*-' {
      modifier invert-match;
    }
    pattern localhost {
      modifier invert-match;
    }
  }
  description
    "The hostname must be at least one character long,
     start with a letter or number, and may contain dash (-) symbols,
     except first and last. The hostname must not be 'localhost'.";
}
```

11.4.5　无效的空配置

　　如前所述，在尝试使用 optional leaf 解决问题时，另一个错误对初学者也很常见。某个 leaf 是强制性的，但这导致从 leaf 一直到 root 始终存在一条元素链。这使该 leaf 在 YANG 模块的每个配置中都是必需的，如示例 11-10 所示。

示例11-10　Container缺少presence声明，使leaf as-number全局强制

```
module bgp {
    …
```

```
container bgp {
  leaf as-number {
    mandatory true;
      type uint32;
```

即使你要建模的 leaf 对于功能的正确操作至关重要，明智的做法是构建一个模型，其中可以完全不配置此功能。始终存在容器中的强制性 leaf 必须在每个可以设想的配置中都具有一个值（例如，即使在 Day 0 初始配置中也是如此）。

这不是个好主意，有几种方法可以解决此问题。一种方法是给 leaf 一个默认值。还有一种方法是将父容器之一设为可选（即，使其成为一个 presence 容器）。

11.4.6 使用约束时出现的误解

对于 must 声明，第一个常见问题是理解何时使用它。当它所在的对象确实存在（即，已配置或具有默认值）时，需要使用 must 声明的约束。容器被认为始终存在于 YANG 中（除非它们是 presence 容器），因此一旦容器的父级存在，则容器的 must 声明将适用。如果这是该模块的顶层（或者是始终存在的另一个容器，依此类推），则 must 条件始终适用。示例 11-11 显示的实际例子（使用匿名更改标识符）以多种方式演示了该问题。

示例11-11　一个始终适用的must声明

```
container top {
  must the-list {
    error-message "The-list must not be empty once initialized";
  }
  list the-list {
```

这里建模者未能意识到 must 语句从开始就适用，这使初始的空配置无效。要使空配置有效，容器必须是 presence 容器，如示例 11-12 所示。

示例11-12　一个当且仅当配置top时才适用的must声明

```
container top {
  presence "Enables the top functionality";
  must the-list {
    error-message "The-list must not be empty once initialized";
  }
  list the-list {
```

既然在创建 top presence 容器后 must 声明才适用，此刻初始配置就是有效的。另一方面，用户可以随时删除 top 容器，从而使约束不再适用。

建模者设置完成后强制执行某些操作的意图在 YANG 中无法表达（即使设备仍然可以实现这种异常行为）。这是有意为之。在 YANG 中，将来配置的有效性不得取决于当前配置。基本上总是可以回退到过去的配置，换句话说，没有阻碍自动化流程或运维人员恢复备份的"糟糕的小规则"(Crappy Little Rule，CLR)。

11.4.7　缺少简单的约束

当 YANG 中存在许多可用的简单结构时，许多致力于编写紧凑优良模型的建模人员会经常使用 must 和 when 语句。如示例 11-13 所示，简单的结构更易于阅读和理解，又使系统更容易以较低的计算成本进行验证。

示例11-13　使用复杂和缓慢的must表达式构建的约束

```
// Uniqueness constraint
list tunnel {
  key "host port";
  leaf host { … }
  leaf port { … }
  leaf local-port { … }
  must "count(../tunnel[local-port=current()]) = 1";
…
// At least two instances constraint
must "count(name-server) >= 2";
list name-server {
…
// One or the other constraint
leaf ipv4-address {
  when "not(../ipv6-address)";
  …
}
leaf ipv6-address {
  when "not(../ipv4-address)";
  …
}
```

使用 unique、min-elements、max-elements 和 choice 等更简单的 YANG 结构，建模者可以编写如示例 11-14 所示的约束。这使得这些约束更容易阅读，服务器也更容易正确实现。记住，YANG 模块是契约。大家理解得越好越有效。

示例11-14　使用简单快速的YANG机制构建约束

```
// Uniqueness constraint
list tunnel {
  key "host port";
  unique local-port;
  leaf host { … }
  leaf port { … }
  leaf local-port { … }
…
// At least two instances constraint
list name-server {
```

```
    min-elements 2;
    …
    // One or the other constraint
    choice ipv4-or-ipv6 {
      leaf ipv4-address { … }
      leaf ipv6-address { … }
```

11.4.8   误入歧途

任何试图传授 XPath 导航的 YANG 规则的老师都必须承认，这并不像文件系统比喻所暗示的那么简单。除了提供给用户虚假的安全感外，许多 YANG 校验工具都几乎无济于事。许多工具甚至都没有支持 XPath 表达式。难怪那么多年来，许多 YANG 路径已误入歧途。

近年来，工具状况已得到根本改善。即使格式错误的路径感染了模块，当有人指出问题时，工具不好也不是无法尽快修复的借口。

目前路径（path）方面主要有两种问题。第一个是关于 schema tree 路径和 data tree 路径之间的差异。在示例 11-15 中，路径将遍历 schema tree 的部分节点，而且当计算路径使用 ".." 的数量时必须忽略这些路径。

示例11-15　使用带路径的when表达式发现许多意外

```
container top {
  leaf selector {
    type enumeration {
      enum first;
      enum second;
    }
  }
  …
  choice first-or-second {
    case first {
      leaf f-value {
        when "../selector = 'first'";
        // "case" and "choice" don't count in the path
        type uint32;
  …
  action doit {
    input {
      leaf doit-first-flavor {
        when "../../selector = 'first'";
        // "input" doesn't count in the path
        type string;
```

查看实例数据树（The instance data tree）通常快速有效。要了解实例数据树的呈现形式，请查看 XML 或 JSON 格式。也就是说，运行 get-config 可以查看数据树的呈现形式，以确保路径正确。根据从 get-config 返回的实例数据检查先前的路径。在 get-config 应答中，choice 节点和 case 节点都是不可见的。

```
<top>
  <selector>first</selector>
  <f-value>123</f-value>
```

YANG 中另一个常见的路径问题与 XPath 的点（.）表达式有关。在 XPath 中，点代指"上下文项"。上下文项没有必要一定与 XPath 表达式所在的 YANG 元素相同，尽管有时是相同的，这使得该点经常被搞错。通常 XPath 专家才始终知道上下文项是什么。

如果当前 YANG 节点是建模者所想的，那么最好使用 XPath 函数 current()。它总是指向表达式所在的 YANG 元素。在示例 11-16 的表达式中，点表达式指的是整个 setting 列表。很显然，这样做是不可能达到预期效果的。

示例11-16　XPath点表达式的使用错误

```
list setting {
  key name;
  …
  leaf value {
    type int32;
  }
}
leaf max {
  type int32;
  must "not(../setting[value > .])" {   // Broken expression
    description
      "There must not be any setting with a value greater than max.";
  }
}
```

如示例 11-17 所示，建模者必须明确表达意图：没有 value 能大于 max。

示例11-17　正确使用XPath current()函数

```
leaf max {
  type int32;
  must "not(../setting[value > current()])" {
    description
      "There must not be any setting with a value greater than max.";
  }
}
```

11.4.9　断开连接的多键 leafref

许多 YANG 列表包含一个以上 key leaf。在对这类列表中的条目进行引用时，引用需要有多少个 leafref 就需要多少个主键。然而，这样做还远远不够。

以示例 11-18 中文件服务器列表的样例模型为例。服务器以数据中心、服务器编号和端口号为主键。

示例11-18　如下示例被引用的多键列表

```
list file-servers {
  key "data-center server-num port";
  leaf data-center {
    type string;
  }
  leaf server-num {
    type unit8;
  }
  leaf port {
    type uint16;
  }
  …
}
```

现在，为了让运维人员选择一个建立连接，需要有三个 leafref，每个 leafref 指向其中一个主键。初学者相当常见的错误是将它们建模为单独的 leafref，如例 11-19 所示。

示例11-19　多键列表中引用与key leaf失连

```
container connect-to {
  leaf dc {
    type leafref {
      path /file-servers/data-center;
    }
  }
  leaf num {
    type leafref {
      path /file-servers/server-num;
    }
  }
  leaf port {
    type leafref {
      path /file-servers/port;
    }
  }
}
```

这确实允许 leaf dc 指向任何文件服务器数据中心（data-center）值，num 指向任何服务器数量（server-num），port 指向任何文件服务器端口（port）。问题是，每个 leaf 都可能引用完全不同的列表条目。假定存在示例 11-20 所示的文件服务器列表。

示例11-20　多键列表中的示例数据

Data-center	Server-num	Port
beijing	2	36002
beijing	2	36005
rio	1	38922
kiev	6	37222
kiev	7	37222

如果将 dc 配置为 beijing，则 num 必须为 2，port 的有效值为 36002 或 36005。如果 dc 设置为 kiev，且 num 设置为 7，则唯一有效的 port 值是 37222。通过示例 11-19 所示的模型，可以将 dc 配置为 beijing，将 num 配置为 1，将 port 配置为 37222，这样配置显然毫无意义。因此，需要更好的模型，如示例 11-21 所示。

示例11-21　使用deref()函数正确连接到多键列表中key leaf

```
container connect-to {
  leaf dc {
    type leafref {
      path /file-servers/data-center;
    }
  }
  leaf num {
    type leafref {
      path deref(../dc)/../server-num;
    }
  }
  leaf port {
    type leafref {
      path deref(../num)/../port;
    }
  }
}
```

这样将 leaf 结合在一起，只有有效的组合才是可配置的。

虽然 deref() 是一个非常方便的 XPath 函数，尤其是在连接 leafref 路径中的几个 key leaf 时，但 YANG 规范实际上不允许这样做。如示例 11-21 所示，deref() 函数允许在 must 和 when 表达式中使用，但不允许在 leafref 路径中使用。但是，许多 YANG 工具服务器和客户端接受 leafref 路径中的 deref() 函数，大多数人认为路径更易于读取、写入和理解。因此，如果遇到路径语句中的 deref() 调用，你不必感到惊讶。

有些 YANG 工具不允许在 leafref 路径中使用 deref() 函数。如果使用这些工具时遇到这样的表达式，你应该知道，任何基于 deref() 函数的表达式都可以转换为包含 XPath 函数 current() 的有效表达式。只不过转换后的表达式更长一点。在计算机科学圈中，保证一种简单的结构总是可以用另一种更复杂的结构代替，称为"语法糖"（syntactic sugar）。deref()

函数是基于 current() 函数的一个或多个 XPath 陈述的语法糖。示例 11-22 表示如何翻译示例 11-21 中的路径语句。

示例11-22　在不使用deref()函数的情况下，在leafref路径中正确连接了对多键列表中的key leaf

```
container connect-to {
  leaf dc {
    type leafref {
      path /file-servers/data-center;
    }
  }
  leaf num {
    type leafref {
      path /file-servers[data-center=current()/../dc]/server-num;
    }
  }
  leaf port {
    type leafref {
      path /file-servers[data-cetner=current()/../dc][server-num=current()/../num]/port;
    }
  }
}
```

　　每当你发布需要具有最大互操作性的模块时，都要基于 leafref 路径中的 current() 使用这种较长的形式。

11.4.10　一个／任何一个／所有混合在一起

　　大多数 XPath YANG 约束是对某个元素或者一个列表中的所有元素施加某种规则，或者要求列表中至少有一个元素满足要求。许多 YANG 模型的作者将这三种形式的约束混合在一起，最后得到一个语法上正确的 XPath 表达式，但其含义却与预期不同。示例 11-23 展示了一个 YANG 列表来展示不同的含义，下一个示例将会以多种方式引用该列表。

示例11-23　下一示例中引用的列表

```
list interface {
  key name;
  leaf name {
    type string;
  }
  leaf enabled {
    type boolean;
    default true;
  }
}
```

　　示例 11-24 显示了在示例 11-23 中对列表具有约束的四个不同的引用。第一个：leaf

one，要求它指向的特定列表实例必须已启用，设置为 true。第二个：leaf one-without-deref，完全一样，只是不使用 XPath 函数 deref()。第三个：容器 any，仅当至少一个接口已启用并设置为 true 时才存在。最后，仅当所有接口都已启用并设置为 true 时，容器 all 才存在。这通过检查确保没有接口启用设置为 false 实现。

示例11-24　与一个特定列表实例（以两种方式）相关的条件：至少一个列表实例、每个列表实例

```
leaf one {
  type leafref {
    path /interface/name;
  }
  must "deref(current())/../enabled = 'true'";
}

leaf one-without-deref {
  type leafref {
    path /interface/name;
  }
  must "/interface[name=current()]/enabled = 'true'";
}
container any {
  when "/interface/enabled = 'true'";
…
}

container all {
  when "not(/interface/enabled = 'false')";
…
}
```

有时大家可能倾向于使用 XPath 不等式运算符 (!=)。在这种特殊情况下，将"="换为"！="并移除掉 not() 可能会更好。许多人发现 XPath 中"！="的含义非常不直观，因此，为了避免意外，除非你完全确定地知道在 XPath 中如何正确使用，否则请不要使用。

11.4.11　XPath 表达式的性能

XPath 是一个非常犀利的工具。一个好的建模者只用几个字符就能清晰地定义约束。服务器实现者本质上需要确保约束的意图以高效的方式在服务器中实现，但是许多服务器使用 XPath 评估引擎进行验证，并在查询运行之前对查询进行各种程度的优化。作为一个建模者，需要假定在评价表达式的时候模型实现是相当原始的。

示例 11-25 演示了 XPath 中几个字符会导致的混乱后果。

示例11-25　XPath表达式，如果应用于大型列表，可能会导致校验缓慢

```
list tunnel {
  key "host port";
  leaf host { … }
  leaf port { … }
  leaf local-port {
    must "count(../../tunnel[local-port=current()]) = 1";
```

　　一个简单的服务器实现，用给定的表达式为列表中的每个条目运行 XPath 评估引擎，在最初的测试中可能会奏效，但随着数据量的增大，将会产生性能问题。该表达式的复杂度是列表大小的二次方，因此对于 10 个条目的列表，服务器使用了 100 次读取和比较操作。1000 个条目需要 1,000,000 次的读取和比较操作。这已经很复杂了。100 万个条目的列表，需要一万亿次的读取和比较操作。服务器管理界面基本会停止，或者可能会内存耗尽。

　　作为一个建模者，如何验证那些可能存在大量数据的列表？这是值得慎重考虑的。

　　在刚才讨论的情况下，使用一个 unique 语句（参见下面的代码段）而不是 must 语句，可能会将其变成一个固定时间的操作。一个真正聪明、优化的服务器可能会发现 XPath 表达式确实是一个唯一性约束，然后有效地实现它。只是别指望它。

```
list tunnel {
  key "host port";
  unique local-port;
}
```

11.5　向后兼容性

　　人们常问 YANG 模块是否总是要向后兼容？如果是，又如何确定某些特定的修改集是否向后兼容呢？

　　简单的答案是 YANG 模型应遵循 RFC 7950 第 11 节（和 RFC 6020 第 10 节）定义的规则。只要模块使用与早期版本相同的命名空间标识符，它们就应该始终向后兼容。

　　较长的答案要复杂一些。为什么向后兼容很重要？这要看情况。如果你对 YANG 接口的客户端和服务器端都能完全控制，则可以估算向后兼容的成本与非向后兼容的成本。在此情况下，如果你发现向后兼容的成本较高，则你应尽力实现你所需的任何更改。毕竟，这是你的事情。

　　IETF 始终坚持遵守 RFC 中关于组织发布的标准模块的向后兼容性规则。这是合理的，因为 IETF 对整个行业非向后兼容的成本了解很少。它也以稳定和有用的 YANG 模型而闻名。过于频繁地打破此质量标志（mark of quality），对于 IETF 来说不具备战略价值。

　　如果你不是 IETF 会员，还不完全了解非向后兼容的更改将对客户、合作伙伴和行业中的其他利益相关者造成的损害，那么在进行任何更改时保持保守的立场可能是明智的。安全总比后悔要好吧！

如果你仍然以非向后兼容方式更改 YANG 模块，那么最糟糕的情况是什么？假设你的公司在营销活动中宣传支持 NETCONF 和 YANG（例如 RFC 6241、7950 等），然而违反了第 11 节的规则，可能会因此被起诉。法律咨询并不在本书范围之内，但从外行人的角度来说，虽然听起来有些牵强，但这种可能性不能完全排除。一个更现实的问题是会让客户失望，也让遵循 SDO 标准的客户失望。非向后兼容会给你的客户带来太多的麻烦，你很快会发现客户可能会选择你的竞争对手的产品来替代你，或者也可能选择自己实现它。

11.5.1　规则与保持相关性

RFC 对于配置向后兼容性规则定义得相当详细，并且很容易理解。整体要点总结如下：模块早期版本中全部有效配置必须在模块的所有最新版本中继续保持有效；每个有效配置值的含义在版本之间必须保持不变。

这意味着所有列表和 leaf 都必须保留在模型中（名称不变），但你可以添加可选的（非强制的）新的列表和 leaf。所有枚举值和所有范围必须保持不变，可以扩展允许新的取值。新的约束（例如，must、max-elements、mandatory）不能添加在已经存在的数据上，但可以删除约束。如果 leaf 没有 default 声明，则可能添加该声明。但是，已经具有 default 声明的 leaf 的默认值不能更改。描述可以更新，但不能改变读者对描述的理解。完整的具体的规则集合在 RFC 7950 第 11 节中都可以找到。没有必要在此重复。

尽管对 YANG 模型的修改存在种种限制，但很难保证所有使用早期型号的客户端都能正常工作。当从服务器读取配置时，正确编程的客户端将忽略它不知道的任何 leaf。但它可能并没有为所有的变化做到完美的准备，而且很难事先判断它是否 "完美准备"。另外，如果新的 YANG 模块版本更改了枚举，允许接口（interface）处于双工（duplex）模式，从 true|false 变为 true|false|auto，会发生什么？客户端使用原来的 YANG 模块版本，只知道 true 和 false，因此只设置它们。这很好，但是，如果它读取某个接口（interface）的配置，并期望得到 true 或 false，但得到 auto 怎么办？它将如何向用户显示此状态？这种情况可能不会完美解决。

从客户端的角度来看，即使遵循了第 11 条规则，也需要处理更改的 YANG 模块，这可不是小事。

然而，在现实中服务器实现往往最难满足后向兼容性要求。设备厂商（偶尔也包括 SDO）在已发布模块中发现问题时，如果要修复问题，新的 YANG 模块可能无法保持向后兼容性。有时厂商不小心引入了非向后兼容的变更，而没有意识到这一点。或者有意识地引入非兼容的更改，以允许快速而优雅地实现一个很酷的新特性，而不考虑任何向后兼容性问题。毕竟，厂商需要与时俱进。

因此，设备厂商发布不遵守 RFC 中所有向后兼容规则的 YANG 模块新版本也并非罕见。

根据 RFC，设备厂商处理以非向后兼容方式更改模块来满足强烈需求的正确方式是：创建一个新模块（即，一个非常相似的模块，但具有不同的命名空间字符串）。这告诉所有客户端，需要使用和理解新的 YANG 模块来管理服务器的新特性。

原则上，服务器可以同时为相同的功能支持两个或多个 YANG 模块。然后由客户端实现者选择其中之一。然而，在实践中，对于服务器厂商来说，在产品生命周期中实现、测试、文档化和维护通常是相当困难和昂贵的，因此这种技术并不常用。

正如前面提到的，在模块的新版本中永远不能删除 YANG 模型的 leaf、list、container、typedef 等，因为这将使尚未更新的客户机无法工作。为了警告模块读者，如果某个特定的 leaf、list、container 不再被认为是与服务器对接的最佳方式，可以将语句 status deprecated（状态弃用）或 status obsolete（状态过时）应用于模块新版本的 YANG 元素中，如下示例 11-26 所示。

示例11-26　带有废弃旧的leaf和新替换的leaf的YANG文件

```
module vendor-bgp-config {
…
  revision 2018-06-15 {
    description "Added support for 32-bit AS-numbers.";
  }
  revision 2018-01-01 {
    description "Original version.";
  }
…
    leaf as {
      type uint16;
      status deprecated;
      description
        "AS-number for BGP router. Deprecation note: use long-as instead.";
    }
    leaf long-as {
      type union {
        type uint32;
        type dotted-quad;
      }
      description
        "32-bit AS-number for BGP router in decimal or dotted quad form.";
    }
```

状态弃用意味着此 YANG 元素不再是与服务器对接的首选方式，但功能仍然存在。状态过时意味着虽然此 YANG 元素仍然是模型的一部分，但它可能没有完整的原始功能，甚至可能根本没有任何功能。这显然对使用它的客户端有破坏性的风险。既然客户端使用过时的 leaf，本身证明客户端 leaf 没有根据最新的模块变更进行更新，这也意味着它不知道变化，并期望获得完整的功能。

11.5.2　工具

RFC 7950 第 11 节中列出的许多规则可以通过算法进行测试。实际上，第 7 章中讨论的 pyang 工具提供了如下特性：将测试同一个 YANG 模块的两个修订版本，以确定它们是否向后兼容。不过，这种算法并不能保证一定向后兼容。有一些非向后兼容的变更仍然可能会发生，这些变更不容易通过工具进行检测，而现在 pyang 没有对非向后兼容的变更进行检查。换句话说，节点的含义可能会在不改变可见架构的情况下变更。例如，在模块的早期版本中，节点的描述表示该节点代表接口的带宽（以比特每秒为单位），但在同一模块的下一个版本中，该描述更改为表示该节点代表带宽（以千比特每秒为单位）。这改变了节点的语义或含义。但是，除非存在相关的单元更改或其他架构提示，否则很难在不应用自然语言处理的情况下通过算法检测到这一点。因此，RFC 7950 的第 11 条不允许这些类型的更改。

在 YANG 模块中保持向后兼容性是一个易于采用的伟大目标，因为客户端和服务器的开发可能不会以相同的速度进行。

然而，它也存在一些问题。向后兼容性的严格规则意味着一个模块需要从第一次发布时就接近完美。可以添加额外的节点，不可以简单地删除任何东西，在仍然保持向后兼容性的情况下，几乎没有东西可以更改。这对于正在转向支持基于模型管理的网络设备厂商尤其困难。当在 YANG 中描述现有的架构和特性时，他们可能不得不迭代多次才能得到正确的结果。

从源代码自动生成的原生模块（native module）进一步加剧了这个问题。随着底层代码和功能特性的变化，后续 YANG 模块的修改必然会产生非向后兼容的变化。受影响的不仅仅是厂商。服务模块设计人员也面临同样的挑战，即第一次要正确地描述服务层，否则必定面临偏离，或者使用 if-feature 纠正模块初始实施时出现的问题。

幸运的是，业界认识到这是一个需要解决的问题。OpenConfig 小组为他们的 YANG 模块和包（bundles）引入了语义版本控制（semantic versioning）的概念。此版本遵循 semver.org 的指导方针，并且允许非向后兼容的更改，前提是语义版本的主版本组件是递增的。IETF 的 NETMOD 工作组正在讨论一个类似的语义版本方案，制定相关的指南，探讨如何进行非向后兼容更改，并澄清这样做的后果。帮助识别模块兼容性问题的理念直接导致了在 YANG Catalog（在第 7、8 和 9 章中介绍）中包含支持语义版本和派生语义版本的元数据字段，以及展示兼容性差异的工具。

专家访谈

与 Andy Bierman 的问答

Andy Bierman 是 YumaWorks 公司的联合创始人，该公司开发了 YANG 自动化工具。

他从 1989 年开始研究网络管理标准，从 RMONMIB 到 RESTCONF，设计和开发了许多分布式网络管理服务器，管理嵌入式系统。

他参与编写了许多 IETF RFC。在 YANG 自动化领域中，他参与定制了 NETCONF 协议 (RFC 6241、6243 和 6470)、RESTCONF 协议 (RFC 8040 和 8072)、YANG 模块库 (RFC 7895) 和网络配置访问控制模型 (RFC 8341)。他还标准化了多个 YANG 模块，包括"用于硬件管理的 YANG 数据模型" (RFC 8348) 和"用于系统管理的 YANG 数据模型" (RFC 7317)。

丰富的 YANG 经验使他成为首批 YANG Doctors 之一。他还创建了"YANG 数据模型文档的作者和审阅者指南"，这是 IETF（RFC 8407）官方指定的。

提问：

Andy，你是 YANG 的创始人之一。十年后，你认为 YANG 的愿景实现了吗？

回答：

这个愿景始于 2003 年的 XMLCONF 设计团队，也造就了 2006 年 NETCONF WG 和 NETCONF 协议（RFC 4741）的诞生。但 NETCONF 在 YANG 出现之前并没有真正发展起来。现在 YANG 不仅仅用于 NETCONF，也被用于很多事情。

许多制定标准的组织、开源项目和厂商正在开发 YANG 模块。我认为，YANG 数据模型的成功归于如下三个因素：

❑ 易于使用：入门是相当容易的，因为 YANG 的大部分内容都非常直观，并且不阅读任何文档就可以学习基础知识。不必使用复杂的语句。这些语句允许以任何顺序出现，并且所有语句的结构简单且一致。

❑ 自动化工具：YANG 为自动化工具提供了复杂的源代码。客户端和服务器代码生成、事务管理以及许多其他复杂任务都是由 YANG 数据模型驱动的。

❑ 高级功能：YANG 具有强大的验证和部署功能，对实际应用平台非常重要。扩展 YANG 很容易，它一直允许发明新的工具。

提问：

你设计了许多 YANG 模块，并且作为 YANG Doctor 帮助大家。你遇到最常见的问题是什么？

回答：

自从我 1990 年加入管理信息库（MIB）专家组以来，有些问题没有多大改变。这些都是 YANG 开发者们犯下的最大错误：

❑ 重用不足：应该从现有模块中重用哪些数据类型和其他结构？以及应该在新模块中创建哪些结构？这一直是很困难的。然而，这是提高一致性的重要步骤。在创建类型定义或分组之前，设计人员通常应该首先检查标准数据类型模块。

❑ 没有导出计划：考虑其他模块将如何扩展或重用新的模块。这可能会导致使用 YANG 的特性，或者可能会将一个大模块重构成更小的模块。这是很重要的一步，要在第一次就做好，以提高稳定性。

❑ 简要说明：作者们通常假设 YANG 模块读者对主题的了解与作者知道的一样多。但这种情况几乎从未发生过。好的描述语句可以真正帮助独立的开发人员创建正确的实现。请添加详细的参考说明，不要从其他文档中复制规范文本。

❑ 不正确的 XPath：在 XPath 中使用不存在的节点，或将 container 和 leaf 进行比较并不是错误。设计师通常不使用工具验证 YANG 模块中的 XPath。由于 YANG 被用作源代码，这会导致实现过程中出现缺陷。请检查编译器警告！它们可能是正确的，你定义的 YANG 可能是错误的！

提问：

你有哪些建议可以分享给刚入门 YANG 的研究人员呢？

回答：

我建议通过实践来学习。选择一个你想了解的真实的 YANG 模块。使用 RFC 7950 作为参考和学习工具。这些示例非常好，你可以在真正的模块中找到一个语句，并从 RFC 示例中轻松了解它。

学会使用 pyang 等工具。有时，由于使用了非常多的分组，"原生的 YANG"（raw YANG）可能很难阅读。打印出 YANG tree 的图，并使用该图帮助你找解决办法。

通过复制现有模块来学习。不要只是剪切粘贴。学习你复制的语句是什么。学习这些模块使用的设计模式，特别是链接到数据结构的 leafrefs 的使用。

小结

本章从较高层次的模块创建过程开始，解释了建模者应该如何看待这个世界：作为一个负责一个军团的四星上将。

接下来是一些实用的建议或关于各种实用建模主题的讨论。如何选择一个好的模块名称？发布模块后会发生什么情况？为什么允许空配置是好的？如何为你的列表选择好的主键？何时可以发布偏离，意味着什么后果？

然后还有一系列最常见的模型错误要避免。许多错误与模块缺少约束而导致的模糊不清或不准确有关。另一类常见的错误与不正确地使用 XPath 表达式有关。

接下来一节是关于向后兼容性的——当然，该主题可以无休止地讨论，而且经常被认为会引发激烈的争论。从系统、可演进性和保留客户的角度来看，找到正确的向后兼容性平衡是关键，就像能够围绕此主题清晰地沟通一样。这就是你建立信任的方式。自动化和 YANG 都是明确的接口，如果不能相互信任，那么编程接口又有什么价值呢？

最后还有对安迪·比尔曼的采访，他是 YANG 的创始人之一。安迪也是 RFC 8407 "YANG 数据模型文档的作者和审阅者指南"的作者。IETF 在审阅和维护 IETF 标准时使用该文档作为检查清单。

参考资料

本章和本书即将结束，请记住本书的目标一直是作为一个自然起点、一个地图、一个实操实验室的合作伙伴，为进一步寻找更深入的材料提供相关指引。

表 11-1 列出了本章讨论的外部资源。

表 11-1　用于进一步阅读的 YANG 模型相关文档

专　题	内　容
YANG 审核指南	https://tools.ietf.org/html/rfc8407 RFC 8407，"YANG 数据模型文档的作者和审阅者指南"
LETF YANG Doctors	https://datatracker.ietf.org/group/yangdoctors/about/ 由 YANG 专家组成的团队，负责在发行前审查 IETF 的 YANG 模块
XPath1.0 规范	https://www.w3.org/TR/1999/REC-xpath-19991116/ XML 路径语言（XPath）1.0 版规范。这是 YANG 中使用的 XPath
UUID 说明	（搜索维基百科） 文章解释了通用唯一标识符的原理
IETF ACL 模型	https://datatracker.ietf.org/doc/draft-ietf-netmod-acl-model/ IETF 在 NETMOD 工作组中的访问控制列表模块
pyang 主页	https://github.com/mbj4668/pyang pyang 编译器和工具集合的主页
W3C 正则表达式规范	https://www.w3.org/TR/2004/REC-xmlSchema-2-20041028/#regexs W3C 正则表达式规范
YANG W3C 正则表达式验证器	https://yangcatalog.org/yangre/ YANG 模式声明的正则表达式验证器
YANG 向后兼容性规则	https://tools.ietf.org/html/rfc7950#section-11 RFC 7950 的第 11 节（适用于 YANG1.1）和 RFC 6020 的第 10 节（适用于 YANG1.0）列出了所有 YANG 向后兼容性规则
Semver.org	https://semver.org/ 定义命名和解释三段式版本号标准的组织。当前版本的语义版本控制规范为 2.0.0

TCP/IP详解 卷1：协议（原书第2版）

作者：Kevin R. Fall 等 ISBN：978-7-111-45383-3 定价：129.00元

TCP/IP详解 卷1：协议（英文版·第2版）

作者：Kevin R. Fall, W. Richard Stevens ISBN：978-7-111-38228-7 定价：129.00元

推荐阅读

计算机网络：自顶向下方法（原书第7版）

作者：James F. Kurose 等 ISBN：978-7-111-59971-5 定价：89.00元

计算机网络问题与解决方案：一种构建弹性现代网络的创新方法

作者：Russ White ISBN：978-7-111-63351-8 定价：169.00元